全国中医药行业高等教育"十四五"规划教材

全国高等中医药院校规划教材（第十一版）

中药制药分离工程

（供中药学、中药制药、药学专业用）

主　编　朱卫丰

中国中医药出版社

·北　京·

图书在版编目（CIP）数据

中药制药分离工程 / 朱卫丰主编 . —北京：中国中医药出版社，2021.6（2022.9重印）

全国中医药行业高等教育"十四五"规划教材

ISBN 978 – 7 – 5132 – 6895 – 0

Ⅰ . ①中… Ⅱ . ①朱… Ⅲ . ①中成药—生产工艺—中医学院—教材 Ⅳ . ① TQ461

中国版本图书馆 CIP 数据核字（2021）第 053466 号

融合出版数字化资源服务说明

全国中医药行业高等教育"十四五"规划教材为融合教材，各教材相关数字化资源（电子教材、PPT 课件、视频、复习思考题等）在全国中医药行业教育云平台"医开讲"发布。

资源访问说明

扫描右方二维码下载"医开讲 APP"或到"医开讲网站"（网址：www.e-lesson.cn）注册登录，输入封底"序列号"进行账号绑定后即可访问相关数字化资源（注意：序列号只可绑定一个账号，为避免不必要的损失，请您刮开序列号立即进行账号绑定激活）。

资源下载说明

本书有配套 PPT 课件，供教师下载使用，请到"医开讲网站"（网址：www.e-lesson.cn）认证教师身份后，搜索书名进入具体图书页面实现下载。

中国中医药出版社出版

北京经济技术开发区科创十三街 31 号院二区 8 号楼

邮政编码　100176

传真　010-64405721

河北省武强县画业有限责任公司印刷

各地新华书店经销

开本 889 × 1194　1/16　印张 16　字数 427 千字

2021 年 6 月第 1 版　2022 年 9 月第 2 次印刷

书号　ISBN 978 – 7 – 5132 – 6895 – 0

定价　59.00 元

网址　www.cptcm.com

服 务 热 线　010-64405510　　微信服务号　zgzyycbs
购 书 热 线　010-89535836　　微商城网址　https://kdt.im/LIdUGr
维 权 打 假　010-64405753　　天猫旗舰店网址　https://zgzyycbs.tmall.com

如有印装质量问题请与本社出版部联系（010-64405510）

全国中医药行业高等教育"十四五"规划教材
全国高等中医药院校规划教材（第十一版）

专家指导委员会

名誉主任委员

余艳红（国家卫生健康委员会党组成员，国家中医药管理局党组书记、副局长）

主任委员

王志勇（国家中医药管理局党组成员、副局长）

秦怀金（国家中医药管理局党组成员、副局长）

副主任委员

王永炎（中国中医科学院名誉院长、中国工程院院士）

张伯礼（天津中医药大学名誉校长、中国工程院院士）

黄璐琦（中国中医科学院院长、中国工程院院士）

卢国慧（国家中医药管理局人事教育司司长）

委 员（以姓氏笔画为序）

王 伟（广州中医药大学校长）

石 岩（辽宁中医药大学党委书记）

石学敏（天津中医药大学教授、中国工程院院士）

匡海学（教育部高等学校中药学类专业教学指导委员会主任委员、黑龙江中医药大学教授）

吕文亮（湖北中医药大学校长）

朱卫丰（江西中医药大学校长）

刘 力（陕西中医药大学党委书记）

刘 星（山西中医药大学校长）

安冬青（新疆医科大学副校长）

许二平（河南中医药大学校长）

李灿东（福建中医药大学校长）

李金田（甘肃中医药大学校长）

杨 柱（贵州中医药大学党委书记）

余曙光（成都中医药大学校长）

谷晓红（教育部高等学校中医学类专业教学指导委员会主任委员、北京中医药大学党委书记）

冷向阳（长春中医药大学校长）

宋春生（中国中医药出版社有限公司董事长）

陈　忠（浙江中医药大学校长）

陈可冀（中国中医科学院研究员、中国科学院院士、国医大师）

金阿宁（国家中医药管理局中医师资格认证中心主任）

周仲瑛（南京中医药大学教授、国医大师）

胡　刚（南京中医药大学校长）

姚　春（广西中医药大学校长）

徐安龙（教育部高等学校中西医结合类专业教学指导委员会主任委员、北京中医药大学校长）

徐建光（上海中医药大学校长）

高秀梅（天津中医药大学校长）

高树中（山东中医药大学校长）

高维娟（河北中医学院院长）

郭宏伟（黑龙江中医药大学校长）

曹文富（重庆医科大学中医药学院院长）

彭代银（安徽中医药大学校长）

路志正（中国中医科学院研究员、国医大师）

熊　磊（云南中医药大学校长）

戴爱国（湖南中医药大学校长）

秘书长（兼）

卢国慧（国家中医药管理局人事教育司司长）

宋春生（中国中医药出版社有限公司董事长）

办公室主任

张欣霞（国家中医药管理局人事教育司副司长）

李秀明（中国中医药出版社有限公司副经理）

办公室成员

陈令轩（国家中医药管理局人事教育司综合协调处副处长）

李占永（中国中医药出版社有限公司副总编辑）

张峘宇（中国中医药出版社有限公司副经理）

沈承玲（中国中医药出版社有限公司教材中心主任）

全国中医药行业高等教育"十四五"规划教材
全国高等中医药院校规划教材（第十一版）

编审专家组

组　长

余艳红（国家卫生健康委员会党组成员，国家中医药管理局党组书记、副局长）

副组长

张伯礼（中国工程院院士、天津中医药大学教授）

王志勇（国家中医药管理局党组成员、副局长）

秦怀金（国家中医药管理局党组成员、副局长）

组　员

卢国慧（国家中医药管理局人事教育司司长）

严世芸（上海中医药大学教授）

吴勉华（南京中医药大学教授）

王之虹（长春中医药大学教授）

匡海学（黑龙江中医药大学教授）

刘红宁（江西中医药大学教授）

翟双庆（北京中医药大学教授）

胡鸿毅（上海中医药大学教授）

余曙光（成都中医药大学教授）

周桂桐（天津中医药大学教授）

石　岩（辽宁中医药大学教授）

黄必胜（湖北中医药大学教授）

前　言

　　为全面贯彻《中共中央 国务院关于促进中医药传承创新发展的意见》和全国中医药大会精神，落实《国务院办公厅关于加快医学教育创新发展的指导意见》《教育部 国家卫生健康委 国家中医药管理局关于深化医教协同进一步推动中医药教育改革与高质量发展的实施意见》，紧密对接新医科建设对中医药教育改革的新要求和中医药传承创新发展对人才培养的新需求，国家中医药管理局教材办公室（以下简称"教材办"）、中国中医药出版社在国家中医药管理局领导下，在教育部高等学校中医学类、中药学类、中西医结合类专业教学指导委员会及全国中医药行业高等教育规划教材专家指导委员会指导下，对全国中医药行业高等教育"十三五"规划教材进行综合评价，研究制定《全国中医药行业高等教育"十四五"规划教材建设方案》，并全面组织实施。鉴于全国中医药行业主管部门主持编写的全国高等中医药院校规划教材目前已出版十版，为体现其系统性和传承性，本套教材称为第十一版。

　　本套教材建设，坚持问题导向、目标导向、需求导向，结合"十三五"规划教材综合评价中发现的问题和收集的意见建议，对教材建设知识体系、结构安排等进行系统整体优化，进一步加强顶层设计和组织管理，坚持立德树人根本任务，力求构建适应中医药教育教学改革需求的教材体系，更好地服务院校人才培养和学科专业建设，促进中医药教育创新发展。

　　本套教材建设过程中，教材办聘请中医学、中药学、针灸推拿学三个专业的权威专家组成编审专家组，参与主编确定，提出指导意见，审查编写质量。特别是对核心示范教材建设加强了组织管理，成立了专门评价专家组，全程指导教材建设，确保教材质量。

　　本套教材具有以下特点：

　　1.坚持立德树人，融入课程思政内容

　　把立德树人贯穿教材建设全过程、各方面，体现课程思政建设新要求，发挥中医药文化育人优势，促进中医药人文教育与专业教育有机融合，指导学生树立正确世界观、人生观、价值观，帮助学生立大志、明大德、成大才、担大任，坚定信念信心，努力成为堪当民族复兴重任的时代新人。

　　2.优化知识结构，强化中医思维培养

　　在"十三五"规划教材知识架构基础上，进一步整合优化学科知识结构体系，减少不同学科教材间相同知识内容交叉重复，增强教材知识结构的系统性、完整性。强化中医思维培养，突出中医思维在教材编写中的主导作用，注重中医经典内容编写，在《内经》《伤寒论》等经典课程中更加突出重点，同时更加强化经典与临床的融合，增强中医经典的临床运用，帮助学生筑牢中医经典基础，逐步形成中医思维。

3.突出"三基五性",注重内容严谨准确

坚持"以本为本",更加突出教材的"三基五性",即基本知识、基本理论、基本技能,思想性、科学性、先进性、启发性、适用性。注重名词术语统一,概念准确,表述科学严谨,知识点结合完备,内容精炼完整。教材编写综合考虑学科的分化、交叉,既充分体现不同学科自身特点,又注意各学科之间的有机衔接;注重理论与临床实践结合,与医师规范化培训、医师资格考试接轨。

4.强化精品意识,建设行业示范教材

遴选行业权威专家,吸纳一线优秀教师,组建经验丰富、专业精湛、治学严谨、作风扎实的高水平编写团队,将精品意识和质量意识贯穿教材建设始终,严格编审把关,确保教材编写质量。特别是对32门核心示范教材建设,更加强调知识体系架构建设,紧密结合国家精品课程、一流学科、一流专业建设,提高编写标准和要求,着力推出一批高质量的核心示范教材。

5.加强数字化建设,丰富拓展教材内容

为适应新型出版业态,充分借助现代信息技术,在纸质教材基础上,强化数字化教材开发建设,对全国中医药行业教育云平台"医开讲"进行了升级改造,融入了更多更实用的数字化教学素材,如精品视频、复习思考题、AR/VR等,对纸质教材内容进行拓展和延伸,更好地服务教师线上教学和学生线下自主学习,满足中医药教育教学需要。

本套教材的建设,凝聚了全国中医药行业高等教育工作者的集体智慧,体现了中医药行业齐心协力、求真务实、精益求精的工作作风,谨此向有关单位和个人致以衷心的感谢!

尽管所有组织者与编写者竭尽心智,精益求精,本套教材仍有进一步提升空间,敬请广大师生提出宝贵意见和建议,以便不断修订完善。

国家中医药管理局教材办公室

中国中医药出版社有限公司

2021 年 5 月 25 日

编写说明

面向二〇三五年远景目标，为建设中药制药新工科培养多元化、创新型卓越工程人才，根据教育部高等学校中药学类专业教学指导委员会制定的《本科中药学类专业教学质量国家标准》（2018 年），首次由全国开设中药制药及相关专业的高等院校与药品生产企业联合编写全国中医药行业高等教育"十四五"规划教材《中药制药分离工程》。本教材可作为全国高等医药院校中药制药专业本科教学用书，也可作为中药学类其他专业以及中药研究与生产人员的辅助教学用书和参考资料。

本教材共分十四章。第一章介绍中药制药分离工程与分离科技的关系，分离工程技术的选择与优化，环保、卫生与安全以及发展趋势；第二章至第十二章基本按照中药制药工艺流程并结合分离技术的类型，先行介绍原药材药用与非药用部位的分离，然后阐述中药浸提、超临界流体萃取、过滤与沉降，后续介绍纯化工艺中主要采用的方法如液液萃取、膜分离、工业色谱、结晶、蒸馏，最后介绍蒸发与溶剂回收、干燥；第十三章内容为免疫亲和色谱、分子印迹等新型分离技术；第十四章聚焦于中药制药分离工程的智能化发展。

本教材编写内容除突出"三基五性"外，在知识的广度、深度上还十分注重"三对接"，即前后课程群的有机衔接、理论与实践的完美结合、现实与未来的发展关系，强调知识体系的内在逻辑性、系统性、实践性及创新性。具体有如下特点：①引入工业化生产的典型案例，紧密联系生产实践，以案例为引导进行原理、操作、设备等多方面的讨论，使知识具体化、形象化，并推动知识内化为能力。②优选与中药（包括中成药）相关的案例，突出中医药思维和特色，围绕中药多成分复杂体系进行各种分离技术影响因素、操作工艺及应用的探究。③设立思政元素贴士，探讨思政教育与教材建设的融合模式，有机融入与教材内容相契合的家国情怀、中医药自信、工匠精神、生态环保等思政元素。④设立科海拾贝贴士，进一步强化已学知识点或拓展本学科及交叉学科的新内容。

本教材各章节内容的具体分工如下：第一章由朱卫丰和王立红编写，第二章由刘晓秋编写，第三章由李朋伟编写，第四章由李庆国编写，第五章由龚行楚编写，第六章由张纯刚编写，第七章由刘红波编写，第八章由阎雪莹、熊英编写，第九章由殷志琦编写，第十章由周瑞编写，第十一章由郑琳编写，第十二章由刘博编写，第十三章由刘强编写，第十四章由陈小荣编写。学术秘书王雅琪承担了教材编写中大量的管理工作，全书由江西中医药大学组织人员统一进行绘图加工、文字校对等工作。任孟月和苏春燕分别协助图片、数字化资源的整理。

　　本教材在编写过程中引用了较多文献，限于篇幅，仅列出部分，在此一并表示诚挚的感谢。

　　本教材在编写中得到相关院校、企业的大力支持，在此深表谢意。本教材若有疏漏或不足之处，敬请广大读者提出宝贵意见和建议，以便再版时修订提高。

《中药制药分离工程》编委会

2021 年 5 月

目　录

扫一扫，查阅
本书数字资源

第一章
中药制药分离工程概述

扫一扫，查阅本章数字资源，含PPT、音视频、图片等

"工程"一词早在《北史·列传第六十九》中已经出现："见于齐文宣营构三台，材瓦工程，皆崇祖所算也。"可见，"工程"是一种古老的文明活动。从古代到现代，随着社会经济的不断发展，人们对"工程"的认识逐步深入，目前，可以从三个角度来概括"工程"的内涵。首先，工程是一种活动，具有目的性、物质性、实践性和群体性的特征；同时，工程是一种知识体系，具有科学和技术的创新性特征；毋庸置疑，工程还是一种职业，是具有创造性的岗位。

中药制药分离工程显然属于"工程"的范畴，因此具有"工程"的基本特征。首先，它是一种活动，其目的是利用一种或几种分离技术，借助合适的分离设备来实现最大限度地保留中药有效物质，去除中药无效和有害物质；其次，中药制药分离工程具有系统的分离理论和分离技术知识体系，兼具科学与技术的特点；同时，中药制药分离工程还是一种职业，是需要掌握分离知识理论体系和具有发明创造性能力的岗位。总之，中药制药分离工程的基本内涵是为了人类生活得更好，不断在中药制药分离过程中进行创造、发明、设计和建造的活动。

中药广义的概念是指中医理论指导下用于防病、治病的物品。狭义的概念是指在我国中医药理论指导下使用的药用物质及其制剂。国家药品监督管理局于2020年1月发布的《药品注册管理办法》中规定，中药注册按照中药创新药、中药改良型新药、古代经典名方中药复方制剂、同名同方药等进行分类。同年9月，国家药品监督管理局发布了《中药注册分类及申报资料要求》，对中药的分类和申报资料要求进行了详细的说明：

1. 中药创新药，指处方未在国家药品标准、药品注册标准及国家中医药主管部门发布的《古代经典名方目录》中收载，具有临床价值，且未在境外上市的中药新处方制剂。

2. 中药改良型新药，指改变已上市中药的给药途径、剂型，且具有临床应用优势和特点，或增加功能主治等的制剂。

3. 古代经典名方中药复方制剂。古代经典名方是指符合《中华人民共和国中医药法》规定的，至今仍广泛应用、疗效确切、具有明显特色与优势的古代中医典籍所记载的方剂。古代经典名方中药复方制剂是指来源于古代经典名方的中药复方制剂。

4. 同名同方药，指通用名称、处方、剂型、功能主治、用法及日用饮片量与已上市中药相同，且在安全性、有效性、质量可控性方面不低于该已上市中药的制剂。

根据中药定义可以看出，中药药效物质获取和中药制剂是中药制药生产过程中的重要组成部分。中药制剂的质量与中药材、饮片的质量，提取、浓缩、干燥、制剂成型以及储藏等过程的影响密切相关。在科学研究和实际生产中，应充分了解中药材、饮片、提取物、中间产物、制剂的质量概貌，明确其在整个生产过程中的关键质量属性，关注每个环节的量值传递规律。

一般来讲，中药制造生产过程包括通过"提取"等工序将药效物质从构成药材的动物、植物

组织器官及矿物中分离出来；通过"过滤"等工序将药液与药渣进行分离；通过"澄清"等工序实现细微粒子及某些大分子非药效物质与溶解于水或乙醇等溶剂中的其他成分分离；通过"浓缩""干燥"等工序实现溶剂与溶质的分离等，最后再经中药制剂与包装制成产品。由此可见，中药制药生产过程中的每一阶段都包括一个或若干个混合物的分离操作，因此"分离"是中药制药生产过程的基本特征与共性关键技术。为保证产品质量，要重点关注"分离"环节的量值传递规律。

第一节　中药制药分离工程与分离科技的关系

一、中药制药分离的原则

中药的一个重要特点是组成复方使用，这一特征既体现了中医辨证施治，应时、应地和应人而定的个性化给药方案特色，又反映了其药效物质基础的复杂性及其作用机理的整体性，是研究中药制药分离问题时必须记住的一条原则。

鉴于中药的复杂性，我们可借鉴系统科学原理，建立中药提取分离评价体系的若干原则。

（一）系统性原则

在系统论看来，任何一个系统都是由若干部分按照一定规则有序组合构成的一个有机整体，整体具有部分或部分总和没有的性质与功能。由于中药本身就是一个复杂的复方化学体系，如将中药有效成分单体从中药材中分离提纯，使其脱离与其天然共存的化学体系，并不一定就能产生好的吸收与疗效，这也佐证了中药的"药辅共生"理论。因此，在对中药及其复方进行提取分离工艺设计时，既要研究中药的组成部分，也要研究各组分之间的有机联系。

（二）相关性原则

相关性原则是指同一系统的不同组成部分之间按一定的方式相互联系、相互作用，由此决定着系统的结构与整体水平的功能特征。不存在与其他部分无任何联系的孤立部分；不可能把系统划分为若干彼此孤立的子系统。在中药配伍中，各组成部分之间的联系被定义为君臣佐使关系。因此，在建立中药及复方提取分离评价体系时，将系统内各组成部分的关联性正确表达出来，应该是研究的着眼点。

（三）有序性原则

有序性原则强调系统的最佳状态不仅有量的规定性，还有质的规定性，质的规定性即有序性。鉴于中药多组分、多靶点的特点，如何对多指标做出合理的综合评价成为重点。例如中药复方清清颗粒提取工艺优选研究中，对指标性成分和浸出物采用层次分析法确定指标权重，提高了多指标优选中药复方提取工艺的科学性和准确性。

（四）动态性原则

运动是物质的本身属性，各种物质的特性、形态、结构、功能及其规律性，都是通过运动表现出来的。系统的联系性、有序性是在运动和发展变化中进行的，系统的发展是一个有方向性的动态过程。

"中药复方提取分离评价体系"的动态性原则，在设计上体现在以下两点：一是要用已知探索未知；二是一定要有变量，这样才能获取规律。尤其是变量，是动态原则的体现。如采用HPLC检测方法，以淫羊藿苷为主要考察成分，观察随煎煮时间不同，含淫羊藿的二仙汤中活性成分含量的动态变化规律。结果发现二仙汤中活性成分淫羊藿苷含量随煎煮时间延长而发生明显变化，含量逐渐减少，最终达到动态平衡。

二、中药制药分离的主要内容

中药由植物、动物和矿物等天然产物构成，不可避免地需要"去伪存真，去粗取精"，因而"分离"是中医药领域的共性关键技术。为此，中药制药分离工程的主要研究内容有以下几个方面。

（一）基础理论研究

探索分离科学的共同规律，是提升制药分离工程技术研究水平的重要途径之一。例如，在蒸馏、萃取、干燥等过程中，组分在相及界面迁移过程中的传质推动力是什么，阻力是什么，实际生产中如何强化分离过程？又如，蒸发、结晶与超滤为什么都可用于中药提取液的浓缩，其原理何在，技术设计各有什么特点？此类问题的系统研究势必推动中药制药分离技术的深入发展。

（二）新型分离原理及方法研究

寻求新型分离原理及方法也是中药制药分离工程研究的重要内容之一。比如分子蒸馏技术，是运用物理化学中不同种类的分子平均运动自由程不同的原理，进行高沸点、热敏性物料分离的新型技术之一。再比如细胞色谱法，是基于现代分子生物学和受体药理学研究，以及"细胞膜上的药物受体能选择性地识别药物并与之结合"的原理分离中药活性成分，该法不经提取分离，可直接在特定的细胞色谱法筛选模型上确定中药中的某种活性成分。

（三）新型材料的应用研究

"材料"也是中药制药分离工程研究的重要内容。比如琼脂糖、壳聚糖和纤维素等多糖类材料，生物相容性较好，化学修饰也比较容易，作为分离材料研究有着广阔的前景；吸附树脂，研究者通过模板分子印迹的方法合成对吸附质具有专一吸附特性的分子印迹材料。再如超滤技术在中药中的应用日益广泛，很重要的一点是得益于高分子材料的发展。中药物料中高分子物质含量很高，膜的污染较为严重，对膜抗污染性能有较高的要求，而聚丙烯腈、磺化聚砜膜等膜材料的问世为此提供了良好的条件。

（四）分离方法联用研究

为取得更好的分离纯化效果而采用多种分离纯化技术的联合工艺，已成为中药制药分离领域的重要新动向。例如采用超滤-纳滤联用技术浓缩益母草中生物碱，实验表明通过超滤预处理，益母草水提液中总蛋白去除率94.38%，纳滤技术相较于传统热浓缩优势明显，盐酸水苏碱和总生物碱的截留率分别为93.37%、95.85%，纳滤浓缩为热敏性中药成分的分离精制提供技术支撑。

三、中药制药分离的特点

中药制药分离工程是中药制药工程的一个重要组成部分。它是描述中药制药生产过程所采用的分离技术及其原理的一门学科，既具有科学性，又具有技术性。

（一）中药现代分离科学的特点

分离科学是以分离、浓集和纯化物质作为宗旨的一门学科。作为学科的一个分支，中药分离科学主要研究中药药效物质的分离、浓集和纯化。同其他分支学科一样，一是研究分离过程的共同规律，主要包括用热力学原理讨论分离体系的功、能量和热的转换关系，以及物质输运的方向和限度；用动力学原理研究各种分离过程的速度与效率；研究分离体系的化学平衡、相平衡和分配平衡。二是研究基于不同分离原理的分离方法、分离设备及其应用。

科学与技术密不可分，随着现代工业的发展和科学技术的不断进步，人们逐步掌握了分离理论及技术的规律，建立了接近于实际情况的数学模型，使溶剂萃取、超临界流体萃取、膜分离、离心分离、结晶与沉淀、超声提取分离、模拟移动床色谱技术等各种新的现代分离技术不断涌现，形成了崭新的现代分离工程科学。

以中药制药分离领域为例，其特点主要表现在：一是引进以信息技术为代表的高新技术，例如采用计算机化学、近红外光谱（NIR）等新技术开展的丹参提取过程终点快速判断方法、红参醇提液浓缩过程 NIR 在线分析等一系列研究，使得中药提取分离工艺在线自动控制技术取得重要进展。二是分离理论与技术在中医药现代化中的应用已成为重要研究领域。近年来，以中医经典方及经验方为基础的创新药物研制，正在成为我国现代分离科学领域最重要的研究目标之一。三是分离技术观念不断更新。比如膜工程的运行效果不仅与工艺条件相关，也与膜材料的性能有关，目前处理方法是以现有的商品化膜材料为基础，通过实验方法筛选合适的膜材料。这是一种选择的方式，而非设计的概念，显然存在局限性。基于"质量源于设计"理念，如何跳出这一窠臼，针对膜科学领域这一值得探索的重要课题，一个崭新的概念"面向应用过程的膜材料设计与制备"跃然而出，该概念的提出大大推进了我国膜科学技术的进程，已取得一系列可喜的成果。

（二）中药分离技术原理与分类

分离过程主要是利用待分离物系中，活性成分与共存杂质之间在物理、化学及生物学性质方面的差异进行的。根据热力学第二定律，混合过程属于自发过程，而分离则需要外界能量。因所用分离方法、设备和投入能量方式的不同，使得分离产品的纯度、能耗大小以及分离过程的绿色程度有很大差别。

以中药所含化学成分的物理化学特征为主的可用于分离的性质：①溶解度、分配系数、沸点、蒸气压等常见的可用于分离的性质；②中药体系一些重要的物理性质，如分子量差异、电导率、介电常数、电荷、磁化率、扩散系数等；③反应平衡常数、化学吸附平衡常数、离解常数、电离电位等化学方面的性质；④生物学反应速度常数、生物亲和力、生物吸附平衡等生物学方面的性质。

目前科学界与工业界所用的分离方法甚多，对各种分离方法如何进行分类并研究它们之间的联系，属于分类学问题。根据日本学者大矢晴彦采用的现象学分类学，依据待分离体系中组分的群体分子所表现出来的物理或化学性质的不同，将常见主要用于工业生产中的分离方法大致分为下述三类。

1. 建立在场分离原理基础上的分离技术 在均一的或者非均一的空间里制造一个某种驱动力的作用场，使之可以在被分离的物体之间产生移动速度差，从而使其得到分离，这就是场分离原理。利用重力梯度、压力梯度、温度梯度、浓度梯度、电位梯度等作用场中各组分的移动速度差进行分离的方法，称为速度差分离操作，见表 1-1。

表 1-1　速度差分离操作

能量类别 ／ 场		热能（温度梯度）	化学能（浓度差）	压力梯度	重力	离心力	电能（电位梯度）
均匀空间	真空	分子蒸馏				超速离心	质谱
	气相				沉降	旋风分离	电集尘
	液相	热扩散	分离扩散		沉降	旋液分离	电泳
	液相				浮选	离心	磁力分离
	液相					超速离心	
非均匀空间	多孔滤材　气相			气体扩散			
	多孔滤材　气相			过滤集尘			
	多孔滤材　液相			过滤	重力过滤	离心过滤	
	膜　凝胶相			气体透过			电泳
	膜　固相	渗透气化	透析	反渗透			电渗析

注：机械能包含压力梯度与势能梯度（重力、离心力）。

速度差分离原理就是作用于混合物中待分离组分某一特定性质上的力，可使这一组分移动，移动的速度会因组分不同而产生差异，从而实现组分间的分离。

2. **建立在相平衡原理基础上的分离技术**　平衡分离过程系借助分离媒介（如热能、溶剂或吸附剂）使均相混合物系变为两相系统，再以混合物中各组分在处于相平衡的两相中分配关系的差异为依据而实现分离（表 1-2）。根据两相状态的不同，平衡分离可分为：①气体传质过程（如吸收、气体的增湿和减湿等）；②气液传质过程（如精馏等）；③液液传质过程（如液液萃取等）；④液固传质过程（如浸取、结晶、吸附、离子交换、色谱分离等）；⑤气固传质过程（如固体干燥、吸附等）。

表 1-2　以从第 1 相移向第 2 相为主的平衡分离操作示例

第1相 ／ 第2相	气相	SCF 相	液相	固相
气相			气提	脱吸
气相	×	×	蒸发	升华
气相			蒸馏	（冷冻干燥）
SCF 相	×	×	SCF 萃取	SCF 萃取
液相	吸收	SCF 吸收	萃取	固体萃取
液相	蒸馏			带域熔融
固相	吸附	SCF 吸附	晶析	×
固相	逆升华		吸附	

3. **建立在反应分离原理基础上的分离技术**　反应分离原理：化学反应常常只对混合物中某种特定成分发生作用，而且多数情况下，反应物都能完全被化学反应改变为目的物质，因此通过化学反应可以对指定物质进行充分的分离。反应分离方法分类见表 1-3。

表1-3　反应分离方法分类

反应体类型		特点	反应分离操作
反应体	再生型	可逆的或平衡交换反应分离	离子交换、反应萃取、反应吸收、反应晶析
	一次性	不可逆反应分离	中和沉淀、化学解吸等
	生物体	利用酶、抗原抗体亲和力、微生物的生命活动等进行	酶解反应、免疫亲和反应与利用微生物的反应等
无反应体		电化学反应	湿式精炼

第二节　中药制药分离工程技术的选择与优化

中药制药的原料由植物、动物和矿物等天然产物构成，为了从原料中获取药效物质，一般都要经过提取、过滤、澄清、浓缩和干燥等一系列工序，而每一工序都需要分离一个或若干个混合物，因此"分离"是中药制药过程的基本特征与共性关键技术。中药制药分离技术种类繁多，在实际科研、生产中，如何在中医药理论指导下，选择合适的分离技术与工艺路线，在临床上取得原有汤剂应有的疗效并有所提高，是中药制药分离工程面临的重要科学问题。

一、中药制药分离技术的选择

在选择中药制药分离技术时，应在系统的整体性原则和相关性原则的指导下，对其作用的效应物质基础进行探索，充分发挥系统的整体效应，即在中药复方提取分离中最大限度地保留有效成分，去除无效和有害成分。一般还要考虑以下几个方面。

（一）分离目标的确定

在制药生产过程中选择分离技术时，一般应首先明确分离目标，即选择分离技术首先考虑的应是产品的纯度和回收率。中药是在我国传统医药理论指导下使用的药用物质及其制剂，其多元性、复杂性和整体性，使其很难用一般意义上的"纯度"概念来表达。现代研究表明，生物碱、黄酮、蒽醌、有机酸、酚类、苷类等化学物质，是被称为"天然组合化学库"的中药中的有效成分，可通过"多靶作用机制"对机体起治疗作用。因此，鉴于中药药效物质的复杂性与不确定性，为从中药（含复方）中获取尽可能完整的"天然组合化合物库"，科学的中药制药分离目标应是具有各种活性成分的化学组合体。

（二）分离技术的可行性

在中药制药分离技术发展过程中，精馏、吸收、萃取、结晶、吸附、离子交换等技术相对成熟，应用较为广泛。随着人们对天然产品的青睐，在传统分离技术上也发展起来一些新兴技术，例如超临界流体萃取、膜分离、分子蒸馏、高速逆流色谱等。但不同分离技术的技术成熟度和应用成熟度是有差异的，某些纯化工艺放大后，并不能重复放大前的处理效果。因此，在选择分离技术时，应考虑所选技术的生产可行性，同时还应考虑所选技术是否使原材料和能源得到高效利用，是否符合生产安全和环保要求等。

（三）分离技术的经济性

在选择中药制药分离技术时，还必须考虑其成本问题。若分离对象中各组分都以相当的浓度存在其中，分离时需针对各组分性质设计相应的分离单元操作，从经济性考虑，选择原则应是将能量综合利用的分离方法作为上策。若分离对象是某一组分大量存在而其他组分之和可作为不纯组分，从经济性出发，一般选择原则应是首先分离大量存在的组分。除此之外，从经济角度出发，还可参考化工分离和生物分离经验，例如应先选择工艺和设备比较简单的分离方法，如果组分间选择性在分离过程中不变，则应首先分离浓度最高的组分；可以先通过结晶或沉淀等方法，得到含目标组分的粗品，这样不仅可以简化后续分离过程，减少杂质对产品质量的影响，同时减少了样品体积，使后续分离成本大大降低；若采用蒸馏法，应先分离挥发度最大的组分，若必须采用萃取、萃取蒸馏或共沸蒸馏，则操作时应避免使用第二分离剂来除去或回收分离媒介，同时应使萃取剂和溶质分开，能够使萃取剂回收套用，以降低生产成本。

（四）分离技术的 GMP 符合性

药品生产质量管理规范（GMP）是一套适用于制药、食品等行业的强制性标准，要求企业从原料、人员、设施设备、生产过程、包装运输、质量控制等方面按国家有关法规达到卫生质量要求，形成一套可操作的作业规范，帮助企业改善企业卫生环境，及时发现生产过程中存在的问题，加以改善。

2010 年修订 GMP 中有一些新的理念值得关注：一是适时引入了质量风险管理新理念，比如明确要求企业要建立质量管理体系，在质量管理中要引入风险管理，强调在实施 GMP 中要以科学和风险为基础；二是引入了质量管理体系的新理念。对于中药制药分离工程来讲，在生产过程中也必须要遵守 GMP 的相关规定，具备良好的生产设备，合理的生产过程，完善的质量管理和严格的检测系统，确保最终产品质量符合法规要求。

二、中药制药分离技术选择的工业生产影响因素

在考虑上述中药制药分离技术一般选择原则的基础上，还应考虑实际工业生产过程的各种影响因素。

（一）进料组成和性质

对于任何给定的混合物，待分离组分的组成及性质是分离技术选择、过程设计和设备选择的一类重要参数。例如，混合物中各组分的挥发度相差较大，可以采用精馏过程；反之，则可以采用萃取或者萃取精馏。极性大的分子以极低的浓度存在于混合物中，可以采用极性吸附剂进行吸附分离。原料中所含药物组分的分子尺寸分布很宽，则可以基于分子大小选择离心和过滤技术进行分离。

（二）产品的质量和形式

产品的质量是中药制药分离纯化方案选择的主要依据。如果对产品质量要求不高，则可选用简单的分离流程，但是质量要求很高的药物，则可能需要一系列的操作进行处理。另外，产品最终的形式也影响着分离纯化方案的选择，产品的外形特征应与实际应用要求或规范相一致。比如最终产品为液体制剂，则分离纯化过程可能就要涉及浓缩、过滤和除菌等操作。

（三）生产方式和规模

生产方式主要分为连续生产和间歇生产，生产方式最终会限制中药制药分离纯化技术的选

择。比如，色谱分离技术比较适合分批操作，如果进行连续生产，则需要改进。同样，物料的生产规模在某种程度上决定了所能采用的工艺过程和设备类型。比如实验室研究规模，研究目标是证明所使用过程能够得到预期产品，对收率、成本、溶剂、人体危害性的考虑较少。而工业生产规模则截然相反，必须要在保证产品质量的同时，考虑收率、经济、清洁、生产速率、设备生产能力等问题。

（四）生产步骤和次序

几乎所有的分离纯化流程都是多步骤组合完成的，但实际生产中应尽可能采用最少步骤。几个步骤组合的策略，不仅影响产品的收率，还会影响投资大小与操作成本。假设每一步骤的回收率为95%，则 n 个步骤的总回收率为 0.95^n，所以步骤越多，收率越低。另外，对不同物系所采用的分离技术，可以通过其在分离纯化中所起的作用来决定其先后的次序。比如，一般先采用过滤或离心来进行固液分离，再采用结晶、蒸发或萃取等方式进行浓缩，而专属性较强的离子交换技术、膜分离技术和色谱分离技术等，则一般放在最后。

三、中药制药分离技术选择的优化

中药有效成分的分离纯化过程是由一系列工艺过程构成连贯的工艺流程。到目前为止，还没有一种单一分离纯化设备和技术，可以经过一步加工处理就能获得纯度符合产品标准的医药产品，必须综合运用多种分离设备和技术对产品进行加工纯化。因此在选择中药制药分离技术时，还要根据经济性、安全性和环保性原则，进行工艺流程的优化。

产品是按照生产工艺，通过生产设备逐步加工分离出来的，因此生产成本与产品的价值是随工艺流程而递增的，实际生产中必须对工艺流程及其影响因素进行优化。在优化工艺流程时，比如应将处理体积大、加工成本低的工序尽量前置，而层析介质价格较为昂贵，层析精制纯化工序则宜放在工艺流程的后段，进入层析工序的物料体积应尽可能小，以减少层析介质的使用量。同时对于每一个工艺流程本身，如沉淀中沉淀剂的种类、浓度、离子强度及 pH，离心中介质种类与转速的设置，层析中吸附与洗脱液成分、离子强度、pH、温度、吸附与洗脱时间等参数，也应该进行参数优化，以达到高产率、低成本的目标。

第三节　中药制药分离工程的环保、卫生与安全

中药制药分离过程中，原料药的来源主要是中药材，提取和分离过程又不可避免地用到一些媒质、有机溶剂和各种辅料。因此，中药制药工业是工业污染的大户，中药制药分离工业生产中排放的污染物尤其是废水成分比较复杂，是造成环境污染的主要污染源。另外，有机溶剂等物质的使用还会给生产带来安全隐患，使用过程中会产生有毒、有害物质，对员工健康产生影响。因此，有效控制污染、保护环境、保证生产安全和员工职业健康是中药制药分离工程必须考虑的内容。

一、EHS 管理体系

EHS 是环境（environment）、健康（health）、安全（safety）的缩写，EHS 管理体系包含环境管理体系（EMS）和职业健康、安全管理体系（OHSMS）两部分，是两体系的整合。它是一种应用质量体系方法来管理 EHS 活动的过程，在具体的运作过程当中，环境（E）、健康（H）、安

全（E）三者的关系并不是独立的，它们处于相互协调、相互制约之中。EHS 管理体系要求企业对其全部环境、职业健康安全行为的原则和意图做出确切的说明，是企业在环境、职业健康、安全保护方面总的指导方向和行动原则。

提升 EHS 管理水平是践行绿色发展理念，推动行业可持续发展的重要内容，也是制药行业高质量发展的需要。《医药工业"十二五"发展规划》、"十三五"《医药工业发展规划指南》都明确提到，要推动 EHS 管理体系及其他各项标准与国际接轨，提升全行业 EHS 管理水平等相关内容。中国医药企业管理协会于 2015 年成立 EHS 专业技术委员会，并于 2016 年首次发布《中国制药工业 EHS 指南》。2020 年最新发布的《中国制药工业 EHS 指南》，是为适应 EHS 最新管理要求，对 2016 版《中国制药工业 EHS 指南》进行的更新。《中国制药工业 EHS 指南（2020版）》的发布有利于指导企业建立有效的 EHS 管理体系，消除环境健康和安全方面的隐患，最大限度地降低环境污染、职业病和安全事故风险，进而提升 EHS 绩效。

二、中药制药分离过程的环境保护

与中药制药行业环境保护相关的法律、法规和规范主要有《中药类制药工业水污染物排放标准》《中华人民共和国水污染防治法》《中华人民共和国环境影响评价法》《制药工业大气污染物排放标准》和《固体废物污染控制标准》等。

在全球关注"碳达峰、碳中和"问题和"绿色浪潮"现代化制造模式的背景下，环境保护作为中药制药分离纯化过程选择的一个因素，其重要性在不断增加。目前，中药制药分离技术正在向绿色制造技术发展。"绿色制造"就是要求每个产品在自设计、制造、包装，到运输、存储、使用，以至报废处理的整个生命周期中，实现"节能减排"的目标。

具体来说，中药制药分离过程的绿色制造体现在以下几个方面：①降低原材料和能源的消耗，提高有效利用率、回收利用率和循环利用率；②开发和采用新技术、新工艺，改善生产操作条件，以控制和消除污染；③采用生产工艺装置系统的闭路循环技术；④处理生产中的副产物和废物，使之减少或消除对环境的危害；⑤研究、开发和采用低物耗、低能耗、高效率的"三废"治理技术；⑤研究、开发和采用低物耗、低能耗、高效率的"三废"治理技术。例如传统的中药制药分离技术如蒸发、精馏、干燥都要消耗大量的热能，而新型的分离技术如膜过滤、色谱分离等则向着绿色制造的理念发展。

三、中药制药分离过程的职业卫生和生产安全

劳动安全卫生，是指企业提供给职工工作中所处的客观环境和劳动保护措施。制药企业必须建立、健全劳动安全卫生制度，严格执行国家劳动安全卫生规程和标准，对劳动者进行劳动安全卫生教育，防止劳动过程中的事故，减少职业危害。我国有一系列关于保障生产安全和职业卫生的法律法规，如《中华人民共和国安全生产法》《工业企业设计卫生标准》《劳动安全卫生规程》和《个体防护装备选用规范》等。另外，中药制药生产过程涉及的设施及运行等，需要满足《建筑设计防火规范》《建筑安装工程安全技术规程》及其他安全生产法规的要求。

（一）职业卫生

中药制药分离过程中的提取、沉降、萃取等操作经常用到各类媒质或有机溶剂，这些过程可能会产生氨、苯、甲苯、二甲苯等有毒物质，若用到酸碱，则可导致接触性皮炎和化学性皮肤灼伤，因此在生产使用过程中应正确佩戴手套和口罩。超声或微波提取工艺中产生的辐射会对人的

神经系统、心血管系统及眼、生殖系统等造成伤害，在使用过程中也应注意防护。另外，膜分离工艺中所使用的有机高分子材料中，如三氯甲烷、聚氯乙烯、聚丙烯腈、聚酰胺类物质都可能引起中毒。高速离心法中离心机的运转会导致噪声危害，分子蒸馏技术会产生高温热害，浓缩和干燥过程则可能产生噪声和振动危害。

总之，在生产过程中要注意防止有毒有害物质、高温、噪声以及辐射等各个方面的危害，并提供一定的个人防护产品，同时要有职工健康管理的相关规定。

（二）生产安全

药品关系到人类生命和健康，不仅要保证生产的药品对患者是安全有效的，也要做到生产过程中对操作者来说是安全的。在中药制药分离过程中，保证人员的安全是第一位的，没有人员的安全，生产就得不到保障。因此建立、健全安全生产制度，对职工进行安全教育，进行相关生产设备的操作培训是非常必要的。

中药制药分离过程的安全与工艺自身、设备、设施及过程操控有关，因为生产过程涉及有机溶剂和粉尘，而且很多工序在密闭车间内进行，因此对防火、防爆以及防静电等有很高的要求。

1. 防火防爆　在进行液液萃取、沉降、结晶以及色谱分离等操作时，经常用到有机溶剂，当压力、温度达到爆炸极限时，极易发生事故。另外，生产过程中产生的蒸汽、粉尘等也有发生爆炸的危险。在实际生产中，要通过优选无危险或危险性较小的物料和工艺，通过使用机械化、自动化装置和检测、报警、排除故障和安全联锁等手段，使人员尽可能减少直接接触危险设备、设施和物料的机会。另外，车间要设置足够面积的防爆墙和泄爆墙，在生产区域预留出足够的防爆缓冲间。

2. 防静电　在中药提取分离过程中，常常涉及液体输送，比如过滤、醇沉、萃取等操作，均有可能产生静电累积。另外，在生产车间穿着合成化学纤维服装的人员进行生产等活动，也容易产生静电积聚。静电放电有造成计算机、生产仪表和安全调节系统的硅元件报废的可能，累积到足够程度时还容易引起易燃易爆溶剂的爆炸。最有效的控制静电的方法就是操作人员穿防静电工作服、手套、鞋帽，对容易产生静电的设备、管道等进行接地处理。

EHS管理体系与上述各类法律法规及与之配套的其他各种行政、经济法律法规结合，构成了一整套环境保护、职业卫生及生产安全管理体系和法律法规基本体系，对保障中药制药生产安全实施、保障职工健康、保护生态环境具有重要的作用。

第四节　中药制药分离工程技术发展趋势

近几十年来，一系列新的分离与纯化方法不断出现，但很多技术还需从实验室技术逐渐走向工业化生产。在技术逐渐成熟化过程中，对于分离技术共同规律的研究、新型分离原理的应用、新型材料的应用、分离方法联用等，依然是制药分离工程技术重要的研究内容。针对中药分离过程来讲，提高新型分离技术的成熟度和建立科学、系统的"中药分离"理论和技术体系，是未来进行研究的重中之重。

一、中药制药分离工程技术的发展趋势

（一）建立科学、系统的"中药分离"理论和技术体系

中药复方是中医药宝库的重要组成部分，是中医扶正祛邪、辨证施治的集中体现和中医治法

治则在组方用药上的具体应用，其君臣佐使等配伍的独特规律及效用的优越性已为数千年的临床实践所证明。尽管多年来国内外学者一直致力于阐明中药复方的作用机理和物质基础，但由于中药复方的博大精深和复杂性，迄今仍难以为其疗效提供科学依据。

依据中医药研究与应用的不同需要，中药的分离目标可以是单体成分、有效部位、有效组分等，所采用的分离手段则有膜分离、树脂吸附、超临界流体萃取、双水相萃取、分子蒸馏、亲和色谱等。但这些分离技术均源于其他学科领域，因中药复杂体系不能与之密切"兼容"，而存在以下两方面的基本问题：①这些技术的应用范围受限；②这些技术不一定工作在最优状态下。

而普遍存在的"提取物越纯，药理及临床作用越不理想""单体成分不能完整体现中医药整体治疗作用"等深深困惑着中医药界的严重问题，使中药"分离"技术的滞后已成为中药现代化的瓶颈之一。显然，应深入、系统地开展面向中药复杂体系的分离科学与技术研究，努力构造可体现中医药"整体观念"的中药分离理论与技术体系。

1. 深入探讨中药分离原理　中药分离原理的内涵应该包括两个方面：其一为基于中医药理论的中药分离原理，暂且称之为中药分离第一性原理；其二为基于现代分离科学的中药分离原理，称之为中药分离第二性原理。

中药分离第一性原理的要旨在于，在中医药理论的指导下，确认分离目标，选择技术路线，其内涵是如何从中药中筛选出有效成分，又如何将它们进行有效分离，其被分离产物能否代表中药的功用，能否在中医理论指导下，在临床取得原有汤剂应有的疗效并有所提高，这实质上就是中药分离所面临的科学问题。中药分离第二性原理则侧重于解决技术层次的问题，即如何使具有不同技术原理的分离手段与所研究中药体系的性质相互适应，从而选择合理的工艺技术，优化操作参数。

2. 构建中药制药分离技术平台　中药药效物质化学组成多元化，又具有多靶点作用机制，是一个具有大量非线性、多变量、变量相关等数据特征的复杂体系，如何将其化学组成与活性作用耦合以阐明中药复方的作用机制和物质基础，从而建立具有产业化前景的"中药复方药效物质分离与生物活性评价技术体系"，显然需要引入非线性复杂适应系统科学原理及研究思路，从大量貌似杂乱无章的现象或数据中寻找隐含的规律，用于开辟中医药研究的新领域。因此，构建中药制药分离技术平台就必须面对和解决以下问题：

（1）引进既可体现分离产物的多元性，又便于产业化操作的分离技术，如膜分离、吸附树脂、超临界萃取等，并构筑多种高新分离技术集成。

（2）建立可科学描述复杂的化学组成、多层次的药理作用及这两者相关性，并可与信息科学和前沿数理科学接轨的表征技术体系，如主要指标性成分定量分析加以指纹图谱技术、分子生物学色谱技术及建立在基因、分子、细胞水平上的药物活性成分筛选技术等。

（3）寻找可有效处理从"化学组成"与"作用机制"实验研究中所获取的，具有非线性、多变量等特征的复杂数据的挖掘算法，如统计多元分析、主成分分析、神经网络元模式识别、支持向量机等，以及多种算法的取长补短、相互印证。

（二）提高新型分离技术的成熟度

由于分离技术在制药工程领域的应用十分广泛，又因为制药原料目标产品及对分离操作要求的多种多样，决定了制药分离技术的多样性，并呈现出多学科高新技术化的鲜明特征。毫不夸张地说，近十余年来，特别是进入 21 世纪以来，几乎所有新出现的分离技术都被用于制药过程研究与应用领域。有关制药，特别是中药提取分离等技术的专业书籍多达近百种，内容涉及离心膜分离、大孔树脂吸附、超临界流体萃取、双水相萃取、离子交换、分子印迹、鳌形包结、结晶、电泳、酶工程技术、免疫亲和色谱、泡沫分离、分子蒸馏、高速逆流色谱、超声波协助提取、微波协助萃取等。

与此同时，由于多方面的原因，上述分离技术中的大部分仍然处于实验室研究阶段，一些分离过程的理论问题尚未完全弄清楚，多数技术的成熟度有待提高，某些技术距离产业化还相当遥远。特别是作为中药制药分离工程设计基础的热力学和动力学等基础理论几乎还是空白，常常依靠中试加以解决。为此需要深入开展有关新型分离过程的基础理论研究，建立相关传热传质数学模型，通过深化对分离过程传递机制的认识，提高工艺设计与优化的自觉性。与此同时，亟待发展与完善计算机模拟技术，为对制药分离过程进行设计、分析和技术经济评估提供得力工具。

鉴于制药过程，尤其是中药制药过程产生的料液多为复杂的非牛顿型流体，具有高黏度等流体力学行为，给传热和两相间接触带来了特殊的问题，更需要借助化学工程中关于"放大效应""退混"及"流体输送"等基本理论。结合中药制药过程的特点，研究大型分离装置的流变学特征、热量与质量传递规律，掌握放大方法，改善设备性能，以达到增强分离因子、减少放大效应、提高分离效果的目的。

同时，中药新型分离技术的应用向着适应清洁生产工艺转变，减少环境污染，确保工厂排污符合环保要求，保证原材料与能源的高效利用、循环利用。

二、中药制药分离工程技术的耦合（集成）

（一）分离过程技术间的优化与集成

传统的分离技术如蒸馏、萃取、结晶和吸附等，在处理中药粗品时，往往由于其原料液浓度低，组分复杂，回收率要求高，而难以达到理想的效果。解决这一问题的途径，一是研究新型分离技术；二是利用已有和新开发的技术进行组合，来实现过程优化，这种多技术的组合称为耦合或集成。目前的耦合或集成技术主要分为两大类：一是分离过程与分离过程的耦合；二是反应过程与分离过程的耦合。在中药制药分离工程领域，后者的应用较为广泛。例如多种膜分离过程的耦合，超临界流体技术与分子蒸馏技术的耦合，分子印迹与固相萃取的耦合等。

以膜分离耦合或集成技术为例，膜分离与其他分离方法耦合，目的是提高目标产物的分离选择性系数并简化工艺流程。目前研究较多的有膜分离过程的耦合，膜分离与树脂吸附技术的联用，膜分离与萃取、蒸馏技术的联用。比如膜过程和液液萃取过程耦合所构成的"膜萃取"技术，可避免萃取剂的夹带损失和二次污染，拓展萃取剂的选择范围；使过程免受"返混"影响和"液泛"条件的限制，提高传质效率和过程的可操作性。该技术已用于从麻黄水提液中萃取分离麻黄碱和从北豆根中分离北豆根总碱，后者在优化条件下的平均萃取率达到86.0%。

（二）工业数字化引领的智能制造系统集成

在多种技术集群的综合作用下，中药制药分离技术还将以绿色理念为前提，逐步走向智能制造。智能制造是基于新一代信息通信技术与先进制造技术深度融合，贯穿于设计、生产、管理、服务等制造活动的各个环节，具有自感知、自学习、自决策、自适应等功能的新型生产方式。智能化制造具有以智能工厂为载体，以关键制造环节智能化为核心，以端到端数据流为基础，以网通互联为支撑的四大特征，可有效缩短产品研制周期，提高生产效率，提升产品质量，降低资源、能源消耗。当前，首先迫切需要形成一个智能化制造理论体系架构，以功能架构模型描述构成智能化制造理论体系的各个组成部分，明确各部分的主要内容及其相互关系，从而为智能化制造的进一步研究和实践提供指导；其次，中药智能化制造技术发展的重点在于推进中药工业数字化、信息化、智能化融合，加强技术集成和工艺创新，加速中药分离技术生产工艺、流程的标准化、现代化；再次，需避免在落后的工艺基础上搞自动化，在落后的管理基础上搞信息化及在不具备数字化、网络化基础时搞智能化。因此，需要通过攻克中药全产业链制造过程中所涉及的分离技术工程问题，创建现代中药国际化的智能化制造模式，打通智能化制造的关键技术路径，构建中药制药分离技术产业智能化平台体系。

习　题

1. 什么是工程？中药的概念是什么？
2. 中药制药分离技术选择原则有哪些？
3. 中药制药分离工程在中药制药工业中有何地位和作用？
4. 选择中药制药分离技术时，应该主要考虑哪些因素？为什么？
5. 在选择和优化中药制药分离技术时，除了技术因素，还应考虑哪些非技术因素？
6. 什么是 EHS 管理体系？《中国制药工业 EHS 指南（2020 版）》的内容主要有哪些？
7. 中药制药分离技术的未来发展趋势有哪些？

第二章
药用与非药用部位的分离

第一节 概　述

中药在切制、炮炙及制剂之前，需要选取规定的药用部位、除去有毒或无用的非药用部位和杂质，使其达到药用纯度标准的方法，称为净制，即净选加工。药用与非药用部位的分离是中药制药产业链中最前端且较重要的环节。按照中药材的具体情况，利用挑选、筛选、风选、水选等方式，除去有毒或无用的非药用部位和杂质，以达到净度标准，最终使其成为符合药用标准的中药饮片。

一、净制的历史记载

中药净选加工历史悠久，汉代张仲景的《伤寒论》和《金匮要略》中记载药材的加工有去污、去芦、去节、去毛、去皮、去皮尖、去核、去翅足等初加工，除去杂质、质次部位，降低毒副作用及利于切制和炮炙，从而保证用药安全有效。净制理论自明代开始，到清代逐渐趋于完整，明代《本草蒙筌》中"有剜去瓤免胀，有抽心除烦"。清代《修事指南》中"去芦者免吐，去核者免滑，去皮者免损气，去丝者免昏目，去筋脉者免毒性，去鳞甲者免毒存也"。如肉桂，最早在《神农本草经集注》中指出使用肉桂时"皆削去上虚假错，取里有味儿者称之"。《新修本草》认为"老皮坚板无肉不堪用，大枝皮肌里粗虚无如木兰，肉少味薄不及小枝皮也"。张锡纯认为"肉桂以皮细肉厚，断面紫红色油性大，味甜微辛，嚼几无渣者为佳"。古人所说的"去皮"均指刮去较大分量的木栓层，此部分所含挥发油极少，是影响肉桂质量的因素，故肉桂加工均应刮去栓皮。再如《雷公炮炙论》中对细辛的使用指出："凡使细辛，一一拣去双叶，服之害人。"因叶中含有马兜铃酸，有肾毒性。

【非凡人物】

张仲景：我国历史上杰出的医学家，他不仅对中医贡献甚大，被称为"医圣"，还为后人树立了淳朴无华、勤恳踏实的学风。他提倡"勤求古训，博采众方"，认真学习和总结前人的理论经验，在他的著作中提出很多中药净制方法。

二、净制的目的

1. 除去杂质及有害物质　中药材采收过程中常混有泥土、砂石、霉烂品等，需要通过净选、清洗等加工处理，使其达到一定纯净度。

2. 除去非药用部位　这里有两种含义，一种是来源相同的非药用部位的分离，如根类药材要去芦头，皮类药材要去粗皮，动物类药材要去头、去足、去翅等；另一种为来源不同的非药用部位的分离，如黄芪中混入狼毒、八角茴香中混入莽草等，这些异物若不拣出，会导致中毒。

3. 分离不同的药用部位　有的药材不同的药用部位功效有别，如紫苏在临床应用中，紫苏子化痰止咳下气通便，紫苏叶发表散寒，紫苏梗理气安胎；又如莲子心养心安神，莲子肉补脾止泻。也有的功效截然相反，如麻黄与麻黄根，麻黄功能发汗解表，宣肺平喘利水消肿，麻黄根能收敛止汗，两者功效相反，不得误用。

三、净制的一般要求

分离和清除非药用部位，是根据中医临床用药的不同要求，结合原药材的具体情况而进行的，分别包括去根或茎、去皮壳、去心、去毛、去枝梗、去芦、去瓤、去核、去头尾足翅、去动物药的残肉等。

1. 去残根或残茎　用根、根茎的药材须除去非药用部位的残茎、地上部分。一般在产地加工时，采用挑选、风选、剪切、搓揉等方法除去残根或残茎。

（1）去残根　用茎或根茎部分的药物一般须除去残根，包括主根、支根、须根等非药用部位。如荆芥、黄连、芦根、石斛、薄荷、藕节、马齿苋、马鞭草、益母草、泽兰等。

（2）去残茎　用根的药材须除去残茎，使药材纯净。如柴胡、防风、龙胆、丹参、秦艽、白薇、广豆根、威灵仙、续断等，均须将残茎除去。

2. 去皮壳　是指除去残留的果皮、种皮等非药用部位。如巴豆、益智、草果、使君子等，可砸破皮壳，去壳取仁；豆蔻、砂仁等，则采用剥除外壳取仁的方法。苦杏仁、桃仁等，可用焯法去皮。有些药材的根皮有毒，如苦楝根皮、雷公藤皮，剥除其红黄色外皮不完全，会引起中毒。树皮类药材，可以用刀刮去栓皮、苔藓及其他不洁之物。

3. 去毛　主要是避免因毛绒机械性刺激咽喉引起咳嗽而采取的一种操作。如枇杷叶、石韦等。根据不同的药物，去毛可分别采取下列方法。

（1）根茎类　如骨碎补、香附、知母等，可用砂烫法烫至鼓起，撞去毛。可用转筒式炒药机砂烫法，由于转锅带动河砂与药材快速均匀地摩擦，待茸毛被擦净时取出过筛。

（2）叶类　部分叶类药材如枇杷叶、石韦等，少量时可用棕刷刷除绒毛，洗净，润软，切丝，干燥。

（3）果实类　金樱子果实内部生有淡黄色绒毛，产地加工时，纵剖二瓣，用手工工具挖净毛核，习称"挖去毛"。现代方法是将金樱子用清水淘洗，润软，置切药机上切2mm厚片，筛去已脱落的毛、核，置清水中淘洗，沉去种核，捞出干燥，再进行筛选。现代工业上常用除毛机。

4. 去芦　"芦"一般指药物的根头、根茎、残茎、茎基、叶基等部位。通常认为需要去芦的药物有桔梗、续断、牛膝、人参、党参、玄参、西洋参、苦参、山药、地黄、仙茅、红芪、黄芪、草乌、地榆、紫菀、赤芍、茜草等。现代研究认为，参芦中所含的三醇型皂苷较人参高，有明显的溶血作用，不宜和人参同用或代替人参作注射剂。

5. 去枝梗　是指采用挑选、切除等方法除去某些果实、花、叶类药物非药用部位的枝梗，以使其纯净。如桑枝、桑寄生、槲寄生、桂枝、钩藤、西河柳中常混有老的茎枝；桑叶、侧柏叶、荷叶、辛夷、密蒙花、旋覆花、款冬花、槐花、五味子、花椒、连翘、槐角、夏枯草、女贞子、淫羊藿、栀子等混有叶柄、花柄、果柄等。

6. 去心　一般指根类药物的木质部或种子的胚芽。去心的作用主要有两个方面：一是除去非药用部位，如五加皮、地骨皮、白鲜皮、牡丹皮、巴戟天的木质心，在产地趁鲜除去，以保证调剂用量准确。二是分离药用部位，如莲子心和肉作用不同，须分开入药。

7. 去瓤　有些果实类药物须去瓤。去瓤目的是除去非药用部分。如枳壳，通常用果肉而不用瓤，瓤无治疗作用。

8. 去核　一般指除去果实类药物中的种子，目前认为核系非药用部位应除去，如山茱萸、金樱子、诃子、乌梅、山楂、龙眼肉等。去核方法：质地柔软者可砸破，剥取果肉去核；质地坚韧者可用温水洗净润软，再取肉去核。

9. 去头尾足翅　部分动物类或昆虫类药物，有些需要去头尾或足翅，其目的是为了除去有毒部分或非药用部分。如乌梢蛇、蕲蛇等去头及鳞片；蛤蚧除去头、足及鳞片；斑蝥、红娘子、青娘子等去头、足、翅；蜈蚣去头、足。

现代研究表明，并非所有昆虫类药物都需要去头尾或足翅，如毒性药物斑蝥，传统炮制都要求去头、足、翅，认为可以降低毒性。但现代研究表明，头、足、翅部分的毒性并不比虫身强，只是有效成分含量略低。只要严格管理用药方法和用量（以斑蝥素的含量作为剂量标准），就可以直接入药。

10. 去残肉　某些动物类药物须除去残肉筋膜，如龟甲、鳖甲等。可以采用胰腺净制法或酵母菌法除去残肉筋膜等。

11. 去杂质及霉败品　采用洗净、挑选、风选等方法，除去土块、砂石、杂草及霉败品。

经过上述处理，可使药材"纯净化"，有利于饮片调配时剂量使用的准确性，减少使用的毒副作用。

第二节　净制技术

中药饮片生产中，在切制、炮炙或制剂前，必须选取规定的药用部位，除去非药用部位和杂质，使其达到药用纯度标准。净制直接关系到饮片的质量和药物疗效，甚至关系到临床用药安全。净制的方法主要包括挑选、筛选、风选、水选、干洗、磁选等。此外，还有摘、刷、刮、碾、剪切、挖、剥、燎、水飞等。

一、挑选

挑选是用手工或机械清除混在药物中的杂质及霉变品等，或将药物按大小、粗细等进行分档，以便达到洁净或便于浸润等进一步加工处理。杂质处理和霉变处理是在中药生产过程中，为了达到质量控制的目的，需要去除其中诸如破损、虫蛀、发霉、杂色、异形的不合格药材，以及药材中混入的非药用杂质。例如苏叶、藿香、淡竹叶、香薷中常需要捡去其中的枯枝、腐叶及杂草等。此外，为确保中药饮片及其炮制品的质量，也需按大小、粗细分开，以便分别浸润或煮制，便于在软化浸润时控制其湿润的程度或火候，还经常需要对已经合格的药材根据《中国药典》描述或古籍记载，依据颜色、形状、大小、长短、粗细等指标对其进行分级分档，如人参、黄芪根据其长度、粗细进行分级。

二、风选

风选法是利用物料组分之间不同的空气动力学特性，在气流中沿不同轨迹运动而实现分离的。主要用于种子果实类药材中杂质的去除，常见于药材饱满度的控制，以及带壳药材脱壳后将外壳与药用部位分离的过程。常用风选设备有滑栅吸式风选机、去石机、变频式风选机等。例如在核桃的生产中，通常经过三道风选，首先将没有核仁或核仁不足的空瘪核桃除去，然后将碎壳除去，留下核仁和壳仁嵌合体，最后将壳仁嵌合体再脱壳进行筛选。又如莲子剥壳，一般采用机械剥壳产生由莲仁、莲壳、碎莲仁和半壳莲组成的混合物料，通过风选将壳仁分离处理，使莲壳、碎仁从混合物料中分离出去。

三、筛选

根据药物和杂质体积大小不同，用不同规格的筛除去药物中的砂石等杂质，或利用不同孔径的筛分离大小不等的药材和粗细粉末，使其规格、大小接近一致，以便分别进行炮制和保存。如半夏、贝母、延胡索等通过筛选即除去泥土、砂石，又大小可分等。

（一）筛分技术

具有一定尺寸开孔的金属或塑料筛，利用重力把大小不同的混合颗粒分开的方法叫作筛分或过筛。一般情况下，只有当颗粒的尺寸小于 1/2 的筛孔边长，即在筛孔边长的一半之内，这个颗粒才会比较容易地通过筛孔。而当粒子大小与筛孔相当时，筛孔会被粒子堵塞。为了解决这些问题，发明了振动筛、摇动筛、倾斜筛等。有的能上下翻转，给粒子以一定的落下速度，即使粒子撞到丝网上，只要稍微振动一下也可以通过筛孔的回转筛。

《中国药典》（2020 年版）的"凡例"中明确了所用药筛选用国家标准的 R40/3 系列，具体分等见表 2-1。

表 2-1　《中国药典》中规定的药筛等级

筛号	筛孔内径（平均值）	目号
一号筛	2000μm±70μm	10 目
二号筛	850μm±29μm	24 目
三号筛	355μm±13μm	50 目
四号筛	250μm±9.9μm	65 目
五号筛	180μm±7.6μm	80 目
六号筛	150μm±6.6μm	100 目
七号筛	125μm±5.8μm	120 目
八号筛	90μm±4.6μm	150 目
九号筛	75μm±4.1μm	200 目

过筛所得粉末等级见表 2-2。

表2-2　《中国药典》中规定的粉末等级

粉末等级	描述
最粗粉	指能全部通过一号筛，但混有能通过三号筛不超过20%的粉末
粗粉	指能全部通过二号筛，但混有能通过四号筛不超过20%的粉末
中粉	指能全部通过四号筛，但混有能通过五号筛不超过20%的粉末
细粉	指能全部通过五号筛，但混有能通过六号筛不超过20%的粉末
最细粉	指能全部通过六号筛，但混有能通过七号筛不超过20%的粉末
极细粉	指能全部通过八号筛，但混有能通过九号筛不超过20%的粉末

（二）筛滤技术

筛不仅可以把大小不同的粒子分开，也能把含在流体中的粒子分开，这种操作称为筛滤。如靠重力及高低位差而流淌的水中，如果含有粗大的垃圾或浮游物，可以用筛网拦截后除去。过滤也属于筛滤操作，而药渣清除的效果与所用筛具关系密切。各种筛孔形状、大小及主要用途见表2-3。

表2-3　各种筛及筛孔和其主要用途

筛的型		筛孔形状		主要用途
		筛滤栅	孔径/mm	
固定型	筛滤栅 金属网筛	平板	大型：15～200	河水、湖水、海水取水口、泵场入水口、下水处理及工业废水处理
		圆棒	小型：0.5～50	
	圆弧筛	金属丝	0.15～2.5	制药原料或产品颗粒分级，工业废水处理
	移动筛	平板	0.5～10	工业废水处理，小规模下水处理
	滚筒筛	网	5～10	河水、湖水、海水取水口、泵场入水口、水道
可动型	滚筒筛	网	0.8～5	粪尿处理
	振动筛	金属丝	0.15～2.5	工业废水处理
		楔形钢板	1～8	小规模下水处理
	振动筛	网	50～30（筛孔）	中药材预处理，含油废水处理，制药原料或产品颗粒分级
		金属丝	0.3～1	高黏度废水处理

四、水选

水选是将药物通过水洗或漂除去杂质的常用方法。主要用于除泥沙、盐分以及表面附着物，以使药物洁净或使某些药物减毒。如海藻、昆布、牡蛎、乌梅、山茱萸、大枣、川贝母等经水选后除去泥沙和表面不洁物。一些有毒的药材，如半夏、天南星、川乌、草乌等，需浸漂较长的时间以降低毒性。洗漂应掌握好时间和水量，勿使药物在水中浸漂过久，以免损失药效，并及时注意干燥，防止霉变，降低疗效。常用水选设备有循环水洗药机、喷淋式滚筒洗药机、籽实类药材清洗机等。

五、干洗

干洗是对药材表面进行机械摩擦、挤压，使吸附、嵌入、夹杂在药材表面、缝隙的杂物或药材表皮脱落并分离的一种方法。这种方法不需要药材与水接触，因此，可以避免用水清洗药材导致有效成分的流失。

六、磁选

磁选是利用磁性材料能够吸附金属杂质，将药材与这些杂物进行分离的一种方法。磁选的主要作用是除去药材或饮片中的铁屑、铁丝、部分含有原磁体的砂石等杂物，以净制药材，保护切制、粉碎等加工机械及操作人员的安全。

第三节　净制加工设备

一、挑选机械设备

1. 原理　药材由输送机自动上料，通过可控制流量，经振动送料器将药材均匀地落在正向输送带上，人工挑拣杂物并将其放在反向输送带上，纯净药材由出料口装入料箱，杂物进入匀料器两边的杂物收集箱。

2. 机械化挑选机　由上料输送机、振动送料器、照明装置、变频调速电机和输送带组成。上料输送机采用斗式胶带传动，变速电机通过三角皮带带动胶带及装在胶带上的小料斗，在上料输送机的下半部装有料斗，运转时物料随输送带提升，见图2-1。

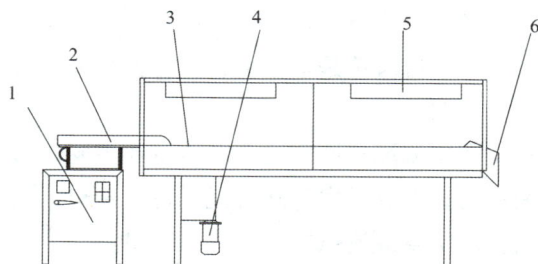

图2-1　机械化挑选机的工作原理图

1. 挑选机电器控制箱；2. 振动送料器；3. 物料输送带；
4. 电机；5. 照明；6. 出料斗

3. 操作规程　①在挑选机出料口放置接料容器，打开电源开关，按下挑选机启动按钮。②挑选人员在挑选输送带边上坐好。③根据挑选的难易程度，调节上料机的上料速度和挑选输送带速度，启动上料机、振动匀料装置和输送机。④将药材放在输送机的挑选输送带上，向进料斗进料。⑤调节振动器旋钮，使物料及时进入输送带。⑥挑选人员将杂质、变质的药材挑出，放在边上小的反向输送带上。纯净药材由出料口装入接料容器，在接料容器满了后及时更换容器。⑦操作完毕，清理输送机下的回料，待输送机上的物料输尽，关闭输送机、挑选输送带，待挑选机上的物料全部落入料箱，再关闭挑选机和总电源开关。

4. 特点　机械化挑选机能够将除了挑选之外的送料、收集等过程全部自动化，节约了人工，并且通过机械化挑选机形成的生产流水线，优化了挑选过程，使得人工的挑选效率得到提升，但缺点是机械化挑选机挑选过程仍由人工进行，处理结果无法消除人为因素影响引起的质量波动。

【科海拾贝】

色选机　通过电子对高速流过的物料进行检查，当经过检测系统的电荷耦合元件（change-coupled device，CCD）高速摄像头检测区域时，CCD传感器对其进行扫描检测，将图像数据发送到主控芯片进行相应的图像处理，最后通过控制执行机构的高速气阀将瑕疵品剔除。

特点　①不仅能检测表面品质，还可检测内部品质，且为非破坏性检测，经过分选和检测的产品可以进行后续工序的处理或直接出售。②排除了人为主观因素的影响，保证了分选的可靠性和精确性。③自动化程度高，劳动强度低，生产费用低，能够大大提高有颜色区别的优劣品的分离效率。

二、风选机械设备

1. 原理　物料（药物与杂质混合物）在风（即空气流）的作用下产生一个沿空气流方向的作用力，通过使用变频器来控制风速，当风机产生的气流匀速进入风选箱，物料经输送机、振动送料器在风选箱的一端落下，随风漂移，经分级后在各出料口排出。

在相同的风速与同一高度的气流层下，不同形状、尺寸大小的物料都存在一定的迎风面积，迎风面积越大，作用于物料的风力就大；质量越大，产生的水平加速度越小，水平速度也越小，物料所产生的水平位移就越小。

根据风选分离过程中气流的方向，风选分离可以采用水平气流风选和垂直气流风选两种方式。水平气流风选是根据物料在各种相关因素的作用下所产生的不同位移进行区别。水平气流风选原理见图2-2。

垂直气流风选原理是不同质量或不同体形的物料在气流层风力的作用下，作用于物料上的风力大于物料自身重力的随气流上行被带出，小于物料自身重力的则下行，以分离不同质量与体形的物料。垂直气流风选原理见图2-3。

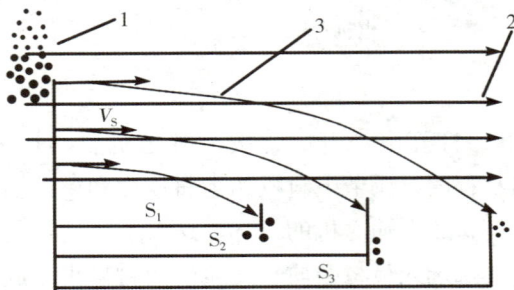

图2-2　水平气流风选原理图
1. 物料；2. 空气流；3. 药材及杂质运动轨迹

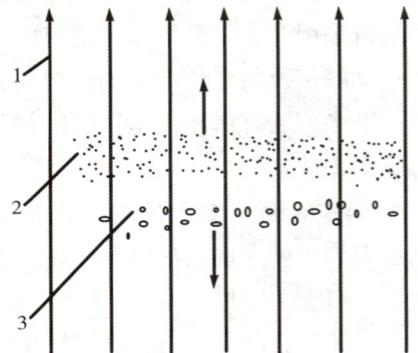

图2-3　垂直气流风选原理图
1. 空气流；2. 上行物料；3. 下行物料

2. 风选机　多为变频式风选机，根据与地面的相对位置不同，分为卧式变频风选机和立式变频风选机，每种风选机按照气流流动的方式，又可分为直排式和循环式两种模式。

（1）卧式风选机　风选箱与地面呈平行放置，出料口全部位于进料口水平线下方。

（2）立式风选机　风选箱与地面呈一定角度放置，出料口有两个，下出料口位于进料口水平线下方，上出料口位于进料口水平线上方。

（3）直排式与循环式　风机排出的气流流回到设备吸入口的称为循环式，不流回的为直排式。

变频卧式风选机的结构示意图见图2-4，是水平气流风选原理在实际中的一个应用实例。变频卧式风选机由风选机和物料输送机组成。风选机由振动送料器、风机、风管和风选箱等组成。风机产生的气流经风管匀速进入风选箱，物料经振动送料器均匀地落在风管上，随气流带入风选箱。

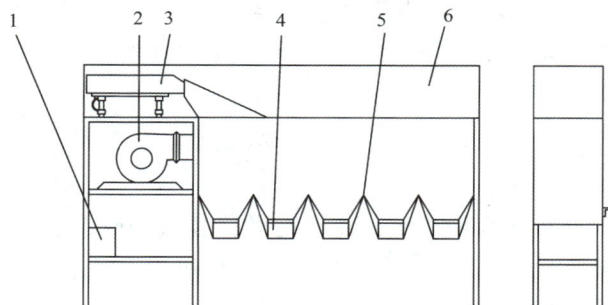

图 2-4 变频卧式风选机结构示意图

1. 电控箱；2. 风机；3. 振动上料装置；4. 出料斗；5. 调节档；6. 防尘罩

变频立式风选机的工作原理见图2-5，是垂直气流风选原理的一个应用实例。由风选机和物料提升机组成。风选机由振动送料器、电机、风机、立式风管和风选箱等组成。风机产生的气流经立式风管底部自下而上匀速进入风选箱，物料经振动送料器均匀地落在立式风管中部的开口处，比重大的物料在立式风管底部的下出料口排出，比重较小的物料随气流带入风选箱，经分级后在风选箱下侧的上出料口排出。

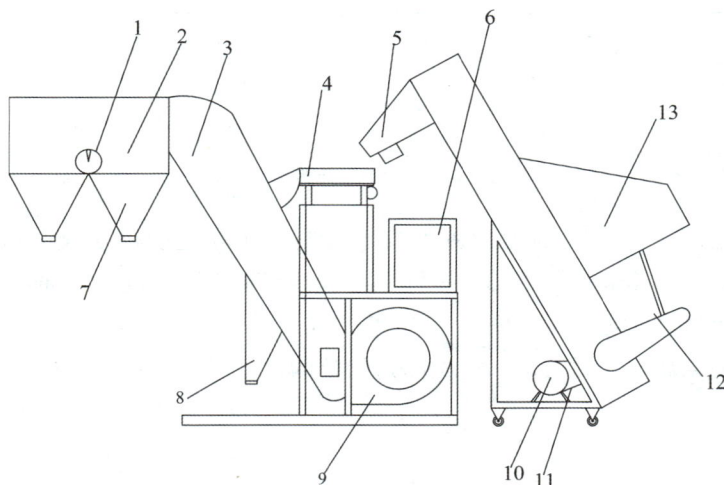

图 2-5 变频立式风选机结构示意图

1. 摇臂；2. 风选口；3. 立式风管；4. 振动送料机构；5. 输送机出料斗；
6. 电器控制箱；7. 上出料口；8. 下出料口；9. 风机；10. 变速风机；
11. 三角皮带；12. 凸轮机构；13. 提送机大料斗

3. 操作规程 ①在风选机各个出口放置料箱。②打开电源总开关，按下启动按钮。③启动输送机，上料，调节料斗抽板，使上料适度。④调节变频器按钮改变风量，使物料充分分离，对于相对比重较小的物料，一般不适于最大风量。操作完毕，清理输送机下的回料，待输送机上的物料送尽后，先关闭输送机，待物料全部落入料箱后，再关闭机器总电源和总开关。⑤物料中杂质比药材重时，逐渐提高风速至物料全部排出为止。杂质比药材轻时，逐渐减小风速至杂质全部排出为止。

4. 特点 ①自动上料、连续作业、维护方便，在生产中，尤其是对于同等体形而质量差异大的物料，在按其体形大小分级，或除去药材、半成品、饮片中的药屑、泥沙、毛发、棉纱等杂物方面，具有生产能力大、成本低、设备投资和维护费用少等特点。②变频无级调风技术可根据需要调节和控制风机、风速和压力，使达到最佳净选效果，为饮片生产质量管理提供量化依据。③卧式风选机可用于药材原料或半成品按饮片轻重及大小的分级选别，并将部分杂质除去；立式风选机主要用于成品饮片的杂质去除。

三、筛选机械设备

1. 原理　将物料均匀分布在筛网面上，使筛网做往复振动或平面回转运动，由于物料的惯性使其与筛网之间产生相对运动，体形小于筛网孔的物料就会落到筛网面下，而体形较大的则留在筛面上，达到按物料体形大小分离物料的目的。

物料与筛网相对运动的特性主要表现为物料与筛网的相对位移与速度，位移越大则筛选率越高，在一定限度内，速度越高则筛选越快，但当速度达到某一极限时，筛选率反而会下降。筛选工作原理见图2-6。

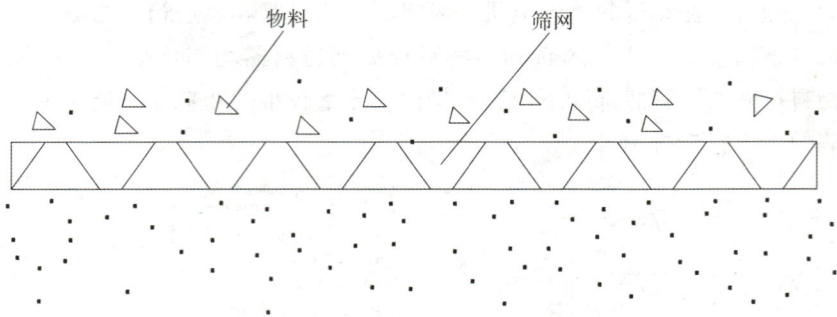

图2-6　筛选工作原理图

2. 振荡式筛药机　由筛网、筛框、弹性支架、偏心轮和电动机组成，筛网固定在筛框上，根据药物的大小不同选择不同孔径的筛网，筛框与弹性支架连接，偏心轮通过连杆结构与一弹性支架连接，当电动机带动偏心轮转动时，筛子做往复运动。操作时将待筛选的药材放入振动筛内，启动电机即可使杂质与药材分离，达到净选的目的，见图2-7。

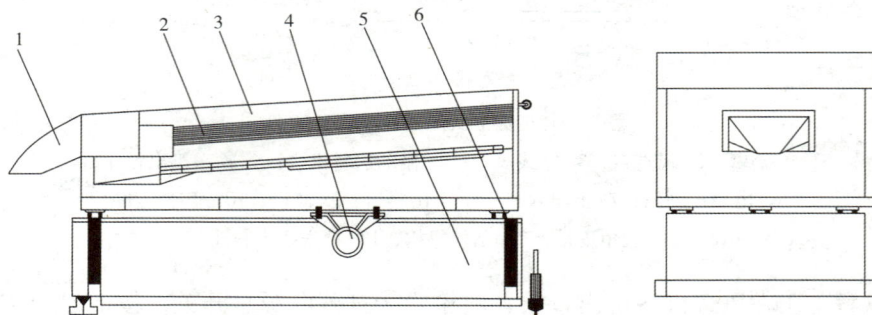

图2-7　振动筛选机

1. 出料口；2. 筛网；3. 床身；4. 振动电机；5. 机架；6. 支撑弹簧

3. 操作规程　①开机前，检查转动皮带有无异声和异物，根据生产情况选择合适的筛网。②按下开关按钮，接通总电源。待空机运转正常后，开始进料，进料要均匀且适宜。③筛选完毕后，停机，整理出料。

四、水选机械设备

水选是利用水的浸泡、溶解、卷离等作用，使附着在药材表面的杂物脱离。

（一）转鼓式循环水洗药机

1. 原理　由底座、滚筒、喷淋清洗系统、水泵、传动部分及电气控制部分组成。被洗药材于旋转式滚筒内，洗药机内配有高压水泵喷淋装置，在高压水泵喷淋清洗下，进行直接冲洗，同时物料由内螺旋导向板向前推进，实行连续生产，自动出料，对特殊品种可反复倒顺精洗，直到洗净为止，见图 2-8。

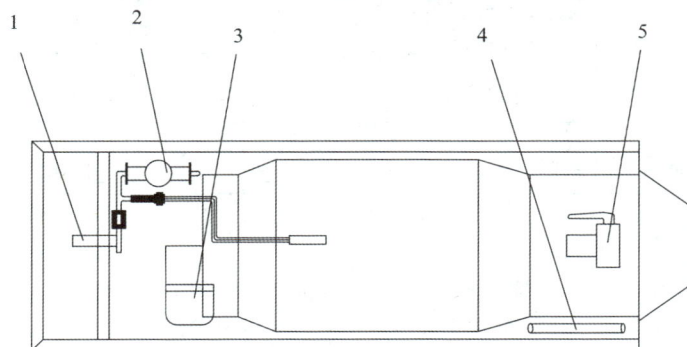

图 2-8　转鼓式循环水洗药机的结构与工作原理图
1. 进水口；2. 管道泵接口；3. 电机；4. 溢流管接口；5. 排污口

2. 操作流程　开机前，将水箱注满饮用水。电源接通，试运转，空车启动，先开主机，再开水泵。停机时先停主机，再停水泵。换洗新品种前，应先进行整机清理。

3. 特点　水源可选用直接水源，或水箱内循环水二用；可以实现连续生产，自动出料，降低了劳动操作强度，减少了场地污染；具有功效高、噪音低、维修方便等特点。

（二）洗药池

洗药水池通常由混凝土制作，内衬不锈钢板。水池底部的排水管道与下水道相连，出口处装有放水阀，下水道上设置沉淀池，以避免泥沙堵塞下水道。进水管道上装有流量计和阀门，可以显示用水量和控制进水。水池的一个侧面通常设有小门，以方便药材用小车装载。小容量水池宜采用不锈钢板直接焊制成水槽，便于维护与日后移动，除侧面开门外，其余结构、配置与水池基本相同。

利用水池进行洗药通常先放入药材再放水，水槽洗药可以先装药材再放水，也可以先放水再放药材。清洗过程中均由人工翻动、搅拌药材，以提高清洗效果。

五、其他设备

（一）干洗机械设备

1. 干洗原理　干洗是对药材表面进行机械摩擦、挤压，使吸附、黏合、夹带或嵌入在药材表面、缝隙的杂物或药材自身表皮脱落并分离的一种方法。

2. 干洗机械　图 2-9 是转筒式干洗机的工作原理图。从进料口投入药材，转筒内壁装有螺旋板, 当转筒做正向旋转时螺旋板将药材推入转筒内, 转筒横截面形状可以是圆形、方形或多角形; 控制转筒旋转速度, 使药材在转筒内翻滚, 利用药材之间、药材与筒壁之间的挤压、摩擦等作用, 使吸附、黏合、夹带、嵌入在药材表面、缝隙的杂物或药材的表皮剥离、脱落。转筒做反向旋转便将药材和杂物一起推到出料口处排出, 经筛选得到干法净制药材。控制转筒运行速度与时间, 可以达到理想的净制效果。转筒尾部连接的除尘器用于除去灰尘, 净化作业环境。

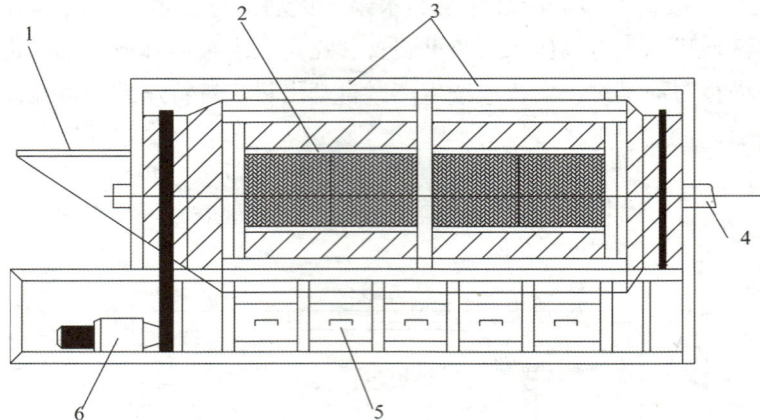

图 2-9　转筒式干洗机的工作原理图

1. 进料口；2. 筛网；3. 除尘口；4. 出料口；5. 除尘收集抽屉；6. 传动电机

(二) 脱核机

1. 原理　由给料系统、去核用旋转辊、金属漏网、传动系统及电气控制系统组成。将需要脱核的药材从进料系统进入机器中, 设备内有固定药材的装置, 在去核旋转辊的作用下, 将药材中的核旋出, 之后在金属漏网部分, 网眼的大小刚好较核大一些, 使得果核从金属漏网中进入果核收集箱, 实现药材果核与果实的分离。

2. 操作流程　开机前, 检查电气系统运转是否正常, 检查各紧固部件是否松动, 润滑油是否充足。电源接通, 试运转, 若无异常, 将料箱放置在各个出口, 空车启动, 从进料口进料。每次停机后, 应即时对金属筛网进行检查, 并对果核卡住的位置进行清理。

3. 特点　机械设备代替了人工手动去核, 既保证了连续生产, 提高了生产效率, 又降低了劳动强度。果实与果核分别收集在两个收料箱内, 提高了生产清洁度, 避免了果核的浪费。

案例 2-1　果实类药材非药用部位的分离案例——山茱萸的净制

背景　山茱萸为山茱萸科植物山茱萸 *Cornus officinalis* Sieb. et Zucc. 的干燥成熟果肉。主要成分有环烯醚萜类、鞣质类、黄酮类、挥发油类、有机酸类等。

问题　传统加工方法不能满足大量产地加工的需求, 使山茱萸容易发生霉变, 需要选择设备快速去除果核、分离杂质, 并且传统方法易使山茱萸中有效成分损失。

分析　山茱萸药材采收后, 常用水烫蒸或水煮使果皮果肉软化, 挤去果核, 将果肉晒或烘干。水处理导致有效成分损失, 可用脱核机等设备直接脱核, 去除附带的果核等非药用部位以及干瘪不饱满颗粒等, 山茱萸采摘还会带来果柄、果枝等, 去除非药用部位须配备风选设备去除泥土及果柄部分, 最后通过挑选机或色选机识别挑选。

关键　不同净制步骤选择的方法要有利于中药尽量除去非药用部位并保留有效成分。

工艺设计　具体净制流程见图 2-10。

去核 除水分 去除果柄，泥沙 去霉变物

药材 → 去核机 → 干燥机 → 风选机 → 挑选机/色选机 → 优质药材

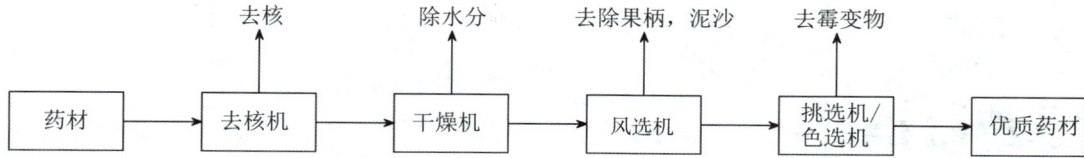

图 2-10 山茱萸净制流程图

评价与小结 通过脱核机除去果核，干燥，通过风选机除去果柄、果枝和泥沙，再通过挑选或色选机获得山茱萸。

思考题 如何选择净制技术分离获得优质的山茱萸？

习 题

1. 风选机的种类、原理及适于分离的药材的种类？
2. 筛选机的种类、原理及适于分离的药材的种类？
3. 如何选择适宜设备进行不同中药部位的净制？

萃取是基于混合物中有效成分在溶剂中的溶解度或分配系数差异，在液体或固体物料中加入某种溶剂，将其中的可溶性溶质提取出来的操作，是溶质从混合物中传递到萃取剂中的传质过程。萃取包括固-液萃取和液-液萃取，本章主要介绍固液萃取技术，其工艺原理图如图3-1所示。

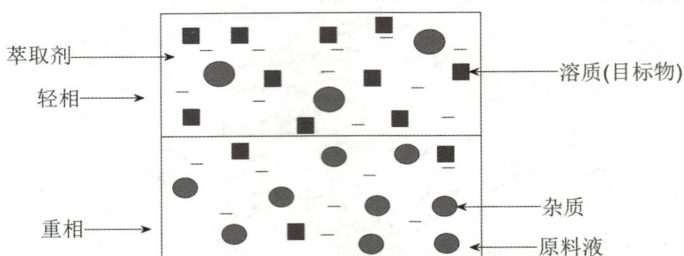

萃取剂
轻相
溶质(目标物)

重相
杂质
原料液

图3-1　萃取原理图

固液萃取，即"浸取"，属于以液体（溶剂）分离固体中混合物的操作。传统工艺中，将固体浸在选定的溶剂中，利用固体中各组分在溶剂中的溶解度不同，使易溶的组分溶解至溶液中，从而可与固体残渣分离。如用水或其他溶剂泡出中草药所含的有效成分、用某种溶剂浸取矿石中的稀有元素等，可在常温或加热、常压或加压下进行，广泛应用于化学、制药、食品等工业。其中，用于溶解物料中有效成分的溶剂称作提取溶剂，提取后得到的液体称作提取液，所得提取液可继续分离，固体物料继续提取或研究他用。

我国是中医药大国，对中药的应用研究源远流长，早在夏朝已经能够酿酒，用酒浸泡中药，随后出现的汤剂、酒剂等都是中药的应用剂型，中药浸取属于固液萃取技术，又称中药提取。

【青蒿素】

青蒿素是我国在全世界首先研制成功的一种抗疟新药。屠呦呦老师受医药典籍《肘后备急方》的启发，成功地提取出了青蒿素，被誉为"拯救2亿人口"的发现，并在2015年获得了诺贝尔生理学或医学奖，举世瞩目。其制药工艺过程在《肘后备急方》中描述为："青蒿一握，以水二升渍，绞取汁，尽服之。"短短的十五字，蕴含大科学。屠呦呦老师率领团队先后经历了用水、乙醇、乙醚提取青蒿素的过程，最终确认采用低温、乙醚冷浸等方法提取青蒿素。

第一节 中药浸取过程与影响因素

中药材的成分十分复杂，不仅复方如此，就是单味药也是如此。中药所含成分按其生物活性可分为有效成分、辅助成分、无效成分和组织物，也包含有毒成分。提取其有效成分并进一步加以分离、纯化，得到有效单体是中药研究领域中的一项重要内容，对中药的现代化、标准化建设具有重要推动作用。

一、中药浸取过程

中药浸取就是利用一些技术来最大限度地提取其中有效成分，避免或减少杂质类成分的溶出，使得中药制剂的内在质量和临床治疗效果提高，并在一定程度上降低毒副作用，提高中药饮片的附加值。中药浸取产物是制剂成型的粗制品，也称为提取物。由提取物制成各种剂型的后期过程各有不同，有按一定质量标准加工制成煎膏剂、酒剂、浸膏、流浸膏等剂型；有通过浓缩干燥制成一定规格的半成品，以便制成片剂、冲剂等剂型；有通过适当加工制成软膏、栓剂等其他剂型；也有需要精制加工，纯化有效成分，制成注射剂等剂型。

中药材有花、叶、根、茎、草、矿物、龟甲等种类，也有丝、片、段、条、块等形态，也可以分为植物药、动物药和矿物药，其中植物类药材是中药浸取的主要研究对象，本章主要围绕植物类药材的浸取原理和过程做详细说明。

中药浸取指用适宜的溶剂和方法，最大限度地将药材或饮片中有效成分转移至提取溶剂中，其实质是从药材细胞内部浸提有效成分，其工艺过程如图 3-2 所示，椭圆代表细胞，中药有效成分主要集中于液泡内。要将中药有效成分浸出到药材外，需要经历 4 个步骤：①有效成分在细胞内部的质量传递；②有效成分在细胞膜（壁）内外的质量传递；③有效成分在细胞间质中的质量传递；④有效成分在药材表面传递至液体溶剂中。这 4 个阶段，任何一个阶段都会影响中药的提取过程。如何提高其传质推动力来提高提取率？其传质阻力有哪些？其影响因素有哪些？可以通过图 3-2 来思考，中药提取工艺中的温度、压力、料液比、提取前浸泡、超微粉碎、超声提取、溶剂提取，改变的是这些步骤中的哪一个步骤。

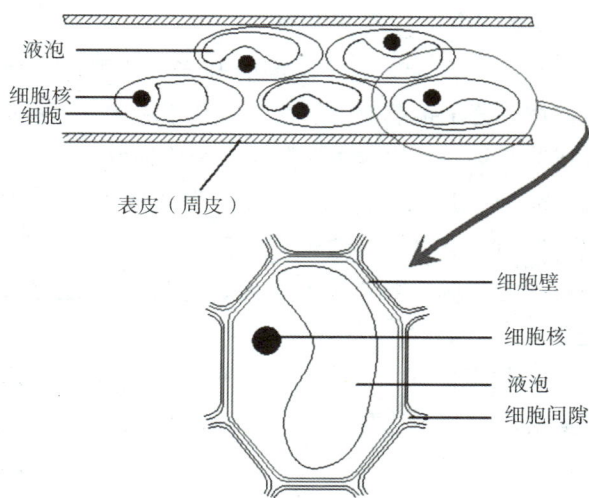

图 3-2 植物类药材的细胞结构

中药提取过程，可以用另外一种方式来描述其提取原理。当溶剂加入粉碎的药材中，由于扩散和渗透，使溶剂逐渐通过细胞壁渗透到细胞内。溶剂在细胞内溶解了大量的可溶性成分，造成细胞内外溶液的浓度差而产生了渗透压，在渗透压的作用下，细胞内的浓溶剂不断向外扩散，而细胞外的溶剂又不断进入，直至达到一个动态平衡，提取结束。在这个过程中，包含 4 个工艺过程：浸润—溶解—扩散—置换。浸润是指溶剂附着在干燥植物类药材表面，基于溶剂静压力和植物毛细管作用，溶剂通过毛细管进入细胞组织中（渗透作用），由于溶剂的作用，干瘪的植物细胞膨胀，细胞壁的通透性得以恢复并形成通道。溶解是指可溶性成分溶解在溶剂中，注意，这里不一定全是有效成分。扩散指溶剂溶解可溶性成分后形成的浓溶液，具有较高的渗透压，可以向周围传递。置换指在渗透压的作用下，细胞内浓溶液不断向外扩散，细胞外的溶剂不断进入细胞内。随着植物类药材中的各成分不断地扩散到溶剂中，植物类药材细胞内外溶剂中的各成分浓度趋于相等，各成分的浓度和性质不再随时间而改变，达到平衡状态，这就是一个完整的中药提取过程。

植物类药材有效成分的分子量一般都比无效成分的分子量小，便于渗出，与提取溶剂相比，植物组织内外有浓度差，便于提取进行。为了提高浸出效率，提取中可用新鲜溶剂或稀浸出液及时置换药材周围的浓浸出液，保证细胞内外的浓度梯度和传质推动力。

二、中药浸取影响因素

在中药提取的过程中，影响浸出固-液相平衡和提取效率的因素可以归结为三参数作用法：提取设备、物料属性和操作参数。其具体因素可分为：①中药物料的理化性质；②提取方法及相对应的提取设备；③中药物料在选定设备下的操作参数。由于中药材有花、叶、根、茎、果等类别，其有效成分不同，溶解性能不同，吸水性能不同，对应的提取方法及提取设备不同。一般实验或生产情况下，提取设备和中药材已经选好备用，其操作类的影响因素主要有物料的粉碎度、提取温度、提取压力、提取时间、提取次数、提取溶剂、浸泡时间等。

1. 物料粒度　将物料粉碎到适宜粒度，能增加物料与溶剂的接触面积，可使提取速度显著提高。但过细的粉粒会对药液和成分的吸附量增加，造成有效成分的损失，也影响下一阶段的分离工艺。

2. 提取温度　随着温度的升高，分子运动速度加快，提高提取温度使溶剂分子运动剧烈，有效成分分子扩散速度加快，有利于提取；但提取温度过高，会使中药中某些不耐热成分或挥发性成分分解、变质或挥发散失，杂质提取过多。在选择工艺时，冷提杂质少，热提效率高。

3. 提取压力　提取开始时，提取压力提高可加速溶剂对药材的浸润与渗透过程，有利于提取。但当药材组织内已充满溶剂，加大压力对扩散速率则不再有影响。加压提取对组织松软、容易浸润的药材，影响并不显著，适用于质地坚硬药材的提取。在实际操作中，可考虑分阶段提取。

4. 提取时间　提取时间过短，会造成中药成分浸出不完全；提取时间过长，往往导致大量杂质溶出，且某些有效成分分解。当扩散达到动态平衡后，提取结束，或置换加入新溶剂后再次提取。

5. 提取次数　提取次数多，当然出膏会多，但是能耗增大，在有效成分已被充分提取的情况下反而导致大量杂质的溶出。

6. 提取溶剂及 pH　设定实验方案时，根据中药中各种成分的溶解性能，依据相似相溶原则，选用对所需成分溶解度大而对其他成分溶解度小的溶剂，将所需成分从药材组织中溶解出来。也可加入酸、碱、甘油及表面活性剂等，增加某些有效成分的溶解性。

7. 浸泡时间　中药在提取前一般需浸泡处理，以利于有效成分溶出。浸泡时间需要视配方中的药物组成调整，如配方中花类、叶类等质地疏松和轻浮的植物药较多，需要浸泡 20~30 分钟；如果有较多植物块根、根茎、种子果实等药材，浸泡时间在 60 分钟左右；如果含有矿物、动物药材，浸泡时间可再略做延长，这样可以使药材润湿，变软，容易煎煮。但是，由于中药富含很多营养成分，浸泡的时间过长，会出现发酵现象。

中药提取过程属于典型的质量传递过程，影响因素多，可以依据提取设备、物料属性和操作参数三参数作用法进行归纳分类。其中大多数参数变化是一个范围，应依据生产需要进行物料、设备和操作参数之间的组合设计，达到最优提取效果。

第二节　中药传统浸取技术

一、煎煮

中药汤液在我国临床医学中的应用比较广泛，其制备方法在数千年的应用中积累了许多宝贵的经验。清代名医徐灵胎云："煎药之法，最宜深究，药之效不效，全在于此。"明代医学家李时珍认为："水火不良，火候失度，则药亦无功。"这些都充分说明了中药煎煮方法在中医治疗中的重要性。

（一）煎煮工艺和影响因素

中药煎煮法是指以水为溶剂，将中药材、饮片或粉碎后粗粉加热煎煮一定时间以提取有效成分的方法。适用于有效成分能溶于水，且对湿、热较稳定的中药。其工艺过程：将药材、饮片切片、切段或适度粉碎后，加适量水浸泡一定时间，加热至沸腾，保持微沸一定时间，煎煮液过滤后得到药液，药渣可以多次煎煮，至煎液味淡为止，合并各次煎出液，浓缩至规定浓度。从工艺过程可以看出，物料特性、料液比、浸泡时间、煎药设备、煎药时间、煎药次数、加料方式（如先煎、后下、包煎等）、煎药火候（如小火、大火、程序升温和控温）等都影响着中药煎出液的质量，需要在生产中去实验、设计和控制。

中药煎煮法至今仍是制备浸出制剂最常用的方法，其优点是简便，可常压操作或加压操作，加压操作适用于药材成分在高温下不易被破坏，或在常压下不易煎透的药材，可浸提成分范围广，符合中医传统用药习惯，溶剂价廉易得。其缺点是煎出液中往往杂质较多，给纯化带来不便；煎出液易霉败变质，应及时处理。由于长时间处于高温煎煮状态，对含挥发性和加热易破坏有效成分的药材不适用。

（二）煎煮设备

煎煮法的常用设备：在小批量生产时常用敞口倾斜式夹层锅；大批量生产时用多功能提取罐、球形煎煮罐等。其中，多功能提取罐是目前生产中普遍采用的一类压力、温度可调的密闭间歇式多功能提取设备，可用于煎煮提取、浸渍提取、回流提取、芳香油提取、溶剂回收等操作。

多功能提取罐的结构如图 3-3 所示，主要由罐体、加料口、出渣门、电动机、夹套等组成，可作多种用途。其结构：1 是排渣口，在容器底部，用于卸

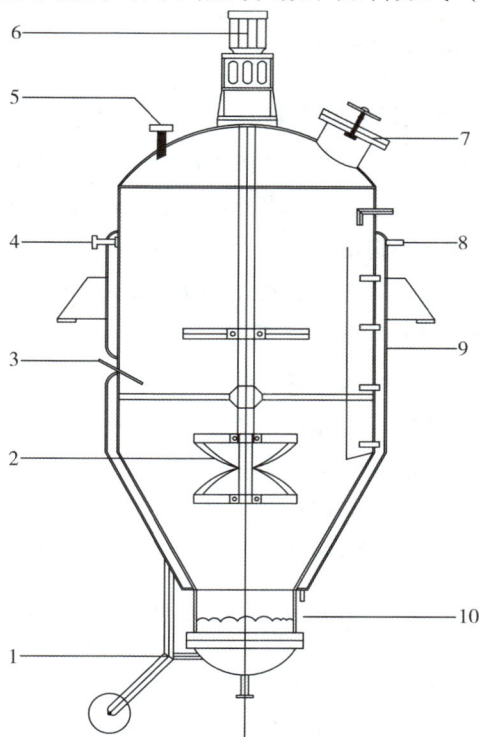

图 3-3　多功能提取罐

1. 排渣口；2. 料叉；3. 温度计插入口；
4. 蒸汽入口；5. 溶剂入口；6. 电动机；
7. 加料口；8. 不凝气体出口；
9. 夹套；10. 冷凝液体出口

出药渣，目前常用气动控制排渣装置。2 是料叉，即搅拌装置，用于搅拌液体，便于传热和传质，处于容器的中下部位置，可依据需要分为几层，依据中药物料特性（如花叶类、根茎类或矿物类等）和提取液黏稠度、流动性等因素来选择搅拌桨的叶片形状和大小。需要特别说明的是，有的提取罐内没有搅拌装置，在底部直通高压蒸汽，在加热提取液的过程中起到搅拌作用，这时一定要注意气流搅拌是否能够满足传质传热需求。3 是温度计插入口，在容器中部，现在生产上均是在线控温，需要注意的是温度计探头插入液体的位置，即该测温点是否能代表提取液的整体温度。4 是蒸汽入口，在容器上部，便于冷凝产生的液体从夹套底部流出。5 是溶剂入口，在容器上部。7 是加料口，也在上部，方便生产中添加物料。6 是电动机，提供搅拌桨能量，一般要求是防爆电机，且要配有密封装置，保证装置的气密性。8 和 10 是加热过程中产生的不凝性气体和冷凝液体出口，存在时会影响加热效果，分别排出。9 是夹套，主要用于提取罐内部液体的加热和冷却使用。

同时，对于易起泡药材，装置上部还有除沫器，对于芳香油提取时，上部需要配冷凝器、冷却器和油水分离器等装置。学习中药煎煮设备时，可以观察日常生活中食物的煎煮过程，对比其工艺过程和操作参数，便于强化学习。

二、渗漉

渗漉是提取和分离中药有效成分的一道重要工序，其工作原理是将粉碎后的药材粗粉置于渗漉器内，从渗漉器上部连续加入溶剂，溶剂流经药材的过程中浸出药材中有效成分的方法。

（一）渗漉工艺过程

在渗漉过程中持续加入新溶剂，属于动态浸出方法，整个浸出过程的固-液两相间始终保持较高浓度差。溶剂利用率高，有效成分浸出完全，可直接收集浸出液。适用于贵重药材、含毒性成分的药材、有效成分含量较低的药材的提取；但不宜用于新鲜药材、容易膨胀的药材的提取。

1. 渗漉法的优点

（1）溶剂由于重力作用而向下流动，上层流下的浸出液置换下层的溶剂位置，不断造成浓度差。渗漉法相当于无数次浸渍，是一个动态过程，可连续操作，浸出效率高，其浸出效率高于浸渍法。

（2）渗漉器底部带有滤过装置，不必单独滤过，节省工序。

（3）一般在常温下操作，可保护有效成分。

2. 渗漉法的缺点

（1）工艺持续时间长。

（2）溶剂消耗量大，进而导致后续浓缩工作量大。

（二）渗漉工艺分类

渗漉工艺主要分为 3 类。

1. 单渗漉法　全部溶媒只用一次。操作方法：药材粉碎→润湿→装筒→排气→浸渍→渗漉等 6 个步骤。

2. 重渗漉法　是在单渗漉法基础上的改进，是将渗漉液重复用作新药材（粉）的溶剂，进行多次渗漉以提高浸出液浓度的方法。由于多次渗漉，则溶剂通过的粉柱长度为各次渗漉粉柱高度的总和，故能提高浸出效率。但随着重复渗漉次数的增多，固-液间浓度减小，推动力减弱，而能耗和操作周期增加，会存在一个适宜次数。

3. 加压渗漉法 是在单渗漉法基础上的改进，是通过加压泵给渗漉装置内部施加一定的压力，使溶剂及浸出液较快地渗过药粉层，从渗漉筒底端出口流出的一种快速渗漉方法。

（三）渗漉设备

渗漉设备主要为渗漉筒或罐，其材质可选用玻璃、搪瓷、不锈钢等。渗漉筒的筒体有圆柱形和圆锥形两种。一般膨胀性较小的药材采用圆柱形渗漉筒，膨胀性较强的药材或以水为提取溶剂时选用圆锥形渗漉筒。渗漉筒体上部有加料口，下部有出渣口，底部安装筛板、筛网等以支持药粉底层。为增加提取剂与药材的接触时间，可选用高径比较大的渗漉装置，但会导致药粉层压降增加，导致渗漉液流动困难，需在中间设置支撑筛板，或进行分段式渗漉。

操作时，先打开加料口，装入粒度适宜的药材粗粉，填装应松紧均匀，装量一般不得超过罐体溶剂的2/3。接着加入规定浓度和体积的提取溶剂，密闭浸渍药粉，一般浸渍24～48小时。然后打开进液阀和出液阀，调节进液阀和出液阀使溶剂按照设定的速度流入渗漉筒，开始收集渗漉液。渗漉结束后，打开排渣门，排渣。

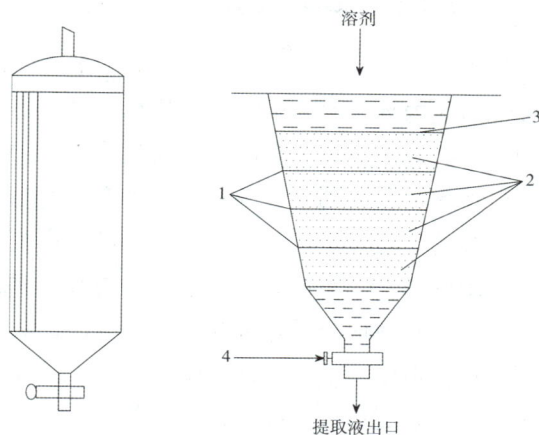

图 3-4 渗漉筒
1. 隔板；2. 药材仓；3. 溶剂分流板；4. 阀门

（四）渗漉操作影响因素

1. 乙醇的体积分数和用量 渗漉中多数采用乙醇水溶液为溶剂，乙醇浓度多在50%～90%。渗漉时溶剂用量过小，活性成分可能提取不完全；但溶剂用量过大，则容易造成浪费，且增加后续浓缩处理量。溶剂用量一般按照药材质量的倍量进行折算，大多在4～20倍。

2. 粉碎粒度 是目前渗漉研究中的热点。粉碎粒度过大，会导致饮片不易压紧；渗漉时饮片颗粒间空隙大，易导致溶剂消耗量大，且活性成分提取不完全。若粉碎粒度过细，则饮片颗粒间空隙较小，使得流速较慢，压降大，工业生产中易阻塞。现在研究热点主要集中在研究颗粒平均粒径、形状系数与比表面积来测量颗粒床层特性。

3. 浸渍时间 渗漉前浸渍的主要目的是使饮片与溶剂充分接触，便于活性成分从饮片中渗出。一般情况下浸渍时间越长，活性成分浸出越多。但浸渍时间足够长时，药材中活性成分含量与溶剂中含量会达到动态平衡，继续浸渍意义不大，浸渍时间多数在24～48小时。

4. 渗漉速度 和渗漉时间、溶剂用量有相关性，需要总体考虑。当提取溶剂总体积一定时，渗漉流速的选择应考虑充分提取和时间消耗的平衡。渗漉流速快则意味着提取时间短，不利于活性成分充分提取；但流速过慢，则会延长渗漉时间。

中药渗漉工艺是一个动态浸渍过程，可以单渗漉，也可以重复渗漉，可以常压操作，也可以加压操作和强制循环操作，学习时可以考察上述工艺改变对渗漉过程的影响。

三、浸渍

浸渍法是用定量的溶剂，在设定温度下，将药材饮片或颗粒等浸泡一定的时间，以浸出药材成分的方法。此法操作简便、设备简单，广泛应用于酊剂、酒剂的生产。按照浸渍温度的不同，可分为室温下进行的冷浸渍法、加热在 40~60℃进行的温浸渍法和加热在沸点以下进行的热浸渍法。按药材的浸渍次数，可分为单次浸渍和重浸渍。浸渍法适用于黏性药物、无组织结构的药材、芳香性药材的成分提取等。

（一）浸渍原理与过程

植物类药物的有效成分一般存在于细胞内部，向饮片中加入提取溶剂后，溶剂分子在饮片表面浸润后向内部扩散，干燥的饮片组织吸收一定量的溶剂后，体积有较大的膨胀。溶剂进入植物组织内，有效成分由于浓度差自细胞内溶出，自饮片内的溶液转移至饮片外部的溶剂相，这个过程不停地进行，直到饮片内外溶质浓度达到动态平衡，浸提完成。

浸提的传质过程包含：①溶剂通过饮片表面的浸润向饮片内部扩散；②溶剂分子穿过细胞壁进入细胞内部；③溶剂分子在细胞内与有效成分的溶解，形成溶液；④由于细胞壁内外有效成分的浓度差，有效成分透过细胞壁在细胞内扩散；⑤有效成分透过植物保护组织向固液两相界面扩散，最后扩散至溶剂相主体。动力学研究表明，传质过程中各个子过程的分传质速率并不相等。当某个子过程的传质速率远远小于其他子过程时，这个子过程的分传质速率对提取过程的总传质速率起决定作用，称它为控制子过程。因此，在提取中，重要的是如何提高起控制作用的子过程的分传质速率。如第一个子过程中，中药材的花、叶、根、茎、果等不同，其吸水率和膨胀率不同，浸泡的时间和效果也不同；第三个子过程中，溶剂与有效成分的互溶性能及分子结构、表面张力、分子量等因素；第二和第四个子过程中，细胞壁的破碎和细胞膜的通透性常常被认为是关键，现代工业上应用的许多辅助提取手段如超声波辅助提取、超微粉碎等都是基于这个过程设计的。

（二）浸渍工艺流程

浸渍法在传统中药提取中使用较多，浸渍法工艺流程见图 3-5。

浸渍法中药渣所吸收的药液浓度是与浸液相同的，浸出液的浓度愈高，由药渣吸液所引起的损失就愈大，多次浸渍法能大大降低浸出成分的损失量。但浸渍次数过多，生产成本会提高。

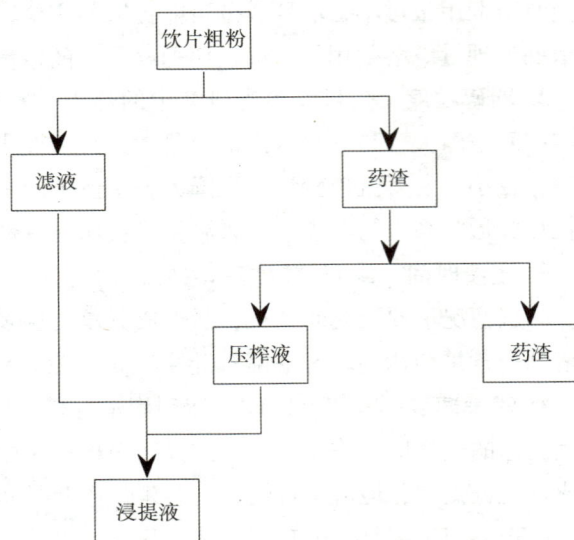

图 3-5 浸渍法工艺流程

（三）浸渍法分类

依据操作温度和次数的不同，浸渍法分为冷浸渍法、热浸渍法和重浸渍法。

1. 冷浸渍法 冷浸渍法多在室温下进行，也称常温浸渍法。由于中药物料不同，其浸渍时间不同，浸渍溶剂不同，一般要浸渍 3~5 日，长的可达数月。适用于浸提含挥发性、多糖、黏性物质及不耐热成分的饮片。生产酊剂、酒剂常用此法，所得的成品在室温下一般能保持较好的澄清度。

具体操作过程：将饮片适当粉碎，置于加盖容器内，加一定量溶剂密闭，于室温下浸泡 3~5

日（或至规定时间），适当加以振摇或搅拌，到规定时间后过滤浸出液，压榨残渣，将压榨液与滤液合并，静置沉降 24 小时后滤过，将浓度调至规定标准。压榨液中带有不溶性成分及细胞组织，放置一定时间后需再滤过。浸出液可进一步制备流浸膏、浸膏、片剂、颗粒剂等。

2. 热浸渍法　将饮片切制或将粗粉置于选定容器内，加定量溶剂，以水浴或蒸汽低温加热浸提，加热温度低于溶液沸点，该法亦称为温浸法。以乙醇溶液或酒类为溶剂时，浸渍温度多为 40~60℃；以水为溶剂时，浸渍温度多为 60~80℃，其余操作和冷浸法相同。水为溶剂的浸渍法在大生产中多采用先加热至沸腾，后停止加热，保温 2~3 小时即可。热浸法可以大幅度缩短浸出时间，效率高，但浸出液中杂质浸出量亦相应增加，冷却后有沉淀析出，药液澄清度不如冷浸渍法好。含热敏性成分的饮片不能采用此法浸提。

单次浸渍法的缺点：传质速率小，且随着浸渍时间的增加，固液两相间浓度差减小，传质推动力变小，提取效率低。

3. 重浸渍法　重浸渍法的工艺操作：将全部浸提溶剂分为几份，先用第一份浸渍饮片后，药渣再用第二份溶剂浸渍，固液两相间始终保持最大浓度差，如此重复 2~3 次，最后将各浸渍液合并处理，即得总浸渍液。该方法能有效地避免单次浸渍法的不足，每次浸渍后压榨出药渣中吸附的浸渍液，可使后续的浸渍操作获得更好的浓度差，但溶剂使用量较大。

（四）浸渍工艺影响参数

1. 饮片粉碎度　饮片粉碎度不同，颗粒比表面积不同，围绕在药材表面的液体量增大，传质路径短，便于提取。

2. 浸渍溶剂　依据相似相溶原理，浸渍用溶剂需要根据饮片种类及有效成分性质选定，常用不同浓度的乙醇溶液为浸渍溶剂。采用冷浸渍法时浸提时间较长，以水为溶剂时，浸渍液容易变质。浸渍结束后通常应压榨药渣，当溶剂量相对较少时，压榨药渣，减少药渣中的残留药液对提高浸出量更为重要。

3. 浸渍温度与时间　由于热效应，提高浸渍温度可以缩短浸出时间，提高浸提效率，但浸出液中杂质量亦增加。浸渍时间应结合浸渍条件及设备来决定，以充分提取其有效成分并兼顾经济成本为原则，可以通过测定浸出液浓度随时间变化规律来确定。

第三节　辅助提取技术

在中药应用过程中，提取方法、技术和设备一直是中药制药过程、拓展中药应用的关键节点，直接关系着中药提取收率、效率、制剂应用和生产成本，关系着中药现代化的进程。传统提取技术中，主要以煎煮、浸渍、渗漉等为主，方法简单，设备常用，也是现在饮片应用的主体部分；不过，传统方法使用范围广、选择性差，容易浸出大量杂质，给后续分离纯化和制剂、质检等工艺带来很大困难。目前，中药生产上大多采用多功能提取罐、渗漉罐、水蒸气蒸馏和提取浓缩机组等间歇式设备，存在有效成分损耗大、杂质多、提取不完全、效率低、能耗大等问题。近年来，随着制药工程技术及设备制造和创新等相关专业的迅速发展，以传统中药提取技术为基础，多学科、领域技术交叉发展，出现了超微粉碎辅助提取、超声波辅助提取、微波辅助提取等多种新技术，极大地提高了中药提取效率，便于后续工艺处理，具有很好的应用效果。

一、超微粉碎辅助提取技术

（一）基本原理与过程

超微粉碎是一项新的技术，在食品中应用很多，被国际食品业公认为 21 世纪十大食品科学技术之一，也是目前中药应用技术的研究趋势和热点。超微粉碎是指利用机械或流体力学的途径，利用粉碎设备对物料进行挤压、冲击、摩擦、碰撞和剪切等，将物料粉碎至粒径小于 $10\mu m$ 左右的微小固相颗粒的过程。超微粉碎的最终产品是超微细粉末，和一般的粉碎技术相比，超微粉碎可极大程度降低原料粒径，改变原料吸水性、比表面积、孔隙率等特性，有利于其中有效成分的释放和吸收，也具有一般粉体所不具有的一些特殊的理化性质，如良好的流动性、溶解性、分散性、吸附性、化学反应活性等。

（二）工艺过程与分类

一般情况下，中药有效成分主要存在于液泡内，有效成分的释放须透过细胞壁，经过浸润、溶胀、渗透和扩散方能溶出。中药经超微粉碎后，其细胞壁破裂，一般破壁率大于 95%，细胞被剪切成碎片或压破，细胞内化学成分可充分暴露出来，有效成分的溶出速率加快，提高了中药的生物利用度和治疗效果。因此，超微粉碎技术应用于中药领域，对于解决临床应用中药制剂时剂量过大的问题有积极意义。

中药材通过超微粉碎制成微粉中药后，能够有效减小药材粒径，减小扩散阻力，缩短有效成分的溶出路径并且增加溶出面积，有利于药效成分快速完全地溶出。依据超微粉碎过程中是否有溶剂参与，可分为干法超微粉碎和湿法超微粉碎。

1. 干法超微粉碎 干法超微粉碎过程不添加液体介质，粉碎后使药材达到细胞级，然后再加水煎煮，可以明显提高提取效率。由于粒径过小，往往导致微粉在煎煮过程中出现糊化和黏壁现象，后续工艺中过滤阻力大、需除尘等问题，需考虑其粉碎级别和具体应用。干法超微粉碎主要有气流粉碎和球磨粉碎。

（1）气流粉碎 也称为高速气流粉碎，其主要是利用压缩空气产生的高速气流通过喷嘴对原料进行冲击，使原料相互间发生强烈的碰撞和摩擦，以达到细碎的目的，可生产粒度分布相对较窄的微粉。其优点是在气流粉碎过程中，研磨腔内的温度几乎没有升高，这对一些特殊原料尤其是热敏原料至关重要。然而，相比较其他粉碎方法，气流粉碎的能耗通常高出几倍，且容易产生粉尘，一定程度上会阻碍其进一步发展和应用。

（2）球磨粉碎 是利用机械和热效应来改变原料的理化特性的过程。其原理是利用强力冲击、研磨以及研磨介质（球）的压力和摩擦作用来达到对中药物料粉碎的目的。需注意的是，球磨粉碎既可以用于干法粉碎又可以用于湿法粉碎，尽管受限于研磨腔的容量，但其破碎可靠性高和易操作等特性，使其成为一种广泛使用的工具。

2. 湿法超微粉碎 中药湿法超微粉碎是干法超微粉碎技术的一种延伸，指将固体颗粒悬浮在液体中，颗粒与溶剂混合，吸收了溶剂的药材颗粒继续不断地在机械力的作用下发生剪切、碰撞、研磨和挤压，直至达到细胞级粉碎。这些机械力极大地增加了溶剂的对流，提高了质量传递系数，促使有效成分迅速地向溶剂转移，大大提高了提取效率。作为一种技术创新，该过程吸收了传统的粉碎、搅拌、振动、浸渍和萃取等技术的优点，有效成分的溶出具有扩散阻力小、溶出路径短、溶出面积大等优点，粉碎与提取一步完成，使提取所需要的时间比常规方法大大缩短。

在此，主要介绍行星式球磨粉碎、胶体磨粉碎两种湿法超微粉碎技术。

（1）行星式球磨粉碎　行星式球磨机是一种高效且通用的超微粉碎装置，不仅可用于干磨，还可用于湿磨。行星式球磨机是一种高能球磨机。大多数行星式球磨机没有任何集成的冷却系统，这表明引入研磨室中的大部分能量将转化为热量并消散到悬浮液中。研磨过程中温度的升高被认为是颗粒尺寸减小的另一个机制。行星式球磨机湿法粉碎已成功用于纳米悬浮液生产、胶体的制备以及食品原料的粉碎。

（2）胶体磨粉碎　胶体磨主要用于减小悬浮液中固体的粒径。典型的胶体磨由定子和转子组成，转子在静态定子内旋转。在胶体研磨过程中，转子高速转动，导致高水平的液压剪切，加之颗粒、研磨介质和研磨腔壁之间剧烈的冲击力、摩擦力和剪切力，最终导致颗粒的粉碎。胶体磨可以较容易地将黏性和致密物料快速研磨成亚微米范围，具有结构简单、操作方便和占地面积小等优点。然而，由于定子和转子之间的间隙较小，其加工能力有限；另外，当研磨时间增加时，颗粒尺寸减小，悬浮液的剪切应力增加，此时摩擦成为粉碎的主要机制，容易导致机器的磨损。除粉碎外，胶体磨还具有混合、乳化和均质等效果。

（三）影响湿法超微粉碎效果的主要因素

湿法超微粉碎提取的主要目的是获得超细微粒，便于有效成分的溶出，其影响因素主要有浸泡时间和粉碎时间等，工艺研究可就这几个因素进行正交考察。

1. 粉碎时间　粉碎时间对湿法超微粉碎的影响主要体现在药材颗粒的粒径分布与破碎程度。随时间的增加，粒径越来越小，比表面积增大，电镜下观察样品微观形态，主要是细胞破壁后的碎片，大小以 $10\sim20\mu m$ 居多。

2. 浸泡时间　中药饮片多为植物或动物的干燥组织，其细胞干枯萎缩，组织外表也变紧密，使水分不易渗入和溶出。因而，在湿法超微粉碎之前先用凉水浸泡一段时间，使药材变软，细胞膨胀，有利于有效成分在药材组织内形成高浓度的溶液，提高提取率。

中药超微粉碎技术优势明显，但也存在一定问题。中药超微粉粒径可以不断减小，但药物的溶解度和溶解速度却不会无限制地增大，当粒度小到一定程度时，其表面能因素就显露出来，容易团聚结块，过细的粒子吸湿性强，易吸附空气中的电荷，导致分装剂量不能保持稳定性和准确性，增加药物存放难度。

二、超声波辅助提取技术

（一）基本原理与过程

超声波是一种机械波，有效频率一般在 $20\sim50kHz$ 范围。其主要特征为：①波长短，可近似看成直线传播；②振动剧烈，能量集中，可产生高温。随着科学的发展，超声技术已经被应用到各个领域，如用超声波进行清洗、杀菌等工序。近年来，人们越来越多地关注超声波技术在中药提取工艺中的辅助应用。超声波提取是将超声波产生的空化、振动、粉碎、搅拌、热效应等综合效应应用到天然产物成分提取工艺中，通过破坏细胞壁，增加了溶剂穿透力和整体流动性，可使有效成分加速溶出，大大减少提取时间，提高提取效率。

超声提取的主要理论依据是超声的空化效应、热效应和机械作用。当大能量的超声波作用于介质时，介质被撕裂成许多小空穴，这些小空穴瞬时闭合，并产生高达几千个大气压的瞬间压力，即空化现象。超声空化中微小气泡的爆裂会产生极大的压力，使植物细胞壁及整个生物体的破裂在瞬间完成，缩短了破碎时间，同时超声波产生的振动作用加强了胞内物质的释放、扩散和溶解，提高介质分子的运动速度，增大介质的穿透力，从而显著提高提取效率。

1. 空化效应 空化效应是指超声波作用于液体介质时，使得液体内显现拉应力并形成负压，负压导致周边液体中的少量气体过饱和，形成气泡；同时，当超声波作用于介质时，一部分尺寸适宜的气泡将发生共振现象。在超声的作用下，比共振尺寸大的气泡将逸出介质外，小于共振尺寸的气泡逐渐变大，最终接近共振尺寸。在声波的稀疏段期间，气泡迅速增大；声波的压缩段时，气泡突然被压缩至闭合，在闭合的过程中将产生几千个大气压的压力，可能伴有放电、发光等现象，这就是超声波的空化效应。超声空化作用瞬间温度可高达 $5000℃$，脉冲压力达 $5×10^4kPa$，脉冲的持续时间很短。这种空化效应可以使植物细胞壁甚至是整个生物体发生破裂，并且瞬间完成破裂的全过程，达到迅速溶出有效成分的目的。

2. 热效应 由于超声波频率较高，能量较大，在介质中传播时，其超声能量可以持续地被介质的质点吸收并转化为热能，使温度升高，从而提高了介质本身和药材组织的温度，增大了药物有效成分的溶解速度。由于这种吸收声能引起的药物组织内部温度的升高是瞬间的，因此可使被提取成分的生物活性保持不变，同时这种因吸收声能而升高的温度呈现稳定状态。

3. 机械效应 超声波在传播方向产生辐射压强，给予溶剂和悬浮在流体中的微小颗粒不同的加速度，其在介质中有效地进行搅动和流动，强化介质的扩散和传播，从而使介质中的颗粒被粉碎，并促使液体介质中固体小颗粒在液体中的分散。在传播过程中，超声波还可以导致介质和悬浮体产生速度差，使两者之间因为运动速度不同而产生摩擦，生物分子在这种摩擦力的作用下发生解聚，促进有效成分从细胞壁上溶解到溶剂之中。

总之，在超声波的辅助下，植物类药材中的有效成分作为溶剂中的质点而获得运动速度和动能，而且在超声波的三大效应共同作用下，受到相关作用力，使得提取效率增加。

（二）超声波提取技术的特点

1. 不需高温，能耗低 超声波辅助提取中药材的最佳温度为 $40~60℃$，尤其适用于提取热敏性、易水解或氧化的药材；超声波提取过程中，无须加热或加热温度较低，因此可降低能耗。

2. 提取时间短 超声波强化提取在 $20~40$ 分钟内即可获得最佳提取率，所需时间是水煮、醇沉法等传统方法的三分之一甚至更少，但是提取量却是传统方法的二倍以上。

3. 提取效率高 具有特殊物理性质的超声波可以使植物细胞组织破壁或发生形变，从而充分提取中药材的有效成分。与传统工艺相比，提取率显著提高达 $50\%~500\%$。被提取出的药液的杂质较少，提取物的有效成分含量高，利于进一步分离、纯化有效成分。

4. 适应性广 超声波提取中药材不受药材成分极性、分子量大小的限制，适用于绝大多数种类中药材中各类成分的提取。操作简单易行，设备维护、保养方便。

5. 对酶的特殊作用 低强度的超声波可以提高酶的活性，促进酶的催化反应，但不会破坏细胞的完整结构；而高强度的超声波能破碎细胞或使酶失活。

（三）超声波提取技术的工艺流程与工艺参数

1. 超声波提取技术的工艺流程 一般包括以下几步：①药材破碎；②将药材与溶剂充分混合，放于超声设备中，进行超声提取；③从提取相中除去残渣；④获得有效成分后，根据具体情况确定是否继续分离。

2. 超声波提取技术的主要工艺参数

（1）超声波的频率　超声波的作用原理主要有热效应、机械效应和空化效应。这三大效应相互之间关联大，利用对超声波频率的选择与设计，可以增强某一效应对提取过程的影响，同时减弱其他效应的影响，从而提高提取效率。

研究表明，超声波的频率对提取工艺的影响显著。对于大多数药材来说，超声波的频率越高，提取率越低；但在提取益母草总生物碱时，提取率却随着超声波频率的增大而增大。从而提示，不同的有效成分各有其提取的适宜频率。

（2）温度的选择　超声波能产生热效应，且介质的温度对空化作用的强度也有一定影响。适当增加温度有利于提高溶剂的溶解度，但温度过高反而导致溶剂挥发，浓度变小。当以水为介质时，超声波提取的温度宜控制在60℃。

（3）超声时间　超声提取比常规提取时间短，一般超声处理时间在20~45分钟可获得较好的提取效果。超声作用时间的影响取决于不同药物的性质，主要存在三种情况：①对于某些成分，超声时间越长，提取率越高，如绞股蓝皂苷；②随着超声时间的延长，提取率不断增高，但当达到一定时间后，超声时间再延长，提取率的增高呈缓慢趋势，如大黄蒽醌；③随着超声时间的延长，提取率不断增高，但当达到一定时间后，超声时间再延长，提取率反而减小，如益母草总碱。其原因可能是长时间作用下，有效成分分解或杂质增加导致有效成分含量下降。

（4）溶剂的选择　在提取过程中，可依据相似相溶原理和酸碱成盐原理来选择溶剂，如有效成分为水溶性，则选用水为提取溶剂；如提取生物碱类物质时，则可将其与酸反应生成盐来提取。

（5）溶剂浸渍时间　为了提高提取效率，常常先用一定量的溶剂将药材浸渍一段时间，使有效成分在溶剂中的溶解度增加，然后再超声提取。药材特性不同，浸渍时间不同。一般来说，应将药材浸泡至透心为度。时间过短，溶剂不能深入药材组织内部，有效成分不能充分提取；时间过长，药材组织中的黏液质、糖类会扩散至药材表面，导致溶剂不能进入组织内部，影响有效成分的提取效率。

（6）占空比　占空比是超声波工作时间与脱气时间之比。对于间歇式超声波提取器来说，工作一段时间后要进行脱气。合理选择占空比对控制液体中的空化现象及附加作用有明显影响。

三、微波辅助提取技术

（一）基本原理与过程

微波是一种频率介于300MHz到300GHz之间，波长在1~1000mm之间的电磁波，穿透力强。微波辐射后，极性分子通过分子偶极的高速旋转产生热效应，加热物质。微波辅助提取法，是利用微波来提高提取效率的一种技术，广泛应用于固液提取。当微波作用于浸泡在以极性分子水作溶剂的植物类药材时，微波以直线的方式传递能量，药材内部的水和外部的溶剂水同时吸收微波能，产生大量热量，使得提取温度升高。一方面植物类药材内部细胞的温度升高，水汽化产生的压力将细胞膜和细胞壁冲破，有利于溶剂的进入和有效成分的扩散；另一方面，微波作用使得植物类药材表面的水分子高速旋转，药材表面的水膜变薄，阻力减小，传质系数增加，提取率增加。

微波提取适用于热稳定性有效成分的提取，对热敏性物质不适用。而且，微波辅助提取适合细胞中有大量水分的药材，否则细胞难以吸收微波产生的热量。微波适用于极性溶剂，一般常用溶剂是水、甲醇、乙醇、丙酮等。

（二）微波辅助提取技术的特点

微波辅助提取技术是一种新型萃取技术，以传统溶剂浸提法原理为基础，通过微波热效应促使细胞破壁，达到有效成分快速溶出。具有快速、提取效率高、穿透性强、选择性强、重现性好、污染少等优点。微波辅助提取技术被认为是用于提取天然产物的一种极具发展潜力的新型技术。微波技术应用于制药分离工程领域所具有的优越性如下。

1. 加热迅速，提取效率高 微波极强的穿透力可使反应物内外同时加热，且使反应物本身成为发热体，而非简单的热传导过程，加热均匀、迅速、简单、高效。但热敏性成分不适用于微波加热法萃取。

2. 均匀性提高 在常规干燥过程中，以升高外部温度的方式提高干燥速度，易使被干燥物料（如药丸等）表面形成一层硬壳，不利于其中有效成分的溶出和释放。微波加热可克服这一弊端，电磁波均匀渗透物料，内外同时加热，受热均匀。

3. 选择性好 微波提取技术可以对物料体系中的不同组分进行选择性加热，以达到选择性溶出的目的。这不仅能保证目标组分的纯度，同时还可在同一装置中利用不同的提取剂进行不同成分萃取，从而降低工艺费用。

4. 节能高效 微波通过分子极化或离子导电效应直接作用于物料，与常规的方法相比，可大大减少热能的损失，也缩短了时间。与常规提取法相比，时间显著缩短。

5. 工艺先进，简单方便 设备即开即用，微波功率、传输速度均可调控，无热惯性。安全可靠，无污染。如果用于大生产，生产线组成简单，可节约投资。

微波技术虽然具有效率高、选择性强等优点，但也具有一定的局限性。如微波提取不适用于一些具有挥发性或热敏性成分的中药材；提取介质的极性对提取效果也有很大的影响；同时，在放大生产过程中，微波对人体健康也有一定的影响，微波的泄漏与防护等问题需要引起关注。

（三）微波辅助提取流程与工艺参数

1. 微波辅助提取流程 通常情况下，微波辅助提取的流程分为以下几步：①切碎物料，目的是使其能更充分地吸收微波。②将适宜的溶剂混合物料放置于微波设备中，进行照射。③除去提取液中的杂质。④获得所需的有效成分。

2. 微波辅助提取设备及工艺参数 总体来说，微波辅助提取设备主要由微波加热装置、提取容器和用于选择功率、控温控压等的附件组成。其主要工艺参数有微波功率、提取溶剂、提取时间、提取温度等。研究表明，在这些影响因素中，提取剂的选择至关重要。

（1）提取剂 在进行提取操作时，要尽可能选择介电常数相对小的介质，这些介质对微波来说呈现透明或者半透明状态，易于穿透。同时，选择对于物料组分溶解性能较好的溶剂。

（2）提取温度与作用时间 微波提取连续辐照（投射在单位面积上的辐射能量）时间与样品质量、加热时功率和溶剂体积均有联系，一般情况下是 10～100 秒。针对不同的试样，最佳作用时间也是不同的。辐照时间过长，会升高溶剂的温度，损失部分有效成分，产率下降。一般情况下，药材浸泡的时间越长，提取效果越好。但是针对某些特殊药材，长时间的浸泡可能导致药材发生水解等反应，使提取效率下降。

（3）试样的湿度或水分 因为水的介电常数较大，可将吸收到的微波能有效地转化为热能，从而影响提取效率。可用增湿的方法增加物料的含水量，从而提高对微波能的吸收。除此之外，试样的含水量对提取时间的长短也有影响。应根据待处理物料特性的不同，通过实验优化工艺条件。

（4）微波剂量 微波剂量就是每次微波连续辐射的时间。辐射时间不能太长，否则会使物料体系的温度很高，引起溶剂的剧烈沸腾，不仅造成溶剂的大量损失，还会带走已溶解入溶剂中的部分溶质，影响提取效率。

案例 3-1 年产 500 万瓶六味地黄丸（浓缩丸）的物料衡算及部分能量衡算

背景 六味地黄丸最早记录于宋代名医钱乙的《小儿药证直诀·卷下》，称地黄圆，被称为"千年补肾良药，补阴方药之祖"，是应用最广的传统丸剂之一。《中国药典》中记载处方为：熟地黄 120g，酒萸肉 60g，牡丹皮 45g，茯苓 45g，泽泻 45g，山药 60g。制法为以上六味，牡丹皮用水蒸气蒸馏法提取挥发油成分；药渣与酒萸肉 20g、熟地黄、茯苓、泽泻加水煎煮二次，每次 2 小时，煎液滤过，滤液合并，浓缩成稠膏；山药与剩余酒萸肉粉碎成细粉，过筛，混匀，与上述稠膏和牡丹皮挥发性成分混匀，制丸，干燥，打光。即得。

问题 进行年产 500 万瓶六味地黄丸（浓缩丸）的物料衡算及部分能量衡算，为后续设备工艺设计与选型、确定原材料消耗定额等各种设计内容提供依据。

分析 依据《中国药典》（2020 年版），六味地黄丸（浓缩丸）提取工艺流程图见图 3-6。

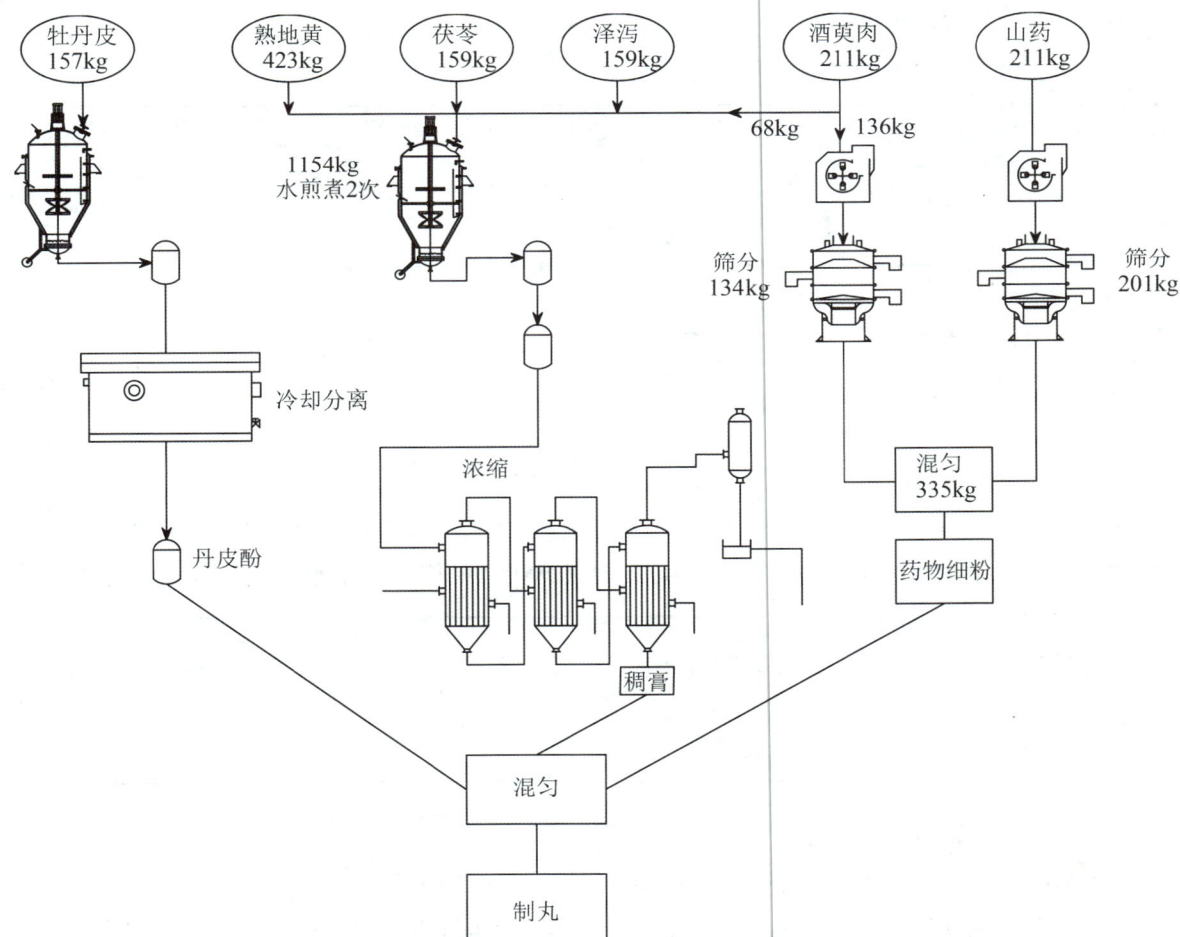

图 3-6 六味地黄丸（浓缩丸）提取工艺流程图

关键   确定物系和该物系物料衡算的范围，以单批次生产为基准，列出一般物料衡算所用的方程，分别计算出投料量和出料量、能耗等。

工艺流程物料衡算和部分设备热量衡算

1. 中药饮片物料衡算：年产500万瓶六味地黄丸，360丸每瓶（每8丸相当于饮片3g），即每瓶相当于饮片135g，按每年生产250天计，日处理量为：

$$135 \times 500 \times 10^4 \div 250 \div 1000 = 2700 \quad (kg)$$

处方中熟地黄：酒萸肉：牡丹皮：山药：泽泻：茯苓=8：4：3：4：3：3，假定饮片前处理和粉碎筛分工段总收率是93.17%，则各药材日投料量如下：

熟地黄：日处理量÷总收率×药粉占比=2700÷93.17%×8÷(8+4+3+4+3+3)=927（kg）

酒萸肉：2700÷93.17%×4÷(8+4+3+4+3+3)=464（kg）

牡丹皮：2700÷93.17%×3÷(8+4+3+4+3+3)=348（kg）

同理，求得山药：464kg；泽泻：348kg；茯苓：348kg。

2. 牡丹皮挥发油提取热量计算：选用饱和水蒸气蒸馏法提取牡丹皮挥发油，由于挥发油中丹皮酚含量最高（>70%），故挥发油数据依据丹皮酚计算。牡丹皮日投料量为348kg，挥发油得油率为5%，一个大气压下操作，计算水蒸气蒸馏温度和消耗水蒸气的用量。

通过检索找到丹皮酚的数据：

分子量166.17，不同温度下丹皮酚的饱和蒸汽压：

温度	饱和蒸汽压	
25℃	0.00057mmHg	0.076Pa
154℃	20mmHg	2666Pa
301.9℃	760mmHg	101330Pa

将三组数据代入安托因方程：$\lg p^0 = A - \dfrac{B}{t+C}$

可计算得出丹皮酚的安托因方程：

$$\lg p^0 = 7.668 - \frac{1057.7}{t+95.4}$$

工艺过程中，操作压力为一个大气压101330Pa，由于丹皮酚饱和蒸汽压小，混合体系的沸点应在95~100℃，利用安托因方程可以求得丹皮酚在100℃和95℃时的饱和蒸汽压，如下：

温度	饱和蒸汽压		总压
	丹皮酚	水	
100℃	180Pa	101330Pa	101510Pa
95℃	130Pa	84560Pa	84690Pa

通过差值法计算体系沸点温度，即：

（101510-84690）/（100-95）=（101510-101330）/（100-t）

求解以上方程可得 t=99.95℃，即丹皮酚-水体系的蒸馏温度为99.95℃。再查得99.95℃时，$P_水$=101162Pa，$P_油 = P_总 - P_水$ = 101330-101162 = 168（Pa）

根据道尔顿分压定律

$$m_油 / m_水 = P_油 M_油 / P_水 M_水 = 168 \times 166.17 / 101162 \times 18 = 0.015$$

$m_{水} = m_{油}/0.015 = 348×5\%/0.015 = 1160$（kg）

即水蒸气蒸馏提取 348kg 牡丹皮，相应消耗理论水蒸气量为 1160kg。

由上式计算得到的水蒸气量只是水蒸气蒸馏出挥发油所需的量，还需要加上加热物料和使挥发油气化及弥补热损失所消耗的蒸汽量，而且水蒸气通常并未被挥发油饱和，所以实际消耗的水蒸气大于计算值，实际生产中可以除以饱和系数 ϕ（0.6~0.8）。

评论与小结　物料衡算和热量衡算是制药工艺设计的基础，根据所需要设计项目的年产量，通过对全过程或者单元操作的物料衡算和热量衡算，可以得到单耗、副产品量、输出全过程中物料损耗量以及"三废"生成量等，使设计由定性转向定量。

思考题

1. 在中药复方水煎煮工艺中，浸泡时间是否一致？各药材吸水率不同，对加料方式和提取效率有无影响？

2. 本案例中水煎煮工艺过程前，熟地黄、茯苓和泽泻等均需要粉碎，山药和剩余酒萸肉也需要粉碎，均为粉碎单元操作，在粉碎目标、粉碎效率和洁净车间控制上有何区别？

习　题

1. 试述萃取溶剂的选择原则。

2. 煎煮法通常使用的设备及对设备的要求？

3. 简述影响中药浸出液过滤速度的因素。

4. 中药提取车间包含投料区、提取区、出渣区、浓缩区、收膏区、干燥区等，如何进行布局设计？

第四章
超临界流体萃取技术

扫一扫,查阅本章数字资源,含PPT、音视频、图片等

第一节　超临界流体萃取原理

超临界流体萃取(supercritical fluid extraction,SFE)是利用处于临界压力和临界温度以上的流体具有特异性增加溶解能力而发展起来的一种化工分离新技术。早在 1879 年,英国的 J. B. Hannay 就发现无机盐在高压乙醇或乙醚中溶解度异常增加的现象。20 世纪 50 年代美国的 Todd 和 Elgin 从理论上提出了 SFE 用于萃取分离的可能性;1978 年,联邦德国就利用超临界 CO_2 萃取工业化装置从咖啡豆脱除咖啡因,处理量达到 2.7 万吨/年。由于超临界 CO_2 具有传质性能好、溶解能力强、无毒和无残留等优点,所以经过处理的咖啡仍保留咖啡原有色、香、味。随后美国和联邦德国建成了采用超临界 CO_2 从啤酒花萃取酒花浸膏的工业化装置,使用丙烷从渣油中脱除沥青的工业装置也投入生产。20 世纪 80 年代以来,超临界流体萃取研究范围涉及食品、医药、香料和化工领域,并取得了进展。我国超临界流体萃取研究始于 20 世纪 80 年代初,从基础数据、工艺流程和实验设备等方面逐步发展。目前已有多套工业化设备应用于天然产物提取。例如采用超临界 CO_2 流体萃取辣椒红素、番茄红素、β-胡萝卜素和栀子黄色素等天然食用色素;从广藿香中提取挥发油;从烟叶中萃取茄尼醇;从罂粟茎中提取生物碱等。

1991 年超临界萃取技术研究(包括中草药、食品、香料、设备等专题)列为"八五"国家科技攻关计划后,超临界 CO_2 流体萃取技术在中草药中的应用研究与开发发展起来。近 20 年来,国家积极推进超临界新技术在中药产业中的应用,很多企业都在应用该技术进行中药及其保健品的研究开发,超临界 CO_2 萃取技术在中药的应用成为一大"热点"。目前,已有注射用蛋黄卵磷脂、青蒿素、丁桂儿脐贴、康莱特注射液、姜素胶丸、灵芝孢子油软胶囊等原料药和制剂采用超临界 CO_2 萃取技术进行生产。

一、超临界流体及其特性

物质处于其临界温度(T_c)和临界压力(P_c)以上状态时,加压后气体不会液化,只是密度增大,表现出若干特殊性质,这种状态的流体称为超临界流体(supercritical fluid,SCF)。

表 4-1 列出超临界流体的密度、扩散系数和黏度与一般气体、液体的对比。

表 4-1　气体、液体和超临界流体的性质

	气体	超临界流体	液体
密度(g/cm^3)	0.0006~0.002	0.2~0.9	0.6~1.6
黏度($10^{-4}g/cm \cdot s$)	1~3	1~9	20~300
扩散系数(cm^2/s)	0.1~0.4	0.0002~0.0007	0.000002~0.00002

超临界流体的密度比气体大数百倍，与液体接近，具有液体溶解度大的特点。黏度接近于气体，具有扩散系数和传质速率大的特点。当流体处于临界点附近，压力和温度微小的变化都可以引起流体密度很大的变化，并相应地改变溶解度。因此，可以利用压力、温度的变化来实现萃取和分离的过程。

二、超临界 CO_2 流体的 PVT 特性

超临界 CO_2 密度大，溶解能力强，传质速率高；其临界压力、临界温度等条件比较温和；且具有廉价易得、无毒、惰性以及极易从萃取产物中分离出来等一系列优点，当前绝大部分 SFE 过程都以 CO_2 为溶剂。

超临界 CO_2 流体的压力（P）、体积（V）、温度（T）是物理意义非常明确的三种基本性质。当 CO_2 流体量确定后，其 P、V、T 性质不可能同时独立取值，而存在着下述函数关系：f（P、V、T）$= 0$。PVT 性质的研究是超临界 CO_2 流体萃取技术的基础。

（一）CO_2 相平衡图

图 4-1 为 CO_2 平衡相图。图中 A–T_p 线表示 CO_2 的气-固平衡升华曲线，B–T_p 线表示 CO_2 的液-固平衡熔融曲线，T_p–C_p 线表示 CO_2 的气-液平衡蒸气压曲线。T_p 为气-液-固三相共存的三相点，沿气液饱和曲线增加压力和温度则达到临界点 C_p。物质在临界点状态下，气液界面消失，体系性质均一，不再分为气体和液体，相对应的温度和压力称为临界温度和临界压力。物质有其固定的临界点。当体系处在高于临界压力和临界温度时，称为超临界状态（图中阴影线区域）。如前所述，超临界状态既不是气体也不同于液体，所以人们普遍称其为流体状态，相应的分离过程称超临界萃取过程。

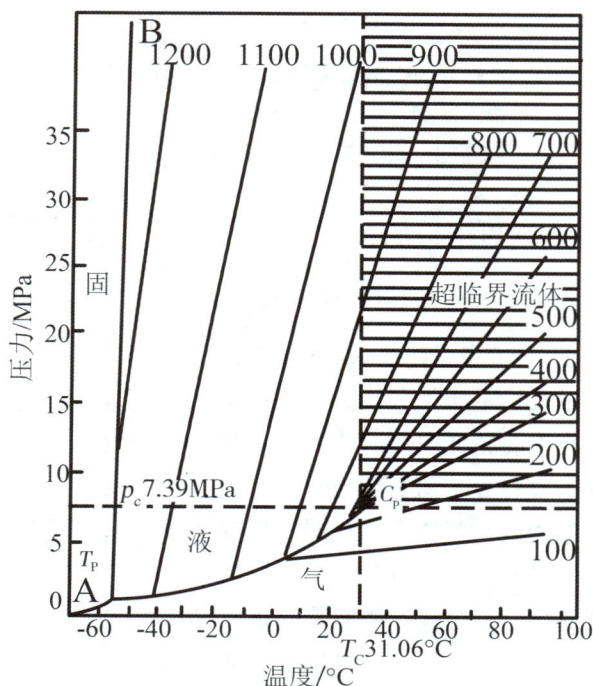

图 4-1　CO_2 相平衡图

（二）CO_2的密度和压力、温度间的关系

CO_2在超临界区域及其附近的压力（P）-密度（ρ）-温度（T）间的关系如图4-2所示。其中，纵坐标为压力比（$P_r = P/P_c$），横坐标为密度比 ρ_r（$= \rho/\rho_c$），温度比 T_r（$= T/T_c$ [K]）为参变量。阴影线所围部分 $T_r = 1 \sim 1.2$（$31 \sim 92℃$），$P_r = 0.8 \sim 4$（$5.8 \sim 30.0MPa$），$\rho_r = 0.5 \sim 2$（$0.24 \sim 0.94g/cm^3$），为常用的超临界流体萃取区域。

由图4-2可知，在 $1.0 < T_r < 1.2$ 时，等温线在相当一段密度范围内趋于平坦，即在此区域内，超临界 CO_2 的密度会随压力和温度的变化产生较大的变化。SFE 就是基于压力和温度的稍许改变，可使密度大幅度变化这一独特性质的分离方法。

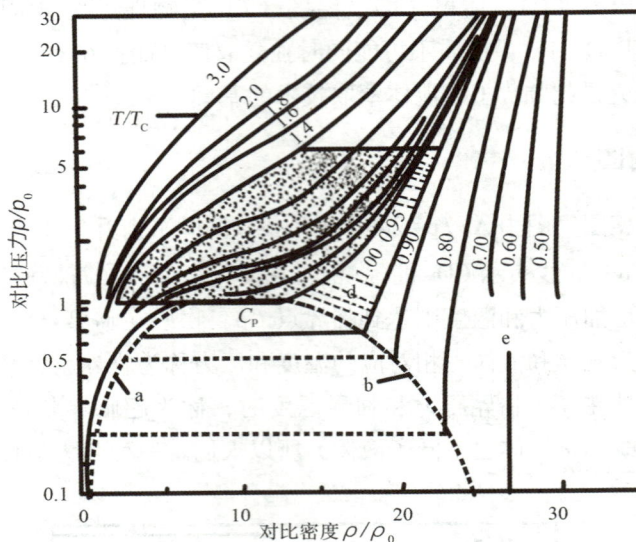

图4-2 CO_2的密度和压力、温度间的关系

a. 沸点线；b. 露点线；c. SCF 萃取线；d. 亚临界萃取线；e. 一般液体的密度；C_p. 临界点

（三）CO_2在超临界及临界附近的扩散度

超临界及临界附近 CO_2 的扩散特性如图4-3所示。CO_2 在高压下的液体或超临界时的扩散度，远比普通液体要大。表4-1列出了在常温、常压下气体、液体与超临界态流体的输送特性。流体的黏度和扩散系数是支配分离效率的重要参数，直接影响着达到平衡的时间。由表4-1可知，超临界流体的密度与液体大体相同，黏度只有通常气体的 2~3 倍，约为液体的 1/100，扩散系数较液体大 100 倍。也就是说，与采用液体溶剂萃取相比较，采用超临界流体为溶剂进行萃取与分离时扩散系数更大，萃取速度更快。

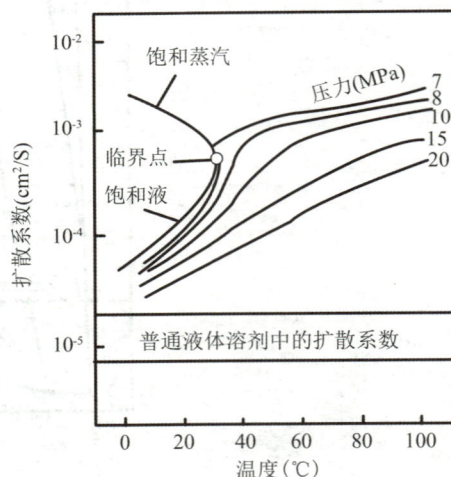

图4-3 CO_2在超临界及临界附近的扩散

第二节　超临界流体萃取技术

一、溶质在超临界流体中的溶解性能

溶解度是影响大多数超临界流体工艺的最重要的参数。例如，溶解度可以直接影响提取速度、产量、设计和工艺经济性。从提取工艺角度出发，高溶解度适合提取，低溶解度适合反溶剂沉淀。

超临界流体从类气态到类液态的溶剂化强度变化可以用密度 ρ 或溶解度参数 δ（内聚能密度的平方根）来定性描述。

$$\delta^2 = \left(\frac{\Delta E}{v}\right)_T \approx \left(\frac{\partial E}{\partial v}\right)_T = T\left(\frac{\partial P}{\partial T}\right)_v - P$$

其中 E 是热力学能，v 是摩尔体积。超临界流体的摩尔体积或密度从类气态到类液态的值变化高度依赖于压力/温度。其他密度相关变量，如焓、熵、黏度和扩散系数等，与压力的关系也有类似的特征。气体二氧化碳的 δ 基本上为零；液态二氧化碳的值类似于碳氢化合物的值（图4-4）。在30℃时，δ 在从蒸汽冷凝为液体时大幅增加。在临界温度以上，通过改变较小的等温压力或等压温度，可以大幅调整溶解度参数。这种调整超临界流体溶剂强度的能力是其独特的特点，可以用于提取和回收选定的产品。要强调的是，密度和溶解度参数比压力能更直接地反应超临界流体的溶剂化效应。

单个溶质在超临界流体中的溶解度数据具有一个共同的特征：存在压力交叉点。在该点附近，溶解度等温线在此交汇，形成压力交叉点。图4-5显示了菲在二氧化碳中的溶解度。在交叉压力以下，等压温度的升高引起溶解度的降低，在交叉压力以上，发生相反的效果。这种行为可以通过考虑温度对溶解度的两种相反的影响来理解。固体溶质的气压随温度升高而升高，而超临界二氧化碳的密度（或溶媒功率）随温度升高而降低。在压缩系数较大的交叉压力下，密度效应占主导地位，溶解度随温度升高而减小。当压力高于交叉压力时，气压效应占主导地位，因此溶解度随温度升高而增加。

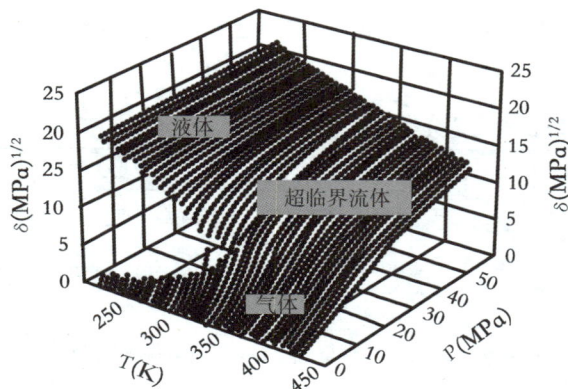

图4-4　CO_2 的溶解参数

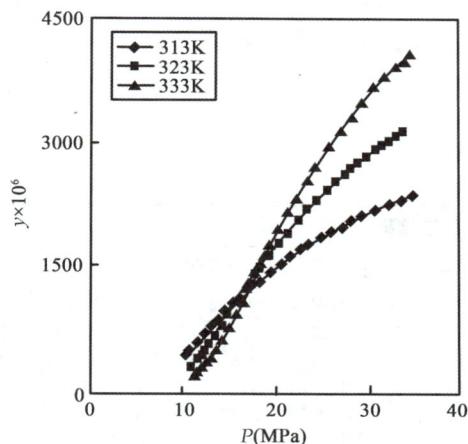

图4-5　菲在超临界二氧化碳中的
摩尔分数溶解度与压力的关系

二、超临界流体萃取传质过程

SFE 在制药领域多用于天然产物中有效成分的提取，而天然产物的 SFE 过程通常是在固体物料的填充床层中进行，对超临界流体传质过程及其传质模型的研究有利于分析温度、压力以及工艺参数对萃取的影响。

（一）超临界流体萃取天然产物的传质过程

一般认为超临界流体萃取天然产物的传质过程可用如下四步描述：①超临界流体扩散进入天然基体的微孔结构；②被萃取成分在天然基体内与超临界流体发生溶剂化作用；③溶解在超临界流体中的溶质随超临界流体经多孔的基体扩散至流动着的超临界流体主体；④萃取物与超临界流体主体在流体萃取区进行质量传递。上述四步中哪一步为控制步骤取决于待萃溶质、基体以及存在于待萃溶质–基体之间作用力的类型和大小。由于超临界流体具有较高的扩散系数，而一般高沸点溶质在超临界流体中的溶解度很低，故上述中③常为控制步骤。

（二）超临界流体萃取过程传质模型

目前 SFE-CO_2 过程最主要的理论模型"微分传质模型"，主要是根据萃取过程以及萃取床层中的微分质量平衡关系建立的。微分质量平衡模型一般都是基于以下假设而建立的：①萃取物视为单一化合物；②床层中的温度、压力、溶剂密度以及流率都视为恒定不变；③溶剂在萃取釜入口处不含有溶质；④固体床层的粒度以及溶质的初始分散度都是均一的。在上述前提下，按照质量衡算通式：输入＝输出＋累积，可建立固体相和流体相的质量平衡方程。但由此而建立的质量平衡方程是较为复杂的偏微分方程，需要知道相平衡关系、初始条件和边界条件等，且求解困难。

三、超临界 CO_2 萃取工艺流程及装置

（一）超临界 CO_2 萃取工艺流程

1. 超临界萃取的典型流程　超临界萃取过程主要由萃取阶段和分离阶段两部分组成。在萃取阶段，超临界流体将所需组分从原料中萃取出来；在分离阶段，通过改变某个参数，使萃取组分与超临界流体组分相分离，并使萃取剂循环使用。根据分离方法的不同，可将超临界萃取工艺流程分为三类，即等温变压流程、等压变温流程和等温等压吸附流程，如表 4-2 所示。

表 4-2　超临界流体萃取技术工艺分类比较

工艺流程	工作原理	优点	缺点	应用实例
等压变温工艺	萃取和分离在同一压力下进行，萃取完毕后，通过热交换升高温度，CO_2 流体在稳定压力下，溶解能力随温度的升高而减小，溶质析出	压缩能耗相对较小	对热敏性物料有影响	丙烷脱沥青
等温变压工艺	萃取和分离在同一温度下进行，萃取完毕，通过节流降压静电分离器。由于压力降低，CO_2 流体对萃取物的溶解能力逐步减小，萃取物被析出，得以分离	由于没有温度的变化，操作简单，可实现对高沸点、热敏性、易氧化物质的萃取	压力大、投资大、能耗大	超临界啤酒花的萃取

续表

工艺流程	工作原理	优点	缺点	应用实例
等温等压工艺	在恒温恒压下进行操作，该设备操作需要特殊分离萃取物所需吸附剂，如离子交换树脂、活性炭等，进行交换吸附，一般用于去除有害物质	操作过程中始终恒定在超临界状态，所以十分节能	需特殊的吸附剂	超临界萃取咖啡因的水吸收

（1）等温降压流程　等温降压流程是利用不同压力下超临界流体萃取能力的不同，通过改变压力使溶质与超临界流体相分离。所谓等温是指在萃取器和分离器中流体的温度基本相同。这是最方便的一种流程，如图4-6所示。首先使萃取剂通过压缩机到达超临界状态，然后超临界流体进入萃取器与原料混合进行超临界萃取，萃取了溶质的超临界流体经减压阀后压力下降，密度降低，溶解能力下降，从而使溶质与溶剂在分离器中得到分离。然后再通过压缩使萃取剂达到超临界状态并重复上述萃取-分离步骤，直至达到预定的萃取率为止。

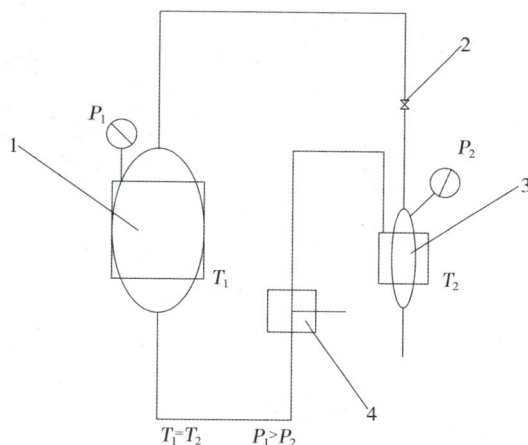

图4-6　等温降压图

1. 萃取器；2. 膨胀阀；3. 分离槽；4. 压缩机

（2）等压升温流程　等压升温流程是利用不同温度下物质在超临界流体中的溶解度差异，通过改变温度使溶质与超临界流体相分离。所谓等压是指在萃取器和分离器中流体的压力基本相同。如图4-7所示，萃取了溶质的超临界流体经加热升温使溶质与溶剂分离，溶质由分离器下方取出，萃取剂经压缩和调温后循环使用。

（3）等温等压吸附流程　等温等压吸附流程是在分离器内放置仅吸附溶质而不吸附萃取剂的吸附剂，溶质在分离器内因被吸附而与萃取剂分离，萃取剂经压缩后循环使用，如图4-8所示。

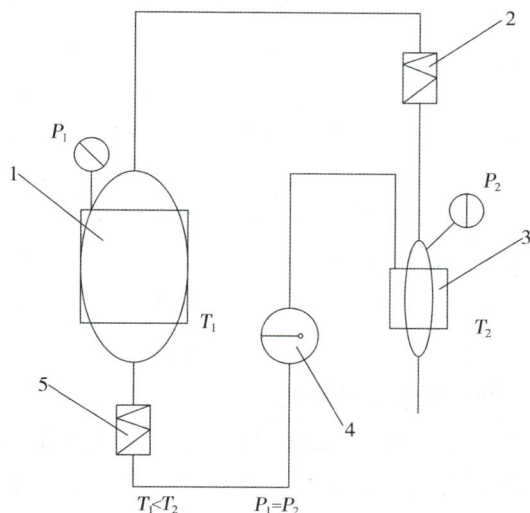

图4-7　恒压升温图

1. 萃取器；2. 加热器；3. 分离槽；4. 泵；5. 冷却器

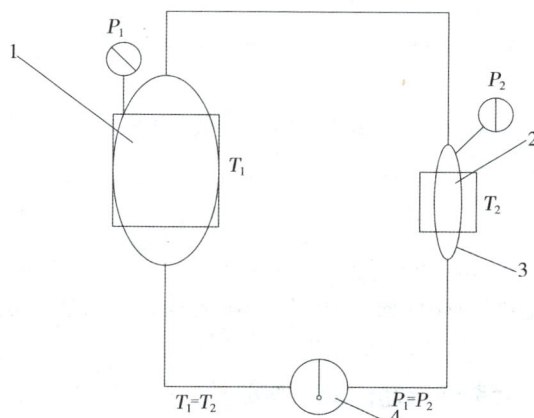

图4-8　等温等压吸附图

1. 萃取器；2. 吸附剂；3. 分离槽；4. 泵

2. 通用的超临界 CO₂ 萃取技术的工艺流程   液体 CO₂ 由高压泵加压到萃取工艺要求的压力并送到预热器，将 CO₂ 流体加温到萃取工艺所需温度后进入萃取器，在此完成萃取过程。负载溶质的 CO₂ 流体在分离器中改变温度和压力，溶解度降低使萃取物得以分离。分离萃取物后的 CO₂ 流体再经换热器液化后回到储罐中循环使用，如图 4-9 所示。

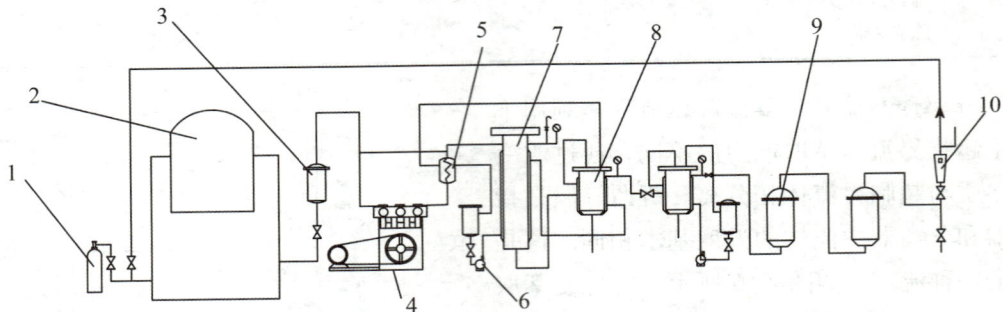

图 4-9   超临界流体萃取工艺流程图

1. 钢瓶；2. 储气罐；3. 过滤器；4. 压缩机；5. 恒温器；
6. 泵；7. 萃取器；8. 分离器；9. 吸收器；10. 流量计

（二）超临界 CO₂ 萃取装置

SFE-CO₂ 工艺装置主要由萃取器和分离器两部分组成，并适当配合压缩装置和热交换设备。萃取器和分离器是该技术的基本装置。

1. 萃取器   超临界流体萃取器可分为容器型和柱型两种。容器型指萃取器的高径比较小的设备，较适宜固体物料的萃取；柱型指萃取器的高径比较大的设备，可适用于液体及固体物料。为了降低大型设备的加工难度和成本，建议尽可能选用柱型萃取器。对于不同形态物料，需选用不同的萃取釜。对于固体形物料，其高径比在 1：4~1：5 之间；对于液体形物料，其高径比在 1：10 左右。前者装卸料是间歇式的，后者装卸料可以是连续式。

2. 分离器   从萃取器出来的溶解有溶质的超临界流体，经减压阀（一般为针形阀）减压后，在阀门出口管中流体呈两相流状态，即存在气体相和液体相（或固体），若为液体相，其中包括萃取物和溶剂，以小液滴形式分散在气相中，然后经第二步溶剂蒸发，进行气液分离，分离出萃取物。当产物是一种混合物时，常常出现其中的轻组分被溶剂夹带，从而影响产物的得率。

3. 中小型超临界流体萃取设备和工业化装置   超临界流体萃取装置可分为以下几类：①实验室萃取设备：萃取釜容积一般在 500mL 以下，结构简单，无 CO₂ 循环设备，耐高压（可达 70MPa），适合于实验室探索性工作。②中试设备（1~20L）：配套性好，CO₂ 可循环使用，适合于工艺研究和小批量样品生产。③工业化生产装置：萃取釜容积 50L 至数立方米。国外主要采用德国 UHDE 和 KRUPP 公司的设备，我国目前能自制 500L 工业化萃取装置。

超临界流体萃取装置的总体要求：①工作条件下安全可靠，能经受频繁开关盖（萃取釜），抗疲劳性能好；②一般要求一个人操作，在十分钟内就能完成萃取釜全腔的开启和关闭一个周期，密封性能好；③结构简单，便于制造，能长期连续使用（即能三班运转）；④设置安全联锁装置。

四、超临界 CO_2 萃取工艺参数设计

$SFE-CO_2$ 工艺设计主要牵涉到压力、温度、CO_2 流量、物料粒度及萃取时间，应做系统考察，择优确认。

（一）萃取压力的影响

萃取压力是 SFE 最重要的参数之一，萃取温度一定时，压力增大，流体密度增大，溶剂强度增强，溶剂的溶解度就增大。但压力达到一定值后，CO_2 的溶解能力反而变小，这是由于在高压下超临界相密度随压力变化缓慢所致。对于不同的物质，所需萃取压力有很大不同。根据萃取压力的变化，可将 SFE 分为 3 类：①高压区的全萃取：高压时 SCF 溶解能力强，可最大限度地溶解所有成分；②低压临界区的萃取：仅能提取易溶解的成分，或除去有害成分；③中压区的选择萃取：在高低压之间，可根据物料萃取的要求，选择适宜的压力进行有效萃取。当压力增加到一定程度后，则溶解增加缓慢，这是由于高压下超临界相密度随压力变化缓慢所致。

（二）萃取温度的影响

SFE 受温度的影响主要表现在流体密度与萃取物蒸气压。温度对超临界流体溶解能力的影响比较复杂，在一定压力下，升高温度有利于溶质挥发和扩散，增加了被萃取物在超临界 CO_2 中的浓度，从而使萃取量增大；另外，温度升高，超临界流体密度降低，从而使化学组分溶解度减小，又不利于萃取。对于 CO_2 在低压区（交叉点以下），升高温度导致其溶解能力下降；在高压区（交叉点以上），升高温度导致其溶解能力提高。

（三）萃取粒度的影响

粒度大小可影响提取回收率，粒度越小，物料与超临界 CO_2 接触的比表面积就越大，利于 CO_2 向物料内部迁移，从而增强了传质效果，利于萃取。但粒度过小、过细，不仅会严重堵塞筛孔，造成萃取器出口过滤网的堵塞，还会增加表面流动阻力，反而不利于萃取。因此，粒度也需适宜。

（四）CO_2 流量的影响

CO_2 流量的变化对超临界萃取有两方面的影响。CO_2 流量太大，会造成萃取器内 CO_2 流速增加，CO_2 停留时间缩短，与被萃取物接触时间减少，不利于萃取率提高。另外，CO_2 流量增加，可增大萃取过程的传质推动力，相应地增大传质系数，使传质速率加快，从而提高 SFE 的萃取能力。因此，合理选择 CO_2 流量在 SFE 中也相当重要。

（五）萃取时间的影响

在超临界流体萃取过程中，萃取剂流量一定时，萃取时间越长，收率越高。萃取刚开始时，由于溶剂与溶质未达到良好接触，收率较低。随着萃取时间的增加，传质达到某种程度，则萃取速率增大，直到达到最大后，由于待分离组分的减少，传质动力降低而使萃取速率降低。

（六）夹带剂的影响

夹带剂又称为提携剂，是加入超临界流体系统能明显改善系统相行为的少量溶剂。夹带剂与被萃取的溶质亲和力强，具有良好的溶解性能，其挥发度介于超临界流体和待萃取溶质之间。夹带剂的主要作用是能大幅度增加原本在超临界流体中较难溶解的溶质的溶解度，不但提高超临界 CO_2 流体的效率，也扩大了超临界 CO_2 流体技术的应用范畴；夹带剂的另一作用是可以降低超临界流体的操作压力，减少在操作中超临界流体的用量，降低投资和操作费用。在超临界 CO_2 流体技术中常使用的夹带剂有甲醇、乙醇、异丙醇、丙酮、氯仿、己烷和三氯乙烷等。

五、超临界流体萃取技术的应用

近年来，SFE 由于其独特的优点，在制药工程领域得到广泛的应用。下面以天然香料为例介绍 SFE 技术的应用。

（一）超临界 CO_2 萃取过程的特点

SFE-CO_2 法类似于一般的溶剂萃取，但兼有一些蒸馏的特点，这是因为它同时按溶质的挥发性和化学性质（主要指极性）不同而进行分离，故也有"蒸馏萃取"之称。CO_2 流体的传质速度高，故可以较快地达到相平衡，节省萃取时间；同时其渗透性很强，比较适合于固态天然香料的萃取。而且较低的密度和黏度又使得过程中的相分离很容易进行，有利于萃取产物的分离。超临界萃取过程对香料的产物收率、香气和产物组成都有一定的影响。

1. 对萃取产物收率的影响　在胡椒的 CO_2 流体萃取研究中，从胡椒碱和总抽提物的萃取收率来看，萃取压力存在最佳值，并非愈高愈好，详见图 4-10。啤酒花、当归的超临界 CO_2 萃取也存在着类似的现象。

2. 对辛香料精油香气的影响　清水幸夫将辛香料小豆蔻采用不同的萃取方法提取精油并评香，结果如表 4-3 所示。收率结果表明，液体 CO_2 流动法和超临界 CO_2 法的精油收率最高，液体 CO_2（静态）和水蒸气蒸馏的精油收率较

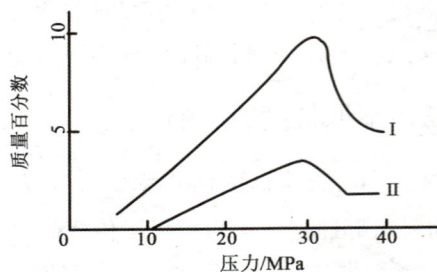

图 4-10　萃取压力对收率的影响（60℃，3h）
Ⅰ. 总抽提物；Ⅱ. 胡椒碱

低。评香结果表明，液体 CO_2 静态法精油香气最佳，液体 CO_2 流动法次之，超临界 CO_2 和水蒸气蒸馏评香结果较差。

表 4-3　小豆蔻不同萃取方法精油收率及评香

萃取方法	萃取条件	萃取物形状	抽出量（g/100g）	产品评香[①]（优良人数）
液体 CO_2（静态）	4.9MPa，15℃	黄色油状	3.3	7
液体 CO_2（动态）	24.5MPa，15℃	浓黄色油状	4.5	3
超临界 CO_2（对流）	24.5MPa，35℃	黄绿色油状	4.4	0
水蒸气蒸馏	100℃	淡黄色油状	3.2	0

①按评香纸 10 人评定。

3. 对萃取产物组成的影响　图 4-11a 为典型天然产物的化学组成色谱图，由精油、多萜、脂肪酸、脂肪、蜡、树脂和色素所组成。图 4-11b、c、d、e 各图中阴影部分表示不同萃取方法及条件下萃取物的成分。其中水汽蒸馏法只能严格地得到植物中挥发成分即精油（图 4-11b），溶剂萃取产物随所选用的溶剂不同而组成不同，使用二氯甲烷为溶剂可以萃取出天然产物中的绝大部分组分（图 4-11c），而以含水乙醇为溶剂，只能萃取精油和部分萜类组分（图 4-11d）。只有使用超临界 CO_2 流体萃取能通过压力和温度的调节而选择性萃取植物中的某些组分，以适应不同的需求（图 4-11e）。当低压 6MPa/60℃ 萃取时，萃取物主要为精油和部分萜类（图中ⓐ线部分）；萃取压力为 10MPa/60℃ 时，脂肪以下的成分可被萃取出来（图中ⓑ线部分）；萃取压力达到 30MPa/60℃ 能基本萃取出所有成分（图中ⓒ线部分）。SFE-CO_2 法这一特性也往往被人们称为选择性，它使得其应用领域远远超过了常规意义上的溶剂萃取。

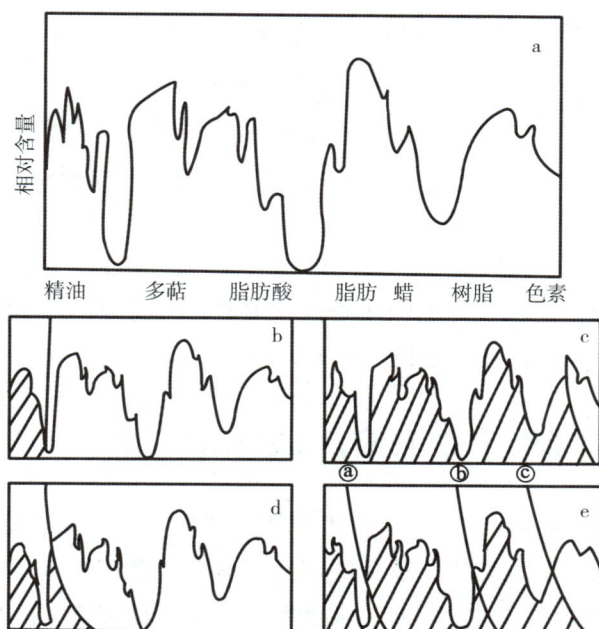

图 4-11　不同提取方法所得产物的组成比较

a. 天然产物的脂溶性成分；b. 水汽蒸馏；

c. 二氯甲烷抽提；d. 乙醇-水抽提；e. 超临界 CO_2 抽提

ⓐ. 6MPa/60℃；ⓑ. 10MPa/60℃；ⓒ. 30MPa/60℃

（二）超临界 CO_2 萃取产物的组成特点

SFE-CO_2 尽管在操作成本上比传统的水汽蒸馏法和有机溶剂萃取法都高，但在发展过程中仍表现出强劲的生命力，这是因为它的产物在组成上具有传统方法无法比拟的优点。

1. 与水汽蒸馏相比，超临界 CO_2 萃取产物具有较高的含氧化合物含量和较低的单萜烯烃含量。而天然香料香气的关键组分多是含氧化合物，单萜烯烃一般对香的贡献较小，并易氧化变质，从而影响产品质量。

2. 产品有较多的头香成分。SFE-CO_2 法自始至终都在较低的温度下进行，因而产物中含有较多的头香成分。

3. 产品底香较好。超临界 CO_2 流体能萃取出部分油脂，故产物中含有较多的底香成分，这有利于香气的持久。虽然有机溶剂也能萃取出底香成分，但选择性差，产物油树脂中往往含有大量杂质，如蜡、蛋白质、色素、树脂等，影响其在香料工业中的应用。

4. 能有效防止天然香料中热敏性或化学不稳定性组分被破坏。水汽蒸馏因在高温下进行，故有些娇嫩成分不可避免地发生水解或其他反应，从而损害了产品质量。有机溶剂萃取也存在类似情况。如在姜油的萃取中，溶剂萃取物的姜醇/姜酚远比超临界 CO_2 萃取物低，这主要因为姜醇受热转化为姜酚之故。

5. 对于辛香料，水汽蒸馏只能得到其精油部分，而其风味成分只能用超临界流体或有机溶剂萃取出。如姜中的姜辣素、胡椒中的胡椒碱等。

6. 不含溶剂残留物。有机溶剂萃取都不同程度存在着溶剂残留，这与各国目前日益严格的食品安全法规极难相容。

（三）超临界 CO_2 萃取过程工业化的技术经济问题

自 20 世纪 70 年代末期，咖啡、啤酒花大规模工业投产以来，超临界萃取已成为一种有生命力的商业加工新技术。但进入 90 年代其发展趋势渐缓，工业化进展没有达到人们所预期的速度。究其原因，除了超临界 CO_2 流体溶解能力和选择性的限制等技术原因外，$SFE-CO_2$ 技术工业化过程的经济原因不容忽视。

超临界 CO_2 萃取需要高压设备，过程技术要求高，因而设备投资远较传统分离方法高。装置的运转费取决于萃取原料性质与选用的操作条件，萃取装置的规模也将影响设备投资和运转费用，增加装置规模有利于降低设备投资和减少加工费。

第三节　超临界流体萃取从咖啡豆脱咖啡因的应用

迄今为止，超临界萃取最成功的工业化应用是脱咖啡因和啤酒花萃取。从咖啡豆中脱咖啡因是超临界流体萃取技术的最早大规模工业化应用。1978 年，德国建立了第一座超临界流体萃取加工厂，到 1991 年，世界上相继建立了 8 套脱咖啡因的工业化装置，最大的年处理量为 50kt 咖啡豆。

案例 4-1　超临界萃取技术的工业化应用——从咖啡豆中脱咖啡因

背景　咖啡因是一种较强的中枢神经系统兴奋剂，富含于咖啡豆中。通常咖啡豆中含 0.6%～3%。许多人饮用咖啡时不喜欢咖啡因含量过高，而且从植物中脱除的咖啡因可作药用。因此，从咖啡豆脱咖啡因的研究应运而生。

问题　为何 $SFE-CO_2$ 法成为从咖啡豆中脱咖啡因的主要手段？

分析　从咖啡豆中脱咖啡因是超临界流体萃取技术的最早大规模工业化应用。许多研究表明，咖啡因在超临界 CO_2 流体中具有较高的溶解度。在 20MPa，40℃时，每千克 CO_2 可溶解 1.2g 咖啡因；在 35MPa，80℃时，每千克 CO_2 可溶解 4.99g 咖啡因。另外，超临界 CO_2 具有较高的扩散性，传质阻力小，这对多孔疏松的固态物质和油脂材料中的化合物萃取特别有利；而且用 CO_2 作介质能实现低温、无毒、无溶剂残留的苛刻要求，使生产出的咖啡因品质更地道、纯正。

关键　选择合适的萃取操作参数和分离操作参数。

工艺设计　$SFE-CO_2$ 法从咖啡豆脱咖啡因的生产工艺主要有 3 种，见图 4-12。

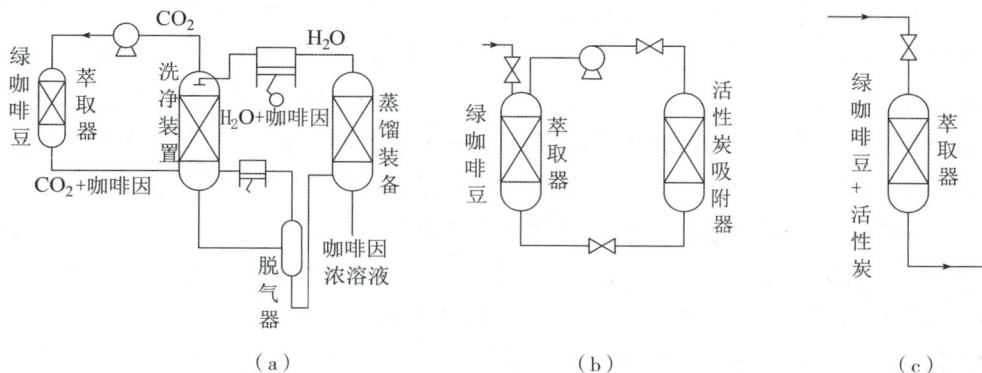

图 4-12　用 SFE-CO$_2$ 法从咖啡豆中脱出咖啡因

（a）用水将咖啡因从 CO$_2$ 中分离出来；（b）用活性炭将咖啡因

从 CO$_2$ 中分离出来；（c）活性炭与咖啡豆共同浸泡分离咖啡因

其过程大致为：先用机械法清洗鲜咖啡豆，去除灰尘和杂质；接着加蒸汽和水预泡，提高其水分含量达 30%～50%；然后将预泡过的咖啡豆装入萃取器，不断往萃取器中送入 CO$_2$，直至操作压力达到 16～20MPa，操作温度达到 70～90℃，咖啡因就逐渐被萃取出来。带有咖啡因的 CO$_2$ 被送往装有水（图 4-12a）或者活性炭（图 4-12b）的分离器，使咖啡因转入水相或被活性炭吸附；也有将活性炭与咖啡豆一起装入萃取器（图 4-12c），在工艺条件下浸泡，使咖啡豆中咖啡因转移至活性炭中，用筛分分离咖啡豆和活性炭，然后水相中或活性炭中的咖啡因用蒸馏法或脱附法加以回收，CO$_2$ 则循环使用。

此外，脱咖啡因的加工过程有过许多改进，比较成功的是半连续生产法，其特征是提取器周期性进出料，在萃取器、吸收器都有物料与"溶剂"的逆向对流运动。从图 4-13 咖啡因与 CO$_2$ 的平衡等温线可以看出，CO$_2$ 中咖啡因的浓度与其在咖啡豆之中的浓度呈线性关系，周期性进入新鲜咖啡豆的方式能保持 CO$_2$ 流体与咖啡豆中的咖啡因间有最大浓度差，并且在 CO$_2$ 离开提取器之前与新投入的保持有天然浓度（最大）的咖啡豆接触，使此时的 CO$_2$ 中所含的咖啡因浓度至少可达平衡浓度的 50%，好的情况甚至可达 70%，这是非连续提取系统浓度的 35 倍之多。这种工艺带来的好处是：传质快，省时；CO$_2$ 有效利用率高，节省操作费用；有利于吸收器咖啡因的回收。

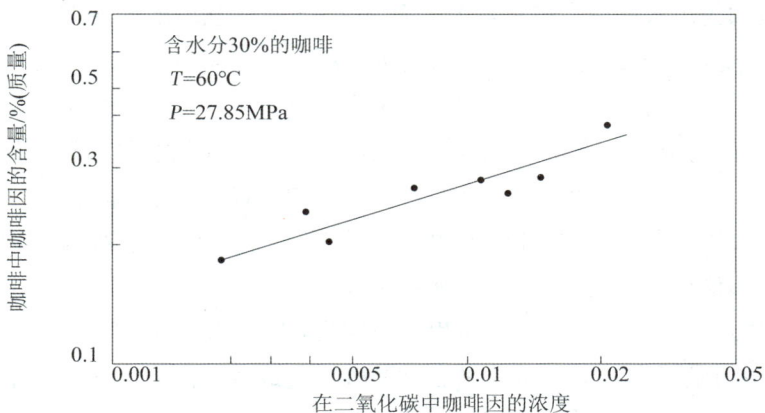

图 4-13　咖啡因-咖啡-CO$_2$ 系的平衡等温线

由图 4-14 可以看出，含水分的绿咖啡豆通过管线加到咖啡萃取塔 2 中，用超临界 CO_2 流体进行脱咖啡因。带有咖啡因的高压 CO_2 流体从萃取塔上部离开，进入水喷淋塔 3 的底部，并将水从塔的上部喷淋而下，吸收咖啡因，从该塔的底部流出的富含咖啡因的水进入反渗透装置 4，分离出一部分水，得到浓缩后的水溶液，从反渗透装置 4 中排出。从此分离出的水与新鲜补充水合并，重新回到水喷淋塔的上部。从水喷淋塔的顶部排出的 CO_2 中的咖啡因含量很少，与 CO_2 气源出来的 CO_2 合并，通过管线循环进入咖啡萃取塔，用作萃取剂。在此流程中，固体物料是间歇地进入萃取塔，与连续的气体流相接触。在水喷淋塔内，液体和超临界流体是逆流连续接触。所谓半连续过程，指的就是咖啡豆间歇地加到萃取塔中，但是在加料过程中，循环 CO_2 并不断流，加料是在有压力负载的条件下进行的，脱咖啡因的过程也是在连续不断的条件下得以实现的。

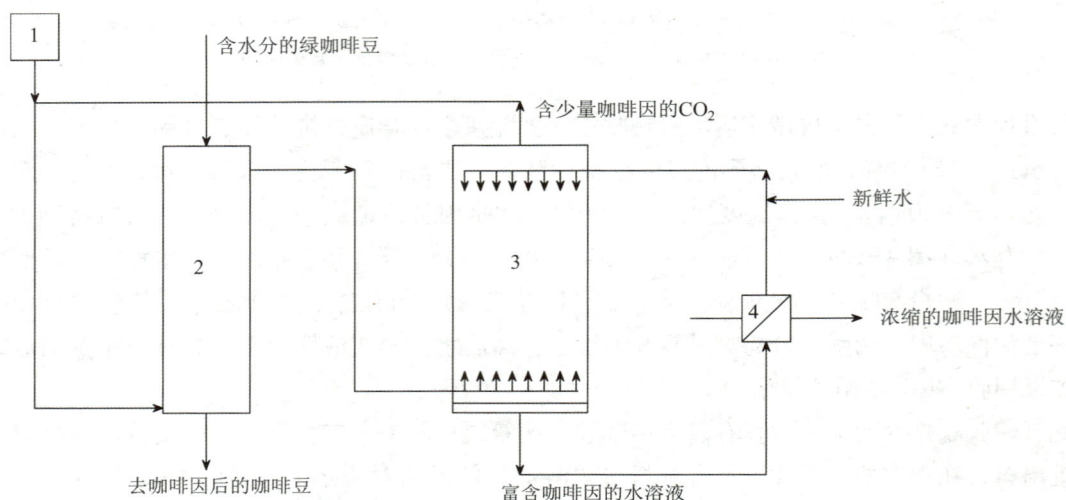

图 4-14 第一个半连续的固体-超临界流体的脱咖啡因过程
1. CO_2 气源；2. 咖啡萃取塔；3. 水喷淋塔；4. 反渗透装置

半连续生产工艺的特点：在萃取器的上、下方都安装有一个过渡容器——吹扬器，其用来保证周期性对萃取器装入或卸出鲜咖啡豆的操作，分离器中的吸附水为流动态，使生产保持连续。可用一实例来说明工艺过程。在长径比为 5∶1 的耐压萃取器中（图 4-15）装入哥伦比亚鲜咖啡豆，这些鲜咖啡豆预先用水处理，使其含水量为 30%~40%。从萃取器底部连续不断地送入基本不含咖啡因的 SCF-CO_2，压力为 25MPa，温度为 130℃，随着 SCF-CO_2 向上移动穿过萃取器，CO_2 从咖啡豆中提取出咖啡因和非咖啡因物质，连续不断从萃取器顶部排出，并送入装有填料的细长型吸收器，从底部送入；水从吸收器的顶部匀速加入，吸收器在压力为 25MPa、温度为 130℃条件下运行，水选择吸附咖啡因，非咖啡因物质随 CO_2 从顶部排出，循环使用。每 19 分钟，从萃取器排出大约占咖啡豆层体积 10%的已脱咖啡因咖啡豆至底部吹扬器内，同时，预装在顶部吹扬器内的已预湿的咖啡豆从萃取器顶部装入。咖啡豆在萃取器中总停留时间为 3 小时，SCF-CO_2 用量为 50kg/kg 咖啡豆。此方法可生产纯度为 88%的咖啡因，并且得到咖啡因含量低于 0.02%的咖啡豆。由于保留了原咖啡豆中的各种非咖啡因成分，因而半连续法生产的脱咖啡因咖啡豆比活性炭吸附方法有更好的咖啡味道。

关于咖啡豆的水含量对萃取咖啡因的影响，有关专家做过详细研究，发现咖啡豆浸泡时间越长，在相同的萃取时间内，萃出物中咖啡因的浓度也越大。特别明显的是，凡是浸泡过的咖啡豆，其萃出物中咖啡因的浓度都大于干咖啡豆。

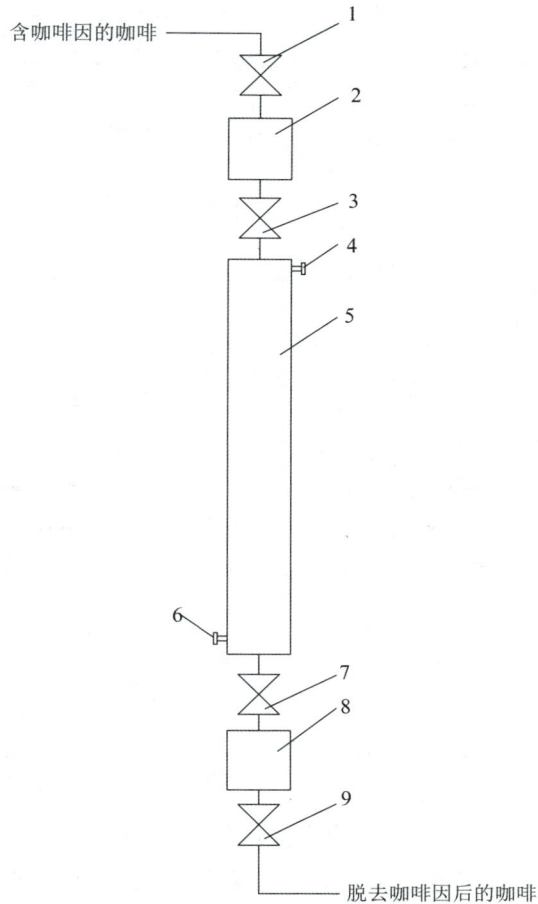

图 4-15　半连续法咖啡脱咖啡因工艺中的萃取器
1、3、7、9. 阀门；2、8. 吹扬器；4. 出口；5. 萃取器；6. 入口

　　评价与小结　超临界流体萃取脱咖啡因作为一种逐渐成熟的工业技术，各种经济技术指标基本定型，生产规模越大，运转费用也可以相对节省。

　　思考题　相比于传统方法，超临界流体萃取咖啡因有什么优势？

习　题

1. 超临界流体有哪些特点？
2. 请描述一般物质在不同温度、不同压力溶解度曲线的特征。
3. 请描述超临界二氧化碳在萃取循环过程中，温度和压力以及相态的变化过程。
4. 超临界流体在制药工业的其他应用有哪些？

大部分中药制剂生产中会涉及固液两相传质和分离的过程。典型的例子如中药煎煮，为获得煎煮液，需要分离药渣；又如醇沉，为获得上清液，需要分离沉淀。沉淀和絮凝会使药液中产生固相，过滤和沉降能实现药液和固相的分离。一般情况下，沉淀和絮凝后会应用过滤或沉降进行固液分离。固相产生及其与液相分离不仅影响生产周期长短，也会影响精制效果优劣，进而影响中成药质量，因此需要根据体系特点和分离要求合理选择相关技术与设备。

第一节 过 滤

过滤是使含固体的流体通过多孔性过滤介质（滤材），把其中的固体颗粒截留下来以实现固体和流体分离的过程。常规的过滤都在压力差驱动下进行，压力差的产生可以依靠重力、机械压力和离心力等。中药制药过程中，过滤是最为常用的固液分离技术，可能影响产品的质量、收率、成本、安全和环境保护。除固液分离外，在喷雾干燥等工艺中，也有用滤袋采集细粉的过滤步骤，称为集尘。

一、原理

由过滤介质对流体中固体粒子的拦截作用所构成的过滤分离机理，根据颗粒大小与开孔尺寸的比较，大致可分为四种模式。图5-1和表5-1分别展示和说明了这几种情况。

图5-1（a）中，当固体颗粒尺寸大于滤材开孔时，粒子会在开孔处被拦截，而流体则穿过细孔而流走。被拦截的颗粒将细孔堵塞后就使得能够通过流体的细孔逐渐减少，流体的流动变得困难。在图5-1（b）中，因粒子的相互重叠，常常出现一些不参与堵塞的粒子，这种情况下，与被拦截捕捉的粒子数相比较，堵塞孔数较少，所以流体的通过量并不减少。如果颗粒尺寸小于滤材开孔，颗粒会进入开孔中，如图5-1（c）所示，这时粒子则被孔壁吸附而捕捉。如果滤材是纤维织物，粒子会在纤维的交错处被捕捉，或是被织物表面的纤维吸附所捕捉，如图5-1（d）所示。此时滤材开孔并没有被堵塞，只是流体通道在渐渐变细，所以流体通过量逐渐下降。图5-1（e）中，尽管固体微粒的尺寸小于滤材开孔，但许多粒子一齐涌向开孔时，会在开孔处形成架桥，靠粒子自身形成新的滤材（这里称之为饼层），后来到的粒子就会在饼层表面被捕捉。当固体微粒浓度较高时，架桥是很容易生成的。

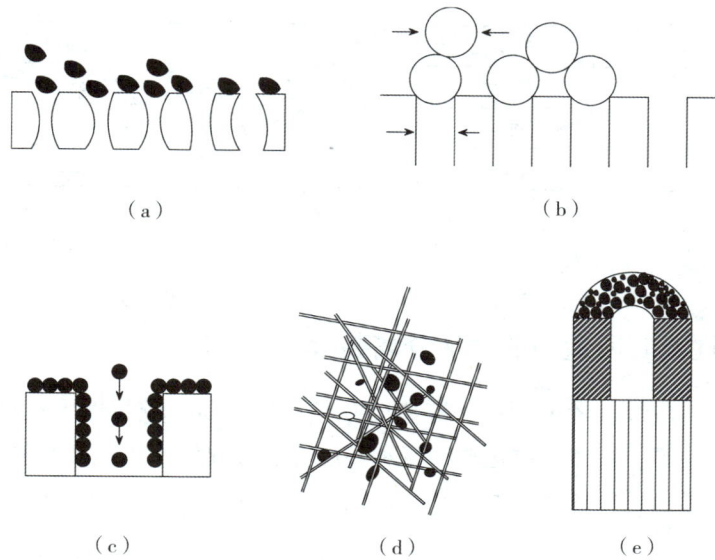

图 5-1　过滤分离的机理

表 5-1　过滤分离机理的分类

	过滤分离机理	开孔与颗粒尺寸的关系
（a）	全闭塞过滤	孔径<粒径
（b）	半闭塞过滤	
（c）（d）	深层过滤	孔径＞粒径
（e）	饼层过滤（或称表面过滤）	由粒子构成的饼层空隙小于固体微粒子的尺寸

二、过滤介质

允许非均相物系中的液体或气体通过而固体被截留的可渗透性材料通称为过滤介质。它是过滤设备的关键组成部分，无论何种过滤设备，都需要选配与其相适应的过滤介质。

过滤介质的分类有多种方法，常用的有按过滤原理、材质、结构等三种分类方式。

按过滤原理，过滤介质分为表面过滤介质和深层过滤介质。对于前者，固体颗粒是在过滤介质表面被捕捉的，如滤布、滤网等，其用途多数是回收有价值的固相产品；对于后者，固相颗粒被捕捉于过滤介质之中，如砂滤层、多孔塑料等，主要用途是回收有价值的液相产品。有的过滤介质同时借助表面过滤和深层过滤的综合作用实现固液分离。

按过滤介质的材质，可分为天然纤维（棉、麻、丝等）、合成纤维（涤纶、锦纶、丙纶等）、金属、玻璃、塑料及陶瓷过滤介质等。

按过滤介质的结构，可分为柔性、刚性及松散性过滤介质，详见表 5-2。

表 5-2　过滤介质分类

结构类型	形状	材质
柔性	织物类	金属：金属丝编织、滤网 非金属：天然、合成纤维织物
	非织物类	金属：板状、不锈钢纤维毡 非金属：滤纸、非织造布、高分子有机滤膜

结构类型	形状	材质
刚性	多孔类	塑料、陶瓷、金属、玻璃
	滤芯或膜类	高分子滤芯、无机膜
松散	颗粒状或块状	活性炭、石英砂、磁铁矿等

三、工业设备及操作流程

（一）颗粒特性及其所适用的固液分离装置

选择过滤分离设备应综合考虑颗粒、液体以及悬浮液性质。颗粒性质包括粒径大小、分布、形状、密度、表面特性等。液体性质包括密度和黏度等。悬浮液性质包括颗粒浓度以及分散状态等。这些因素都可能影响颗粒的沉降速度和滤饼层的渗透性。图5-2给出了不同颗粒粒度所适用的固液分离装置。

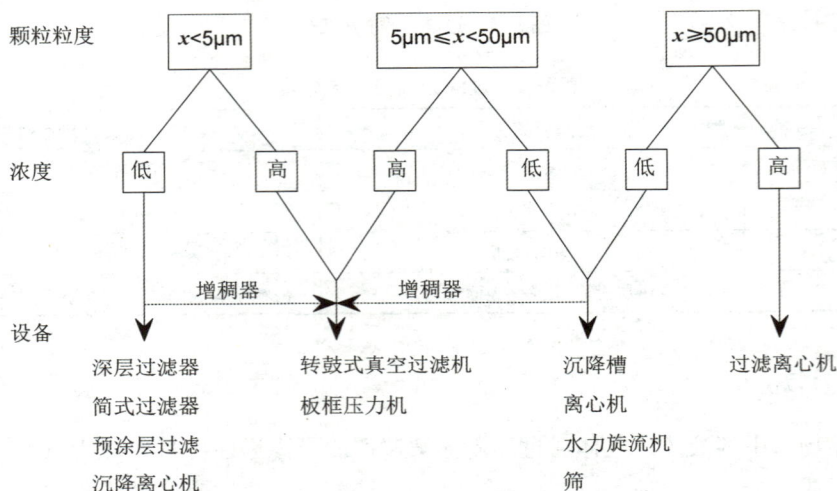

图5-2　不同颗粒粒度所适用的固液分离装置

（二）过滤设备

过滤设备按操作方式可分为间歇式过滤机和连续式过滤机两大类。按过滤推动力，过滤设备又可分为加压式、真空式、离心式三大类。

1. 加压过滤　板框压滤机是加压过滤机的代表，主要由固定板、滤框、滤板、压紧板和压紧装置组成。制造板和框的材料有金属材料、木材、工程塑料和橡胶等。滤板表面有槽作为排液通路，滤框是中空的，板和框间夹着滤布或滤纸。在过滤过程中，滤饼在框内集聚。滤板和滤框成矩形或网形，垂直悬挂在两根横梁上。滤板一端固定，另一端可推压，可通过手动、机械、液压、自动操作四种方式使滤板前后移动，把滤板和滤框压紧在两板之间，使其紧固而不漏液，如图5-3所示。

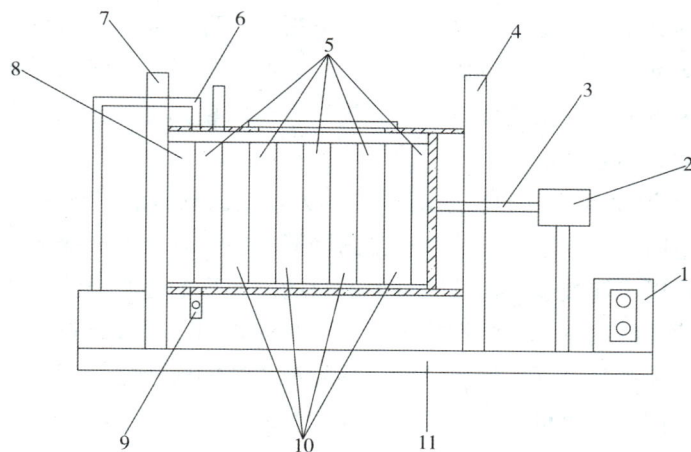

图 5-3　板框压滤机

1. 电机开关；2. 电机；3. 伸缩杆；4. 压紧板；5. 滤板；6. 滤浆进口；
7. 挡板；8. 止推板；9. 滤液出口；10. 滤框；11. 底板

　　操作方式基本是间歇式，每个操作循环由过滤、洗涤、卸渣、整理组装四个阶段组成。板框压滤机优点是结构简单，制造容易，设备紧凑，过滤面积大，占地面积小，操作压强高，所得滤饼含水量少，对各种物料适应能力强；缺点是不能连续自动操作，劳动强度大，滤布或滤纸损耗非常快。

　　2. 真空过滤　转筒真空过滤机是一种连续操作的过滤设备，依靠真空系统造成的转筒内外压差进行过滤。图 5-4 为该类设备原理及工作示意图。回转的多孔圆筒表面包裹有滤布，圆筒内部用间壁隔成数个小室。随着圆筒的转动，依次将各小室浸没于滤浆中，由于受到真空抽吸的作用，浸没在滤浆中的小室的过滤表面会形成滤饼，而滤液则穿过滤布经导管和回转阀流向过滤机外部的滤液贮槽。随着圆筒的转动，该小室离开滤浆贮槽，其表面附着的滤饼中的滤液被继续吸出，接着进入喷淋部位洗涤滤饼，再用加压滚子挤干其中的水分后进入干燥部位，经过干燥后再利用压缩空气反吹，使滤饼与滤布的接触松开以便容易用刮刀除下滤饼。由于圆筒的转动，使这些工作小室依次按过滤、水洗、榨干、干燥、刮下的顺序连续完成过滤操作。

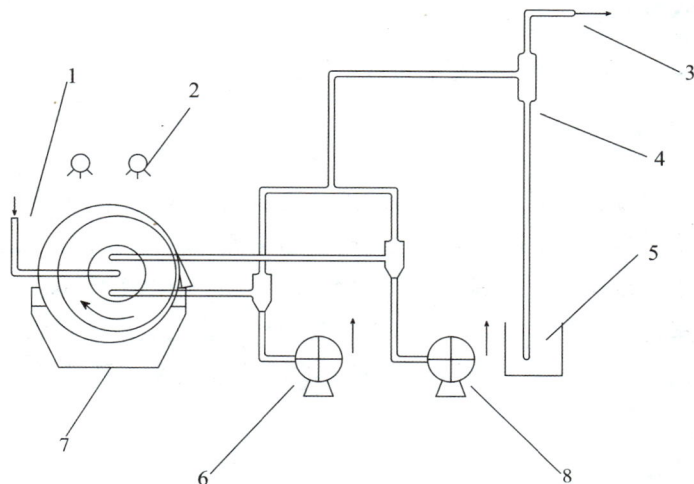

图 5-4　转筒真空过滤机

1. 压缩空气入口；2. 洗水喷头；3. 接真空泵；4. 气压腿；5. 溢流液；6. 滤液出口；7. 料浆贮槽；8. 洗水出口

转筒真空过滤机的突出优点是连续自动操作，适用于处理易含过滤颗粒的悬浮液，在过滤细且黏的物料时采用预涂助滤剂的方法也比较方便，只要调整刮刀的切削深度就能使助滤剂层在长时间内发挥作用。其缺点是设备系统比较复杂，投资大，依靠真空过滤推动力受限制，滤饼难以充分洗涤，不宜于过滤高温悬浮液。

3. 离心式过滤 此类设备的离心转鼓周壁开孔为过滤式转鼓，转鼓内铺设滤布和筛网。旋转时悬浮液被离心力甩向转鼓周壁，固体颗粒被筛网截留在鼓内，形成滤饼；而液体经筛饼和筛网的过滤，由鼓壁开孔甩离转鼓，从而达到分离的目的。典型的离心过滤机如图5-5所示。工作时滤筐旋转，在贴着滤筐的内侧装有圆形或细缝样开孔的筛网，供液泵打入悬浮液，其中的固体颗粒被筛网拦截，而液体则穿过开孔排出机外。螺旋推渣器的转速略高于滤筐的转速，把滤饼渣推向锥型滤筐的大头一侧并排出机外，从而实现连续过滤操作。

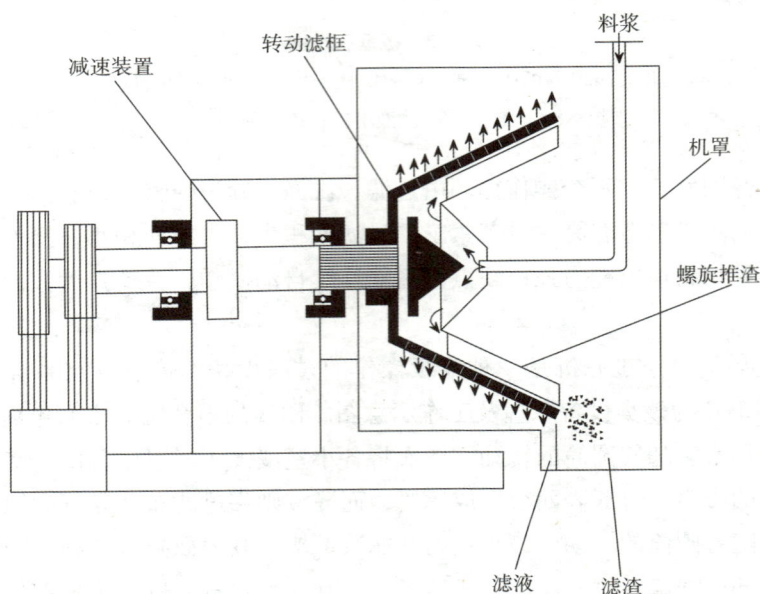

图5-5 离心过滤机

四、过滤影响因素

过滤操作的原理虽然比较简单，但影响过滤的因素很多。

（一）悬浮液的性质

悬浮液的黏度会影响过滤的速率，悬浮液温度增高、黏度减少对过滤有利，故一般料液应趁热过滤。如果料液冷却后再过滤，还可能在过滤时析出沉淀，堵塞滤布导致过滤困难。悬浮液中滤渣颗粒的形状、大小和结构等，对过滤也有明显影响，如扁平或胶状的固体，滤孔常发生阻塞。大多数中药饮片来自动植物，浸取液中必然含有动植物蛋白、多糖等胶状体物质。这些物质不仅本身过滤困难，而且往往还会不断析出，使已滤清的液体又出现絮状物，造成液体产品混沌，质量下降。

（二）过滤推动力

过滤推动力有重力、真空、加压及离心力。以重力作为推动力的操作，设备最为简单，但过滤速度慢，一般仅用来处理含固量少而且容易过滤的悬浮液。真空过滤的速率比较高，能适应很多过滤过程的要求，但它受到溶液沸点和大气压力的限制，且要求配置一套抽真空设备。加压过滤可以在较高压力差下操作，加大过滤速率，但对设备的强度、密封性要求较高。此外，还受到滤布强度、滤饼可压缩性以及滤液澄清程度的限制。中药体系由于存在胶状体物质，采用普通工业滤布为过滤介质经常不能取得理想澄清效果。过滤时稍增加过滤压力，一些胶状物也极易变形而透过滤布空隙。如改用一次性过滤介质又极易堵塞，过滤介质消耗大，操作成本高。

（三）过滤介质与滤饼的性质

过滤介质及滤饼可对过滤过程产生阻力，所以过滤介质性质对过滤速率影响很大。例如金属筛网与棉毛织品的空隙大小相差很大，滤液的澄清度和生产能力的差别也就很大，因此要根据悬浮液中颗粒大小来选择合适介质。一般来说，对不可压缩的滤饼，提高过程的推动力可以加大过滤速率；而对可压缩性滤饼，压差增加使粒子与粒子间的孔隙减小，故用增加压差来提高过滤速率有时反而不利。中药液中固体所形成的滤饼往往具有较高的可压缩性，在进行过滤分离时如加大过滤压力，易增加滤饼阻力，减慢过滤速度。此时可考虑加入助滤剂，提高过滤速率，进而提高生产能力。硅藻土具有大的比表面积，能吸附胶体物质，并形成空隙率很高的滤饼，是应用最广泛的助滤剂。

此外，生产工艺及经济要求均影响到过滤设备的选择和过滤设备的生产能力。其中包括是否要最大限度地回收滤渣，对滤饼中含液量的大小以及对滤饼层厚度的限制等。

第二节 重力沉降

沉降是悬浮在气体或液体中的微粒或液滴，在力场作用下因密度差异产生相对运动而分离的过程。靠重力实现沉降分离的是重力沉降，靠惯性离心力实现分离的是离心沉降。

一、原理

以光滑球形粒子为例，当它在流体中，且满足粒子密度 ρ_s 大于流体密度 ρ，那么粒子将因为受到重力作用，推开包裹于周围的流体而发生沉降。此时，球形粒子同时受到重力和流体阻力的作用。球形粒子的受力情况如图 5-6 所示。

若球形粒子的直径为 d，那么重力 F_g、浮力 F_b 和阻力 F_d 分别为：

$$F_g = \frac{\pi}{6} d^3 \rho_s g \qquad (5-1)$$

$$F_b = \frac{\pi}{6} d^3 \rho g \qquad (5-2)$$

图 5-6 沉降粒子的受力情况

式中，g 为重力加速度。粒子在沉降过程中受到的流体阻力 F_d 与沉降速度有关，计算式为：

$$F_d = \zeta A \frac{\rho u^2}{2} \qquad (5-3)$$

式中，A 为沉降粒子沿沉降方向的最大投影面积，对于球形粒子，$A = \frac{\pi}{4} d^2$，m^2；u 为粒子相对于流体的降落速度，m/s；ζ 为沉降阻力系数。球形粒子受到向下的净力 F 为：

$$F = F_g - F_b - F_d \qquad (5-4)$$

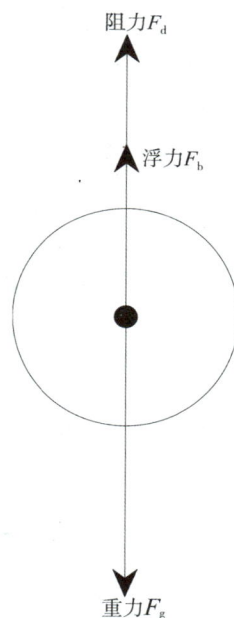

二、沉降速度的计算

沉降过程一般存在两个阶段。首先是加速阶段，此时重力大于浮力和阻力的总和（$F>0$），粒子相对于流体的降落速度 u 不断增加。随着 u 增加，粒子受到的流体阻力 F_d 也不断增加，最终达到重力等于浮力和阻力的总和（$F=0$）。此时沉降过程进入匀速阶段，粒子相对于流体的降落速度达到最大，称为终端速度或沉淀速度，记为 u_t。对于微小粒子，沉降的加速阶段时间很短，所以可以忽略加速阶段，将整个沉降过程视为匀速沉降过程。

在匀速阶段中，$F=F_g-F_b-F_d=0$，那么：

$$\frac{\pi}{6}d^3\ (\rho_s-\rho)\ g-\zeta\cdot\frac{\pi}{4}d^2\ (\frac{\rho\ u_t^2}{2})=0 \tag{5-5}$$

所以，沉降速度 u_t 为：

$$u_t=\sqrt{\frac{4dg\ (\rho_s-\rho)}{3\rho\zeta}} \tag{5-6}$$

沉降速度 u_t 计算时需要确定阻力系数 ζ。阻力系数 ζ 是粒子与流体相对运动时，以粒子形状及尺寸为特征量的雷诺数 $Re_t=\dfrac{d\ u_t\rho}{\mu}$ 的函数，一般由实验测得。图 5-7 为几种不同球形度 ϕ_s 值粒子的阻力因数 ζ 与 Re_t 的关系曲线。

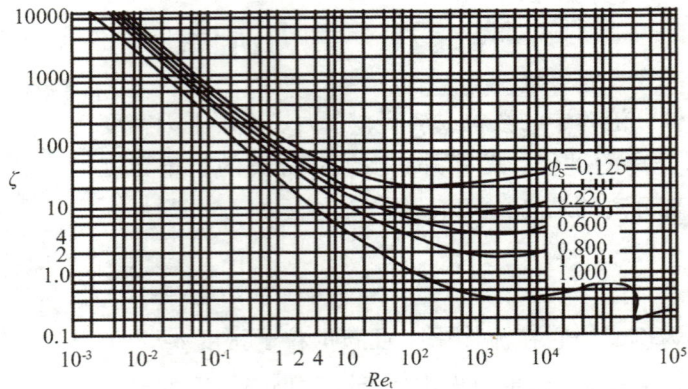

图 5-7　$\zeta-Re_t$ 关系曲线

当 $Re_t<1$ 时，流体处于层流区，或称为斯托克斯定律区。此时阻力系数 $\zeta=\dfrac{24}{Re_t}$，所以沉降速度公式为：

$$u_t=\frac{d^2\ (\rho_s-\rho)\ g}{18\mu} \tag{5-7}$$

该式称为斯托克斯公式。

当 $1<Re_t<10^3$ 时，流体处于过渡区，或称为艾伦定律区。此时阻力系数 $\zeta=\dfrac{18.5}{Re_t^{0.6}}$，所以沉降速度公式为：

$$u_t=0.27\sqrt{\frac{d\ (\rho_s-\rho)\ g}{\rho}Re_t^{0.6}} \tag{5-8}$$

该式称为艾伦公式。

当 $10^3<Re_t<2\times10^5$ 时，流体处于湍流区，或称为牛顿定律区。此时阻力系数 $\zeta=0.44$，所以沉

降速度公式为：

$$u_t = 1.74 \sqrt{\frac{d\,(\rho_s - \rho)\,g}{\rho}}$$

(5-9)

该式称为牛顿公式。

在整个区域内，u_t 与 d、$(\rho_s - \rho)$ 成正相关，d 与 $(\rho_s - \rho)$ 越大则 u_t 越大。在层流区，由于流体黏性引起的表面摩擦阻力占主要地位，因此层流区的沉降速度与流体黏度 μ 成反比。

公式 5-7、5-8 和 5-9 均适用于球形粒子。对于非球形粒子的重力沉降，由于阻力系数 ζ 与粒子的形状有关，须引入粒子的球形度（或称形状因数）概念。球形度 ϕ_S 系指一个任意几何形状粒子与球形的差异程度：

$$\phi_S = \frac{S}{S_p}$$

(5-10)

式中，S_p 为任意几何形状粒子的表面积；S 为与该粒子体积相等的球体的表面积。对于球形粒子，有 $\phi_S = 1$。

粒子的几何形状及投影面积 A 对沉降速度都有影响。粒子向沉降方向的投影面积 A 愈大，沉降阻力愈大，沉降速度愈慢。一般对于相同密度的粒子，球形或近球形粒子的沉降速度大于同体积非球形粒子的沉降速度。

三、重力沉降设备

沉降槽是利用重力沉降使混悬液中的固相与液相分离，得到澄清液与稠厚沉渣的设备。一般分为间歇式沉降槽及连续式沉降槽。

间歇式沉降槽是底部稍呈锥形并有出渣口的大直径贮液罐。需静置澄清的药液装入罐内静置足够的时间后，用泵或虹吸管将上部清液抽出，由底口放出沉渣。中药醇沉或水沉工艺一般在沉淀罐中完成，该沉淀罐本质上就是间歇式沉降槽。

连续式沉降槽的主体是一个平底圆柱形罐。悬浮液从顶部中心 0.3～1m 的管进入，重力沉降，增浓后的稠浆状物料从底部出口排出。任何沉积在底部的固体物均被以转速为 0.1～1r/min 缓慢转动的倾斜耙刮动并送入底部出口。澄清液从上部的溢流口排出。工作示意图如图 5-8 所示。

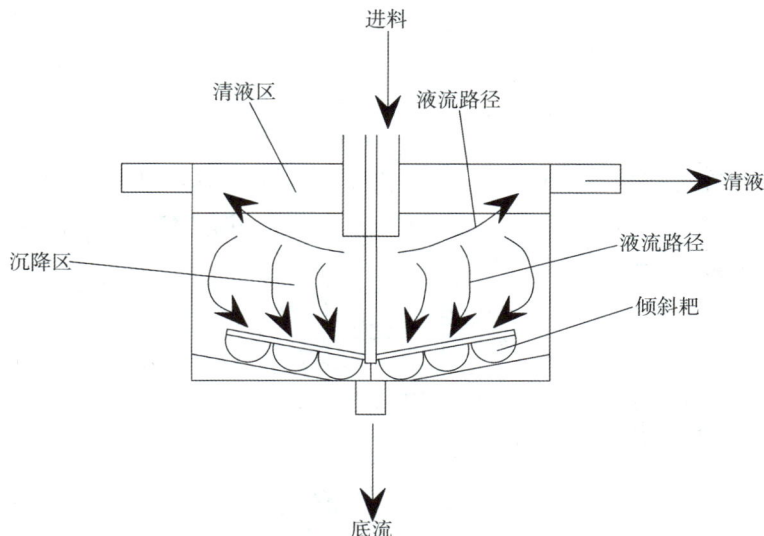

图 5-8　连续式沉降槽

几乎所有沉降生产设备都做成比较简单的沉降槽，根据沉降的目的来区别沉降过程。如果注重液流的澄清度，则称该过程为澄清，进料的浓度一般较稀。如果旨在获得较稠的底流，则称该过程为增浓，进料的浓度一般较浓。重力沉降的缺点是分离的推动力仅靠液固两相密度差，耗时长，分离效率低。对于一些密度差小的微细粒子是很难依靠重力沉降来分离的，此时可以考虑添加絮凝剂，或改用离心沉降设备。

第三节　离心沉降

上一节提到的重力沉降是借重力作用分离固液混合物的过程，而离心则是在离心场下进行的沉降分离过程。

一、原理

离心沉降是在惯性离心力作用下，用沉降方法分离液-固混合体系，使其中的粒子与液体分离开的分离技术。在离心场力作用下，固体颗粒在旋转时受到的作用力可以达到重力的一万倍以上。与重力沉降相比，离心沉降的优点包括：沉降速度快，分离效果好，适用于液-液体系及液-液-固三相混合体系的分离。当固体粒子或乳浊液液滴尺寸较小，或密度相差较小，使用重力沉降效果不佳，采用离心沉降会更为适合。

当流体带着质量为 m 的粒子，在半径为 R 的圆周以线速度（即切向运动速度）为 u_T 绕中心轴做水平旋转时，惯性离心力将会使粒子在径向上与流体发生相对运动，粒子在径向将受到惯性离心力 F_c、向心力 F_f 和阻力 F_d 三个力的作用。设悬浮粒子呈规则球形，直径为 d，密度为 ρ_s，流体密度为 ρ，那么作用于粒子上的惯性离心力 F_c 和向心力 F_f 分别为：

$$F_c = m\frac{u_T^2}{R} = \frac{\pi}{6}d^3\rho_s\frac{u_T^2}{R} \tag{5-11}$$

$$F_f = \frac{\pi}{6}d^3\rho\frac{u_T^2}{R} \tag{5-12}$$

当固体粒子密度 ρ_s 大于流体密度 ρ 时，离心力大于向心力，粒子沿径向朝远离轴心方向运动。

粒子在离心场中运动所受阻力 F_d 大小为：

$$F_d = \zeta A\rho\frac{u_r^2}{2} = \zeta\left(\frac{\pi}{4}d^2\right)\rho\frac{u_r^2}{2} \tag{5-13}$$

式中，u_r 为粒子在径向相对于流体的运动速度，即离心沉降速度；ζ 为阻力因数。当离心力 F_c、向心力 F_f 和阻力 F_d 三个力平衡时，有 $F_c - F_f = F_d$；如果阻力因数 ζ 符合斯托克斯定律，那么可以求得离心沉降速度 u_r 为

$$u_r = \frac{d^2(\rho_s-\rho)}{18\mu}\left(\frac{u_T^2}{R}\right) \tag{5-14}$$

离心分离因数 K_c 是离心加速度与重力加速度的比值，同时也是斯托克斯沉降状态下离心沉降速度与重力沉降速度的比例。其计算公式为：

$$K_c = \frac{u_r}{u_t} = \frac{u_T^2}{gR} = \frac{\omega^2 r}{g} \tag{5-15}$$

离心分离因数 K_c 是离心分离设备的重要性能指标。K_c 值越大，离心分离设备的分离效率越

高。增大转鼓半径或转速，均有利于提高离心分离因数，相对来说增加转速会更有效。

二、离心的技术优势

相比传统过滤技术，离心技术分离不同密度物料的优势体现于两个方面：第一，能够实现连续进料、连续排渣，显著缩短固液分离时间；第二，不仅能实现固液分离，还能实现液液分离，或者液液固三相分离。中药工业生产中采用该技术可从提取液中同时除去油脂和药渣，获得澄清提取液。高速离心技术能解决中药复杂体系固液分离或液液分离时间长、效果差的问题。目前，宣肺止嗽合剂、暑湿感冒颗粒和阿胶生产中均采用该技术。

三、工业设备及操作流程

按照离心分离因数大小，可以将离心机分为常速离心机（$K_c<3000$）、高速离心机（$3000<K_c<50000$）和超速离心机（$K_c>50000$）。常速离心机可用于分离颗粒较大的悬浮液，高速离心机可用于分离细粒悬浮液和乳浊液，超速离心机可用于分离超细颗粒悬浮液。

按照操作方式分类，离心机可以分为间歇式离心机和连续式离心机。两者的差别在于间歇式离心机卸料时必须停车，优点是调节离心时间容易。连续式离心机的进料和卸料则均为连续操作，优点是单位时间内处理量大。当离心机用于分离液液体系或者液液固体系时，一般采用连续式离心机。

中药制药分离过程常用的离心机主要有三足式离心机、卧式刮刀卸料离心机、卧式活塞推料离心机、管式离心机等。

（一）三足式离心机

三足式离心机是使用最多的一种间歇操作离心机，构造简单，运行平稳，价格便宜，适用于过滤周期较长、处理量不大的物料，对于粒状的、结晶状的、纤维状的颗粒物料分离效果较好，可以通过调节离心时间来达到分离要求。分离因子一般为 500～1000。三足式离心机如图 5-9 所示。

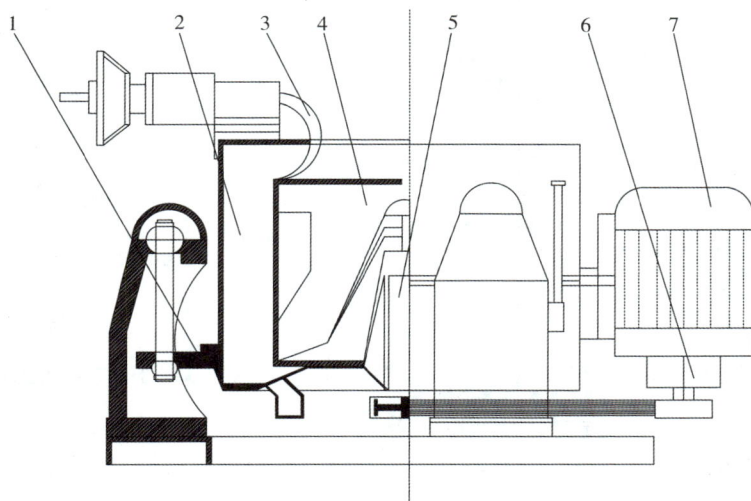

图 5-9 三足式离心机
1. 底壳；2. 机壳；3. 撇液装置；4. 转鼓；5. 主轴组合；6. 离心离合机；7. 电动机

三足式离心机工作时，待分离的混悬液由进料管加入转鼓内，转鼓带动料液高速旋转产生惯性离心力，固体颗粒沉降于转鼓内壁与清液分离。为了减轻加料时造成的冲击，离心机的转鼓支撑在装有缓冲弹簧的杆上，外壳中央有轴承架，主轴装有动轴承，卸料方式有上部卸料与下部卸料两种，可做过滤（转鼓壁开孔）与沉降（转鼓壁无孔）用。

（二）卧式刮刀卸料离心机

卧式刮刀卸料离心机是连续过滤式离心机，在转鼓全速运转的情况下，能在不同时间阶段自动地进行循环加料、分离、洗涤、甩干、刮刀卸料、冲洗滤网等工序。该机操作简便，生产能力大，适于含固体颗粒粒径大于 $10\mu m$，固相的质量浓度大于 25% 而液相黏度小于 $10^{-2}Pa \cdot s$ 的混悬液的分离。卧式刮刀卸料离心机转鼓转速为 450~3800r/min，分离因数为 250~2500。卧式刮刀卸料离心机如图 5-10 所示。

（三）卧式活塞推料离心机

卧式活塞推料离心机是连续过滤式离心机，适于分离固相颗粒直径较大（0.15~1.0mm）、固相浓度较高（30%~70%）、滤液黏度较小的混悬液，多用于晶体颗粒与母液的分离，具有较大生产能力。该离心机的转鼓转速为 400~3000r/min，分离因数为 300~1300。该离心机缺点是对混悬液的浓度较敏感；若料浆太稀（<20%）则滤饼来不及生成，料液便流出转鼓；若料浆浓度不均匀，易使滤渣在转鼓上分布不匀而引起转鼓的振动。

如图 5-11 所示，卧式活塞推料离心机工作时，混悬液由进料管将料浆均匀分布到转鼓的分离段，滤液被高速旋转的转鼓甩出滤网，经滤液出口排出，被截留的滤渣每隔一定时间被往复运动的活塞推料器推至滤网进行冲洗。

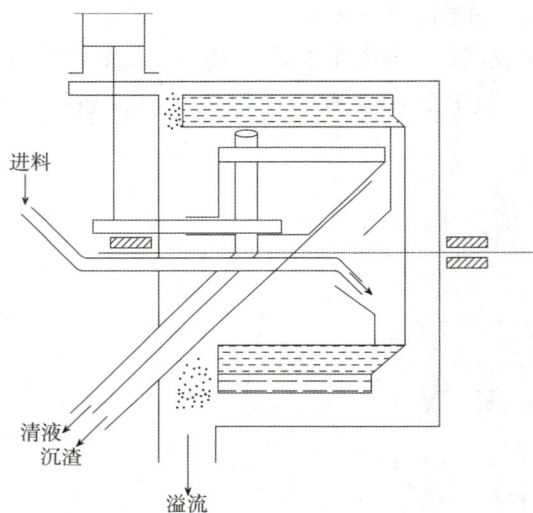

图 5-10　卧式刮刀卸料离心机

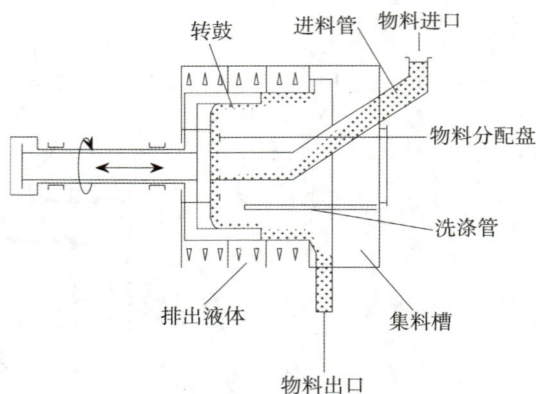

图 5-11　卧式双级活塞推料离心机

（四）管式离心机

管式离心机是一种高转速的沉降式离心机，既可以用于固液分离，也可以用于液液分离，常见转鼓直径为 0.1~0.15m，转速为 10000~50000r/min，分离因数高达 15000~65000。管式离心机结构如图 5-12 所示。

管式离心机分离效率高，结构简单紧凑，密封性好，物料停留时间能长于同体积的转鼓式离心机。该机的缺点是容量较小，分离能力低于碟片式离心机，固液分离时只能间歇操作。管式离心机适合分离一般离心机难以分离的物料，如稀薄的悬浮液、难分离的乳浊液以及抗生素的提纯，广泛应用于生物制药。

（五）碟片式离心机

碟片式离心机工作时转速可高达 5000~7000r/min，分离因数可达 3000~10000，适用于对澄清度要求较高的悬浮液及固体含量不高的悬浮液，也可以用于液液分离。

图 5-13 所示为碟式分离机示意图，转鼓内装许多倒锥形碟片，碟片数一般为 30~100 片。料浆由顶端进料口送到锥形底部，料浆贯穿各碟片垂直通孔上升的过程中，分布于各碟片之间的窄缝中，并随碟片高速旋转，靠离心作用力而分离。

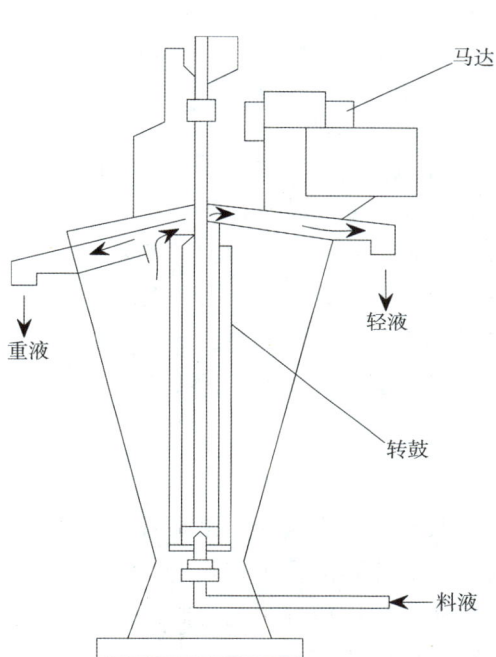

图 5-12　管式离心机

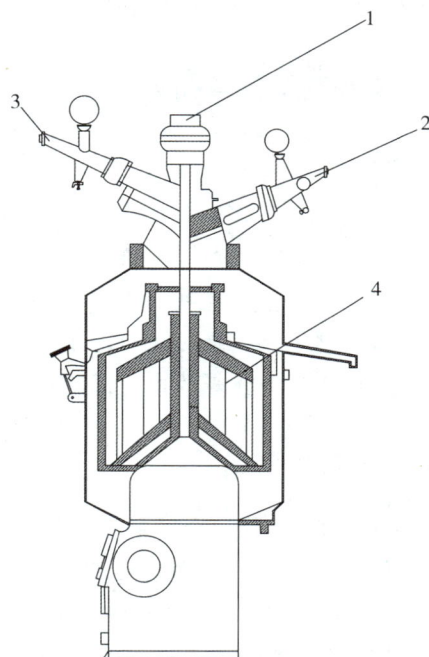

图 5-13　碟片式离心机

1. 进料口；2. 重液出口；3. 轻液出口；4. 碟片

第四节　沉　淀

一、原理

沉淀技术是利用物质在溶液中溶解度的不同进行分离。饱和溶液是指溶液中溶质浓度恰好等于溶质溶解度的溶液。如果溶质含量超过饱和量的溶质，则称为过饱和溶液。过饱和度是表征溶液过饱和程度的指标，包含浓度推动力 ΔC、过饱和度比 S 和相对过饱和度 σ 等多种不同的表示方法：

$$\Delta C = C - C^*$$

（5-16）

$$S=\frac{C}{C^*} \tag{5-17}$$

$$\sigma=\frac{\Delta C}{C^*}=\frac{C-C^*}{C^*}=S-1 \tag{5-18}$$

其中 C 为溶液过饱和时溶质的浓度，C^* 为溶质的溶解度。过饱和度就是溶液中析出沉淀的动力。沉淀过程是固体物质从溶液中析出的过程。相比结晶，沉淀所得固体物质往往纯度较低，但沉淀技术简单，设备要求低，成本低。

形成沉淀的方法包括改变溶剂组成、改变 pH 值、降温、蒸发溶剂、成盐等。沉淀产生后一般通过过滤、重力沉降和离心沉降实现固液分离，根据需要收集沉淀或者药液。中药生产中沉淀过程应用广泛，典型的有药材水提浓缩之后的乙醇沉淀（醇沉）或者醇提浓缩之后的加水沉淀（水沉）。醇沉和水沉中往往会通过冷藏降温进一步增加沉淀的效果。在精制有机酸、黄酮或生物碱类成分时，经常会采用调 pH 值的方法沉淀得到大类成分。

【中药剂型改革高潮】

新中国成立之初，周恩来同志就大力推动中西医团结与结合。二十世纪五六十年代，在全国"向科学进军"的时代大背景下，中药也掀起剂型改革的高潮。运用现代科学手段继承并改进了一批传统剂型，如汤剂改颗粒剂、合剂、注射剂，丸剂改片剂、酊剂、注射剂、滴丸剂、气雾剂等。剂型改革后，中药具备了西医用药的所有常用剂型。在保障疗效的基础上，改进后的新剂型便于使用、携带、贮藏、运输，深受人民群众欢迎。与此同时，新剂型对中药分离精制提出了更高要求，以醇沉为代表的中药沉淀技术应运而生，为生产新剂型中药提供了坚实技术支撑。

二、中药醇沉

20 世纪 50 年代，全国剂型改革高潮中出现了片剂、胶囊剂、注射剂、颗粒剂和合剂等一批中药现代剂型，为满足这些剂型对中药体系更高的精制要求，水提醇沉工艺开始广泛用于中药制剂生产。《中国药典》（2020 年版一部）收载的中药制剂中，采用醇沉工艺的制剂有 319 种，约占全部制剂的 19.8%；所收载的液体制剂中有 49% 制备采用醇沉工艺。

醇沉工艺具有操作简单、放大容易、溶剂安全等诸多优点，能有效除去糖类、盐类和蛋白质等强极性分子，有利于减少服药剂量。中药注射剂生产中常采用多次醇沉以充分除杂；碱性醇沉可除去鞣质，进一步提升中药注射剂安全性。醇沉往往是中药提取后的首个精制工艺，甚至是唯一精制工艺，其工艺品质优劣对后续制剂难易和最终药品质量影响显著。

（一）醇沉机理

一般情况下，中药浓缩液中加入乙醇后，中药体系中部分强极性成分和大分子成分溶解度下降而沉淀。葡萄糖、果糖、蔗糖、麦芽糖、棉籽糖等单糖和寡糖在中药液中普遍存在，其溶解度大都随温度降低或乙醇含量增加而减小，说明适当提高上清液乙醇浓度和降低静置温度均有利于除去更多糖类。乙醇含量增加也有利于沉淀除去蛋白质和盐类成分，但往往不能彻底除尽。

中药活性成分一般具有中等极性，大多数在乙醇和水混合溶剂中的溶解度大于在水中的溶解度，有利于在醇沉上清液中保留这些成分。然而，醇沉中活性成分损失的现象十分普遍。

活性成分损失的原因包括包裹损失和沉淀损失等多种。

包裹损失产生的原因在于乙醇和浓缩液未能充分接触,沉淀产生团聚结块包裹药液,造成部分活性成分未能溶解到乙醇溶液中而损失。乙醇和浓缩液密度差大,浓缩液黏度大,醇沉中产生沉淀量大,都不利于乙醇和浓缩液充分接触。包裹损失受浓缩液性质、醇沉设备和操作影响较大。浓缩液较稀、加醇速度慢、搅拌速度快、加醇后长时间静置都有利于减少包裹损失。包裹损失对于提高批次间醇沉产液的质量一致性不利,应该尽量减少。

沉淀损失产生的原因在于活性成分在醇沉上清液中溶解度较小。部分活性成分在中药水煎液中常以盐的形式存在,比如有机酸类成分。盐的溶解度随乙醇加入而降低,导致出现活性成分沉淀损失现象。包裹损失和沉淀损失的示意图见图5-14。

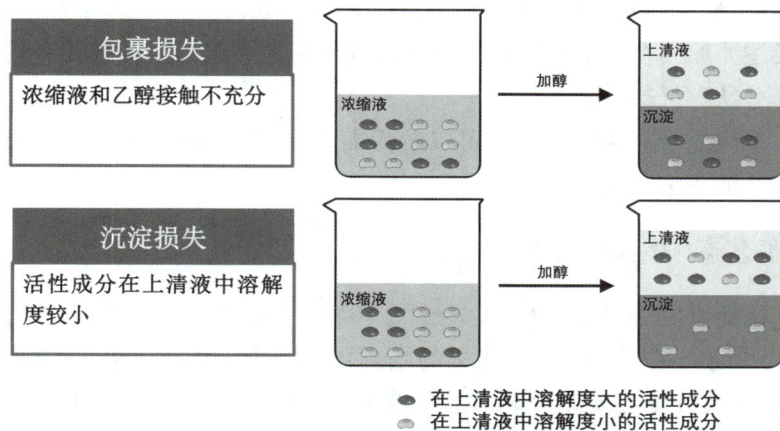

图 5-14 醇沉中活性成分的包裹损失和沉淀损失

另外,有部分中药浓缩液在加入乙醇后,活性成分因为发生化学反应生成其他成分而损失。醇沉后分离上清液和沉淀时,若未能充分抽出上清液,同样会导致活性成分损失。

案例 5-1 物料衡算应用案例——党参醇沉中党参炔苷损失主要原因探究

背景 党参健脾益肺,养血生津。工业上采用水提醇沉工艺制备党参提取物。党参炔苷是党参提取物质量控制的指标成分。某厂分析工业数据,发现党参醇沉所得上清液中党参炔苷总量相比醇沉前浓缩液中总量损失大约15%。所以拟探究党参炔苷损失的原因。

问题 党参炔苷的损失可能源于沉淀、降解、包裹或者沉淀吸附部分上清液。如何判断哪种是主要原因?

分析 经过文献调研和溶解度测定实验验证,发现党参炔苷溶解度随着乙醇水溶液中乙醇含量上升而上升。在醇沉过程中,随着乙醇加入,体系中乙醇含量越来越高,党参炔苷溶解度逐渐增加,因此不会出现因为溶解度较小而导致的沉淀损失。

记录了某一批次浓缩液醇沉前后的各项数据。醇沉前浓缩液质量 $m_0 = 100\text{kg}$,浓缩液中水含量为 $w_0 = 0.45$,党参炔苷含量为 $C_0 = 225\text{mg/kg}$。加入95%乙醇(v/v) $m_1 = 120\text{kg}$ 进行醇沉。醇沉后得到上清液质量 $m_2 = 185\text{kg}$,上清液中水含量为 $w_2 = 0.250$,乙醇含量 $e_2 = 0.515$,党参炔苷含量为 $C_2 = 88.0\text{mg/kg}$。取少量沉淀,测得其中党参炔苷含量为 $C_3 = 175\text{mg/kg}$。

根据物料整体的质量守恒,可以计算得到沉淀质量 $m_3 = m_0 + m_1 - m_2 = 35\text{kg}$。沉淀中党参炔苷总量为 $m_3 C_3 = 6125\text{mg}$。上清液中党参炔苷总量为 $m_2 C_2 = 16280\text{mg}$。所以醇沉后体系中党参炔苷总量为 $m_2 C_2 + m_3 C_3 = 22405\text{mg}$。醇沉前浓缩液中党参炔苷总量为 $m_0 C_0 = 22500\text{mg}$。醇沉后党参炔苷占

醇沉前的比例为 22405/22500＝99.6%。由于醇沉后党参炔苷总量相比醇沉前变化很小，可以认为党参炔苷基本不存在降解损失。

醇沉中体系里的乙醇和水同样符合质量守恒定律，因此可以用物料衡算估算出沉淀中乙醇和水的比例。查95%乙醇（v/v）中水质量含量 $w_1=0.075$，乙醇质量含量 $e_1=0.925$。因此，沉淀中乙醇质量为 $m_1e_1-m_2e_2=15.73kg$，沉淀中水质量为 $m_0w_0+m_1w_1-m_2w_2=7.75kg$。所以沉淀中乙醇占溶剂的质量比为 $15.73/$（$15.73+7.75$）＝67.0%。上清液中乙醇占溶剂的质量比为 $e_2/$（e_2+w_2）＝67.3%。上清液和沉淀中乙醇占溶剂的比例值很接近，意味着醇沉时浓缩液中的水已经较为充分地溶解到乙醇中去了，也即醇沉中包裹现象并不严重。

沉淀中溶剂总量为 15.73＋7.75＝23.48（kg）。整个醇沉体系中的溶剂总量为 $m_0w_0+m_1=165kg$。沉淀中溶剂总量占体系中溶剂总量的比例为 23.48/165＝14.2%，接近15%，所以推测导致党参炔苷损失的主要原因在于上清液和沉淀分离并不理想，也即沉淀表面吸附了较多上清液，或者上清液未能充分从醇沉罐中吸出。

评价与小结 采用质量衡算的方法，可以较为准确地判断出醇沉中指标成分损失的主要原因，进而可以针对性地实施改进。

（二）醇沉工艺影响因素及控制方法

中药醇沉工艺性能可能受到工艺参数、原料、环境、设备等因素的影响，常规设备醇沉工艺的鱼刺图如图5-15所示。浓缩液是醇沉工艺的原料之一，可以用固含量、水含量、密度、黏度、pH值、大类物质含量或者特定成分含量等指标描述其性质。乙醇是醇沉的另一原料，工业生产中均含有一定比例的水，主要性质为乙醇浓度。加醇过程和冷藏过程中的工艺参数可能包括搅拌速度、搅拌时间、乙醇用量、加醇速度、冷藏温度和冷藏时间等。

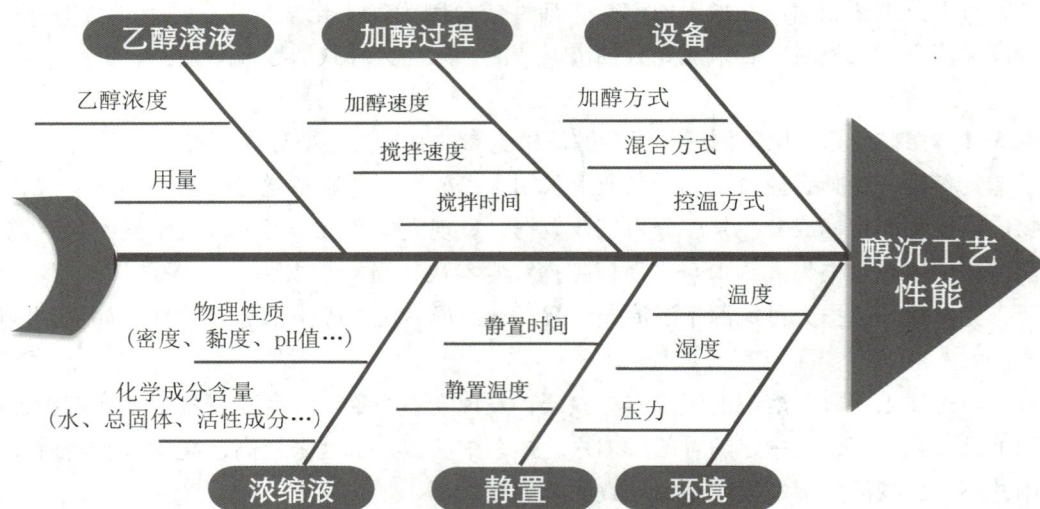

图5-15 常规设备醇沉工艺鱼刺图

工业生产中较多采用密度、黏度和体积等指标控制浓缩液品质，其中以密度为最多。浓缩液中水含量少时密度高，黏度大，加入乙醇后产生沉淀较多，但与乙醇充分混合难度较大。一般采用降低乙醇加入速度，提高搅拌速度，也即"慢加快搅"的方式促进浓缩液和乙醇混合。浓缩液密度较小时，醇沉消耗的乙醇量多。

将乙醇加入浓缩液时沉淀逐渐产生，醇沉液密度逐渐下降。乙醇用量可以根据浓缩液用量预先算好，也可以采用酒精计现场测定醇沉液的表观乙醇浓度，根据测定结果判断是否需要继续加入乙醇。中药生产中一次醇沉的终点乙醇浓度一般低于75%，二次醇沉的终点乙醇浓度一般高于80%。

加醇后的冷藏静置有利于充分除杂，澄清药液，溶出被包裹的活性成分，但该环节往往耗时较长且能耗较高。

三、酸碱沉淀

通过加入酸碱改变药液pH值而产生沉淀的方法常用于中药生产。该法操作简便，主要控制指标为最终药液的pH值、沉淀时间和沉淀温度。

许多中药成分，如有机酸和黄酮等，以盐类形态存在于药材中，在水中溶解度较大，容易被水煎出。调酸会使这些成分成为分子形态，在水中的溶解度明显下降，进而产生沉淀。收集沉淀就可以获得这些有机酸或黄酮成分。为了充分沉淀，一般会尽量控制加酸后pH值比主要目标成分的pK_a值更小。黄芩提取物、灯盏花素以及注射用丹参多酚酸盐等产品生产中均有采用加酸沉淀。

对于中药生物碱成分，则可以采用加碱的方法使其沉淀析出以利于分离。例如，北豆根提取物的生产中有采用加碱沉淀。

鞣质被认为是引起中药注射剂不良反应的成分之一。在中药醇沉的上清液中加碱，可以使鞣质成分成盐而沉淀除去。该方法用于生产以丹参为原料的中药注射剂。

四、其他沉淀工艺

1. 中药水沉 是指在中药液中加水促进产生沉淀的方法。水沉工艺经常与中药醇提工艺联用。具体实施一般是：饮片醇提后过滤得到药液，药液回收乙醇得到浓缩液，浓缩液再加水进行沉淀。由于弱极性成分在乙醇中溶解度较水中更高，所以中药醇提时往往会提出一些弱极性成分，回收乙醇后往浓缩液中加水，有利于使这些成分从药液中分离出来。相比中药醇沉，水沉时产生沉淀较少。水沉后有时会有油脂层浮于药液之上，如果影响过滤，可以加入硅藻土等助滤剂。水沉的影响因素主要包括浓缩液性质、加水量、冷藏温度、冷藏时间等。在中药注射剂生产中，为了增加水沉效果，有时会先煮沸药液一段时间，再冷却下来沉淀。

2. 石灰乳沉淀 是指在中药液中加入石灰乳产生沉淀进行精制的方法。由于有机酸类成分与石灰乳接触后形成钙盐沉淀，所以石灰乳沉淀法用于分离有机酸类成分较多。当不需要收集有机酸类成分时，加入石灰乳产生沉淀后过滤收集上清液；当需要有机酸类成分时，加入石灰乳产生沉淀后过滤收集沉淀，随后加入乙醇使沉淀混悬，再加硫酸使有机酸溶出，得到有机酸的乙醇溶液和硫酸钙沉淀。上述获得有机酸的方法也称为"石硫醇法"，被应用于清开灵软胶囊和鼻炎通喷雾剂等中药品种。工业中也有加入石灰乳产生沉淀后，不过滤沉淀，而直接用硫酸处理的做法，该方法称为"石硫法"。由于石灰乳沉淀工艺除产生钙盐沉淀外，还会升高体系pH值，所以往往还会使很多成分发生降解。

五、工业设备及操作流程

工业生产中常在搅拌罐中实施沉淀过程，其结构大多类似，在此以醇沉罐为例进行说明。醇沉罐示意图见图5-16。采用管路或者手工进料后，浓缩液和乙醇在罐内的混合既可以用搅拌桨搅拌，也可以通入压缩空气搅拌。除搅拌转速外，搅拌桨的大小和位置对混合效果均有影响。通空气搅拌的优点在于罐体内无运动部件，出设备故障可能性小，但不足在于通空气会造成部分乙醇蒸发损失。如果醇沉需要冷藏，可选用带夹套的醇沉罐，加醇后将冷媒水通入夹套。吸出醇沉上清液后，醇沉沉淀由出渣口排出。

案例 5-2　沉淀应用案例——丹参注射液的制备

背景　丹参注射液活血化瘀，通脉养心，用于冠心病胸闷、心绞痛等。该注射液以丹参为原料，经过醇沉和酸碱沉淀等多步沉淀工艺制得。该注射液的主要有效成分为水溶性丹酚酸类化合物，如丹参素、原儿茶醛、迷迭香酸和丹酚酸 B 等。丹参注射液作为中药注射液，必须充分除杂，才能保障用药安全性。其处方和制法如下：

【处方】丹参 1500g。

【制法】取丹参，加水煎煮三次，第一次 2 小时，第二、三次各 1.5 小时，合并煎液，滤过，滤液减压浓缩至相对密度为 1.15~1.28（60℃测）的清膏，加乙醇使含醇量为 75%，冷藏，滤液浓缩至相对密度为 1.16~1.26（60℃测）的清膏，加乙醇使含醇量为 85%，用氢氧化钠溶液调节 pH 值至 8~9，冷藏，滤液必要时回调 pH 至中性，并回收乙醇至无醇味，加注射用水至相对密度为 1.01~1.05（60℃测）的清膏。用盐酸溶液调节 pH 值至 2~3，冷藏，滤过，滤液用氢氧化钠溶液调节 pH 值至 6，浓缩至相对密度为 1.02~1.06（60℃测）的清膏，冷藏。滤过，滤液用氢氧化钠溶液调节 pH 值至 6.8~7.0，加适量注射用水，煮沸半小时，冷至 80℃，加适量活性炭，滤过，放冷后冷藏，滤过，加注射用水至 1000mL，调节 pH 至 6.5~7.2，灌封，灭菌，即得。工艺流程图如图 5-17 所示。

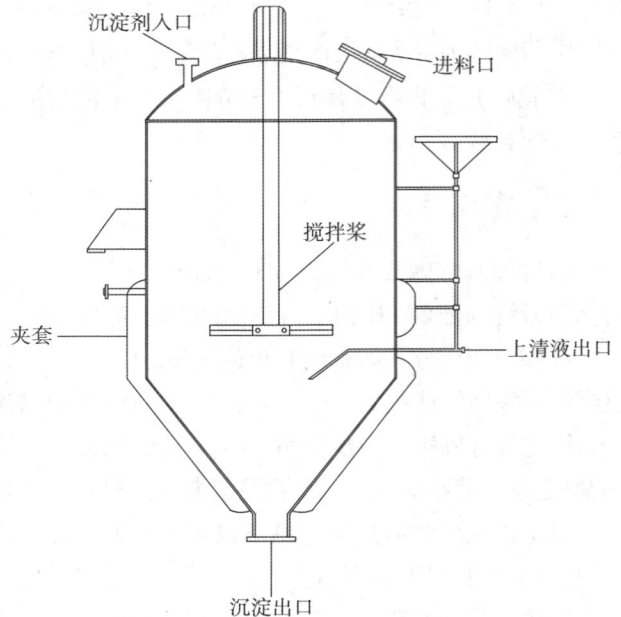

图 5-16　机械搅拌醇沉罐示意图

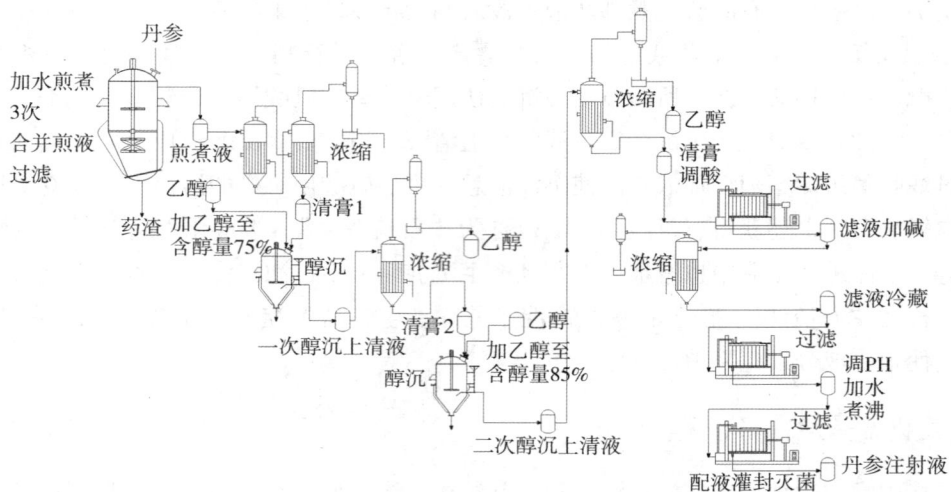

图 5-17　丹参注射液生产工艺流程图

问题　丹参经过水提取后，水提液中存在蛋白质、多糖、鞣质等大分子杂质，丹酚酸 B 在生产过程中也会降解产生一些水溶性较差的酚酸成分。这些成分都有可能引起不良反应，如何把它们除去?

分析　蛋白质和多糖一般在乙醇中溶解度较小,考虑用醇沉工艺除去。为了能够充分除杂,考虑采用多次醇沉,逐渐提高上清液中乙醇浓度。鞣质属于多酚类物质,加碱后反应成盐,多酚盐在乙醇中溶解度较小,所以考虑在醇沉上清液中调碱,让鞣质成盐后沉淀。由丹酚酸 B 降解产生的水溶性较差的酚酸,考虑采用水溶液中加酸沉淀的方法除去。

关键　醇沉工艺的控制;酸碱沉淀工艺的控制。

工艺控制方法　醇沉工艺的控制重点在浓缩液性质和醇沉终点。浓缩液性质中主要控制了相对密度。浓缩液相对密度随浓缩液水含量增加而线性下降。醇沉终点重点控制上清液含醇量。第二次醇沉的上清液含醇量高于第一次醇沉的上清液含醇量。含醇量越高,蛋白质、多糖和盐类的溶解度一般就越小。

加碱沉淀工艺的控制重点在溶剂组成和 pH 值。第二次醇沉的上清液含醇量较高,调 pH 到碱性后,鞣质成盐沉淀效果会优于在第一次醇沉的上清液中调碱。但考虑到丹参注射液的主要有效成分也容易成盐沉淀,所以 pH 值不宜调过高。

加酸沉淀工艺的控制重点在溶剂组成和 pH 值。为了沉淀除去水溶性较差的酚酸,溶剂应该为水。调酸的 pH 值应该低于目标酚酸的 pK_a,最好能比 pK_a 值小 2,会有利于充分沉淀。

评价与小结　采用多次沉淀的方法能有效除去丹参水提液中本来存在,以及制药过程中产生的多种类型杂质,有效保障药品安全性。

第五节　絮　凝

一、原理

絮凝现象是指在加入的絮凝剂的架桥作用下,悬浮在液体中的颗粒相互凝结在一起,形成较大的絮状团沉淀。絮凝一方面能实现药液精制,另一方面使沉淀粒径增大,有利于提高沉降速度。絮凝和过滤、沉降等固液分离方法组合使用,可作为预处理、中间处理或深度处理的手段。

中药水提液中含有黏液质、淀粉、果胶、色素等复杂无效成分,这些物质共同形成分散相颗粒半径为 1~100nm 的胶体分散体系。胶体分散体系是一种动力学稳定体系,因具有较大的表面能,又是一种热力学不稳定体系。其中细微粒有向粗粒转化的趋势,可逐渐聚成较大的粒子而产生沉淀和浑浊现象。当加入絮凝剂时,可通过吸附架桥和电中和等作用大大促进细小微粒的聚集,从而加速沉降而除去,以达到精制目的。

絮凝法具有以下特点:①原料消耗少,设备简单,可在原醇沉设备上实施;②生产周期短,絮凝过程只需 3~6 小时,一般生产周期在 2 天左右;③产品质量好,可提高有效成分含量及液体制剂的稳定性,不易产生沉淀。由于絮凝剂具有与金属离子形成配合物的特性,在中药絮凝过程中可减少药液中重金属离子的含量,特别是铅离子的含量。

目前,柴连口服液和复方益母草胶囊等中药品种生产中采用了絮凝。

二、絮凝剂的选择

了解絮凝过程的影响因素及各因素之间的关系对于合理使用絮凝剂,充分发挥絮凝剂的作用,提高絮凝效果至关重要。影响絮凝过程的因素有絮凝剂种类、絮凝剂用量、温度、体系的

pH 值、搅拌速度和时间以及悬浮液组成等。

选用的絮凝剂首先应满足安全卫生要求，其次应满足药液中有效成分的保留、成药的稳定性以及澄明度等方面的需求。常用的絮凝剂一般分为三类：天然高分子絮凝剂、有机合成高分子絮凝剂和无机絮凝剂。

（一）天然高分子絮凝剂

一般认为天然有机高分子絮凝剂是天然物质中的有机高分子物质经提取或加工改性后制成的絮凝剂产品。按其原料来源可大体分为淀粉衍生物、纤维素衍生物、改性植物胶、其他多糖类及蛋白质改性絮凝剂等。具有原料来源广泛、价格低廉、无毒、易于生物降解、无二次污染、分子量分布广等特点。

目前对淀粉衍生物和壳聚糖类改性絮凝剂的研究较为广泛。在自然界中淀粉资源非常丰富，通过对淀粉进行化学改性，使其活性基团增加，分子链呈枝化结构，絮凝基团分散，可对悬浮体系中颗粒物具有更强的捕捉与促进沉淀作用。

壳聚糖是直链型的高分子聚合物，由甲壳素经强碱水解或酶解脱去糖基上的部分或全部乙酰基后制得。由于分子中存在游离氨基，在稀酸溶液中被质子化，从而使壳聚糖分子链带上大量正电荷，成为一种典型的阳离子絮凝剂。壳聚糖兼有电中和絮凝和吸附絮凝双重作用，具有无毒副作用、能杀菌抑菌等优良特性。由于良好的安全性和絮凝能力，壳聚糖在药液精制中应用广泛。

（二）有机合成高分子絮凝剂

有机合成高分子絮凝剂是一类利用有机单体经化学聚合或高分子化合物共聚而成的有机高分子化合物，含有带电的官能基或中性的官能基，能溶于水中而具有电解质的行为。主要有（甲基）丙烯酰氧乙基三甲基氯化铵-丙烯酰胺共聚物、二甲基二烯丙基氯化铵-丙烯酰胺共聚物、双氰胺-甲醛类阳离子絮凝剂、有机胺-环醚聚合物阳离子絮凝剂、聚丙烯酰胺等。其中以聚丙烯酰胺的应用最多。根据其所带基团能否离解及离解后所带离子的电性，可将其主要分为非离子型、阳离子型、阴离子型和两性型 4 种。其絮凝机理是通过电中和，使高分子链与多个胶体颗粒以化学键相结合；同时高分子具有较强的吸附作用，因而形成大的胶体颗粒分子团而沉降下来。有机高分子絮凝剂相对分子质量比较高，具有种类繁多、用量少、产生的絮体粗大、沉降速度快、处理过程时间短等优点。

101 果汁澄清剂是水溶性胶状物质，安全无毒，可随沉淀物一起除去。通常配制成 5% 的水溶液使用，使用量一般为药液的 2%～20%。

ZTC1+1 澄清剂是人工合成絮凝剂与聚丙烯酰胺的复合物。絮凝机理是聚合铝加入后，在不同的可溶性大分子间架桥连接使分子团迅速增大，聚丙烯酰胺在聚合铝所形成的复合物的基础上再架桥，使絮状物尽快形成沉淀以除去。

（三）无机絮凝剂

无机絮凝剂可分为无机低分子絮凝剂和无机高分子絮凝剂。无机低分子絮凝剂是一类低分子的无机盐，以金属盐类为主，品种较少，主要是铝、铁盐及其水解聚合物等低分子盐类，其中氯化铝（$AlCl_3$）是常用的无机絮凝剂。其絮凝机理为无机盐溶解于水中，电离后形成阴离子和金属阳离子。由于胶体颗粒表面带有负电荷，在静电的作用下，金属阳离子进入胶体颗粒的表面中和一部分负电荷而使胶体颗粒的扩散层被压缩，使胶体颗粒的 ξ 电位降低，在范德华力的作用下形成松散的大胶体颗粒沉降下来。

无机高分子絮凝剂主要是聚铝和聚铁。常见的有聚合氯化铝、聚合硫酸铝、聚合磷酸铝、聚合硫酸铁、聚合氯化铁、聚合磷酸铁等。这类絮凝剂在水中存在多羟基络离子，能强烈吸引胶体微粒，通过黏附、架桥和交联作用，促进胶体凝聚。同时还可通过物理化学作用，中和胶体微粒及悬浮物表面的电荷，降低 ξ 电位，从而使胶体离子互相吸引，破坏胶团的稳定性，促进胶体微粒碰撞，形成絮状沉淀。无机高分子絮凝剂絮凝体形成速度快，颗粒密度大，沉降速度快，对色度、微生物等有较好的去除效果，对处理水的温度和 pH 值适应范围广，具有原料价格低廉、生产成本较低等优点。但其分子量和絮凝架桥能力较有机高分子絮凝剂仍有较大差距。

目前应用于中药及天然药物领域的絮凝剂主要有甲壳素、壳聚糖、ZTC1+1 系列澄清剂、101 澄清剂、明胶、丹宁、CE-1 澄清剂、CZ-1 澄清剂、果胶酶以及蛋清等。

习　题

1. 过滤和离心均能用于中药固液分离，在具体选择采用哪种工艺时应考虑哪些方面？
2. 中药生产中沉淀工艺使用较多，该工艺的优势有哪些？
3. 相比醇沉，絮凝的优势和不足是什么？

第六章

液液萃取

　　液液萃取，也常称（有机）溶剂萃取，是化工和冶金工业常用的分离提取技术，近年来已被引入中药制药领域，成为重要的中药成分分离手段之一。例如，以三氯甲烷为溶剂从丹参乙醇浸提浓缩液中提取丹酚酸B。在液液萃取过程中常用有机溶剂作为萃取试剂，溶剂萃取是通过溶质在两个液相之间的不同分配而实现的。双水相萃取技术常被用于生物工程领域蛋白质、酶、核酸等物质的分离纯化，近年已被引入中药制药领域，成为重要的分离手段之一。在溶剂萃取中，萃取剂与溶质间不发生化学反应，溶质根据相似相溶原理在两相间达到分配平衡的称为物理萃取；而通过萃取剂与溶质之间的化学反应（如离子交换或络合反应等）生成复合分子实现溶质向萃取相的分配，则称化学萃取。萃取过程多为物理传质过程，但伴有化学反应的萃取传质过程在制药生产中也会见到。

【环境保护】

　　人类历史发展至今，化学工业对社会的发展做出了巨大贡献，但它也有危害人体健康、破坏自然环境、加剧资源枯竭的负面效应。因此我们要树立科学发展观的理念，培养生态环保意识，增强法制观念。在液液萃取分离过程中，萃取剂的确定和选择要考虑使用者的安全，还要考虑萃取溶剂循环利用和回收，要把对环境的危害降到最低，为子孙后代留下绿水青山和蓝天白云，人与自然和谐共处。

第一节　液液萃取技术

一、液液萃取技术原理及影响因素

　　1. 液液萃取技术原理　液液萃取技术（liquid-liquid extraction，LLE）是利用在两个不相混溶的液相中各种组分（包括目的产物）溶解度不同，从而达到分离的目的，是药物制备过程中常用的分离技术之一。例如，可将醋酸乙酯加到丹参水提取液中，使其充分接触，从而通过醋酸乙酯萃取出丹酚酸B。

　　通常被萃取的物质称为溶质，而加入的萃取液体称为萃取剂。选择萃取剂的基本条件是对于待处理溶液中的溶质有较大的溶解度，而与待处理液不溶或微溶。当萃取剂加入待处理液后静置则分成两相：一相是萃取相（含溶质的萃取剂）；另一相则是萃余相（原溶剂）。

　　在研究萃取过程中，常用分配系数表示平衡的两相中（萃取相和萃余相）溶质浓度的关系。对于互不相溶的两液相系统，分配系数 k 为

$$k=y/x \tag{6-1}$$

式中，y 为平衡时溶质在萃取相的浓度；x 为平衡时溶质在萃余相的浓度。式（6-1）的适用条件：稀溶液；溶质对溶剂的互溶度没有影响；溶质在两相中必须以同一种分子形态存在。

在中药制药过程中，中药提取液中的溶质并非单一组分，除目标产物外，还存在杂质。萃取时为了定量地描述某种萃取溶剂对提取液中各种物质选择性分离的难易程度，可以用分离因数 β 表示：

$$\beta=\frac{y_A/x_A}{y_B/x_B}=\frac{k_A}{k_B} \tag{6-2}$$

A 为目标产物，B 为杂质，A 和 B 的分配系数不同，因此萃取后溶剂相中 A 和 B 量产生差异。β 越大表示萃取剂选择越好；$\beta=1$，则说明萃取溶剂不能把目标产物和杂质分开。

2. 液液萃取物理化学基本方程　根据物理化学理论可知，在液液萃取操作达平衡状态时，溶质在萃取相（l）和萃余相（h）的化学势相等，即：

$$\mu（l）=\mu（h） \tag{6-3}$$

或写为：

$$\mu^{\ominus}（l）+RT\ln y=\mu^{\ominus}（h）+RT\ln x \tag{6-4}$$

式中，$\mu^{\ominus}（l）$ 为溶质在萃取相中的标准化学势；$\mu^{\ominus}（h）$ 为溶质在萃余相中的标准化学势。

将式（6-4）重新整理可得：

$$k=\frac{y}{x}=\exp\left[\frac{\mu^{\ominus}（h）-\mu^{\ominus}（l）}{RT}\right] \tag{6-5}$$

式中，R 为气体常数，8.31J/（mol·K）；T 为萃取系统热力学温度，K。

由式（6-5）可知，分配系数的对数值与标准状态下化学势的差值相等。对于一个萃取平衡系统，若存在过量的萃取相（l）及少量的萃余相（h），此相中溶质的化学势 $\mu^{\ominus}（l）$ 是固定不变的。溶质的化学势与浓度关系则如图6-1所示。如果萃余相的标准化学势 $\mu^{\ominus}（h）$ 增加，则曲线 $\mu（h）$ 向上平移，结果 $\mu（h）$ 与 $\mu（l）$ 的交点随之向左移动，即平衡浓度 x 值变小。因此溶剂的改变和溶质的改变这两个主要因素影响 $\mu^{\ominus}（h）$ 变化，影响萃取过程。

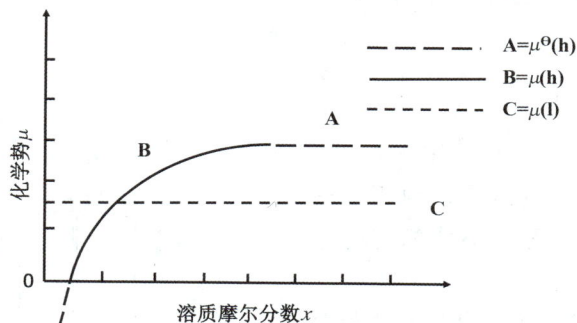

图 6-1　溶质化学势与浓度的关系

3. 萃取过程的影响因素

（1）萃取剂的影响

①萃取剂的选择性：萃取是一种扩散分离操作，萃取剂选择性系数大的对传质分离有利。萃取剂若对溶质 A 的溶解能力较大，而对稀释剂 B 的溶解能力很小，即萃取剂的分离因数 β 大，此种萃取剂的选择性就好。此外，选择的萃取剂还应考虑对溶质有大的萃取容量，即单位体积的萃取溶剂能萃取大量的目标产物。

②萃取剂的物理性质：萃取相与萃余相之间应有较大的密度差，且二者之间的界面张力适中，这一特性便于两相分层。界面张力过小，则分散后的液滴不易凝聚，不利于分层；界面张力

过大，则又不易形成细小的液滴，不利于传质。

（2）使溶质发生变化　除了萃取剂的影响，还可通过改变溶质的方法以提高萃取效果。具体方法可通过溶质离子对的变化或者萃取系统 pH 值的变化来实现（溶质不产生化学变化）。

①溶质在水中解离后可形成一对离子（即带正、负电荷离子），可通过改变溶质的离子对改善萃取结果。例如，用三氯甲烷从水溶液中萃取氯化正丁胺，加入醋酸钠后其分配系数由 $k=1.3$ 升至 $k=132$。

②由于待分离的溶质（产物）很多为弱酸或弱碱，故可用改变萃取溶液 pH 值的方式来改变溶质的极性，提高分配系数以利于弱酸性或者弱碱性物质的分离。

二、液液萃取工艺流程

萃取操作过程一般可分为单级萃取过程和多级萃取过程，后者包括错流接触和逆流接触。

1. 单级萃取　单级萃取操作是使含溶质的料液（h）与萃取剂（L）接触、混合和静置，分成两层。对中药提取液分离过程，通常是水提取溶液，采用有机溶剂萃取，上层为有机溶剂，下层为水相。

2. 多级萃取过程　多级逆流萃取过程具有分离效率高、产品回收率高、溶剂用量少等优点，是工业生产中最常用的萃取流程。

多级逆流萃取流程示意图如图 6-2 所示。

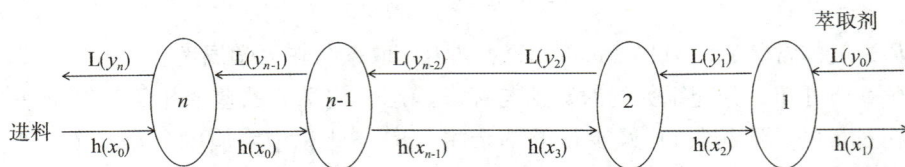

图 6-2　多级逆流萃取流程示意图

三、液液萃取装置及其选择原则

（一）液液萃取装置

液液萃取中液-液接触界面面积越大（液滴越小，比表面积就越大），则溶质在两相中达到平衡越快。但是在液-液体系中，两相密度差不能太小，否则不利于分层。

图 6-3 所示的搅拌澄清槽是最基本的萃取装置，把中药提取液与萃取溶剂倒入搅拌容器中，通过搅拌将萃取溶剂打散成液滴，待溶质在两相中达到平衡后放入澄清槽静置，分成萃取相和萃余相。该装置可串联进行多次萃取操作。

塔式萃取设备是逆流方式。图 6-4 是不同塔式萃取设备示意图。喷射塔在底部将密度小的液相喷成小液滴，利用密度差在塔内上升。多孔塔使密度小的液相通过多孔板形成小液滴。回转圆板塔效果同上。

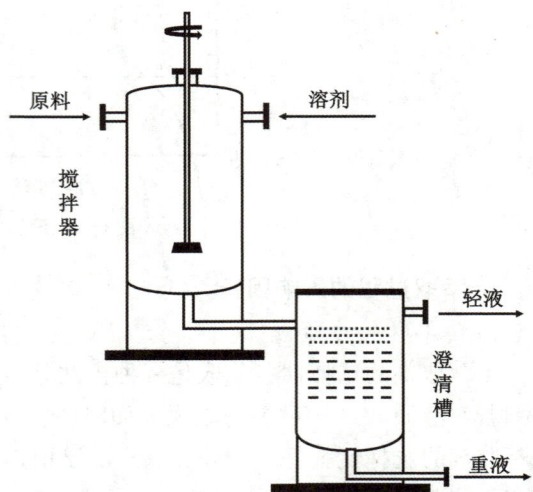

图 6-3　搅拌-澄清性萃取装置

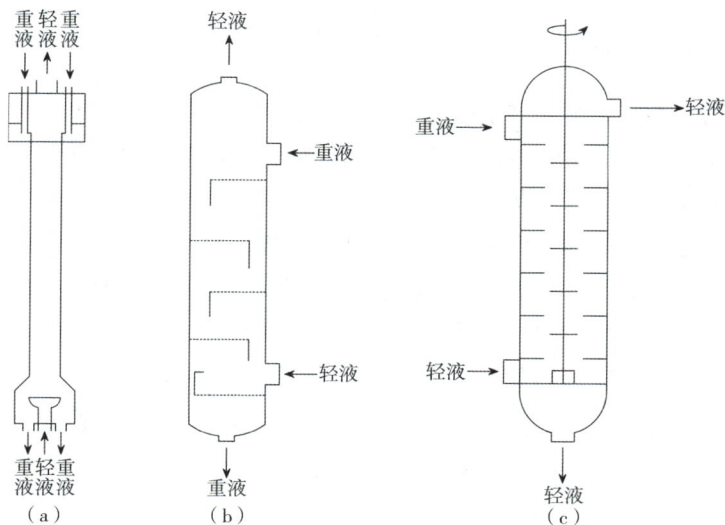

图 6-4 液-液萃取装置

（a）喷射塔；（b）多孔板式塔；（c）回转圆板塔

对于实验室小试规模的萃取一般采用分液漏斗（图 6-5），对于大规模萃取，则要选用图中的其他设备。

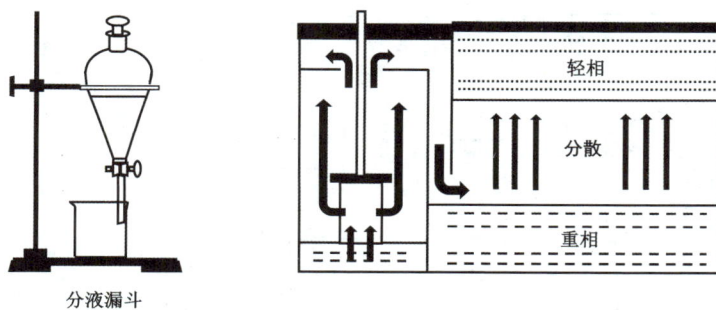

图 6-5 单级萃取设备

与单级萃取操作类似，多级萃取设备也有多种类型，如混合沉降器、筛板萃取塔、填料萃取塔等。

图 6-6 是三级逆流混合器萃取设备流程。由该图可见，中药提取液进入第一级混合萃取罐，在此与从第二级沉降器来的萃取相混合接触，然后进入第一级沉降器分成上下两液层，上层为萃取相，富含溶质，蒸馏回收溶剂进一步精制；而下层为萃余相，送第二级萃取回收产物。如此经三级萃取后，最后一级的萃余相，经处理符合环保要求后作为废液排放。

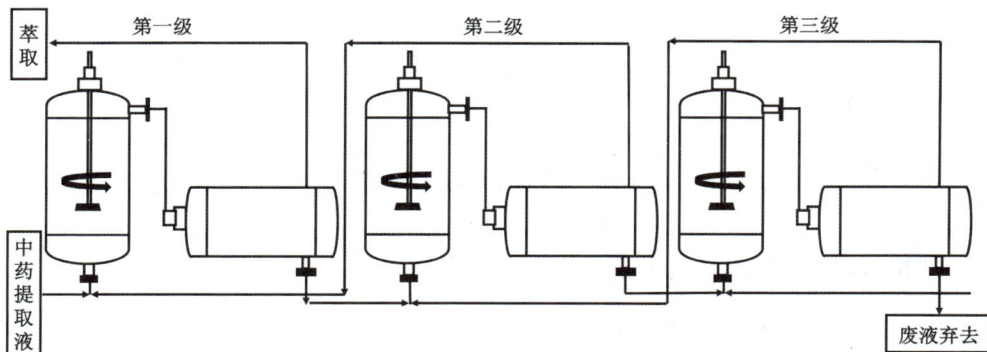

图 6-6 三级逆流萃取设备流程

（二）萃取设备选择原则

萃取设备选择的参考原则：处理量和通量、各种萃取设备的特性、萃取系统的物性参数、稳定性和两相停留时间、溶剂物系的澄清特性、所需要的理论级数、设备投资费和维修费、设备装置所占的场地面积和建筑高度。

萃取系统的物性参数：液滴的大小及其运动情况与界面张力 σ 和两相密度差 $\Delta\rho$ 的比值（$\sigma/\Delta\rho$）有关。若（$\sigma/\Delta\rho$）较小，界面张力小，密度差较大，适用于无外能输入的设备。若（$\sigma/\Delta\rho$）大，则应选用具有可以提供机械能用于分散液滴的设备。若密度差很小的系统，可采用离心萃取设备进行分层以达到较好的分离作用。

对于某一液液萃取过程理论级数为 2~3 级时，各种萃取设备均可适合；理论级数为 4~5 级时，可选择转盘塔、往复振动筛板塔和脉冲塔；当理论级数多于 5 级时，只能采用混合澄清设备。

目标产物不稳定的要选择停留时间短的设备，例如离心萃取设备。

根据上述一些选择原则，萃取设备的选择步骤如图 6-7 所示。对于工业生产规模的萃取，需要考虑设备的负荷流量范围、两相流量比变化时设备内的流动情况、对污染的敏感度、最大的理论级数、防腐、建筑高度与面积等因素。

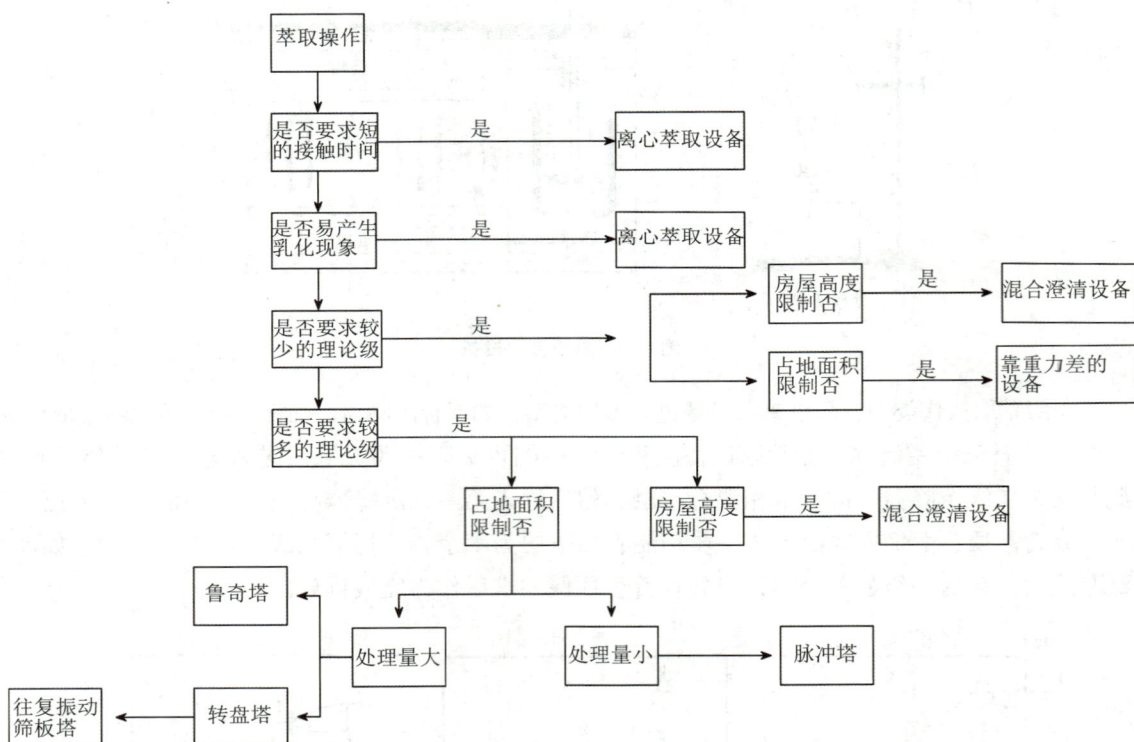

图 6-7　萃取设备的选择步骤

（三）液液萃取技术在中药活性成分分离中的研究

丹酚酸 B 是中药丹参中主要的生理活性物质，具有抗氧化、保护心脏等活性。丹参中水溶性成分丹酚酸 B 的提取方法多采用水提醇沉法，但是所得产物水溶性杂质多。其分离纯化可采用醋酸乙酯和正丁醇。丹酚酸 B 溶于水，可先从丹参药材中采用水提醇沉的方式获得丹酚酸 B 粗提物。提取工艺：称取丹参饮片 1 份，水提取 3 次，第 1 次加 8 倍量的水，煎煮 2 小时；第 2 次加 6 倍量水，煎煮 1.5 小时；第 3 次加 5 倍量水，煎煮 1.5 小时。合并煎煮液，浓缩至含生药约 1g/mL。醇沉工艺的选择：采用 60%乙醇醇沉，沉淀用 2 倍量 60%乙醇洗涤 2 次，洗涤液并入二次醇沉滤过液，回收乙醇，浓缩至含生药约 1g/mL。萃取工艺：①分配系数考察：采用不同比例的醋酸乙酯和正丁醇萃取溶剂进行萃取分离，考察分配系数，从而在萃取过程中获得较高转移率。正丁醇与醋酸乙酯不同比例（1∶0、0.5∶1、1∶1、2∶1、3∶1 和 0∶1）混合液萃取丹酚酸 B 的分配系数结果：0.330、0.138、0.222、0.221、0.253 和 0.481。因此获得的最佳萃取溶剂为纯醋酸乙酯。②溶剂萃取次数的考察：用等量的醋酸乙酯萃取浓缩液多次，有效成分的转移率随着萃取次数的增加而增加，但是萃取 4 次后转移率基本不再变化，丹酚酸 B 转移率为 59.42%。最佳结果：按水提醇沉工艺所得的浓缩液中加盐酸酸化至 pH 值约为 2，用醋酸乙酯萃取 4 次，每次用量分别为 2、1、1、1 倍。合并萃取液有机层，回收醋酸乙酯并浓缩至原体积的 1/20。采用醋酸乙酯萃取的工艺损失小，分离效率高，同时具有脱色作用，适合产业化。

第二节　双水相萃取技术

双水相萃取（aques two phase extration，ATPE）技术始于 20 世纪 60 年代，是基于液液萃取理论同时考虑保持目标产物生物活性所开发的一种新型液液萃取分离技术。经过几十年的发展，此项技术被用于生物产品的分离纯化，例如氨基酸、多肽、细胞器、细胞膜、核酸、各类细胞、病毒等，尤其是成功地应用于大规模分离纯化蛋白质。

双水相萃取的优点：

（1）水相中均含有很高的含水量（75%~90%），为生物制品提供一个良好的环境；所采用的上相（PEG）和下相（Dex）对生物制品无毒害作用，不必担心生物活性物质发生变性，甚至还起到保护和稳定的作用。

（2）双水相萃取可以直接提取蛋白质，免除过滤操作的麻烦。

（3）双水相萃取系统分相时间短，一般 5~15 分钟。

（4）界面张力小，利于传质。

（5）不存在有机溶剂残留。

（6）回收率高。双水相系统之间的传质和平衡速度快，如选择适当体系，回收率可达 80%以上。

（7）易于连续化操作，设备投资费用少，操作简单，且可直接与后续提纯工序相连接，无须进行特殊处理。

（8）分离过程经济，易于放大。双水相系统可将大量杂质与所有固体一起丢掉，双水相萃取技术的各种参数可以按比例放大，而产物回收率和纯度并不受影响。

（9）对分离物质具有浓缩作用。双水相萃取技术可对分离物质进行浓缩。

使用双水相分配对萃取物质进行浓缩过程见图 6-8。

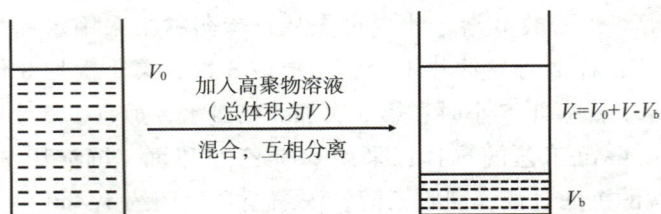

图 6-8 双水相分配对萃取物质进行浓缩的过程

V_0. 初始体积；V_b. 下相体积；V_t. 上相体积

一、双水相萃取技术原理

1. 双水相系统的形成　以葡聚糖与聚乙二醇双水相系统为例，二者溶液按一定的比例与水混合，静置后分为互不相溶的两相，上相富含 PEG，下相富含葡聚糖。除了上述双水相系统，还有聚乙烯醇与葡聚糖、甲基纤维素与葡聚糖等。两个亲水成分的非互溶性是由它们各自分子结构的不同所产生的互相排斥和空间阻碍导致的，不同类型分子间的斥力大于它们亲水性的相互吸引力，因此聚合物发生分离，分为二相。双水相萃取就是利用物质在互不相溶的两水相之间分配系数的差异来进行萃取的方法。

通常情况下，可以将常用的双水相系统分为以下几类：

（1）高聚物-高聚物双水相体系，如 PEG/Dex 体系。

（2）高聚物-无机盐双水相体系，如 PEG/无机盐体系。

（3）低分子有机物-无机盐双水相体系，如乙醇与磷酸盐或枸橼酸盐水溶液体系。

（4）表面活性剂双水相体系，选择性好，含水量高，具有亲水亲油的特点，在疏水性物质的分离中有较大优势。

表 6-1 所列为近几年研究较多的双水相系统。

表 6-1 常用的双水相系统

聚合物 1	聚合物 2 或盐	聚合物 1	聚合物 2 或盐
聚丙二醇	甲基聚丙二醇	聚乙二醇	聚乙烯醇
	聚乙二醇		聚乙烯吡咯烷酮
	聚乙烯醇		葡聚糖
	聚乙烯吡咯烷酮		聚蔗糖
	羟丙基葡聚糖		磺酸钾
	葡聚糖		硫酸镁
乙基羧乙基纤维素	葡聚糖	聚乙二醇	硫酸铵
聚丙二醇	磺酸钾		硫酸钠
聚乙烯吡咯烷酮			磺酸钠
甲氧基聚乙二醇			甲酸钠
聚乙烯醇或聚乙烯吡咯烷酮	甲基纤维素		酒石酸钾钠
	葡聚糖		磷酸二氢钠
	羟丙基葡聚糖	甲基纤维素	葡聚糖
羟丙基葡聚糖	葡聚糖		羟丙基葡聚糖

2. 双水相萃取的原理 当物质进入双水相体系后，由于表面性质、电荷作用和各种力（如疏水键、氢键和离子键等）的存在及环境因素的影响，在上相和下相间进行选择性分配，这种分配关系与常规萃取分配关系相比，表现出更大或更小的分配系数。

3. 双水相系统的平衡关系 双水相体系萃取分离原理是溶质在双水相体系中于上相和下相间因分配系数不同而进行的选择性分配。

（1）分配系数 K

$$K = \frac{C_T}{C_B} \tag{6-6}$$

式中，C_T、C_B 分别为被萃取物质在上相、下相溶质的浓度。

分配系数 K 与溶质的浓度无关，它主要取决于相系统的性质（静电作用、疏水作用、生物亲和作用等）、被萃取物质的体积、分子构象和温度等。

（2）双水相系统的相图 两种高聚物的水溶液以不同的比例混合，可通过相图来表示，见图6-9。位于 A 点的系统是由位于 C、B 两点的两相所组成。当系线向下移动时，系线长度减少，表明两相的差别减小；K 点为临界点，此时系线的长度为零，两相间差别消失。

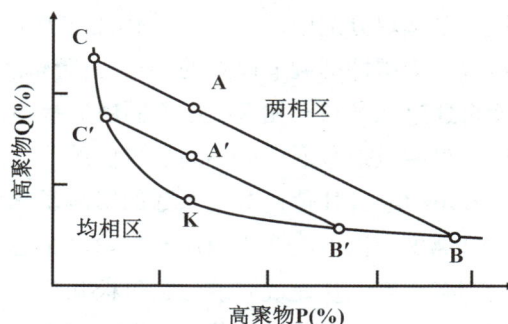

图 6-9 双水相系统相图

由图 6-9 并经有关公式推导，可得：

$$\frac{V_t \rho_t}{V_b \rho_b} = \frac{\overline{AB}}{\overline{AC}} \tag{6-7}$$

双水相系统由于含水量高的缘故，两相密度与水接近，忽略两相的密度差，由式（6-7）和图6-9得出，相体积比可由 AB 与 AC 的距离之比得到。

二、影响双水相萃取的因素

双水相萃取中被分配的物质与各种相组分之间存在复杂的相互作用，作用力包括氢键、电荷力、范德华力、疏水作用和构相效应等。影响物质在双水相系统中分配的主要因素有：组成双水相系统的高聚物类型；高聚物平均分子量和分子量分布；高聚物的浓度；成相盐和非成相盐的种类；盐的离子强度；pH 值。影响双水相萃取的因素如此之多，通过选择合适的萃取条件，可以提高生物活性物质的纯度。

1. 成相高聚物浓度-界面张力 高聚物浓度增加，系统组成偏离临界点，界面张力也随着增大，蛋白质的分配系数也偏离1，即大于1或小于1。

对于位于临界点附近的相系统，细胞粒子可完全分配于上相或下相，此时不存在界面吸附。高聚物浓度增大，界面吸附增强。例如接近临界点时，细胞粒子若位于上相，则当高聚物浓度增大时，细胞粒子向界面转移，也有可能完全转移到下相，这主要依赖于它们的表面性质。成相高聚物浓度增加时，两相界面张力也相应增大。

2. 成相高聚物的相对分子质量 在高聚物浓度保持不变的前提下，降低高聚物的分子量，被分配的可溶性生物大分子将更多地分配于该相。对PEG/Dex体系而言，Dex 的分子量减小，分配系数会减小；PEG 的分子量减小，物质的分配系数会增大。当成相高聚物浓度、盐浓度、温度等条件保持不变时，被分配的生物大分子易为相系统中低分子量高聚物所吸引，而被高分子量高聚物所排斥。

选择相系统时，可改变成相高聚物的相对分子质量以获得所需的分配系数，特别是当所采用的相系统离子组分必须恒定时，改变高聚物相对分子质量更加适用。因此，不同相对分子质量的生物大分子可以获得较好的分离效果。

3. 无机盐浓度和种类 盐的种类和浓度不同，对分配系数影响不同，这一影响主要反应在对相间电位和蛋白质疏水性的影响。盐浓度还可以扰乱双水相系统，改变各相中成相物质的组成和相体积比。利用上述特点，通过调节双水相系统中盐浓度，可选择性萃取不同的蛋白质。在双水相体系萃取分配中，磷酸盐的作用非常特殊，其既可以作为成相盐形成 PEG/盐双水相体系，又可以作为缓冲剂调节体系的 pH。由于磷酸不同价位的酸根在双水相体系中有不同的分配系数，因而可通过调节双水相系统中不同磷酸盐的比例和浓度来调节相间电位，从而影响生物大分子的分配，可有效地萃取分离不同的蛋白质。

4. pH 值 pH 值对分配系数的影响源于两个方面。第一，pH 会影响蛋白质分子中可离解基团的解离度，因而改变蛋白质所带电荷的性质和数量，进而改变分配系数。第二，pH 影响磷酸盐的离解程度，从而改变磷酸二氢根和磷酸一氢根之间的比例，进而影响相间电位差和蛋白质的分配系数，微小变化会使分配系数改变 2~3 个数量级。

5. 温度 温度在双水相分配中是一个重要的参数。它主要影响相高聚物组成，当相系统组成位于临界点附近时，温度对分配系数才具有较明显的作用。分配系数对操作温度不敏感。由于高聚物对生物活性大分子物质有稳定作用，所以大规模双水相萃取一般可在室温下进行，不需要冷却，从而节省冷冻费用。

三、双水相萃取的基本工艺流程

双水相萃取平衡时间短，含水量高，界面张力低，为生物活性物质提供了温和的分离环境。双水相萃取技术建立在工业化的高效液-液分离设备基础上，操作简便、经济省时、易于放大（各种试验参数可按比例放大）。

双水相萃取技术的工艺流程主要由三部分构成（图 6-10）：目标产物的萃取、PEG 的循环、无机盐的循环。

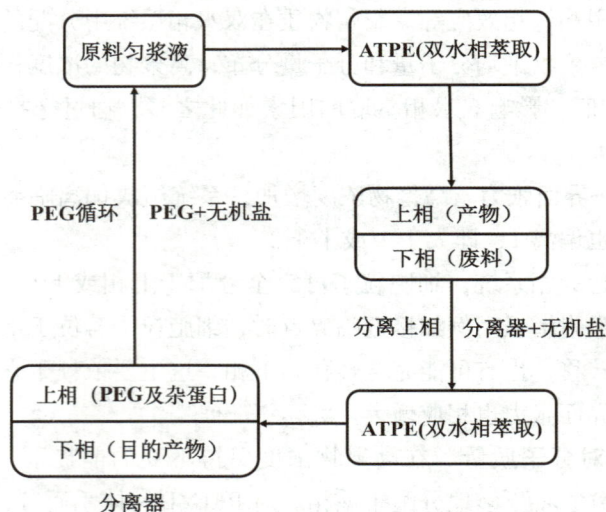

图 6-10 双水相萃取流程图

1. 目标产物的萃取　原料与 PEG 和无机盐在萃取剂中混合，然后进入分离器分相。通过选择适宜的双水相系统，一般使目标产物先分配到上相（PEG 相），而细胞碎片、核酸、多糖和杂蛋白等分配到下相（富盐相）。下一步萃取是将目标产物转入富盐相，方法为先分出上相，再在上相中加入无机盐，形成新的双水相系统，从而将目标产物与 PEG 分离，以利于使用超滤或透析将 PEG 回收利用。

2. PEG 的循环　在大规模双水相萃取过程中，PEG 的回收和循环套用，不仅可以减少废水处理量，还可以节约化学试剂，降低成本。PEG 的回收有两种方法：①加入无机盐，使目标产物先转入下相，上相回收 PEG。②将上相通过离子交换树脂，先洗脱回收 PEG，再洗脱回收目标产物。

3. 无机盐的循环　将含无机盐相冷却，结晶，然后使用离心机分离收集。除此之外，还有电渗析法、膜分离法回收盐类。

四、双水相萃取技术在中药相关领域中的应用

双水相萃取技术可被广泛应用于许多中药等天然产物的分离纯化，效果明显。据报道，用双水相体系提取银杏黄酮、叶黄素，以及富集分离木瓜蛋白酶有关成分的研究，都得到了较好的分配系数和分离效果。

双水相萃取技术应用最广泛的是聚乙二醇/葡萄糖和聚乙二醇/无机盐这两种体系。以乙醇、磷酸氢二钾-水的双水相体系萃取甘草有效成分，在最佳条件下，分配系数达到 12.80，收率达 98.3%。用双水相萃取体系富集分离银杏叶浸取液的研究也表现出良好的分配系数和分离效果。用 PEG-磷酸二氢钾-水的双水相体系对黄芩苷和黄芩素进行萃取实验，由于黄芩苷和黄芩素都有一定的憎水性，被主要分配在富含 PEG 的上相，两种物质分配系数 K 值最大可达 30 和 35，分配系数随温度的升高而降低，黄芩苷的降幅比黄芩素大。

五、双水相萃取技术的最新发展趋势及存在问题

1. 新型双水相体系的开发　新型双水相体系的开发主要有两类，廉价的双水相体系及新型功能双水相体系。

（1）廉价双水相体系　多年来的双水相技术研究绝大多数集中在高聚物-高聚物（PEG/Dextran 系列）双水相体系系列上。但是该体系的成相聚合物价格昂贵，在工业化大规模生产成本高。现阶段主要开发一些廉价的成相聚合物替代品，如变性淀粉、乙基羟乙基纤维素、麦芽糖糊精等有机物代替昂贵的葡聚糖。羟基纤维素、聚乙烯醇、聚乙烯吡咯烷酮等代替 PEG 已取得阶段性成果。

（2）新型功能双水相体系　是指高聚物可环保回收、成本低、无毒、性能好且操作简便的双水相体系。新型功能双水相体系包括热分离双水相体系、正负离子表面活性剂双水相体系。

①热分离双水相体系：热分离聚合物的水溶液在高于某一临界温度时分离成两相，该温度点被称为浑浊点。主要是由于热分离聚合物分子含有的亲水基团和疏水基团可与水分子形成氢键，温度变化可改变氢键强弱，致使聚合物在溶液相中的溶解度发生改变。热分离双水相体系仅需通过温度变化诱导，就可使聚合物从溶液相分离出来。热分离聚合物是环氧乙烷和环氧丙烷的随机共聚物，上相几乎为纯水，下相是聚合物。

②正负离子表面活性剂双水相体系：是指采用表面活性剂为聚合物材料的双水相体系。在一定浓度和混合比范围内，无任何外加物质的条件下，由正离子表面活性剂和负离子表面活性剂组成，在一定条件下可以形成两个互不混溶、平衡共存的水相，两相均为很稀的表面活性剂水溶

液。该双水相体系操作成本低，可循环使用，对生物活性物质萃取效果好，还能保证被萃取物质的活性。

（3）亲和功能双水相体系　由于杂蛋白的存在，萃取目标蛋白专一性不高。为了解决此问题，近年来发展了一种亲和双水相萃取技术。亲和双水相萃取技术是指在两种成相聚合物混合形成双水相体系前，将一种和目标蛋白有很强亲和力的配基（如离子交换基团、疏水基团、染料配基、金属螯合物配基以及生物亲和配基）与其中一种成相聚合物共价结合，这样当双水相体系进行萃取目标蛋白时，目标蛋白质专一性地进入结合有配基的成相聚合物所在相中，而其他杂蛋白则进入另一相。目前，该技术已被广泛应用于乙醇脱氢酶、丙酮酸激酶和核酸内切酶等酶以及细胞、细胞器、细胞膜等粒子的提取中。

2. 双水相萃取与其他相关技术的结合　双水相萃取与其他相关技术进行结合，可以将其他技术的优势和特点应用到双水相萃取分离中，逐渐发展成具有各自特点的分离技术。双水相萃取可与磁场增强、超声波增强、微胶囊、生物转化等技术结合。

磁场增强双水相分离技术是指在双水相体系中添加磁性粒子，萃取过程中借助磁场作用加速分离，减少分相时间，磁性的纳米粒子还具有特异性结合部分蛋白质和 DNA 的作用。超声波增强双水相分离技术是指利用超声波加速双水相体系中固体小颗粒小液滴的富集作用，减少分相时间。微胶囊双水相分离技术是指借助微胶囊内外表面的亲水性差异萃取分离，该技术可以避免被萃取物被高温氧化聚合，提高分离效率。双水相电泳是将传统的溶解技术与电泳结合起来，由于双水相具有生物相容性，所以双水相电泳为生物分子成功分离提供了很好的方法。双水相生物转化体系就是将生物反应与产物分离集成为一体。在传统的生物转化过程中，转化产物量的增加常会抑制转化过程的进行，双水相生物转化体系就是把酶催化的生物转化过程和微生物发酵过程放在双水相萃取系统中的某一相进行，而产物分配于另一相中，既可避免产物对生物转化过程的抑制，又可以避免目标产物与反应物及生物体或酶混在一起难以分离；而且，分布在下相的细胞（酶）可以循环，为固定化细胞和酶开辟了新思路。

3. 双水相萃取相关理论和技术的发展　虽然双水相萃取技术在应用方面取得了很大进展，但目前这些工作几乎都只是建立在实验数据的基础上，至今还没有一套比较完善的理论来解释生物大分子在体系中的分配机制。考虑到生物物质在双水相系统中分配是一个由聚合物、聚合物（或无机盐）、生物分子和水等构成的四元系统，系统中的组分性质千差万别，从晶体到无定形聚合物，从非极性到极性，从电解质到非电解质，从无机小分子到有机高分子甚至生物大分子，这些都不可避免地造成理论计算的复杂性。因此，建立溶质在双水相系统中分配的机制模型一直是双水相系统相关研究的重点和难点。

尽管双水相萃取技术用于大规模生产具有许多明显的优点，但该技术在工业中还没有被广泛利用。目前双水相萃取技术应用的最主要问题是原料成本高和纯化倍数低，同时还存在一些技术难题：易乳化，相分离时间长，成相聚合物的成本较高，水溶性高聚物大多数黏度较大，不易定量控制，水溶性高聚物难以挥发使反萃必不可少，高聚物回收困难等，有待于进一步研究。

第三节　化学萃取技术

一、化学萃取原理

前两节介绍的物理萃取法是根据相似相溶原则，以某组分在两个液相之间产生分配差异进行的一种分离方法。然而极性有机物的溶液分离体系并不适合采用物理萃取法。溶质与水均为极性物质，选择极性大的溶剂提高溶质的物理萃取分配系数，萃取溶剂在水中的溶解度也就随之变大，工艺过程中会出现较大的溶剂损失，同时也会加重萃残液脱溶剂的负荷。相比于物理萃取，许多溶液萃取体系大多伴有化学反应，在萃取过程中，由于化学变化的作用，溶剂选择性地与溶质化合或络合，从而引起溶质重新分配而达到分离目的的过程，则称为化学萃取。

其基本原理就是被萃物与萃取剂间发生化学反应的萃取过程。如图 6-11（a）所示，被包含在一个（w）相中的物质 M 与反应体 L 互相反应，得到的生成物 ML 再向（o）相转移，这种转移便是一种化学萃取。通常情况下，（w）为水相而（o）为有机相。通常来讲，无电荷的中性分子反应生成物 ML，只要不具有较多亲水官能团，便不易溶于水相。图 6-11（b）给出了水相中物质 M 的浓度 $[ML]_{(aq)}$ 与有机相中 ML 浓度 $[ML]_{(o)}$ 的关系曲线。由图可看出水相浓度 $[ML]_{(aq)}$ 在较低范围内时更加有利于分离。由于化学萃取分离的对象常为金属，因此使用 Metal 的首字母 M 来表示被分离的物质。而反应体则是可以生成金属螯合物的各种配位体（L），以及有机酸等液体阳离子交换萃取剂、金属的阴离子络合物、可形成中性盐及离子对的液体阴离子交换萃取剂以及协同萃取剂等。

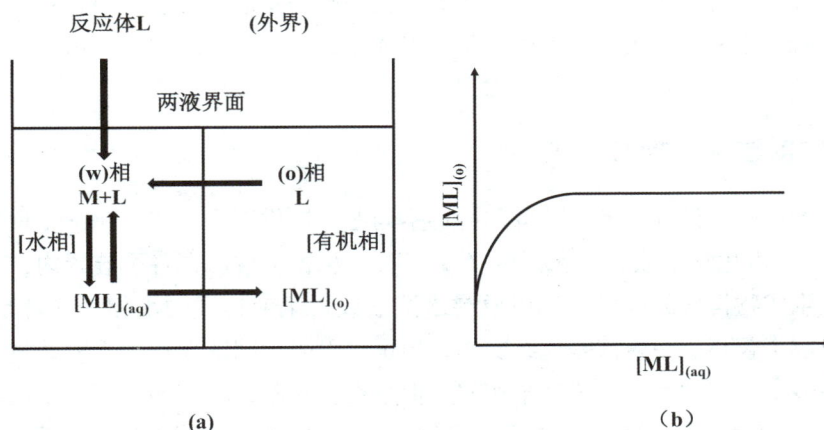

图 6-11 化学萃取原理示意图

（a）化学萃取中物质 M 的反应以及反应生成物 ML 的萃取原理；（b）液相与反应体系相的浓度关系

化学萃取的相平衡就是溶质在两相中不同化学状态间的平衡，其服从相律和一般化学反应的平衡规律，pH、温度、溶质浓度、萃取剂浓度、其他组分浓度等都会影响相平衡。

$$k = \frac{\text{被萃物 M 在有机相的总浓度（平衡时）}}{\text{被萃物 M 在水相的总浓度（平衡时）}} = \frac{(M)_{(o)总}}{(M)_{(w)总}} \tag{6-8}$$

二、化学萃取剂及其应用

1. 液体阳离子交换萃取剂 在水相中金属阳离子（M^{n+}）与具有反应电荷的液体阳离子交换萃取剂形成 ML_n 络合物。与生成的络合物形成螯环构造的过程称为螯合萃取。选择适当的螯合剂可将特定的金属离子分离出来。

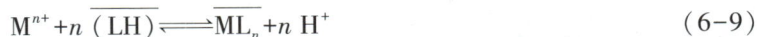

$$M^{n+} + n\overline{(LH)} \Longrightarrow \overline{ML_n} + n H^+ \tag{6-9}$$

2. 液体阴离子交换萃取剂 分子质量为 250~600Da 的伯胺、仲胺、叔胺以及季铵盐，如三辛基磷酸铵，对水相的溶解度较小，而对有机相的溶解度较大，所以被用作化学萃取剂中的萃取剂。金属离子通过适当的阴离子（Cl^-、Br^-、CN^-、SCN^-、NO_3^-、SO_4^{2-}等）使配位数满足后形成了水化能力弱的络阴离子（例如 MY_{n+1}^-），进而与 H^+ 缔合变为酸性的金属盐。把游离氨（例如 R_3N）溶于有机相使之与水相中的络阴离子相接触，氨被接上了质子 H^+ 成为阳离子，并与络阴离子形成离子对，转入有机相而被萃出，其反应式如下：

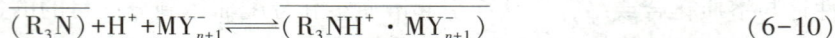

$$\overline{(R_3N)}+H^++MY_{n+1}^- \Longleftrightarrow \overline{(R_3NH^+ \cdot MY_{n+1}^-)} \tag{6-10}$$

3. 协同萃取　磷酸三丁酯（TBP）、三辛基氧膦（TOPO）等烷基磷酸酯类、硫化磷类萃取剂，以及醚、醇、酮等含氧萃取剂，若对酸性金属盐时，是与质子；若对中性盐时，则是与金属离子，按照下列反应式进行协同萃取反应，且反应生成物向有机相转移。

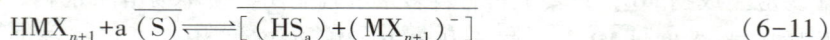

$$HMX_{n+1}+a\overline{(S)} \Longleftrightarrow \overline{[(HS_a)+(MX_{n+1})^-]} \tag{6-11}$$

$$MX_n+b\overline{(S)} \Longleftrightarrow \overline{(MS_b^+X_n^{n-})} \tag{6-12}$$

协同萃取剂含有多电子的氧原子和硫黄，与金属离子配位的同时具有了长链烷基而变得憎水。

上述液体萃取剂的黏度均高，相对密度与水接近，与水相混合后易形成乳浊液，因此很难与水相进行混合与分离。可使用煤油、二甲苯等廉价稀释剂与萃取剂混合后再使用。在萃取时，被萃取的金属是挟持着水分子进入有机相的，常会形成第3相，可加入 5%~10% 的醇、酚等溶剂避免第3相的形成。

三、化学萃取基本流程及应用

化学萃取基本流程的设计需考虑萃取剂的再生问题，以供下次使用。化学萃取的基本工艺流程如图 6-12 所示，由化学萃取装置和再生（反萃取）装置组成。在各个装置内，分别是由液相萃取剂或者反应生成物构成的有机相和由原料水溶液或再生液构成的水相，二者互呈逆向流动，设备的效率及回收率较高。一般都是连续操作，但也可以采用间歇操作。萃取装置及再生装置的结构形式与第一节所介绍的萃取装置基本相同。但是在化学萃取时，如果两个金属间的分离系数非常高，采用搅拌-澄清的装置形式，只用一级处理已足够。如果分离系数较低时，则采用多级处理。例如在进行稀土元素间的分离时，分离系数较低（1.2~1.5），可采用多级连续萃取的操作形式和脉冲柱那样的塔形萃取装置。

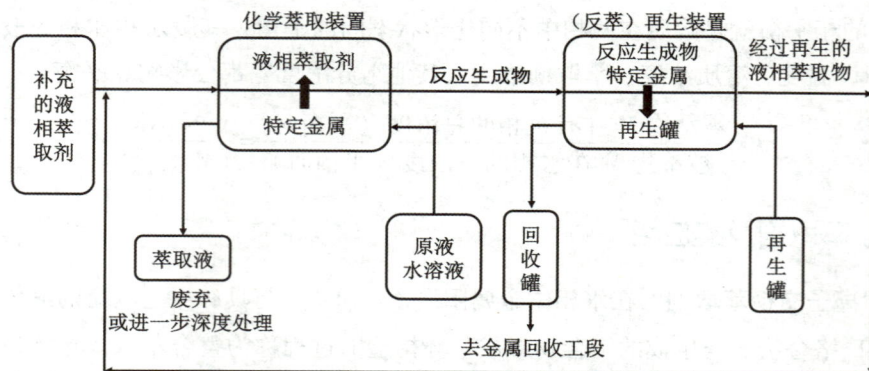

图 6-12　化学萃取的基本流程

近年来，化学萃取方法已被引入中药有效成分的分离，例如通过葛根素与 Ca^{2+}、Cu^{2+} 等金属离子的配位萃取研究，建立从葛根药材中获取葛根素的技术即为典型实例。葛根素的提取分离方法主要有溶剂法、铅盐法、柱层析法等，其中，铅盐沉淀法得到的成品中有总异黄酮含量最高，但其得率极低；在溶剂法中应用正丁醇法较多，但是由水饱和正丁醇萃取后得到的葛根素得率和纯度都不太理想。

葛根素黄酮类化合物具有降低心肌耗氧量，增加冠脉、脑血管血流量，缓解心绞痛及抗心律失常等药理作用。各种盐类与葛根素之间具有相互作用关系，利用这一特征以期对葛根素的萃取分离过程进行优化。葛根素微溶于水（1.1×10^{-2} mol/L），其分子结构中有两个酚羟基能够与 Fe^{3+} 络合，所生成的络合物可溶于水，络合物大大地增加了葛根素的水溶性。而其他异黄酮苷元不溶于水，因此不能与 Fe^{3+} 络合。萃取后所得的 Fe^{3+}-葛根素络合物加入酸使之解聚。分离方法：通过甲醇冷浸野葛根从而提取葛根总黄酮，将其进行水解、中和，再于水解葛根总黄酮中加入 $FeCl_3$ 使葛根素与 Fe^{3+} 络合溶解，过滤除去其他不溶性物质，用酸解聚 Fe^{3+}-葛根素络合物，则得葛根素粗品，将其重结晶可得葛根素。该方法从葛根中提取葛根素的收率为 1.2%，纯度为 96.5%。该法具有操作简便、工艺流程简单、容易实现工业化的优点。

【科海拾贝】

液液萃取技术除了上述已经介绍的液液萃取、双水相萃取和化学萃取，还有反胶束萃取。反胶束萃取是近年来涌现出来的另一种新颖萃取方法。反胶束萃取技术为生物活性物质的分离开辟了一条具有工业应用前景的新途径。反胶束萃取的基本原理：在有机溶剂相和水相两宏观界面间的表面活性剂层，同邻近的蛋白质分子发生静电吸引而形变，接着两界面形成含有蛋白质的反胶束，然后扩散到有机相中，从而实现了蛋白质的萃取。

案例 6-1 双水相萃取中药木脂素类化合物的研究

背景 木脂素类化合物是植物中存在的最大的天然酚类物质之一，具有保肝护肝、抗肿瘤、抑菌消炎等作用。

问题 传统提取技术普遍存在有机溶剂用量大、萃取时间长且回收率低等弊端。因此，建立一种绿色环保、简单高效的样品前处理技术用于中药有效成分的提取是非常必要的。目前其提取技术可采用乙腈/盐双水相萃取、热回流提取法和超声提取法。采用哪种方法可以最有效地提取木脂素？

分析 多数木脂素为无色或白色固体，易溶于苯、氯仿、乙醚、乙醇等有机溶剂，其可采用双水相萃取或有机溶剂提取获得。

关键 提取技术、效果。

工艺设计 具体分离流程见图 6-13。

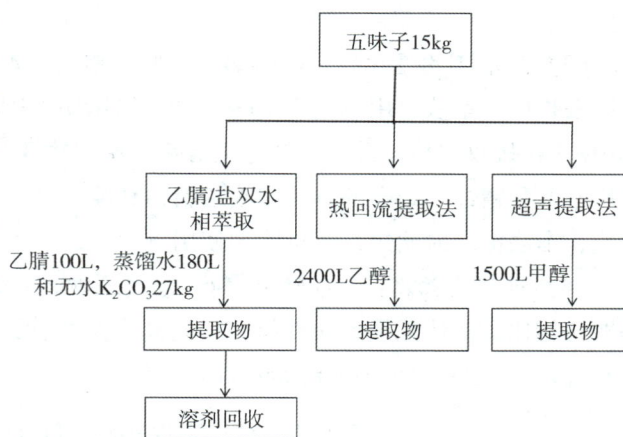

图 6-13 木脂素提取流程图

1. 木脂素提取

（1）乙腈/盐双水相萃取 称取样品 15kg，与乙腈 100L 置于搅拌器中，搅拌混匀 5 分钟，向搅拌器中加入180L蒸馏水和27kg无水K_2CO_3，形成悬浊液，继续搅拌35分钟，转入澄清槽室温下静置，此时出现双水相，目标物富集于上相溶液中（富乙腈相）。

（2）热回流提取法　精确称取15kg样品置于热回流提取罐内，加入2400L乙醇，混匀，回流提取2小时，冷却至室温。

（3）超声提取法　精确称取15kg样品粉末，加甲醇约1500L，8000w下超声处理60分钟，冷却至室温。

表6-2　不同萃取方法目标产物的提取率比较

	乙腈/盐双水相萃取	热回流提取法	超声提取法
五味子素（mg/g）	1.85	1.68	1.54
五味子醇（mg/g）	1.91	1.73	1.58
五味子酯（mg/g）	0.33	0.32	0.29
去氧五味子素（mg/g）	0.70	0.69	0.60
五味子乙素（mg/g）	1.84	1.58	1.52

表6-3　几种提取工艺的经济成本比较

原料	乙腈/盐双水相萃取法	热回流提取法	超声提取法
盐用量（kg）	27	—	—
水（L）	180	—	—
溶剂用量（L）	100	2400	1500
萃取剂是否可回收	是	是	是

2. 实验结果

（1）提取率比较　为了进一步评价该方法的性能，将乙腈/盐双水相提取法与其他提取木脂素类化合物的方法进行比较。结果如表6-2所示。结果表明，乙腈/盐双水相萃取法所得到的5种目标物的提取率略高于另外两种方法。

（2）萃取时间比较　将乙腈/盐双水相提取法与热回流提取法相比，萃取时间从120分钟减至40分钟，且无须进行加热提取。与超声提取法相比，萃取时间缩短了50%，且本法无须使用任何辅助措施。

（3）萃取剂用量比较　与热回流提取法相比，本法将有机溶剂用量缩减了近23倍；与超声提取法相比，本法仅用不到1/10的有机溶剂即可完成萃取。且三者所用溶剂均可回收循环使用，其中乙腈/盐双水相体系中回收有机溶剂乙腈时由于体系中碳酸钾的存在可以破坏其共沸点，故可用萃取和精馏相结合的方法回收乙腈，其纯度可达99%。因此，与热回流提取法和超声提取法相比，本法提取时间短，有机溶剂使用量少。

（4）过程能耗比较　能耗见表6-4。与热回流提取法相比，本法无须进行加热提取，与超声提取法相比，本法无须大功率超声，因此本法能耗最低。以每年处理600000kg药材计算，采用乙腈/盐双水相萃取可节能约560万元。

表6-4　不同工艺能量衡算（以日处理120kg样品为基准）

过程	所用能量（kJ）
乙腈/盐双水相萃取	44
热回流提取法	1920
超声提取法	320

　　评价与小结　最佳工艺条件为乙腈/盐双水相萃取；本法具有提取时间短、溶剂用量少、能耗低、操作方便简单、实验条件可控性强，环保的工艺路线等优势。

　　思考题　采用双水相萃取中药有效成分有哪些优势？

习　题

1. 液液萃取从机制上分析可以分为哪两类？
2. 液液萃取装置选择原则？
3. 萃取分配系数定义是什么？都有哪些影响因素？
4. 双水相萃取定义？常见的双水相构成体系有哪些？
5. 什么是化学萃取？

第七章
膜技术

第一节 概 述

膜技术是一门多学科交叉的高新技术，涉及高分子化学、无机化学、物理化学、分析学、材料学、化学工程等多学科领域。从广义上讲，膜可定义为两相之间的一个不连续区间。膜一般很薄，厚度从几纳米、几微米至几百微米之间。膜可以是固相、液相，甚至是气相的。

本章所叙述的是具有分离功能的膜，即不同物质可选择性透过的膜。从这个角度考虑，可以定义为：膜是一种具有选择透过性的介质，即它允许某些物质通过，而截留另一些物质，这些物质可以是分子、离子或微粒。

膜有两个主要特点：①膜必须具有两个界面，分别与两侧的流体相接触；②膜必须具有选择性，使流体相中的一种或多种物质通过，而阻止其他物质透过。

一、膜技术发展简史

膜广泛存在于自然界中，尤其是生物体内。人类对膜的认识、利用经历了漫长而曲折的历程。1784 年法国人 Abbe Nollet 发现水会自发地扩散透过猪膀胱而进入酒精溶液中，这是人类首次观察到的膜渗透分离现象。1846 年 Schonbein 制成了人类历史上第一张半合成膜——硝化纤维素膜。1864 年 Traube 制成了人类历史上第一张人造膜——亚铁氰化铜膜。直到 1950 年，Juda 等研制成功了第一张具有实用价值的离子交换膜。1960 年 Lobe 和 Sourirajan 采用相转化工艺制得了具有高脱盐率、高水通量的非对称醋酸纤维素反渗透膜，加速了反渗透膜技术由实验室迈向工业化应用的步伐。20 世纪 70 年代，超滤技术迅速发展进入工业化应用。20 世纪 80 年代后期，渗透汽化技术进入工业化应用，用于醇类等的脱水处理。20 世纪 90 年代，离子交换膜和电渗析技术已开始用于海水淡化脱盐。

我国膜科学技术的发展始于 1958 年离子交换膜的研究。20 世纪 60 年代是我国膜科学技术发展的开创阶段，重点针对反渗透膜技术。70 年代进入开发阶段，电渗析、反渗透、超滤和微滤等膜材料及膜组件被相继研出。80 年代开启了膜技术的推广应用阶段。80~90 年代渗透汽化、气体分离等膜技术研究有了较大进展。

进入 21 世纪，我国膜工业产业发展迅速，膜制备技术日趋成熟，产品质量不断提高，成本大幅降低，新型膜技术与膜装备不断涌现。目前，各种膜技术广泛应用于食品、能源、化工、制药等领域，为国民经济的发展做出了重要贡献。

【我国膜产业"膜"力无限】

我国膜技术研究始于 20 世纪 60 年代初，经过 50 多年的发展，我国膜产业逐渐走向成熟。据中国膜工业协会发布的数据显示，"十三五"以来，我国膜产业总产值的年均增速在 15% 左右。2019 年，我国膜产业总产值已达 2773 亿元。目前，我国拥有膜技术科研机构近百家，研发人员近 2 万多人，全国涉"膜"企业 2000 多家；膜产品种类齐全，其中微滤、超滤、纳滤等基本上实现了产业化，具有较强的国际竞争力，在医药化工、海水淡化、工业废水零排放等应用方面处于国际先进水平。

二、膜的分类与膜材料

（一）膜的分类

膜的种类及功能繁多，难以用一种方法对膜进行整体分类。通常可从不同角度对膜进行分类。

根据膜的材料，可分为天然膜（如生物细胞膜）、有机膜、无机膜、有机-无机复合膜或混合基质膜。

根据膜的结构，可分为多孔膜、非多孔膜、液膜。

根据膜的几何形状，可分为平板膜、管式膜、中空纤维膜、卷式膜。

根据膜的分离过程，可分为微滤膜、超滤膜、纳滤膜、反渗透膜、正渗透膜、渗透汽化膜、离子交换膜、气体分离膜等。

根据膜过程推动力，可分为压力差驱动膜、电位差驱动膜、浓度差驱动膜、温度差驱动膜等。

表 7-1 膜分离过程

膜分离过程	主要功能	推动力	主要传质机理	膜类型
微滤 （microfiltration，MF）	滤除 ≥50nm 的微粒	压力差	筛分	对称/非对称多孔膜，孔径 $0.1 \sim 10 \mu m$
超滤 （ultrafiltration，UF）	滤除 $5 \sim 100nm$ 的颗粒（大分子、胶体、蛋白质等）	压力差	筛分	非对称多孔膜，孔径 $2 \sim 20nm$
纳滤 （nanofiltration，NF）	滤除 >1nm 溶质，多价离子及小分子	压力差	优先吸附/毛细管流动，不完全的溶解-扩散，Donnan 效应	非对称/复合膜，孔径 $1 \sim 2nm$
反渗透 （reverse osmosis，RO）	$0.1 \sim 1nm$ 微溶质的去除	压力差	优先吸附/毛细管流动，不完全的溶解-扩散，Donnan 效应	由致密分离层和多孔支撑层组成的复合膜
正渗透 （forward osmosis，FO）	溶液中溶质的去除	渗透压差	溶解-扩散	由致密分离层和多孔支撑层组成的复合膜
膜蒸馏 （membrane distillation，MD）	水溶液中难挥发组分的高倍浓缩	蒸气压差	溶解-扩散	疏水多孔膜
渗透汽化 （pervaporation，PV）	水-有机物的分离 有机物-有机物的分离	分压差	溶解-扩散	由致密分离层和多孔支撑层组成的复合膜
电渗析 （electrodialysis，ED）	水溶液中酸、碱、盐的去除	电位差	反离子迁移	阴、阳离子交换膜

（二）膜材料

1. 膜材料分类 膜可以由许多不同的材料制备，根据膜材料的来源及性质，可分为有机膜、无机膜、有机-无机复合膜。

（1）有机膜 通常又称"有机高分子膜"，是由有机高分子材料制成的一类膜材料的总称。有机膜由于其膜材料来源的广泛性、多样性、低成本性，已成为最主要的分离膜材料。常用的有机膜材料见表 7-2。

表 7-2 常用有机膜材料

类别	膜材料
纤维素衍生物类	再生纤维素（Cellu）、硝化纤维素（CN）、醋酸纤维素（CA）、三醋酸纤维素（CTA）、乙基纤维素（EC）
芳杂环类	聚砜（PSF）、聚醚砜（PES）、聚醚酮（PEK）、聚酰胺（PA）、聚酰亚胺（PEI）
聚酯类	聚对苯二甲酸乙二醇酯（PET）、聚对苯二甲酸丁二醇酯（PBT）、聚碳酸酯（PC）
聚烯烃类	聚乙烯（PE）、聚丙烯（PP）、聚 4-甲基-1-戊烯（PMP）
乙烯类	聚丙烯腈（PAN）、聚乙烯醇（PVA）、聚氯乙烯（PVC）、聚偏氟乙烯（PVDF）、聚四氟乙烯（PTFE）
含硅聚合物	聚二甲基硅氧烷（PDMS）、聚三甲硅基丙炔（PTMSP）
聚电解质类	海藻酸钠（ALG）、壳聚糖（CS）及其衍生物、聚乙烯基胺（PVAM）

（2）无机膜 无机膜是由无机材料如金属、金属氧化物、陶瓷、多孔玻璃、沸石等制备而成。相比于有机膜，无机膜具有化学稳定性好（耐酸、碱、有机溶剂）、耐高温、机械强度大等优点，但其造价较高、脆性大、弹性小，给膜的成型加工带来一定困难。常用的无机膜材料见表 7-3。

表 7-3 常用无机膜材料

类别	膜材料
致密金属类	各类金属及其合金，如钯（Pd）及钯合金、银（Ag）及银合金
陶瓷类	三氧化二铝（Al_2O_3）、二氧化硅（SiO_2）、氧化锆（ZrO_2）、二氧化钛（TiO_2）
分子筛类	沸石分子筛、碳分子筛

（3）有机-无机复合膜 有机-无机复合膜是指膜中同时含有机高分子相（有机相）和无机相的一类膜的统称。有机膜加工性好、成本较低，但其机械强度和稳定性较差；无机膜机械强度大、耐腐蚀性强、热稳定性好，但其质地较脆、成膜性差、工艺复杂、成本较高。将有机高分子材料与无机材料结合制成的有机-无机复合膜可兼顾有机膜、无机膜的优势，相互弥补各自的劣势，从而使膜材料具有优异的性能。

有机-无机复合膜中常用的有机高分子材料包括纤维素类衍生物、聚砜类、聚酰胺类、聚酯类、聚烯烃类等。对于无机类材料的选择，通常选择与高分子材料相容性好的无机类物质作为填充剂，以制备有机-无机复合膜，如 Al_2O_3、SiO_2、TiO_2、石墨烯、氧化石墨烯（GO）、碳纳米管（CNTs）、金属有机骨架材料（MOF）等。

2. 膜材料结构 分离膜的结构一般分三层，即支持层、过渡层与分离层（也称皮层）。每层膜的厚度及所含微孔形态、大小和数量不一，其中分离层对分离膜的性能起决定性影响（图 7-1）。

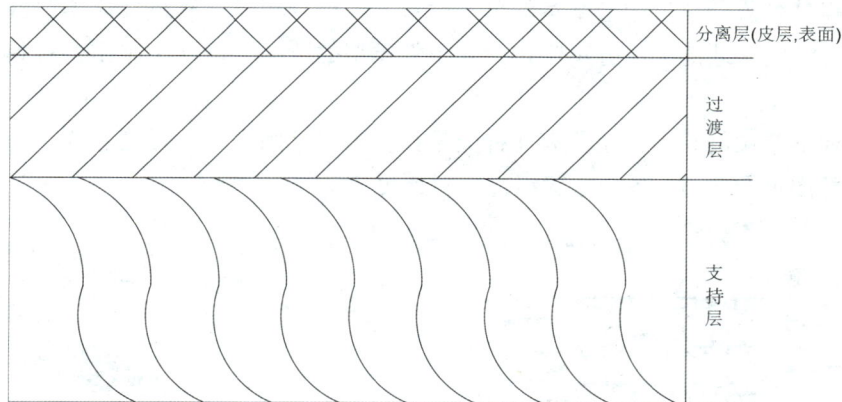

图7-1　分离膜的三层结构

膜构造是膜技术的关键，早期的膜是所谓"对称膜"，其纵切面的模式图如图7-2（a）所示，膜的厚度较大，孔隙为一定直径的圆柱形，此种膜流速低、易堵塞。为提高分离过程中的渗透速度，膜表面单位面积上能穿过某种分子的"孔穴"应该多，而孔隙的长度应该小。这样就产生了流速和膜强度之间的矛盾。解决此矛盾的最好方法是制备在厚度方向上物质结构和性质不同的膜，即所谓"不对称膜"。该类膜正反两面的结构不一致，其"功能层"是具有一定孔径的多孔"皮层"，厚度为$0.1\sim1\mu m$；另一层是孔隙较大的"海绵层"，或称"支持层"，厚度约1mm，见图7-2（b）。"皮层"的孔径和材料性质决定膜的选择透过性，其厚度主要决定膜传递速率；而"支持层"可增大膜的机械强度，对分离特性和传递速率影响不大。"非对称膜"不易堵塞，渗透速度要大于"对称膜"。

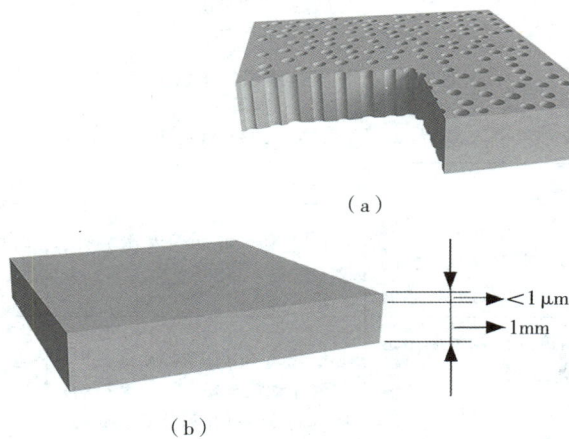

（a）

（b）

图7-2　不同类型膜的纵切面

3. 膜材料性能　分离膜的性能要求主要体现在以下方面。

（1）选择性　选择性透过某些物质的能力，表示膜的分离效率。

（2）渗透性　单位时间、单位膜面积上透过膜的料液量，表示膜的渗透速率。

（3）稳定性　耐热性、耐酸性、耐碱性、抗氧化性、抗微生物分解性和机械强度等。

三、膜组件

膜组件是将膜以某种形式组装在一个结构紧凑、性能稳定的基本单元设备内，可完成分离过程的装置。膜组件是膜分离过程最基本的单元设备，各种分离膜只有组装成膜组件，并与泵、管道、仪表等进行装配，才能完成分离工作。膜组件类型的选择、设计、制作，对膜分离效果具有重要影响。

目前，工业上常用的膜组件主要有 4 种类型：板框式、圆管式、螺旋卷式、中空纤维式。各类型膜组件示意图见图 7-3。各类型膜组件的对比见表 7-4。

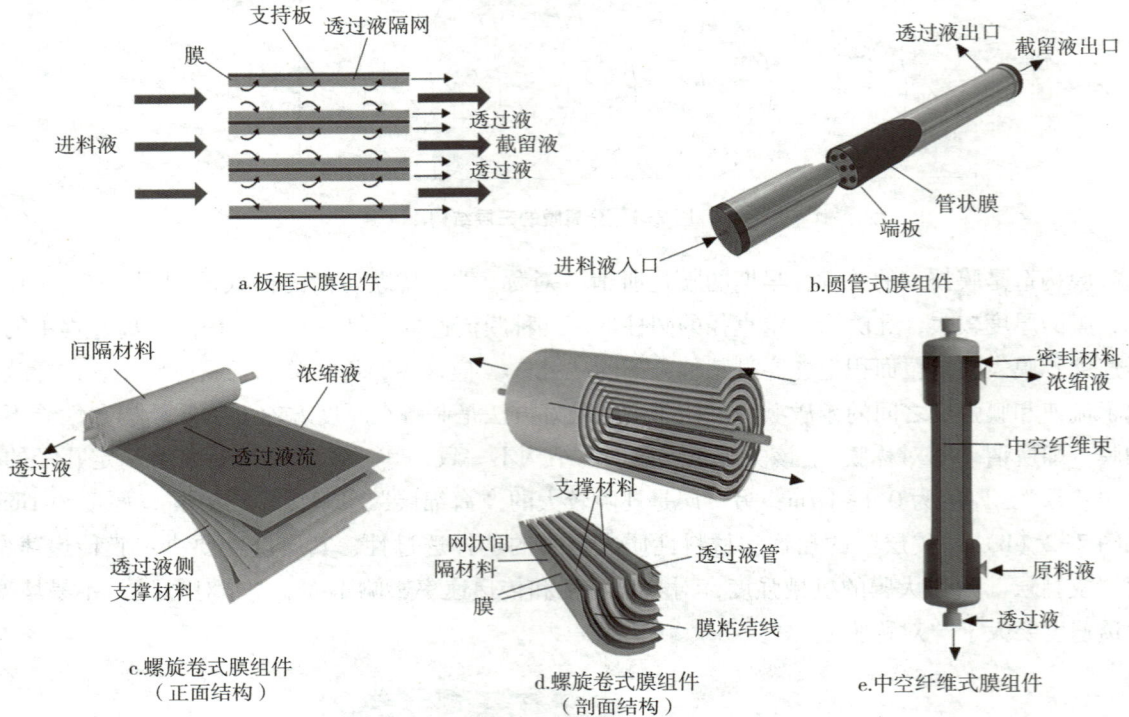

图 7-3　不同类型膜组件示意图

表 7-4　各类型膜组件的对比

类型	特征	优点	缺点
板框式	外形类似于化工单元操作中板框式压滤机，通常以隔板、膜、支撑隔板、膜的顺序，多层交替重叠压紧组装而成	膜的安装、拆卸、更换方便，不易污染	需要很多密封，压力损失大，装填密度相对较小（<400m²/m³）
圆管式	在圆筒状支撑体的内侧或外侧刮制半透膜而得的圆管形分离膜。管径一般为 6~24mm，长度为 3~4m，压力容器一般装填 4~100 根膜管或更多	膜使用寿命长，机械强度大；料液流动状态好，流速易控制；膜的安装、拆卸和更换方便	与板框式相比，制备条件较难控制；装填密度小（<100m²/m³）
螺旋卷式	一般是将平板膜密封成信封状膜袋，在两个膜袋之间衬以网状间隔材料，再紧密卷绕在一根多孔的中心管上而形成膜卷	结构紧凑，制备工艺简单，装填密度相对较大（<1000m²/m³）	渗透侧液体流动路径较长，难以清洗，对原料的前处理要求较高
中空纤维式	将大量中空纤维膜丝（直径 100~250μm）按照一定形式进行封装，纤维束的一端或两端用密封胶黏接在一起	装填密度高，成本低	易污染；单根膜丝损坏时，需调整整个组件

第二节　常用的膜技术

一、微滤

微滤（microfiltration，MF）又称微孔过滤，是以多孔膜（微孔滤膜）为过滤介质，在一定压力（0.01~2MPa）推动下，流体（液体和气体）中粒径大于膜孔径的微粒被滤膜截留或吸附，从而实现固液和固气分离。微滤膜的孔径一般在 0.1 ~ 10μm 之间，孔隙率较高（一般大于 80%）。

（一）微滤膜的分离机理

微滤的分离原理主要以筛分机理为主，膜的结构起主要决定作用。同时，吸附、膜表面化学性质、电性能等因素对分离效果亦有影响。

微粒在微滤过程中的截留方式大致可分为以下 4 种情况：

（1）筛分　微孔滤膜拦截比膜孔径大或与膜孔径相当的微粒，又称机械截留。

（2）吸附　微粒通过物理或化学吸附作用而被截留。尺寸小于膜孔的微粒可因此而被截留。

（3）架桥　微粒在膜的微孔入孔处相互堆积形成架桥，导致许多微粒无法进入膜孔或卡在孔中。

（4）孔内部截留　在具有网络型结构的膜孔内部，由于膜孔的弯曲而将微粒截留于膜孔内部。

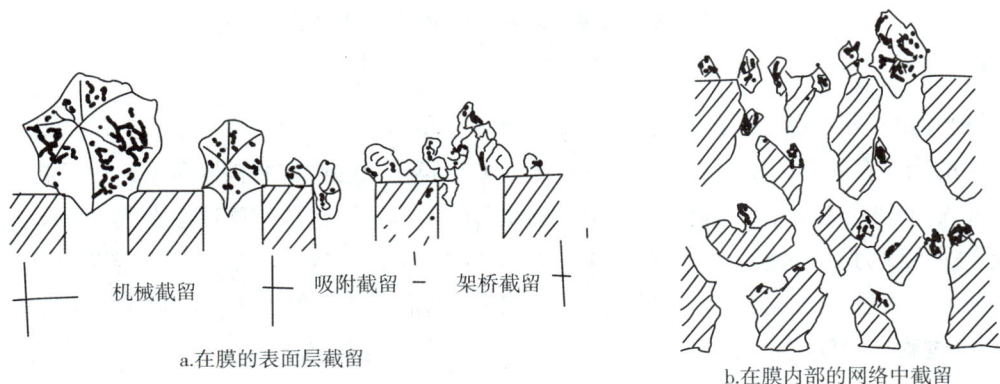

机械截留　　吸附截留　架桥截留

a.在膜的表面层截留

b.在膜内部的网络中截留

图7-4　微孔膜的截留作用示意图

（二）微滤膜的分离特点与应用

微滤膜的分离特点有以下几项。

1. 过滤精度高　孔径分布是微滤膜的重要特性指标。孔径分布越窄，其孔径均一性越好。质量好的微滤膜往往具有窄的孔径分布，过滤精度高。

2. 通量大　微滤膜的孔隙率一般高达 80% 以上，高孔隙率意味着高通量。在同等过滤精度下，微滤膜的过滤速率要比常规过滤介质快几十倍。

3. 膜厚度小，物质吸附少　有机高分子微滤膜的厚度一般在 90~150μm，与普通深层过滤介质相比，其厚度明显较小，可大大降低对物质的吸附量。

4. 稳定性好　微滤膜材质的稳定性通常较好，较少出现介质脱落、污染过滤溶液等问题。

微滤膜可用于气体和液体中微粒、细菌、高分子物质等的截留分离，以达到分离、净化、浓缩等目的。在中药制药过程中，微滤技术可用于中药物料的固-液分离、高分子杂质去除、液体制剂澄清过滤等。

（三）微滤膜的分离过程

根据膜过滤操作方式的不同，可将膜过滤基本方式分为 2 种：死端过滤和错流过滤（图 7-5）。一般可根据物料浓度选择适宜的过滤方式。若物料浓度较低时，可考虑采用死端过滤；若物料浓度较高及黏度较大时，往往需采用错流过滤，以降低膜污染，提高膜通量。在实际应用过程中，以错流过滤最为常用。

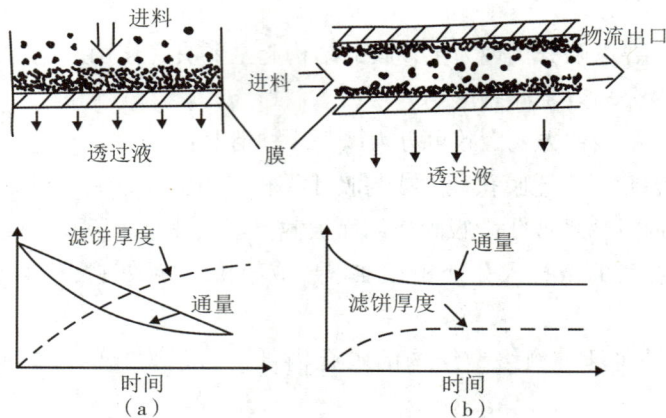

图 7-5　两种过滤过程的通量与滤饼厚度随时间的变化关系
（a）死端过滤；（b）错流过滤

1. 死端过滤　死端过滤方式如图 7-5（a）所示。在死端过滤中，物料呈非流动状态，溶剂及小于膜孔径的物质在膜两侧压力差作用下透过膜，大于膜孔径的微粒则被膜截留。由于物料呈非流动状态，随着过滤时间的增大，膜表面截留的物质不断增多，被截留物质逐渐在膜表面形成凝胶层或滤饼层，过滤阻力不断加大。若维持操作压力不变时，膜渗透速率不断下降；若维持膜通量不变时，则需不断增大压力。因此，死端过滤通常为间歇式操作，需周期性清洗滤膜或更换新膜。

2. 错流过滤　错流过滤方式如图 7-5（b）所示。在错流过滤中，利用泵通过管道将物料输送入膜组件中，物料沿膜表面切线方向流动，物料呈流动状态。与死端过滤不同之处在于错流过滤中的凝胶层或滤饼层不会无限增厚；相反，物料在膜表面流动产生的剪切力可将沉积于膜表面的部分微粒冲走，降低了膜污染层厚度。

二、超滤

超滤（ultrafiltration，UF）是利用多孔膜使物料中的大分子物质与小分子物质相互分离的一类膜过程。相比于微滤膜，超滤膜的膜孔径较小。超滤膜膜孔的大小和形状对分离起主要作用。由于超滤分离的对象是大分子物质，因此超滤膜的孔径常用被截留分子的相对分子质量来表征。相对分子质量截留值一般是指截留率达 90% 以上的最小被截留物质的相对分子质量。理想的超滤膜应该能够非常严格地截留与切割不同相对分子质量的物质。超滤膜的截留分子量一般在 500~500000Da 左右，膜孔径一般在 0.002~0.1μm，能够截留大分子物质、细菌、病毒等。

（一）超滤膜的分离机理

超滤和微滤是基于相同分离原理的类似膜过程。二者主要的区别在于超滤膜常具有不对称结构，其皮层较为致密（孔径小、表面孔隙率低），物料阻力大。超滤膜的分离作用亦是由机械截留、架桥、吸附等几种机理共同作用的结果。

（二）超滤膜的分离特点与应用

超滤膜具有的分离特点有：

1. 物料无相变发生，在常温、常压下即可完成分离过程，能耗低。
2. 膜装置体积小，结构简单，投资费用低，便于工程放大。
3. 物料在浓缩分离过程中不发生质的变化，因而适合于保味和热敏性物质的处理。
4. 适合稀溶液中微量贵重大分子物质的回收和低浓度大分子物质的浓缩。
5. 能将不同分子量的物质分级分离，无二次污染。

超滤的应用领域很广，主要应用于溶液的纯化、分离和浓缩，已成为应用最广泛的膜分离技术之一，特别是在水处理、水资源回收利用、化工分离、果汁浓缩、生物制药等领域有着广泛应用，在家用净水器领域也获得市场化应用。在中药制药过程中，超滤技术不仅可用于中药物料的固-液分离、高分子杂质去除、液体制剂的澄清过滤，亦常用于中药注射剂热原的去除。

三、纳滤

纳滤（nanofiltration，NF）是 20 世纪 80 年代后期发展起来的一种介于超滤与反渗透之间的新型膜分离技术。纳滤膜的截留分子量在 200~2000Da 之间，膜孔径范围在 0.5~2.0nm 之间，适宜分离大小约 1nm 的溶质分子，因而称为"纳滤"。纳滤膜可高效截留纳米级颗粒物、二价及高价阴离子、分子量高于 200Da 的有机分子，而使大部分一价盐透过。与反渗透相比，纳滤操作压力更低，一般为 1~2MPa，因此又被称为"低压反渗透""疏松反渗透"。

纳滤膜材料主要有醋酸纤维素（CA）、醋酸纤维素-三醋酸纤维素（CA-CTA）、磺化聚砜（S-PS）、磺化聚醚砜（S-PES）、芳香族聚酰胺复合材料以及无机材料等。目前，应用最广泛的为芳香族聚酰胺复合材料。商用的纳滤膜组件多为卷式，另外还有管式和中空纤维式。按膜的结构特点，纳滤膜可分为非对称均质膜和复合膜；按膜的荷电性可分为荷电正膜、荷电负膜和中性膜；根据荷电位置可分为表层荷电膜和整体荷电膜。目前已工业化应用的多为表层荷负电膜。

（一）纳滤膜的分离原理

同微滤、超滤类似，纳滤亦为压力驱动型膜过程，但其传质机理却有所不同。纳滤膜具有特殊的孔径范围和制备时的特殊处理（如复合化、荷电化），使其具有较特殊的分离性能。纳滤膜的一个重要特征是膜表面或膜中存在带电基团，因而纳滤膜具有两个基本特性：筛分效应和荷电效应。分子量大于纳滤膜截留分子量的物质被纳滤膜截留，这就是纳滤膜的筛分效应；同时，纳滤膜分离层一般由聚电解质构成，使膜表面带有一定的电荷（通常为负电荷），离子与纳滤膜所带电荷的静电相互作用使纳滤膜产生电荷效应。纳滤膜对不带电荷的不同分子量物质的分离主要是靠筛分效应；而对带有电荷的物质的分离主要是靠电荷效应。

（二）纳滤膜的分离特点与应用

纳滤膜具有的分离特点有以下几项。

1. 对不同价态的离子截留效果不同，对二价和高价离子的截留率明显高于单价离子。对阴离子的截留率顺序为：CO_3^{2-} > SO_4^{2-} > OH^- > Cl^- > NO_3^-。对阳离子的截留率顺序为：Cu^{2+} > Ca^{2+} > Mg^{2+} > K^+ > Na^+ > H^+。

2. 对离子的截留受离子半径的影响。在分离同种离子时，离子价数相等，离子半径越小，纳滤膜对该离子的截留率越小；离子价数越大，纳滤膜对该离子的截留率越高。

3. 截留分子量在 200~2000Da 之间，适用于分子大小为 1nm 的溶质组分的分离。

4. 对疏水型胶体油、蛋白质和其他有机物具有较强的抗污染性。

5. 与反渗透膜相比，纳滤膜具有操作压力低、水通量大的优势；与微滤、超滤膜相比，纳滤膜具有截留低分子量物质的能力。

纳滤膜填补了超滤和反渗透间的空白，在脱盐的同时亦可达到浓缩效果，在水的软化、纯化及有机低分子物分离等方面具有独特的优点和明显的节能效果。在中药制药过程中，纳滤技术常用于中药物料的浓缩、制药用水的制备。

四、反渗透

反渗透（reverse osmosis，RO）是利用仅允许水透过的半透膜将溶液中的小分子物质与溶剂分离的一种膜过程。反渗透膜能有效去除水中的无机离子及 0.1~2nm 的有机小分子物质。反渗透操作压力一般为 2~10MPa。

（一）反渗透膜的分离原理

图 7-6 为反渗透过程原理示意图。当用半透膜将纯溶剂和含有溶质的溶液分割开时，纯溶剂会自发地经半透膜渗透进入溶液相中（或从低浓度溶液向高浓度溶液），这种现象称为"渗透现象"（正向渗透）。若在溶液相侧（或浓溶液侧）施加外压以阻碍纯溶剂流动，则溶剂的渗透速率将会下降，当压力增加至使渗透完全停止时，渗透的趋向将被所加的压力平衡，此时的平衡压力称为渗透压。若在溶液相继续增大压力，会促使溶剂反向渗透，这一现象即称为"反渗透"。反渗透技术就是利用这一原理进行溶质和溶剂分离的膜技术。

目前，有关反渗透膜的分离机理有多种理论，如溶解-扩散模型、优先吸附-毛细孔流动模型、Donnan 平衡模型等。

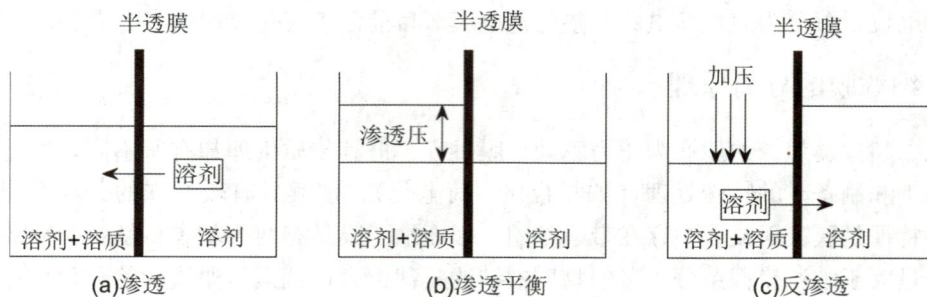

图 7-6 反渗透原理示意图

（二）反渗透膜的分离特点与应用

反渗透膜具有的分离特点有：

1. 分离效率高，海水淡化平均脱盐率可高达 99%。

2. 分离物质范围广，不仅可去除各类无机盐，亦可去除各类有机物。

3. 分离过程物料不发生相变，一般不需要加热，适合于热敏性物料的分离、浓缩。

反渗透技术广泛应用于海水和苦咸水淡化、纯水和超纯水制备、各种废水的处理及再生回用。反渗透也常用于浓缩过程，特别是食品工业（如果汁、糖、咖啡等的浓缩）、电镀工业（废液浓缩）、奶制品工业（牛奶的浓缩）等。在中药制药过程中，反渗透技术常用于超纯水制备、物料浓缩。

五、膜蒸馏

膜蒸馏（membrane distillation，MD）是利用疏水性微孔膜将含有非挥发溶质的水溶液进行分离的一种膜技术。膜蒸馏是将膜技术与蒸发过程相结合的一种新型膜分离技术。膜蒸馏所用膜的最基本要求是疏水性，常用膜材料有聚四氟乙烯（PTFE）、聚偏氟乙烯（PVDF）、聚丙烯（PP）等；除此之外，还要求膜具有大的孔隙率（70%~80%）、足够的机械强度、良好的热稳定性等。膜蒸馏所用疏水微孔膜的直径一般在 $0.2~0.4\mu m$。

（一）膜蒸馏的分离原理

膜蒸馏是利用疏水微孔膜两侧温度差所产生的蒸汽压力差为推动力，以实现溶质与溶剂分离的膜分离过程。膜蒸馏原理如图 7-7 所示。当温度不同的水溶液被疏水性微孔膜分隔开时，膜的疏水性使膜两侧的水溶液均不能透过膜孔进入另一侧。温度高侧溶液（热侧）与膜界面产生的水蒸气进入膜微孔内，通过微孔传递到膜另一侧，再冷凝成水（冷侧），从而实现溶液中溶质与水的分离。由此形成的膜两侧蒸汽压差成为膜蒸馏过程的推动力。

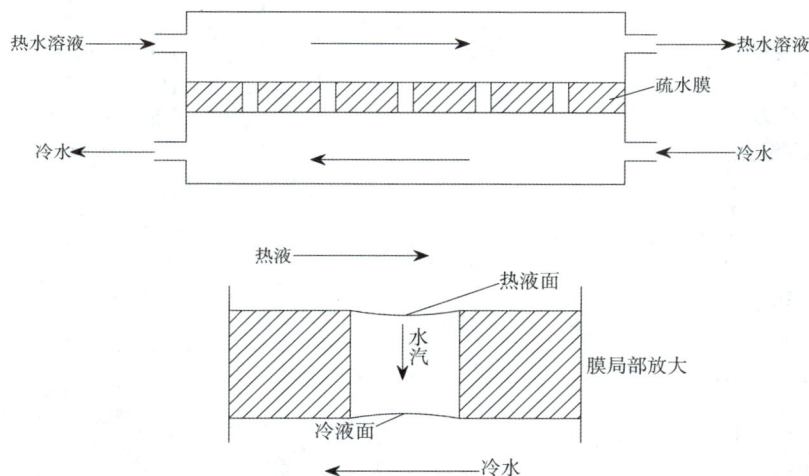

图 7-7　膜蒸馏原理示意图

基于膜蒸馏原理，膜蒸馏过程所必须具备的特征：①使用的膜必须是疏水性多孔膜；②膜不应被所处理的溶液所浸润；③溶液中的挥发性组分以蒸汽形式通过膜孔；④组分通过膜的推动力是该组分在膜两侧的蒸汽压差；⑤膜孔中不发生毛细冷凝现象；⑥膜本身不改变溶液中各组分的汽-液平衡；⑦膜至少有一侧与所处理液体直接接触。

（二）膜蒸馏的分离特点与应用

膜蒸馏技术具有的分离特点有：

1. 对于电解质水溶液的分离，不受渗透压的限制，能将非挥发性电解质溶液浓缩至过饱和状态，使电解质从溶液中直接分离结晶。因此，膜蒸馏可以完成反渗透不能完成的分离任务，如处理反渗透的浓水、垃圾渗滤液的浓缩液、重金属废水等。

2. 膜蒸馏过程温度较低，有利于热敏性物质的分离、浓缩。同时，亦可利用太阳能、地热、工厂的余热等廉价能源为膜蒸馏过程供应能量。

3. 在非挥发性溶质水溶液的膜蒸馏过程中，因为只有水蒸气能透过膜孔，所以产水十分纯净，可望成为低成本制备超纯水的有效手段。

类似于反渗透，膜蒸馏亦可用于海水和苦咸水淡化、物料的回收与浓缩、纯水和超纯水的制备等方面。目前，膜蒸馏的实际应用比其他膜技术要少得多，我国尚没有大型的膜蒸馏海水淡化厂，其研究亦仅停留在实验阶段。基于膜蒸馏过程的特点，膜蒸馏技术一直是膜领域研究的热点，在以后的不断发展过程中，膜蒸馏亦能在不同领域发挥出其独特的优势。

（三）膜蒸馏过程的类型

根据冷凝侧水蒸气冷凝方式的不同，可将膜蒸馏分为四种基本形式：直接接触式膜蒸馏（DCMD）、空气间隙式膜蒸馏（AGMD）、吹扫式膜蒸馏（SGMD）、真空式膜蒸馏（VMD）。各类型的膜蒸馏过程示意图见图7-8。

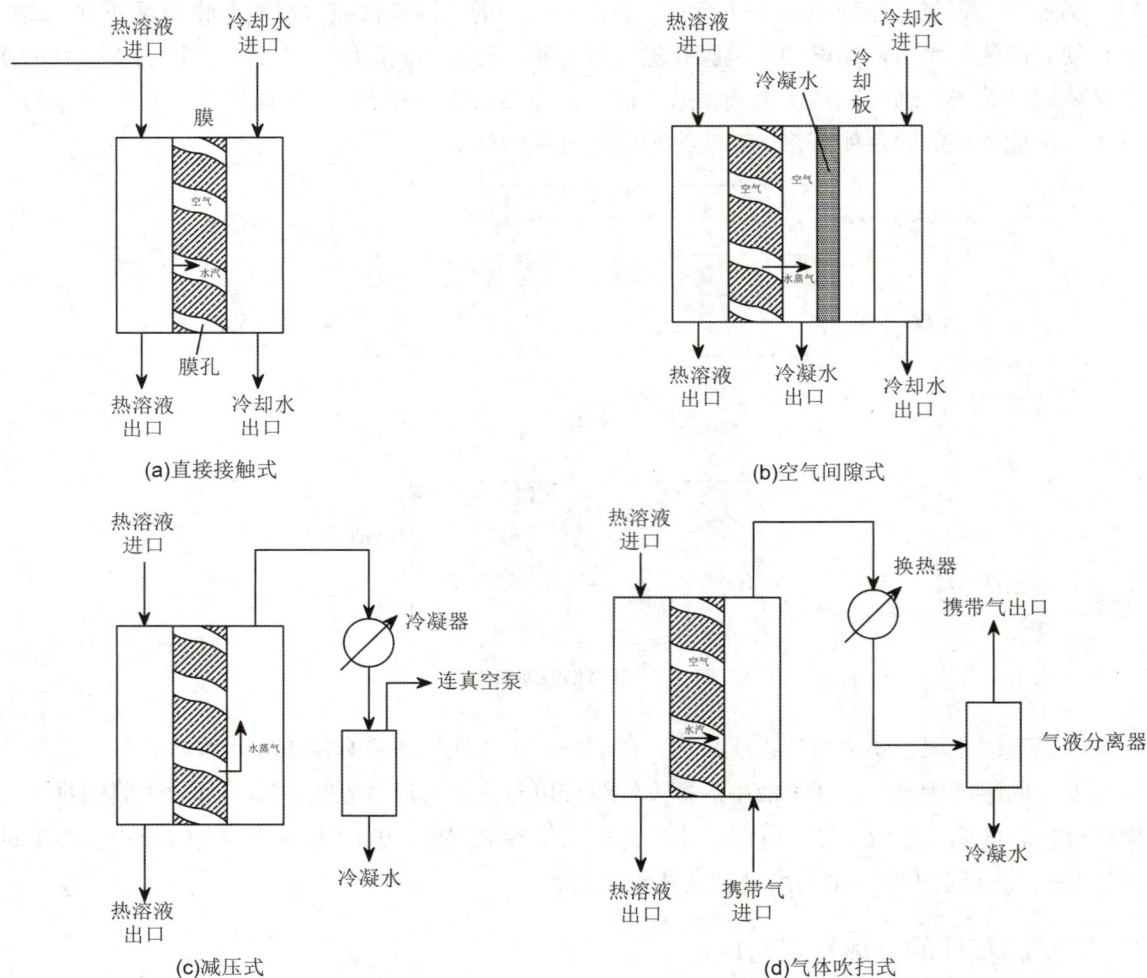

(a)直接接触式　　　　(b)空气间隙式

(c)减压式　　　　(d)气体吹扫式

图7-8　膜蒸馏的四种形式

1. 直接接触式膜蒸馏　热溶液和冷却水均与膜两侧表面直接接触，传递到冷侧的水蒸气直接进入冷却水中冷凝。膜两侧流体既可同向流动，也可逆向流动。直接接触式膜蒸馏过程的装置和运行条件比较简单，但此种方式热利用效率较低。

2. 空气间隙式膜蒸馏　热溶液和膜面直接接触，冷却水与膜之间有一层冷却板相隔，膜与冷却板之间存有气隙，通过膜孔传递渗透的水蒸气经过空气间隙后遇冷却板发生冷凝而不进入冷却水中。此种形式膜蒸馏的透过侧空气与膜接触，增加了热传导阻力，降低了热量损失。但由于水蒸气传递路径较直接接触式要长，因而膜通量相对较小。

3. 吹扫式膜蒸馏　在蒸汽透过侧（冷侧）通入干燥的气体进行吹扫，以及时携带走渗透的水蒸气，使水蒸气在膜组件外进行冷凝。此种形式的膜蒸馏降低了水蒸气的传质阻力，提高了膜通量。

4. 真空式膜蒸馏　在蒸汽透过侧（冷侧）采用抽真空的方式将传递至冷侧的水蒸气抽走，使水蒸气在膜组件外进行冷凝，增大了膜两侧的蒸汽压差，提高了膜通量。真空式膜蒸馏是研究与应用较多的一种操作方式。

六、渗透汽化

渗透汽化（pervaporation，PV）是以混合物中各组分在膜两侧蒸汽压差的推动下，利用各组分在膜中溶解和扩散速率的不同而实现分离的膜过程。

（一）渗透汽化的分离原理

渗透汽化过程的分离原理如图 7-9 所示。渗透汽化过程中使用的是具致密皮层的复合膜或非对称膜。料液进入膜组件，料液侧（膜上游侧或膜前侧）一般维持常压，渗透物侧（膜下游侧或膜后侧）通过抽真空或载气吹扫的方式维持较低的组分分压。在膜两侧组分分压差（化学位梯度）的推动下，料液中各组分扩散通过膜并在膜后侧汽化为渗透物蒸汽。由于各组分理化性质的不同，它们在膜中的热力学性质（溶解度）和动力学性质（扩散速度）存在差异，致使各组分通过膜的速率不同，从而实现不同组分之间的分离。

渗透汽化的推动力是组分在膜两侧的蒸汽分压差；蒸汽分压差越大，推动力越大，传质和分离所需的膜面积越小。因而，可通过提高料液温度、增大渗透物侧真空度等方式提高组分在膜两侧的蒸汽分压差，提升渗透汽化膜过程的分离效率。渗透汽化典型流程图见图 7-10。

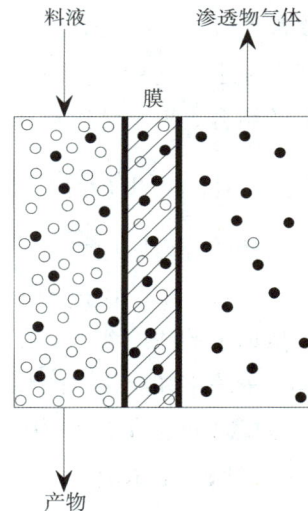

图 7-9　渗透汽化分离原理示意图

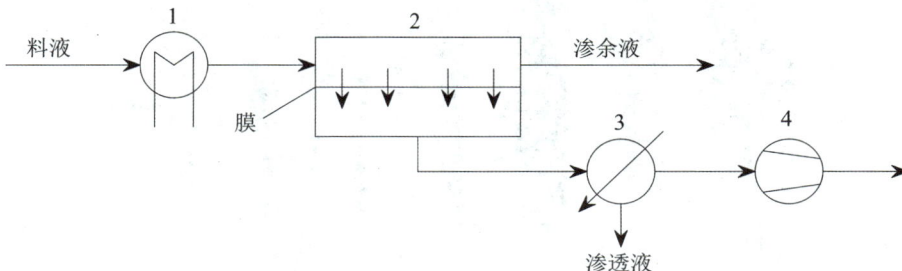

图 7-10　渗透汽化典型流程图

1. 加热器；2. 渗透汽化池；3. 冷凝器；4. 真空泵

（二）渗透汽化的分离特点与应用

1. 渗透汽化的分离特点　与蒸馏等传统的分离技术相比，渗透蒸发过程具有的特点有以下几种。

（1）分离选择性高。根据不同的物料体系，选择适宜的膜材料可实现显著的分离效果。

（2）渗透汽化过程的分离效果不受气液平衡限制，主要由不同组分渗透速率影响。因此，尤其适用于精馏方法难以分离的恒沸物和近沸物的分离。

（3）能耗低。一般比恒沸精馏法节能 1/2~2/3。

（4）操作温度较低，可用于热敏性物质的分离。

（5）过程简单，附加的处理少，操作方便，系统可靠性和稳定性高。

2. 渗透汽化的应用　根据渗透汽化膜分离的特点，其适宜的应用有以下几种。

（1）具有一定挥发性物质的分离、富集，这是渗透汽化技术进行分离的首要条件。如中药挥发性成分的分离富集。

（2）从混合料液中分离低含量成分，如有机物中少量水的脱除、水中少量有机物的脱除。其中，有机物脱水尤其是醇类脱水的研究最为广泛并得到了工业化应用。

（3）有机-有机体系间的分离，尤其是恒沸物和近沸物的分离。

七、电渗析

电渗析（electrodialysis，ED）是指在直流电场作用下，溶液中的荷电离子通过离子交换膜进行选择性地定向迁移而实现荷电离子之间分离的一种膜技术。电渗析过程是电化学过程和渗析扩散过程的结合，离子交换膜和直流电场是电渗析过程必备的两个基本条件。

（一）电渗析的分离原理

电渗析的分离原理如图 7-11 所示。在直流电场作用下，离子向与其电荷相反的电极迁移，阳离子（+）会被阴离子交换膜阻挡；而阴离子（-）会被阳离子交换膜阻挡。其结果是在膜的一侧产生离子的浓缩液，而在另一侧产生离子的淡化液。在图 7-11 中，一张阴离子膜，一张阳离子膜，浓缩室和淡化室的基本组合成为电析膜对。在电渗析中，通常由上百个这样的膜对放置在一对电极之间组成电渗析膜堆。不同的电渗析器之间可采用串联、并联及串并联相结合的几种组合方式组成一个系统，以便于操作。

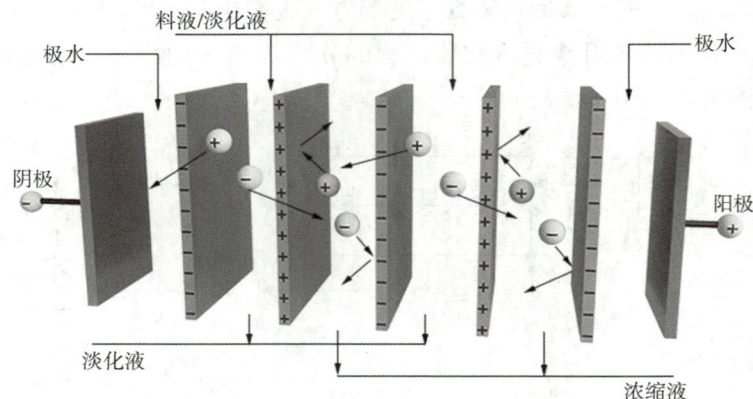

图 7-11　电渗析分离原理示意图

（二）电渗析装置

图 7-12 为压滤型电渗析器装置的结构示意图。这是我国自己设计、生产的最为常用的结构形式。主要由隔板、离子交换膜、电极框、上下压紧板等部分组成，都为平板式结构，通常按一张阴离子交换膜、隔板甲、一张阳离子交换膜、隔板乙的顺序依次交替排列，组成一个膜对，膜对是组成膜堆的基本单元。在膜和隔板框上开有若干个孔，当膜和隔板重叠排列在一起时，这些孔就构成了进出浓、淡液的管状通道；其中，浓液通道与浓缩室连通，淡液通道与淡化室连通。此种电渗析器的优点是制造和部件更换较为方便，但组装较为麻烦。

（三）电渗析的特点与应用

1. 电渗析的特点

（1）可以同时对电解质水溶液起淡化、浓缩、分离、提纯作用。

（2）可以用于蔗糖等非电解质的提纯，以除去其中的电解质。

（3）在原理上，电渗析器是一个带有隔膜的电解池，可以利用电极上的氧化还原反应，效率高。

2. 电渗析的应用 电渗析应用广泛，可用于海水脱盐淡化、纯水制备、酸碱废液处理、煤化工废水处理、物料脱盐、贵重金属回收等领域。

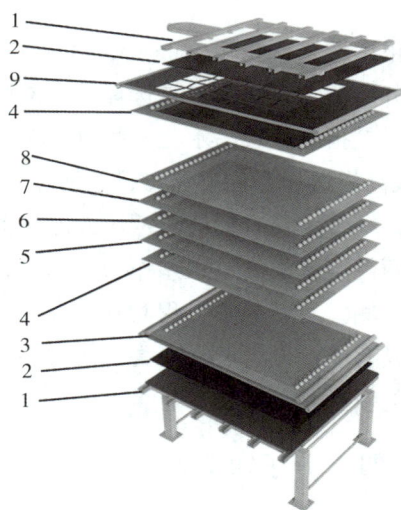

图 7-12 电渗析器结构

1. 夹紧板；2. 绝缘橡皮板；3. 电极（甲）；
4. 加网橡皮圈；5. 阳离子交换膜；
6、8. 浓（淡）水隔板；7. 阴离子交换膜；
9. 电极（乙）

八、其他膜技术

（一）膜生物反应器

膜生物反应器（membrane bio-reactor，MBR）是指将生物反应与膜过程相结合，利用膜作为分离介质替代常规重力沉淀池进行固液分离以获得干净出水的污水处理系统。膜生物反应器包含生物处理单元和膜分离单元，由生物反应器和膜组件两部分组成。膜生物反应器将传统生化反应与膜技术进行耦合，集微生物降解与膜的高效分离于一体，可同步实现生物催化反应及水与降解产物的分离，使水资源得以再生。膜生物反应器主要用于污水处理，包括石化废水、市政污水、医药废水、食品废水等众多领域。

（二）液膜

膜是分隔液-液（气-液、气-气）两相的中介相，是两相之间物质传递的"桥梁"。若此中介相（膜）是一种与被它分隔的两相互不相溶的液体，则这种膜就称为液膜（liquid membrane，LM）。通常，不同溶质在液膜中具有不同的溶解度与扩散系数，导致液膜对不同溶质具有选择性渗透，从而使溶质之间产生分离。与其他膜过程不同，液膜过程与溶剂萃取过程具有相似之处。

液膜可应用于废水处理、重金属去除、贵金属回收、气体分离等领域。

（三）正渗透

正渗透（forward osmosis，FO）是一种自然现象，也是近年来发展起来的一种浓度驱动的新型膜分离技术，它是依靠选择性渗透膜两侧的渗透压差为驱动力自发实现水传递的膜分离过程。正渗透是指水从较高水化学势（或较低渗透压）一侧区域通过选择透过性膜流向较低水化学势（或较高渗透压）一侧区域的过程。在具有选择透过性膜的两侧分别放置两种具有不同渗透压的溶液，一种为具有较低渗透压的原料液，另一种为具有较高渗透压的驱动溶液，正渗透正是应用了膜两侧溶液的渗透压差作为驱动力，才使得水能自发地从原料液一侧透过选择透过性膜到达驱动液一侧。与其他膜过程相比，正渗透是一种自发低能耗过程，不需提供外压或只需很低的液压，具有能耗低、产水率高、污染小的特点，在污水处理、海水淡化等领域是一种具有良好应用前景的新型膜分离技术。

（四）分子印迹膜

由分子印迹聚合物（molecular imprinting polymers，MIPs）制备或包含分子印迹聚合物的膜，称为分子印迹膜（molecular imprinting membrane，MIM）。分子印迹聚合物是通过特定方法合成的对特定目标分子及其结构类似物具有特异性识别和选择性吸附的高分子聚合物。利用分子印迹聚合物对目标分子（印迹分子）进行专一识别的技术称为分子印迹技术（molecular imprinting technology，MIT）。分子印迹技术是在仿生科学和模拟自然界中酶与底物及受体与抗体作用的基础之上发展来的一项技术。

分子印迹膜兼具分子印迹技术与膜技术的特点，其原理是在聚合介质中加入印迹分子，成膜后将印迹分子除去，将在聚合物网状结构中留下印迹分子的功能尺寸，同时生成的聚合物与印迹分子之间存在相互作用，将此分离膜用于分离由印迹分子与其他物质构成的混合物时，分离膜能识别出印迹分子，从而有效地将混合物分离。与传统膜技术相比，分子印迹膜具有专一性强的特殊优势，可实现分子间的定向分离，弥补了传统膜技术专属性差的缺点。目前，分子印迹膜在手性物质分离、仿生传感器、固相萃取、药物分析等方面得到了研究与应用。

第三节　膜技术应用中的相关问题

膜分离技术具有设备简单、节能高效、绿色环保等优势，已在海水淡化、电子工业、食品工业、医药工业等领域得到了广泛应用。但在使用过程中，由于存在浓差极化现象和膜污染，膜通量和分离效率往往随着运行时间延长而衰减，已成为膜分离技术工业化应用中的瓶颈问题。特别是中药提取物组成复杂，且大都含有大量微细药渣和蛋白质、多糖、果胶、鞣质等物质，膜通量衰减较为严重，大大影响了膜操作系统的运行效率。

浓差极化是指膜表面的溶质浓度高于本体溶液中的浓度，导致膜表面溶质向本体溶液扩散，从而形成传质阻力；而且膜表面渗透压增高，降低了传质推动力，使得膜通量降低。膜污染是指由于被截留的颗粒、胶粒、乳浊液、悬浮液、大分子、有机物和盐等在膜表面和膜孔内的不可逆沉积，这种沉积包括吸附、堵孔、沉淀、形成滤饼等，同样会造成膜通量降低和分离性能变化。浓差极化现象与膜污染是两个具有本质差别，但又相互紧密关联的过程。它们都会导致膜通量和分离性能变化，但浓差极化具有可逆性，膜污染具有不可逆性。

一、浓差极化

（一）浓差极化的概念

在压力驱动膜过程中（如微滤、超滤、纳滤、反渗透），料液中的溶剂在压力作用下透过膜，溶质被截留，在膜与主体溶液界面或近膜界面区域的溶质浓度越来越高，甚至形成凝胶层。在浓度梯度作用下，溶质由膜面向本体溶液反向扩散，形成边界层，使溶剂传质阻力与局部渗透压增加，从而导致膜通量下降。当溶剂向膜面流动（对流）时引起溶质向膜面流动的速率与由于浓度梯度使溶质向主体溶液反向扩散的速率达到平衡时，在膜面附近形成一个稳定的浓度梯度区域，这一区域称为浓差极化边界层，这一现象称为浓差极化。因此可知，浓差极化只发生于膜分离设备运行过程中。

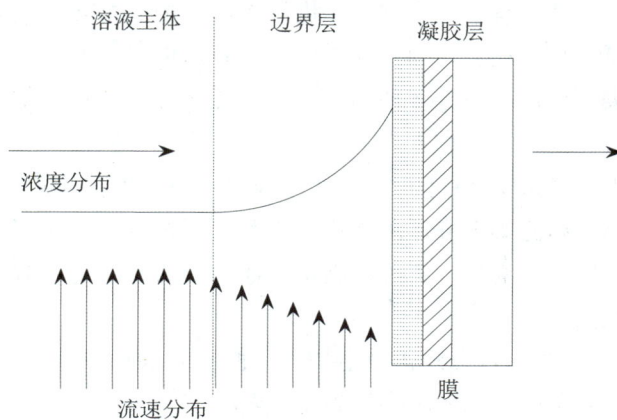

图 7-13　浓差极化示意图

（二）浓差极化的危害

浓差极化的危害主要体现在以下方面：

1. 浓差极化会导致截留率的变化。当溶质为盐等小分子时（如纳滤、反渗透），由于膜面处溶质浓度增高，溶质的传质推动力增加，故透过液中溶质浓度增加，截留率下降；当溶质中存在大分子时，被截留的大分子溶质会形成一种次级膜或动态膜，从而使得小分子溶质的截留率升高。

2. 降低膜通量，影响膜性能。浓差极化时，膜面溶质浓度增高会导致渗透压增大（如纳滤、反渗透），降低了溶剂的传质推动力，使膜通量降低。当膜面溶质浓度达到饱和状态时，溶质便会在膜表面形成沉积或凝胶层，进一步增加了溶剂的传质阻力，甚至会改变膜的分离特性。

3. 严重浓差极化会导致结晶析出，阻塞膜孔道。

（三）浓差极化的控制方法

1. 改善膜表面的流体力学条件　提高膜面流体流速，使流体处于湍流状态，利用流体剪切力和惯性力促进膜表面截留物质向流体主体反向扩散，提高膜通量。同时，在膜组件中设置湍流促进器（如卷式膜组件中设置隔网）、增加附加力场（如电场、超声场）、对膜组件流道结构进行优化设计等均可改善膜表面流体状态，缓解浓差极化现象。

2. 优化膜运行操作条件　采用预处理方法降低料液中颗粒物浓度、提高料液温度、降低操作压力等都是弱化浓差极化的有效措施。

二、膜污染

（一）膜污染的概念

膜污染是指料液中的微粒、胶体、溶质分子等与膜发生物理化学相互作用或因浓差极化使溶质在膜表面或膜孔内吸附、沉积造成膜孔径变小或堵塞，使膜通量与分离特性发生不可逆变化的现象。膜污染是膜过程中不可避免的问题，了解膜污染发生的物质基础及影响因素，对控制膜污染、提高膜系统运行效率具有重要意义。

（二）膜污染物的种类

膜污染物主要可分为三类：有机污染物、无机污染物、生物污染物。

1. 有机污染物　主要有蛋白质、脂肪、糖类、有机胶体、腐殖酸等。由于成分及化学结构复杂，有机污染物与膜表面往往存在着多种结合力，易受溶液 pH 值、离子强度、温度等因素影响，导致其污染机理复杂、处理难度较大。

2. 无机污染物　包括无机颗粒和离子，主要有 $CaSO_4$、$CaCO_3$、铁盐、磷酸钙复合物、无机胶体等。无机颗粒是微滤、超滤等多孔膜的主要污染物，颗粒可沉积于膜表面或堵塞于膜孔内，造成膜通量降低和膜分离性质的变化。离子污染主要存在于纳滤、反渗透膜过程中，离子在膜表面可发生结垢，降低膜性能。

3. 生物活性污染物　主要包括藻类和微生物。它们在膜表面富集繁殖而产生大量胞外聚合物（如多糖、蛋白质），这是膜生物反应器主要的污染方式。

（三）膜污染的影响因素

影响膜污染的因素众多，不同物料、不同膜过程的膜污染状况亦有所差异。膜污染影响因素主要有：溶质或粒子尺寸与膜孔的相对大小；溶质与膜的相互作用；膜及料液的理化性质；膜操作参数。

（四）膜污染的控制方法

由于膜污染问题的复杂性，在实际生产过程中，需对产生膜污染的因素进行具体分析，进而采取相应的针对性措施，以降低膜污染。总体而言，可从以下几个方面进行考虑。

1. 料液的预处理　料液的预处理是指向料液中加入适宜的物质，使料液的性质发生变化，或进行预絮凝、预过滤、调节料液 pH 值等方法，以适当除去产生膜污染的污染物，降低膜过程中的膜污染。

2. 膜的筛选　膜的材质类型、孔径、亲疏水性、荷电性、表面粗糙度等性质均能影响膜污染程度，因此需对膜的性能进行相应考察，同时结合料液性质，筛选出适宜的分离膜。

3. 操作参数　操作参数（包括压力、流速、温度等）对膜过程中的污染程度亦具有重要影响，需通过工艺优化研究，确定适宜的操作参数范围。

（五）膜的清洗

膜在运行过程中，膜污染是必定产生而不可避免的，尤其是膜长期运行后，膜通量会因膜污染而严重衰减，需采用一定的清洗方法清除污染物，以恢复膜通量，延长膜的使用寿命。常用的清洗方法可分为三类：物理清洗、化学清洗、生物清洗。

1. 物理清洗　物理清洗是指利用人工或机械力去除膜表面污染物的一类方法，主要包括水力清洗、超声波清洗和机械刮除等。常见的水力清洗有低压高速清洗、反冲洗等，主要是靠剪切力和反向压力去除膜表面的污染物。物理清洗所需设备简单、成本低、对膜损伤小、环境影响小、使用周期短，已成为膜清洗的常用方法。

2. 化学清洗　当物理清洗效果有限时，就需要使用化学清洗。它是通过化学清洗试剂与膜面或膜孔内的污染物发生溶解、置换或化学反应而使污染层的结构和性质发生变化，并将其转变成可以清洗去除的状态。化学清洗可分为酸洗、碱洗、氧化剂清洗、络合剂清洗、盐洗、表面活性剂清洗等。

3. 生物清洗　生物清洗是利用具有生物活性的清洗剂（如酶等）去除污染物的方法。酶清洗的优点是可延长膜保持清洁的时间；同时，酶清洗可减少化学试剂的使用，降低了环境污染。

在实际过程中，当单一清洗方法效果不理想时，可将不同清洗方法进行组合，如水力冲洗-酸洗、酸洗-碱洗等，以提高膜的清洗效果。

第四节　膜技术在中药制药领域中的应用与展望

膜技术是材料科学与过程工程科学等诸多学科交叉结合、相互渗透而产生的新领域，具有节能、环保、高效等特点，是国际公认的最有发展前途的技术之一，也是我国中药工业亟须推广的"绿色制造"高新技术。

目前，膜技术在中药制药中的应用有：

1. 将微滤、超滤膜技术用于中药的分离纯化工艺，以替代或部分替代传统醇沉工艺。采用膜技术进行中药分离纯化的优势有：有效成分损失少，药效活性保留高；生产工艺周期短，效率高；不消耗有机试剂，节能环保。

2. 将超滤、纳滤、反渗透、膜蒸馏等膜技术用于中药的浓缩工艺，以替代或部分替代传统热蒸发浓缩。膜浓缩技术可在低温常压下进行，能耗低；物料在浓缩过程中不发生质的变化，适合于热敏性物料。

3. 超滤膜技术也广泛应用于中药注射热原的去除，具有成分损失少、效率高等优势，提高了中药注射剂的安全性、有效性及稳定性。

4. 微滤、超滤膜技术在中药挥发油的分离富集也得到了一定研究与应用。

5. 采用膜技术制备中药有效部位与有效成分。

中药制药现代化的现实要求使传统的分离方法面临着巨大挑战。以获取药效物质为目标的中药分离体系，其料液浓度低，组分复杂，回收率要求较高。现有的建立在既有化工分离技术基础上的分离方法，往往难以满足这类分离任务的要求。膜技术为上述问题的解决提供了一个宽阔的平台。为使分离过程达到优化，可把不同类型的膜过程集成在一个生产循环中，进而组成一个复合膜分离系统。该系统既可包括不同类型的膜过程，也可包括非膜过程，称其为集成膜过程。

案例 7-1　膜技术用于中药制剂的分离纯化工艺

背景　目前，用于中药分离纯化的方法有醇沉法、絮凝澄清法、大孔树脂吸附法、离心法、膜分离技术等。各分离纯化方法在原理、特点等方面均有所不同，因而其应用效果亦具有一定的差异性。

问题　采用不同方法对中药提取物进行分离纯化处理，从杂质去除、有效成分保留等方面综合对比分析，考察各方法的应用效果。

分析　醇沉法主要依据物质在乙醇中溶解度不同而进行分离；絮凝澄清法是通过加入澄清剂以吸附架桥和电中和等方式进行物质分离；大孔树脂吸附法则是利用大孔树脂对成分筛孔性和吸附力的差异而进行分离；膜技术主要利用膜孔的筛分作用对物质进行分离。中药提取物中含有的蛋白质、淀粉、果胶等杂质与有效成分（如黄酮类、苷类、生物碱类）在分子量、极性等方面存在着差异性。

关键　如何设计使分离工艺更加高效、简便。

工艺设计　以一种中药处方（清络通痹）为例，将制备的中药水提液采用膜技术、醇沉法、絮凝澄清法、离心法、大孔树脂吸附法等进行分离纯化。以固含物去除率、有效成分保留率等为评价指标，分析比较不同方法的分离纯化效果。具体工艺流程见图7-14。

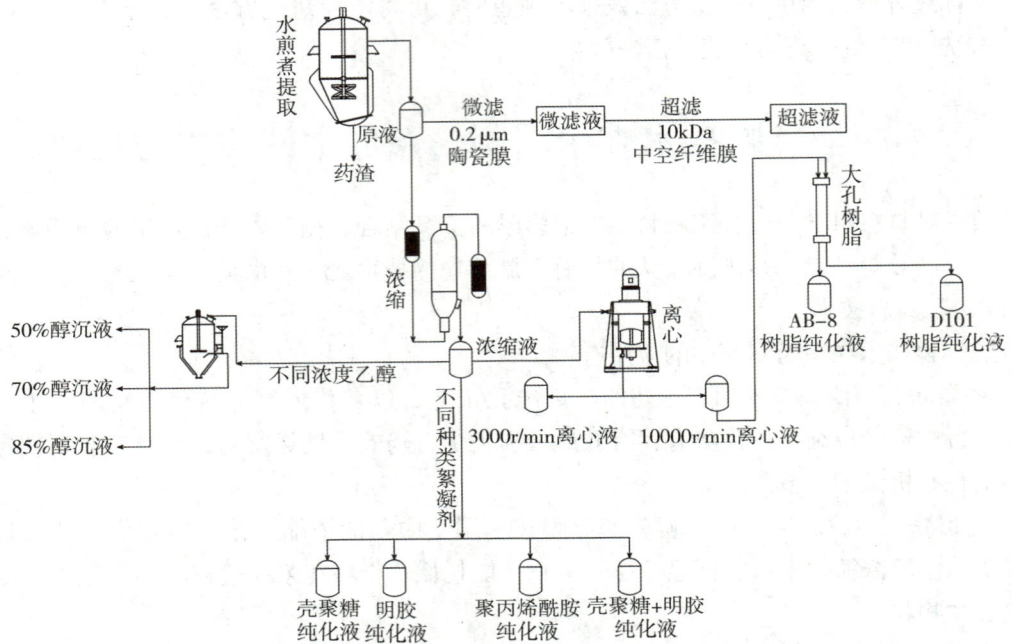

图7-14　工艺设计流程图

1. 实验方法

（1）清络通痹处方中药水提液的制备：按清络通痹处方称取各药材适量，共1.35kg，加水煎煮两次，第一次加11倍量水，煎煮1.5小时，第二次加7倍量水，煎煮1.0小时，经纱布过滤，合并，混匀备用，记作"原液"。精确量取原液2000mL，浓缩至200mL，备用，记作"浓缩液"。

（2）微滤纯化工艺：取上述水提液20L，用微滤陶瓷膜（孔径为0.2μm，膜面积为0.4m²）以错流方式进行过滤操作。待渗透液收集到约17L时，加入3L蒸馏水，继续过滤，至收集得到渗透液20L时停止过滤操作，记作"微滤液"。

（3）超滤纯化工艺：取上述微滤液4000mL，用截留分子量为10kDa中空纤维聚砜膜以错流方式进行过滤操作，待渗透液收集到3800mL时，加入200mL蒸馏水，继续过滤，至收集得到渗透液4000mL时停止过滤操作，记作"超滤液"。

（4）离心纯化工艺：精密量取浓缩液20mL，分别用3000r/min和10000r/min的速度离心10

分钟，倾出上清液，加适量蒸馏水洗涤沉淀，洗涤液和上清液合并，用蒸馏水定容至200mL。分别记作"3000r/min离心液""10000r/min离心液"。

（5）絮凝澄清纯化工艺：精密量取浓缩液15mL，分别加入如下絮凝澄清剂，搅拌，80℃加热处理15分钟，滤纸过滤，加适量蒸馏水洗涤沉淀，滤液和洗涤液合并，用蒸馏水定容至150mL。①壳聚糖-乙酸-水溶液（1:1:100）1.2mL（壳聚糖量为浓缩液量的0.08%）；②1%明胶水溶液1.2mL；③1%聚丙烯酰胺水溶液1.2mL；④1%明胶水溶液0.75mL+壳聚糖-乙酸-水溶液（1:1:100）0.75mL。分别记作"壳聚糖纯化液""明胶纯化液""聚丙烯酰胺纯化液""壳聚糖+明胶纯化液"。

（6）醇沉纯化工艺：精密量取浓缩液20mL，加入适量乙醇，使乙醇浓度分别达到50%、70%、85%，静置12小时，滤纸抽滤，分别用相应浓度乙醇洗涤沉淀，滤液用蒸馏水分别定容至200mL。分别记作"50%醇沉液""70%醇沉液""85%醇沉液"。

（7）大孔树脂纯化工艺：精密量取浓缩液18mL，10000r/min离心10分钟，倾出上清液，加适量蒸馏水洗涤沉淀，洗涤液和上清液合并，分别通过预处理好的AB-8大孔吸附树脂柱（层析柱长60cm，内径2cm，树脂床体积约50mL）和D101树脂吸附柱（树脂床体积45mL）进行吸附，流速分别为每小时2倍树脂床体积，即1.6mL/min和1.5mL/min。先用200mL蒸馏水以每小时4倍树脂床体积洗脱水溶性杂质，再依次用50%乙醇150mL和70%乙醇100mL以每小时2倍树脂床体积洗脱有效部位，最后经95%乙醇→蒸馏水→1%NaOH溶液→蒸馏水→1%HCl溶液→蒸馏水程序进行树脂再生。将50%乙醇溶液洗脱部位分别用蒸馏水定容至180mL，70%乙醇溶液洗脱部位定容至90mL。分别记作"AB-8树脂纯化液""D101树脂纯化液"。

2. 实验结果与分析　从表7-5中可以看到，各纯化方法均能改善中药提取液的澄明度。在固含物去除方面，以大孔树脂纯化效果最佳（>80%），而高速离心法与絮凝澄清法效果较差；各纯化方法固含物去除率大小依次为：大孔树脂吸附法>醇沉法>膜技术>絮凝澄清法>高速离心法。在有效成分青藤碱保留性方面，大孔树脂吸附法和醇沉法的成分损失较大，其损失率均大于30%；而膜技术、高速离心法、絮凝澄清法的成分损失率相对较低，其中微滤法的成分损失率最低。

表7-5　不同方法的分离纯化效果

样品	澄明度	固含物（g/100mL）	固含物去除率（%）	青藤碱含量（mg/mL）	青藤碱损失率（%）
原液	浑浊	1.285	-	0.1398	-
微滤液	澄明	1.013	21.17	0.1184	15.31
超滤液	澄明	0.954	25.76	0.1028	26.47
3000r/min 离心液	轻微浑浊	1.146	10.82	0.1046	25.18
10000r/min 离心液	澄明	1.117	13.07	0.1017	27.25
50%醇沉液	澄明	0.963	25.06	0.0981	29.83
70%醇沉液	澄明	0.924	28.09	0.0922	34.05
85%醇沉液	澄明	0.775	39.69	0.0581	58.44
壳聚糖纯化液	轻微浑浊	1.056	17.82	0.1018	27.18
明胶纯化液	轻微浑浊	1.073	16.50	0.1144	18.17
聚丙烯酰胺纯化液	轻微浑浊	1.065	17.12	0.1083	22.53
壳聚糖+明胶纯化液	轻微浑浊	1.109	13.70	0.1063	23.96
AB-8 树脂纯化液	澄明	0.201	82.00	0.0952	31.90
D101 树脂纯化液	澄明	0.198	82.27	0.0871	37.70

　　评价与小结　由上述实验结果可知，膜技术在固含物去除和有效成分保留性方面均具有良好的效果。由于中药提取液成分复杂，不同纯化方法的分离机理具有一定的差异性。膜技术具有工艺流程短、效率高、不消耗有机溶剂、节能环保等优势，在中药领域将会具有广阔的应用前景。

　　思考题　可以从哪些方面比较不同方法的分离纯化效果？

习　题

1. 膜技术为什么能用于中药的分离纯化工艺？
2. 膜技术应用于中药物料体系时需要注意的问题有哪些？
3. 通过查阅相关文献，思考如何将膜技术与其他技术进行联合应用。

扫一扫，查阅本章数字资源，含PPT、音视频、图片等

第一节　概　述

色谱（chromatography）又名层析。1903年，俄国植物学家茨维特（Tswett）将植物叶的萃取物倒入填有碳酸钙的直立玻璃管内，加入石油醚洗脱，在碳酸钙上出现了不同颜色的谱带，Tswett将该现象称为"色谱"。1940年，Martin和Synge采用水饱和的硅胶为固定相，含有乙醇的氯仿为流动相来分离乙酰氨基酸，创立了分配色谱。1962年，Klesper等提出了超临界流体色谱。1966年，Ito等提出了逆流色谱。20世纪60年代，还出现了凝胶色谱、亲和色谱及模拟移动床色谱。20世纪70年代，报道了二维高效液相色谱、二维气相色谱。新中国成立以后，我国色谱技术取得长足进步。1953年，中国色谱学科的开创者卢佩章院士和他的研究小组设计出我国第一台色谱仪。我国在逆流研究领域起步较早，张天佑及其合作者于1980年研制出我国第一台逆流色谱仪。

【非凡人物】

卢佩章：我国著名分析化学家、中国色谱分析的先驱者、中国科学院院士。他曾这样写道："一个科学家最大的幸福是能给社会、人类做出些贡献。科学家要有创新，必须有坚实的理论和技术基础。有一颗热爱科学的心，才能选准方向，坚持下去。"

与其他传统分离技术相比，色谱法具有分离效率高、灵敏度高、分析速度快以及应用范围广的优点。从20世纪初发展至今，色谱技术在理论上从线性色谱发展到非线性色谱，在实践中则从分析规模发展到制备和工业生产规模。工业（制备）色谱是大规模高纯度地分离和制备中药活性组分的重要方法。大孔吸附树脂、离子交换色谱等技术已广泛应用于中药及其复方的药效物质如人参皂苷、银杏黄酮、小檗碱等的生产。随着色谱机制研究的不断深入、高选择性固定相的开发、新型色谱柱技术的出现以及微机控制、馏分收集仪等外围设备的配置，动态轴向压缩、模拟移动床、高速逆流以及制备型超临界流体等多种色谱技术也逐渐引入中药制药工程领域。

一、色谱分离过程的基本原理及理论

（一）分离原理

色谱分离主要是利用物质在不互溶的流动相和固定相之间分配行为（取决于各物质在两相间的分配系数、吸附能力或亲和力等）的差异而被分离。图 8-1 是对色谱分离过程原理的简单图示。

（二）理论基础

1. 保留值、分离度和柱效率 保留值是各组分在色谱柱中滞留的数值，通常包括时间、流出色谱柱所需要流动相的体积等参数，如保留时间（t_R）、保留体积（V_R）、死时间（t_M）、死体积（V_M）；分离度（R）为两峰峰顶之间距离除以此两色谱峰的平均宽度，当分离度等于 1.5 时，两个色谱峰已完全分离；色谱柱的分离效率（简称柱效）通常用理论塔板数（n）或理论塔板高度（H）表示。

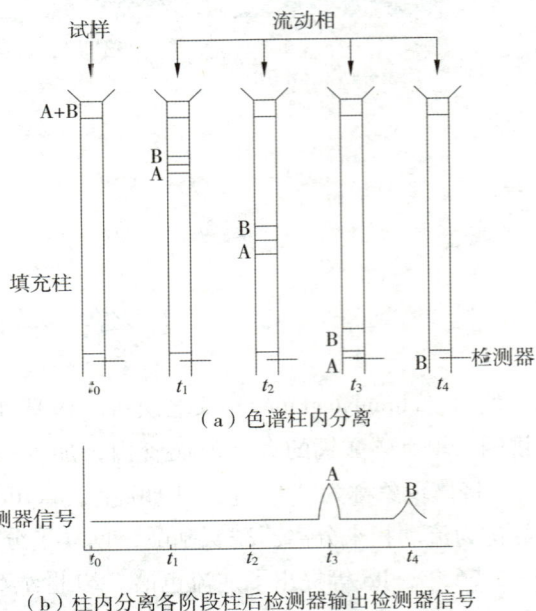

（a）色谱柱内分离

（b）柱内分离各阶段柱后检测器输出检测器信号

图 8-1　色谱分离过程原理

t_R：从进样到某个组分在柱后出现峰极大值所需的时间。

V_R：从进样到某个组分在柱后出现峰极大值所需消耗流动相的体积。

t_M：不保留物质从进样开始到柱后出现峰极大值所需时间。

V_M：不保留物质从进样开始到柱后出现峰极大值所需消耗流动相的体积。

R：用以衡量相邻峰的分离情况，由下式计算

$$R = \frac{2(t_{R_2} - t_{R_1})}{W_2 + W_1} \tag{8-1}$$

式中，t_{R_1} 及 t_{R_2} 分别为组分 1、2 的保留时间，W_1 及 W_2 分别为组分 1、2 的峰宽（从峰两边的拐点作切线与基线相交部分的宽度）。

n：在选定的条件下，用对照品或内标计算色谱柱的理论塔板数

$$n = 5.54 \left(\frac{t_R}{W_{1/2}}\right)^2 \tag{8-2}$$

式中 t_R 为保留时间，$W_{1/2}$ 为峰高一半处的峰宽。

2. 非线性色谱 通常分析用色谱的进样量很少，基本上在线性色谱的范畴下工作。在制备色谱中，进样量一般都比较大，这时样品在流动相和固定相中的浓度关系不再是一条直线，相对应的色谱等温线将发生弯曲，较常见的两种类型为凸型和凹型，如图 8-2 所示。非线性色谱的显著特点：①色谱流出峰形不对称，出现拖尾峰或伸舌峰；②色谱峰的保留时间随样品量的大小而发生变化；③色谱峰高度与样品量的大小不呈正比例关系。

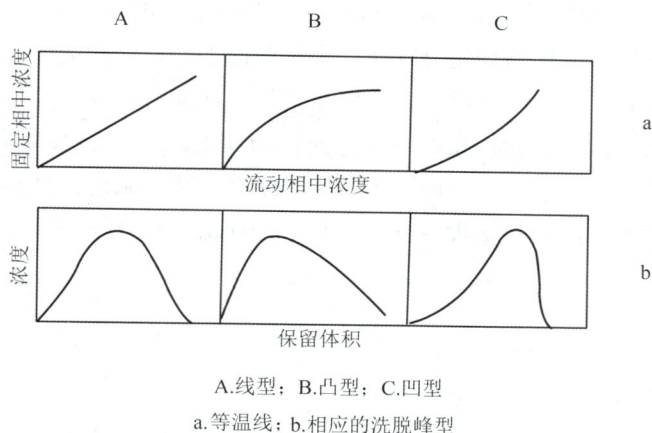

A.线型；B.凸型；C.凹型

a.等温线；b.相应的洗脱峰型

图 8-2 线性与非线性色谱等温线及相应的洗脱峰型

二、常用固定相

1. 硅胶及其衍生的固定相 硅胶是液固吸附色谱的主要固定相，也是液液分配色谱最重要的载体，还可作为化学键合相填料的主要基质材料。硅胶即 $SiO_2 \cdot nH_2O$，属于极性吸附剂，因此在非极性介质中，对极性物质具有较强的吸附作用。它的主要特点是化学惰性，随含水量的增加，吸附能力下降。键合硅胶分极性和非极性两种，常用的极性键合相主要有氰基、氨基和二醇基键合相，最常用的非极性键合硅胶如十八烷基键合硅胶即 C_{18}。根据制备方法的不同，可得到不同孔径、表面积及颗粒形状的吸附剂。对于制备型液相色谱，固定相颗粒及其大小已经由经典的无定形大颗粒（40~60μm）发展到目前的球形高效细颗粒（0~20μm）。

2. 活性炭 活性炭是最普遍使用的吸附剂，它是一种多孔含碳物质，多用于脱色和除臭等过程。活性炭为非极性吸附剂，具有吸附能力强、分离效果好、来源广泛、价格便宜等优点。常用活性炭的吸附能力顺序为：粉末活性炭＞颗粒活性炭＞锦纶活性炭。活性炭的吸附作用在水溶液中最强，在有机溶剂中则较弱。活性炭对芳香族化合物的吸附力大于脂肪族化合物，对大分子化合物的吸附力大于小分子化合物。

3. 大孔吸附树脂 大孔吸附树脂是一类不含离子交换基团，具有大孔网状结构的高分子吸附剂。它的理化性质稳定，机械强度较好，吸附容量大，再生容易，应用十分普遍。

4. 离子交换树脂 离子交换树脂是具有可解离基团的高分子聚合物，不溶于水但可在水中膨胀，能与其他带相反电荷的离子发生可逆的离子交换作用。

5. 凝胶 色谱分离用凝胶为具有一定孔径和交联度的三维网状空间结构的高聚物。常用于中药成分分离的凝胶有交联葡聚糖凝胶、羟丙基葡聚糖凝胶如 Sephadex LH-20、甲基丙烯酸酯共聚物如 Toyopearl HW-40 等。

三、色谱柱技术

色谱柱是色谱技术的核心。除填料因素外，它的性能主要取决于色谱柱设计和装填方法。

1. 色谱柱设计 色谱柱的形状大多为圆柱形，也有饼形、台锥形等。目前在工业规模的连续多柱制备色谱系统中，色谱柱多采用大直径、短柱长的"饼式"柱即"色谱饼"，其柱头结构与分析色谱柱有所不同。例如在柱端口，当溶剂进入色谱柱后溶剂流速通常要降到原来的1/200，首先用流体力学模型进行模拟计算，达到最优柱端设计，然后再进行放大，使被分离物质以"面进样"而不是"点进样"的方法分布在柱头截面上，形成平整的活塞流，减少谱带扩张；此外，可以在柱头加一个分布器，使样品均匀分配在整个柱截面上。柱结构的设计上，除最常见的传统轴向流色谱柱外，还发展了径向流色谱柱。不同于传统轴向流色谱柱的流体在柱内从一端流向另一端，在径向色谱柱内，流动相和样品可以从色谱柱的周围流向柱圆心（向心式），也可以从柱心流向柱的周围（离心式）。与传统的轴向流色谱柱相比，径向流色谱柱具有操作压力低、分离效率高、线性放大容易及样品处理量大等突出优势。径向流色谱柱结构示意图见图8-3。

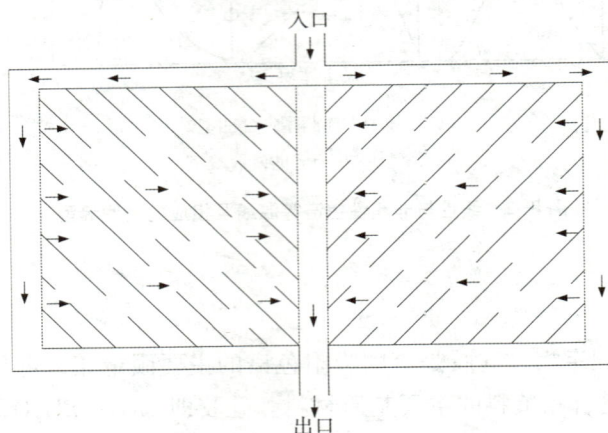

图 8-3　径向流色谱柱结构示意图

2. 色谱柱装填方法　包括高压匀浆填充、干法填充、径向压缩法、轴向压缩法和环状压缩法，中大型制备色谱柱主要采用后三种方法。轴向压缩法又分为动态轴向压缩法（dynamic axial compression，DAC）和普通轴向压缩法，二者区别主要在于DAC法中，色谱柱在使用过程中仍保持一定的压力，从而处于压缩状态。DAC法是制备型加压液相色谱大规模应用的一种类型，能在大规模工艺放大中保持很好的重现性。其基本原理是利用可移动的活塞将装入色谱柱的填料匀浆压实，在洗脱过程中，色谱柱的柱床始终保持固定的压力，从而保证柱床稳定、均匀且没有空隙形成。

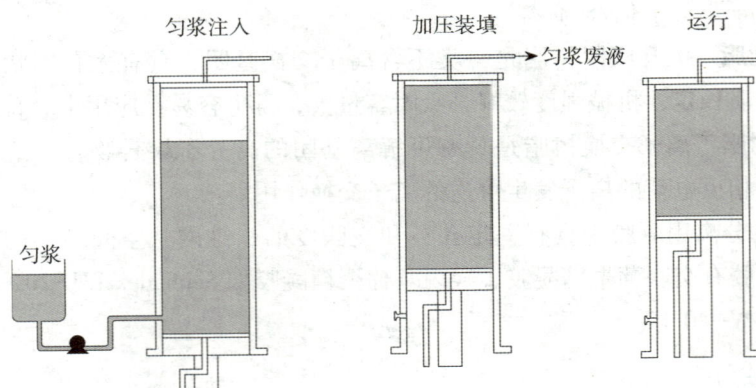

图 8-4　动态轴向压缩法示意图

四、色谱的分类

色谱一般按分离机理、流动相与固定相的状态、操作形式及使用目的等进行分类，见表8-1。下面简要介绍根据待分离物质和固定相之间相互作用机理不同而进行的分类。

表 8-1　色谱的分类

分类方式	类型
两相状态	气相（气-固、气-液）色谱、液相（液-固、液-液）色谱、超临界流体色谱
操作形式	柱色谱、平面（纸色谱、薄层色谱）色谱、逆流分配色谱
分离机理	吸附色谱、分配色谱、空间排阻色谱、离子交换色谱、亲和色谱、化学键合相色谱、毛细管电色谱
使用领域	分析用色谱、制备用色谱、流程用色谱

1. 吸附色谱　利用吸附剂对被分离物质吸附能力的差异而实现分离。吸附剂的吸附作用主要通过氢键、络合作用、静电引力、范德华力等而产生，常用的吸附剂主要包括有机吸附剂如活性炭、吸附树脂、纤维素、聚酰胺等以及无机吸附剂如硅胶、氧化铝、沸石等。色谱分离时吸附作用的强弱与吸附剂的吸附能力、被吸附成分的性质和流动相的性质有关。

2. 分配色谱　利用被分离物质在不相混溶的固定相和流动相之间分配系数的不同而实现分离。若流动相的极性小于固定相的极性，称为正相分配色谱；若流动相的极性大于固定相的极性，则称为反相分配色谱。

3. 空间排阻色谱　一种以凝胶为固定相的色谱法，原理主要是分子筛作用。根据凝胶的孔径和被分离物质分子的大小而达到分离目的。通常按照分子由大到小的顺序被先后洗脱。

4. 离子交换色谱　该色谱法通常以离子交换树脂为固定相，利用混合物中各成分解离度的差异进行分离。主要用于生物碱、有机酸和黄酮类等成分的分离。当两种具有不同解离度的化合物被交换在树脂上，解离度小的化合物先于解离度大的化合物被洗脱，从而实现分离。

第二节　大孔吸附树脂精制技术

一、大孔吸附树脂分类

大孔吸附树脂是天然药物，特别是中药分离领域常用的一类物理吸附剂。按照不同的技术要求，大孔吸附树脂可采用多种交叉分类法进行分类，如按键合的基团分类、按极性分类、按骨架类型分类等。

1. 按基团及原子分类

（1）非离子型大孔吸附树脂。

（2）离子型大孔吸附树脂。

（3）配位原子型大孔吸附树脂（螯合树脂）。

2. 按极性大小分类

（1）非极性大孔吸附树脂　由偶极距很小的单体聚合制得，不带任何功能基，孔表的疏水性较强，可通过与小分子内疏水部分的作用吸附溶液中的有机物，最适于由极性溶剂（如水）中吸附非极性物质。

（2）中极性大孔吸附树脂　系含酯基的吸附树脂，其表面兼有疏水和亲水两部分，既可由极性溶剂中吸附非极性物质，又可由非极性溶剂中吸附极性物质。

（3）极性大孔吸附树脂　主要为具有酰胺基、氰基、酚羟基等含氮、氧、硫极性功能基的吸附树脂，通过静电相互作用吸附极性物质。

3. 按骨架类型分类

（1）聚苯乙烯型大孔吸附树脂　通常聚苯乙烯骨架中的苯环化学性质比较活泼，可以通过化学反应引入极性不同的基团，如羟基、酮基、腈基、氨基、甲氧基、苯氧基、羟基苯氧基、乙酰苯氧基等，甚至离子型基团，从而改变大孔吸附树脂的极性特征和离子状态，制成用途各异的吸附树脂，以适应不同的应用要求。该类树脂的主要缺点是机械强度不高，质硬而脆，抗冲击性和耐热性能较差。目前80%的大孔吸附树脂品种骨架为聚苯乙烯型，在中药提取液的精制中常用树脂也多为苯乙烯骨架型大孔树脂。

（2）聚丙烯酸型大孔吸附树脂　该类吸附树脂品种数量仅次于聚苯乙烯型，可分为聚甲基丙烯酸甲酯型树脂、聚丙烯酸甲酯型交联树脂和聚丙烯酸丁酯交联树脂等。该类大孔吸附树脂含有酯键，属于中等极性吸附剂，经过结构改造的该类树脂也可作为强极性吸附树脂。

（3）其他类型　聚乙烯醇、聚丙烯腈、聚酰胺、聚丙烯酰胺、聚乙烯亚胺、纤维素衍生物等也可作为大孔吸附树脂的骨架。

虽然大孔树脂吸附技术在天然药物有效成分提取、分离中的应用已有很多，但天然药物品种繁多，有效成分性质千差万别，相对而言，目前树脂的种类还远远不能满足需要。

二、大孔吸附树脂的形态结构、表征参数及产品标准状况

1. 大孔吸附树脂的基本形态结构与特点　大孔吸附树脂通常由聚合单体和交联剂、致孔剂、分散剂等添加剂经聚合反应制备而成。交联剂起着在聚合链之间搭桥的作用，它使树脂中的高分子链成为一种三维网状结构。改变交联度的大小可以调节树脂的一些物理化学性能。大孔吸附树脂为有机合成的高分子聚合物，一般具有以下基本形态结构与性质。

（1）具有三维立体空间结构的网状骨架，可联接各种功能基团，如极性调节基团、离子交换基团和金属螯合基团等。

（2）具有多孔结构，比表面积大，孔径大，为物理孔，孔径多在100~1000nm之间。

（3）外观一般为直径在0.3~1.0mm的白色球状颗粒，粒度多为20~60目，具有一定的机械强度，密度略大于水。

（4）具有吸附功能，能选择性吸附气体、液体或液体中的某些物质。

（5）理化性质稳定，不溶于酸、碱及有机溶媒，热稳定好。

（6）对有机物选择性较好，有浓缩、分离作用，且不受无机盐类及强离子低分子化合物存在的影响。

（7）由于比表面积较大，因此交换速度较快。

（8）机械强度高，抗污染能力强，在水溶液和非水溶液中都能使用；再生处理较容易等。

2. 大孔吸附树脂的基本表征参数

（1）孔径　指微观小球之间的平均距离，以nm表示。

（2）比表面积　指微观小球表面积的总和，以m^2/g表示。

（3）孔体积　亦称孔容，系指孔的总体积，以mL/g表示。

（4）孔隙率（孔度）　指孔体积占多孔树脂总体积（包括孔体积和树脂的骨架体积）的百分数。

（5）交联度　交联剂在单体总量中所占质量百分数。

此外还有大孔树脂的粒度、强度及吸附容量等。

三、国内外常见大孔吸附树脂产品简介

1. 美、日等国的大孔吸附树脂产品简介　大孔吸附树脂材料作为一个崭新的技术领域，受

到欧美及日本等国的高度重视，研制开发了一批类型不同、性能良好的吸附树脂，并形成了商品供应。目前，美、英、法、德及日本等国均有专业公司研究生产，其产品性能见表8-2、表8-3。

表8-2　美国 Amberlite XAD 系列树脂产品性能表

牌号	树脂结构	极性	骨架密度（g/mL）	比表面积（m²/g）	孔径（nm）	孔度（%）	交联剂
Amberlite XAD-1	苯乙烯	非极性	1.07	100	20	37	二乙烯苯
Amberlite XAD-2	苯乙烯	非极性	1.07	330	9	42	二乙烯苯
Amberlite XAD-3	苯乙烯	非极性		526	4.4		二乙烯苯
Amberlite XAD-4	苯乙烯	非极性	1.08	750	5	51	二乙烯苯
Amberlite XAD-5	苯乙烯	非极性		415	6.8		
Amberlite XAD-6	丙烯酸酯	中级性		498	6.3		双（α-甲基丙烯酸酯）乙二醇酯
Amberlite XAD-7	α-甲基丙烯酸酯	中级性	1.24	450	8	55	双（α-甲基丙烯酸酯）乙二醇酯
Amberlite XAD-8	α-甲基丙烯酸酯	中级性	1.23	140	25	52	双（α-甲基丙烯酸酯）乙二醇酯
Amberlite XAD-9	亚砜	强极性	1.26	250	45		
Amberlite XAD-10	丙烯酰胺	强极性		69	35.2		
Amberlite XAD-11	氧化氮类		1.18	170	21	41	
Amberlite XAD-12	氧化氮类		1.17	25	130	45	

表8-3　日本 Diaion HP 系列树脂产品性能表

牌号	粒度分布	有效直径（mm）	比表面积（m²/g）	微孔容积（mL/g）	最频度半径（mm）	Cephaber porin C 吸附容量
Diaion HP-10			400			
Diaion HP-20			600			
Diaion HP-30			500~600			
Diaion HP-40			600~700			
Diaion HP-50			400~500			
Sepaheads SP850	≥90%（≥250μm）	≥0.25	1 000	1.2	3.8	85
Sepaheads SP825	≥90%（≥250μm）	≥0.25	1 000	1.4	5.7	76
Sepaheads SP70			800	1.6	7	60
Sepaheads SP700			1 200	2.3	9	76
Diaion HP21	≥90%（≥250μm）	≥0.25	570	1.1	8	18
Sepaheads SP207	≥90%（≥250μm）	≥0.25	630	1.3	10.5	119
Diaion HP2MG	≥90%（≥300μm）	≥0.25	470	1.2	17	<10

2. 国内大孔吸附树脂的研发、生产概况　我国对大孔吸附树脂的研究从20世纪70年代由南开大学开始，北京、上海、四川的科研单位，如中国科学院化学研究所、上海医药工业研究院、四川晨光化工研究院等相继研制并开发了各类产品。目前国内大孔吸附树脂的主要生产单位所推出的各种类型的系列产品性能见表8-4至表8-8。

表 8-4　GDX 系列树脂产品性能表

牌号	树脂结构	极性	比表面积（m²/g）
GDX-104	苯乙烯	非极性	590
GDX-401	乙烯，吡啶	强极性	370
GDX-501	含氮极性化合物	极性	80
GDX-601	有强极性基团	强极性	90

注：交联剂为二乙烯苯。

表 8-5　D-101 系列树脂产品性能表

牌号	粒度（mm）	吸附量［mg（酚）/g（干基）］
D-101	0.9~0.28	≥30
D-101-Ⅰ	0.9~0.355	≥45
DA-201	0.9~0.28	≥45

注：DA-201 为弱极性，其余为非极性；外观均为白色或微黄色球状；含水量均为 65%~75%。

表 8-6　SIP 系列树脂产品性能表

牌号	含水量（%）	比表面积（m²/g）	孔体积（mL/g）	平均孔径（nm）
SIP-1100	60	450~550	1.2~1.3	9
SIP-1200	66	500~600	1.5~2.0	12
SIP-1300	50	550~580	0.85~0.92	6
SIP-1400	60	600~650	1.0~1.11	7

注：均为非极性。

表 8-7　H、X、AB-8、NKA 等系列树脂产品性能表

牌号	极性	含水量（%）	密度（g/mL）		比表面积（m²/g）	密度（g/mL）		平均孔径（nm）	孔隙率（%）	孔容（mL/g）
			湿真密度	湿视密度		表观密度	骨架密度			
H103	非极性	45~50	1.05~1.07	0.70~0.75	1 000~1 100	0.53~0.57	1.20~1.24	8.5~9.5	55~59	1.C8~1.12
H107	非极性	45~50	1.05~1.07	0.80~0.85	1 000~1 300	0.48~0.52	1.35~1.39	4.1	62~66	1.25~1.29
X-5	非极性	45~60	1.03~1.07	0.65~0.70	500~600	0.44~0.48	1.03~1.07	29~30	50~60	1.20~1.24
AB-8	弱极性	60~70	1.05~1.09		480~520		1.13~1.17	13~14	42~46	0.73~0.77
NKA-Ⅱ	极性	50~66			160~200			14.5~15.5		0.62~0.66
NKA-9	极性				250~290			15.5~16.5	46~50	

表 8-8　HPD 系列树脂产品性能表

牌号	极性	比表面积（m²/g）	平均孔径（nm）
HPD100	非极性	650~700	9~10
HPD300	非极性	800~870	5~5.5
HPD400	中极性	500~550	7.5~8
HPD450	中极性	500~550	9~11
HPD500/600	极性	500~550	10~12
HPD700	非极性	650~700	8.5~9
HPD750	中极性	650~700	8.5~9

注：湿真密度均为 1.03~1.07g/mL；湿视密度均为 0.68~0.75g/mL。

四、大孔吸附树脂的分离原理

大孔吸附树脂的分离原理源于吸附性与筛选性相结合。树脂的极性（功能基）和空间结构

（孔径、比表面积、孔容）是影响吸附性能的重要因素。有机物通过树脂的孔径扩散至树脂孔内表面而被吸附，因此树脂吸附能力大小与吸附质的分子量和构型也有很大关系，树脂孔径大小直接影响不同大小分子的自由出入，从而使树脂吸附具有一定的选择性。

总的来说，选择树脂时要考虑被吸附物分子体积的大小（如多糖类、皂苷类、取代苯类等，它们分子体积的大小相差明显），分子极性的大小，同时分子是否存在酚羟基、羧基或碱性氮原子等也都需要考虑。分子极性的大小直接影响分离效果，极性较大的化合物一般适于在中极性的树脂上分离，而极性小的化合物适于在非极性树脂上分离。但极性大小是个相对概念，要根据分子中极性基团（如羟基、羧基等）与非极性基团（如烷基、苯环、环烷母核等）的数量与大小来确定。

研究表明，在一定条件下，化合物体积越大，吸附力越强，如碱性红霉素、叶绿素等，能被非极性大孔吸附树脂较好地吸附，这与大分子体积憎水性增大有关。分子体积较大的化合物应选择较大孔径的树脂，否则影响分离效果，但对于中极性大孔树脂来说，被分离化合物分子上能形成氢键的基团越多，在相同条件下吸附力越强。所以，对某一化合物吸附力的强弱最终取决于上述因素的综合效应结果。

【科海拾贝】

大孔吸附树脂越来越多地与现代分析方法联合使用，比如大孔树脂与高速逆流色谱（HSC-CC）、柱色谱、中压液相色谱（MPLC）、pre-HPLC 等联用，既拓宽了大孔树脂的应用领域，又取得了更好的分离纯化效果。大孔树脂不仅为中药现代化研究提供了更有效、更可靠的纯化手段，而且对中药生产技术的革新也起到了积极的推动作用。不足之处在于整个过程只能间歇操作，无法实现自动装柱和连续生产。建立适合工业化生产的质量控制参数，设计针对大孔树脂吸附过程的自动控制系统，对于大孔吸附树脂提取分离中药有效成分的工业化应用以及过程质量控制方法与标准的建立都有长远的意义。

（一）吸附性原理

大孔吸附树脂的吸附性是由于范德华引力或产生氢键的结果。大孔吸附树脂以范德华力从很低浓度的溶液中吸附有机物，其吸附性能主要取决于吸附剂的表面性质。

1. 吸附力的大小与分子结构有关　有关研究表明，D101 等 6 种不同非极性树脂对 3 种具有不同类型母核苷类总体静态吸附能力为：黄芩苷>芍药苷>栀子苷，当洗脱剂分别为 75%、25%、45% 的乙醇时，洗脱率分别为 60%、93%、93%。从而提示，吸附力的大小与分子结构有关。对苯乙烯型树脂而言，被吸附的分子母核双键数目越多，分子与树脂吸附作用力越大。

2. 吸附力的大小与树脂比表面积的关系　大孔树脂吸附原理主要为物理吸附，比表面积增加，表面张力随之增大，吸附量提高，对吸附有利。所以具有适当的功能基还不够，具有较高的比表面积对吸附将更为有利。如对 5 种生物碱模型物（奎宁、盐酸小檗碱、盐酸川芎嗪、秋水仙碱和苦参碱）在 26 种大孔吸附树脂上的饱和吸附量和解吸率进行考察，5 种生物碱模型物均为极性较弱的化合物，但 HPD850 树脂虽然属于中极性树脂仍表现出较大的饱和吸附量，这可能是因为它的比表面积（1100~1300m²/g）比其他树脂大得多。盐酸川芎嗪和秋水仙碱的饱和吸附量随树脂比表面积的增加而增大。由此可见，树脂比表面积对这类模型物吸附的影响至关重要。

（二）筛分性原理

大孔吸附树脂的筛分性原理是由其本身多孔性结构所决定的。有机物通过树脂的网孔扩散到树脂网孔内表面而被吸附，树脂孔径直接影响不同大小分子的出入，而使树脂吸附具有一定的选择性。孔径、比表面积、孔体积（孔容）、孔隙率等大孔吸附树脂基本参数与吸附量具有密切的关系。树脂吸附力与吸附质分子量也密切相关，分子体积较大的化合物选择较大孔径的树脂。树脂吸附能力与吸附质的分子构型也有很大关系。如多糖类、皂苷类、取代苯类等，它们的分子所占有空间体积的大小相差明显，在选择树脂时就要加以考虑。

（三）吸附动力学特征

大孔吸附树脂在吸附时所显示的吸附平衡和吸附动力学特性，是树脂对溶液的一系列吸附性能，如吸附量、吸附率、吸附速度、脱附性能等的基础，因此有必要对吸附树脂的吸附动力学过程进行研究，用量化指标来阐明其吸附分离特性。

1. 吸附平衡的概念　所谓吸附平衡，从宏观上看，当吸附量不再增加时就达到了吸附平衡。即在一定的条件下，当流体与固体吸附剂接触时，流体中的吸附质被吸附剂吸附，经过足够长的时间，吸附质在两相中的分配达到一个定值，此时吸附剂对吸附质的吸附量称为平衡吸附量。平衡吸附量的大小与吸附剂的物化性能，如比表面积、孔结构、粒度、化学成分等有关，与吸附质的物化性能以及浓度、温度等也均有关系。

2. 常用的吸附洗脱特性参数

（1）比上柱量（S）　系指达吸附终点时，单位质量干树脂吸附夹带成分的总和，表示树脂吸附、承载的总体能力。S 越大，承载能力越强，是确定树脂用量的关键参数。

$$S = (M_{上} - M_{残}) / M \tag{8-3}$$

（2）比吸附量（A）　系指单位质量干树脂吸附成分的总和，表示树脂起初吸附能力。A 越大，吸附能力越强，是树脂种类与树脂再生效果的重要参数。

$$A = (M_{上} - M_{残} - M_{水洗}) / M \tag{8-4}$$

（3）比洗脱量（E）　系指吸附饱和后，用一定量溶剂洗脱至终点，单位质量干树脂洗脱成分的质量，表示树脂的解吸附能力与洗脱溶剂的洗脱能力。E 越大，表示洗脱溶剂的洗脱能力与树脂的解吸附能力越强，是选择洗脱溶剂的重要参数。

$$E = \frac{M_{洗脱}}{M} \tag{8-5}$$

以上公式中，M 为干树脂质量，即树脂干燥至恒重测得的质量。$M_{上}$ 为上柱液中成分的质量，为上柱液体积与指标成分浓度的乘积；或以上柱液相当于药材质量表示，则为上柱液的体积与单位体积浸出液相当于药材质量的乘积。$M_{残}$ 为过柱流出液中成分的质量，为流出液体积与其指标成分浓度的乘积。$M_{水洗}$ 为上柱结束后，最初用水洗脱下来的成分的质量，为水洗液体积与其指标成分浓度的乘积。$M_{洗脱}$ 为用洗脱溶剂洗脱出的成分的质量，由洗脱液体积与其中指标成分浓度计算而得。

（4）吸附量（Q）

$$Q = (C_0 - C_e) \times V / W \tag{8-6}$$

（5）吸附率（E_a）

$$E_a(\%) = \frac{C_0 - C_e}{C_0} \times 100\% \tag{8-7}$$

上两式中，Q 为吸附量（mg/g），C_0 为起始浓度（mg/mL），C_e 为剩余浓度（mg/mL），V 为溶液体积（mL），W 为树脂重量（g）。

（6）解吸率（E_d）

解吸率（%）= 解吸液浓度×解吸液体积／（原液浓度-吸附液浓度）×吸附液体积×100%　（8-8）

3. 吸附动力学曲线　吸附动力学曲线的绘制可以比较直观地了解树脂的某些动态吸附性能，判定该树脂对吸附质的吸附特性。

例如为研究不同大孔树脂的吸附性能，可利用生物碱模型测定各树脂达到平衡时的吸附量作图，得到各树脂的吸附动力学曲线，见图8-5。对盐酸川芎嗪和秋水仙碱的吸附，HPD300显示出最快的初始吸附速率，而吸附盐酸小檗碱速率最快的是AB-8，对苦参碱的吸附速率最快的则是HPD722，这可能与分子尺寸的大小和树脂孔道结构有关。盐酸小檗碱分子链较长，而苦参碱具有空间立体结构，AB-8和HPD722较大的孔径更利于这两种分子的扩散，因而体现出了较大的吸附速率。

4. 吸附等温线及吸附动力学方程　通常根据吸附动力学曲线研究吸附量和温度、浓度及时间的关系，建立相关的吸附动力学方程。有了这种关系式，就容易得到不同状态下的吸附速度，对树脂的实际应用非常有指导意义。

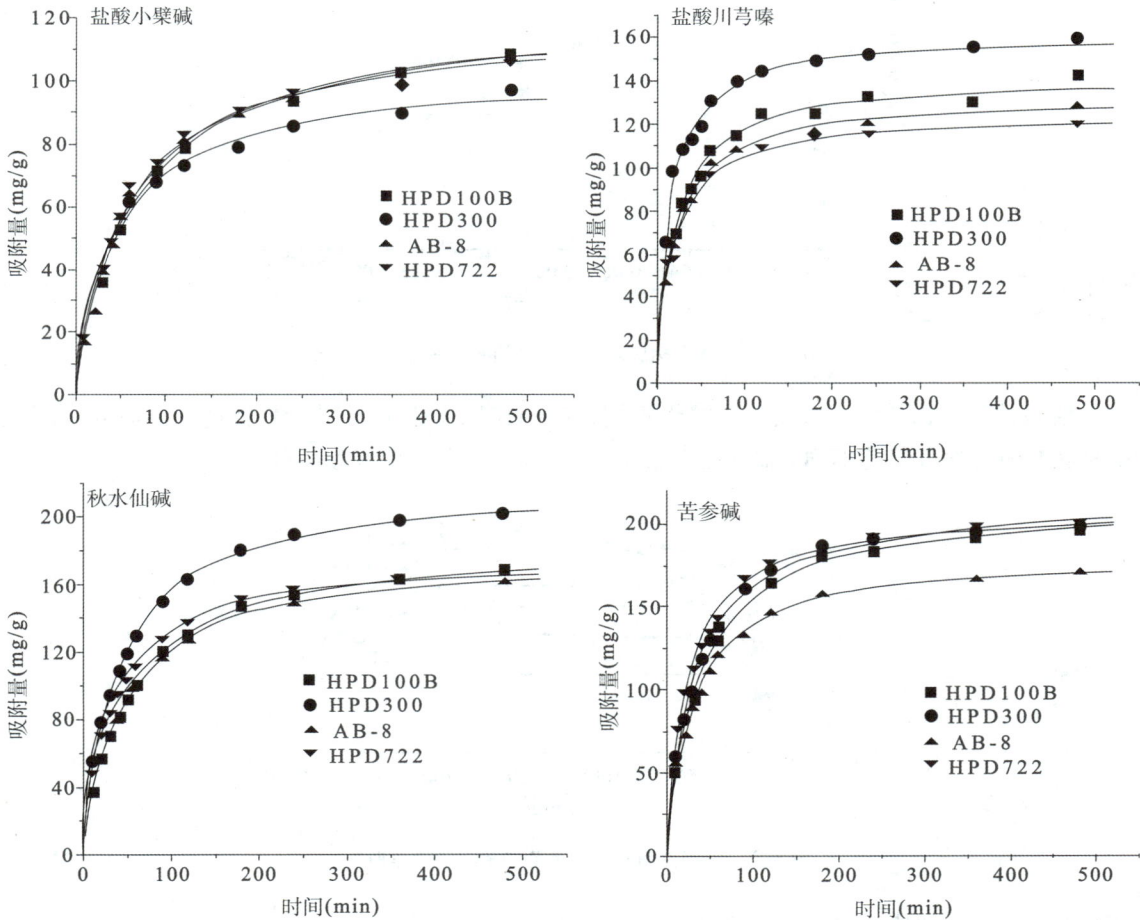

图8-5　不同树脂对不同生物碱模型静态吸附曲线

5. 吸附速率　根据吸附率和解吸率的测定比较，判定树脂的吸附速率，可为选择适宜树脂作参考。在大孔树脂吸附秋水仙碱的研究中，由于各种树脂的化学和物理结构的差别，对秋水仙碱吸附动力学不同，吸附速率常数和到达吸附平衡的时间也不相同。由表8-9可知，秋水仙碱的Freundlich方程$1/n$值较低，而其Langmuir方程中的K_L值较大，表明秋水仙碱更易在树脂表面吸附，这与方程所得结论相吻合。

表 8-9　秋水仙碱在不同树脂上的吸附速率常数

树脂型号	Q_{max}	K_L	R^2	树脂型号	K_F	$1/n$	R^2
HPD100B	177.6	454752.2	0.959	HPD100B	597.0	0.2668	0.974
HPD300	304.9	138983.5	0.921	HPD300	6889.4	0.2632	0.962
AB-8	177.6	140524.4	0.972	AB-8	513.8	0.2853	0.974
HPD722	192.3	384438.9	0.962	HPD722	445.1	0.2022	0.939
Langmuir 方程拟合参数				Freundlich 方程拟合参数			

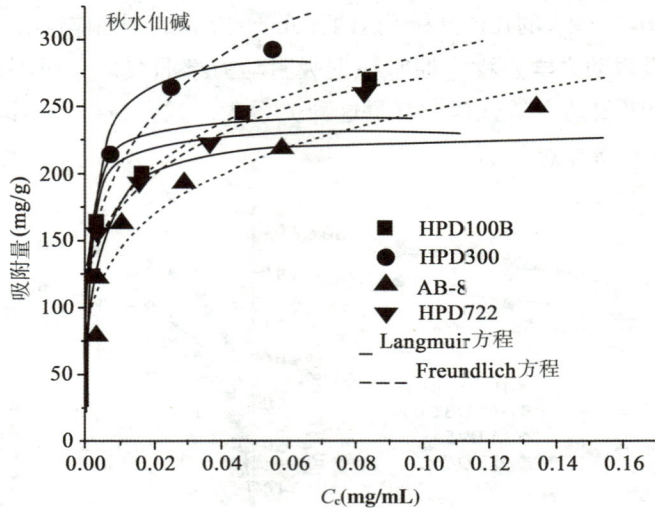

图 8-6　4 种大孔树脂对秋水仙碱的吸附平衡速率常数

6. 解吸曲线　由于大孔吸附树脂极性不同，吸附作用力强弱不同，解吸难易亦不同。因此，解吸剂解吸动力学过程就不同。解吸曲线就是考察解吸剂特性的动力学曲线。

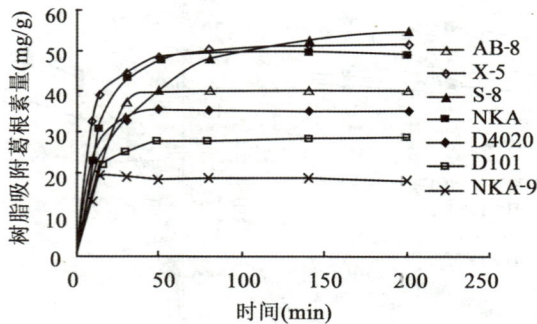

图 8-7　不同树脂对葛根素静态解吸动力学曲线

图 8-7 为不同树脂对葛根素静态解吸动力学曲线，从中可看出，D4020、X-5、D101、NKA、AB-8 这五种树脂在 15 分钟之内所吸附的葛根素能基本上解吸完全，达到一个平衡值，而 S-8 及 NKA-9 解吸速率较慢，特别是 S-8 在 75 分钟之内还没有达到解吸平衡。

如前所述，极性树脂 S-8 对葛根素的吸附容量虽然大，但因其具有强极性功能基，能和葛根素产生较强的相互作用，较难洗脱，这是其解吸率较低的主要原因。故极性树脂 S-8 不适合于葛根素的分离纯化；而非极性树脂 X-5 和 NKA 主要靠物理吸附作用吸附葛根素，较易洗脱。

上述关于大孔树脂的吸附动力学方面的研究内容表明，吸附动力学研究可为树脂大规模的合理运用提供一系列量化依据，以正确选用不同种类的大孔树脂，使工业化运用更合理、经济。

五、基于大孔吸附树脂分离机理的吸附、洗脱工艺参数优选

应用大孔吸附树脂吸附分离技术时，在恰当选择树脂型号、用量、配比的前提下，还要提供适宜的上柱工艺条件，如温度、pH 值、流速等，以及相关的洗脱工艺条件。

（一）吸附工艺条件的筛选

1. 上柱液温度 为了研究总黄酮在 LSA-10 型树脂上的吸附能力，并且表征其吸附行为，提取了不同浓度总黄酮并与 LSA-10 型树脂在不同温度下振荡，达到吸附平衡。可以得到等温线如图 8-8（a）所示。从图 8-8（a）可知，在研究温度范围内，相同的初始浓度条件下，25℃时吸附能力最好，因此，选择最适合工业化生产的温度 25℃。

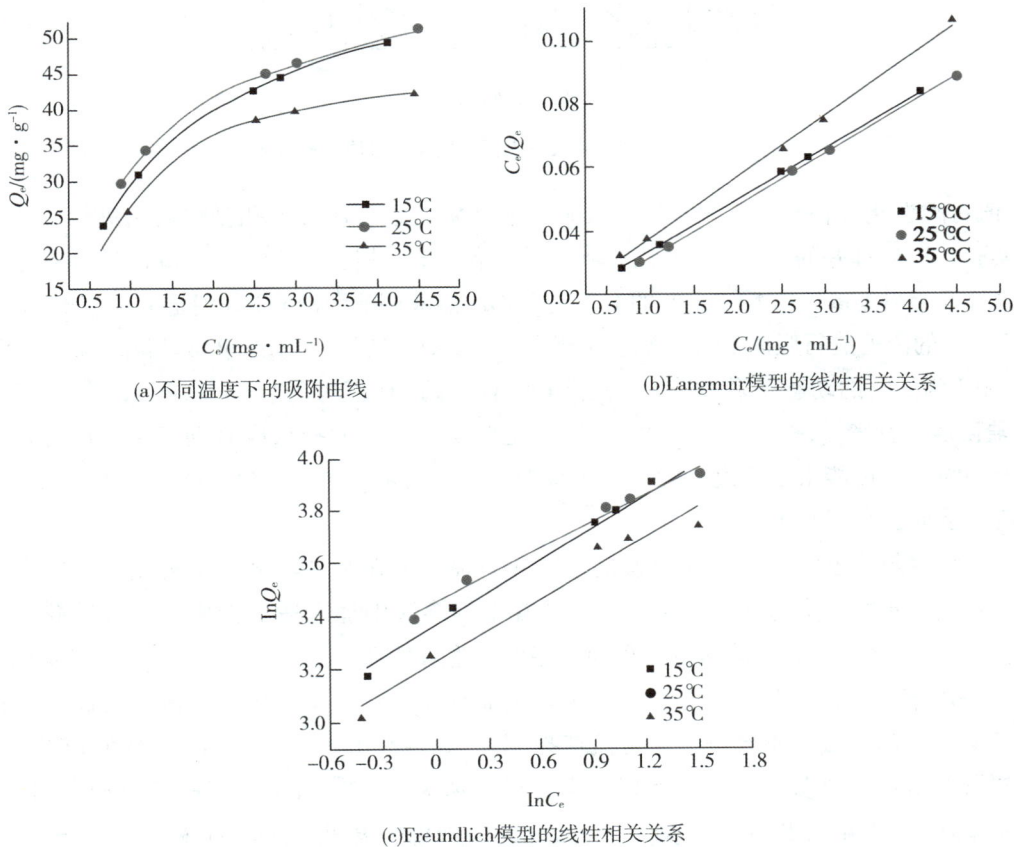

(a)不同温度下的吸附曲线

(b)Langmuir模型的线性相关关系

(c)Freundlich模型的线性相关关系

图 8-8 不同温度下 LSA-10 型树脂对于总黄酮的吸附等温线

2. 上柱溶液的浓度 树脂吸附量是温度和溶液浓度的函数，上样液的浓度不同，吸附规律亦有所不同。如在 LSA-10 型大孔树脂分离恒山黄芪总黄酮研究中发现，上样浓度越高，吸附力越低，吸附量越高（图 8-9）。当上样浓度小于等于 0.5mg/mL 时，吸附率高于 80%，满足吸附要求，同时考虑到上样液浓度为 0.5mg/mL 时吸附量较大，因此，选择上样浓度为 0.5mg/mL。

3. 上样液 pH 值 pH 值对吸附过程影响的基本原理在于中药有效成分在不同 pH 值条件下溶解性能不同，因而易于吸附或解吸附。

上样液 pH 值对化合物的分离效果影响比较大，既要使成分不被破坏，也要有利于树脂的吸

附，应根据化合物结构特点综合考虑，来调整溶液 pH。一般来说，酸性化合物在适当酸性溶液中能够充分吸附，碱性化合物在适当碱性条件下较好地吸附，中性化合物可在大约中性情况下吸附。

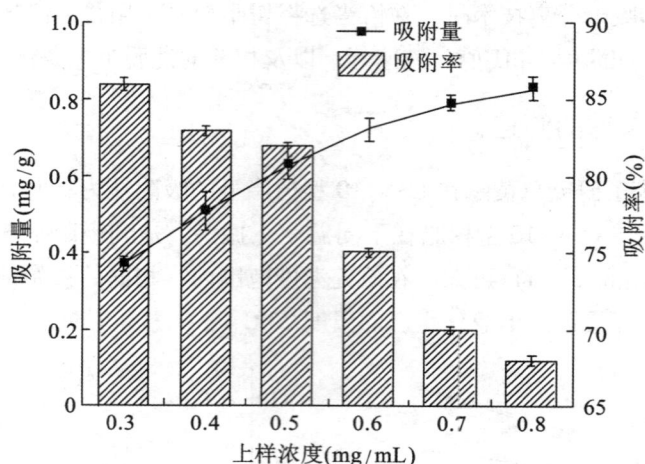

图 8-9　不同上样浓度对黄酮吸附率及吸附量的影响

pH 值对酸性化合物及碱性化合物的吸附影响特别明显。通过大孔吸附树脂进行山楂原花青素纯化实验，取处理好的 D101 型大孔树脂 5 份，各 15g（相当于 28mL），湿法装柱，分别加入原花青素样品液各 56mL，以 1mol/L 的 HCl 与 NaOH 溶液调节溶液 pH 分别至 1、2、3、4、5、6、7。以 3BV/h 的流速进行吸附后，分别收集吸附液并记录体积 V_2，取 1mL 测其峰面积，计算动态吸附量。pH 为 3 时的动态吸附量最大，故选择上样液的 pH 值为 3。

4. 盐浓度　盐离子浓度对成分的吸附有一定影响，一定的盐浓度有助于主要成分在大孔吸附树脂上的吸附。可能由于盐离子的存在，减少了"自由水"的量，这相当于增大了自由水中溶质的浓度，从而提高了吸附量。

有关溶解性与盐浓度的另一种理解是，通常一种成分在某种溶剂中溶解度大，则在该溶剂中，树脂对该物质的吸附力就小，反之亦然。在上样溶液中加入适量无机盐（如氯化钠、硫酸钠、硫酸铵等），降低成分的溶解度，可使树脂的吸附量加大。

5. 上柱流速　上柱时的流速要根据每个特定品种及分离要求来控制，流速太快，吸附和洗脱会不完全，流速太慢又不经济，通常流速控制在 $0.5\sim5\text{mL}/(\text{cm}^2\cdot\text{min})$。如在 LSA-10 型大孔树脂分离恒山黄芪总黄酮研究中发现，当上样流速为 1、2、3mL/min 时，泄漏点出现较晚，上柱体积分别为 5、4、5BV；而流速为 4mL/min 时泄漏点出现较早。上样流速越快，泄漏点出现越早，原因可能是流速加快，溶质分子未及扩散到树脂表面就被流走，没有完全进行吸附；而上样流速越小，黄酮分子就有足够的时间进行扩散和吸附，有利于吸附，但流速也不宜过慢，过慢则导致吸附周期延长，效率低，不利于实际生产。因而，确定后续实验上样流速为 3mL/min。

（二）洗脱工艺条件的筛选

影响洗脱效率的因素包括洗脱剂浓度、洗脱剂及脱附产物在树脂孔道内的扩散速度、洗脱剂与目标吸附分子的作用机理等。

1. 洗脱剂的极性　洗脱剂及浓度应根据吸附力的强弱选用，常用洗脱剂有甲醇、乙醇、乙酸乙酯、丙酮等，也可以用上述溶剂的混合溶剂。

一般对非极性大孔树脂，洗脱剂极性越小，洗脱能力越强；对于中极性大孔树脂和极性较大的化合物，则用极性较大的溶剂较为合适。如对银杏叶黄酮类化合物洗脱性能进行研究时，由于选用的 DM-130 型大孔树脂属于弱极性，首先根据相似相溶原理，应选择极性较小的洗脱剂；其次因为黄酮类化合物在溶液中呈弱酸性，因而可使用碱液洗脱，同时考虑到其生物活性，不宜使用强碱；再次黄酮类化合物易溶于甲醇、乙醇、丙酮等有机溶剂，但考虑到甲醇的毒性和丙酮的挥发性，选择乙醇水溶液较宜。

2. 洗脱剂的 pH 值　通过改变洗脱剂的 pH 值，可使吸附物形成离子化合物，易被洗脱下来，从而提高洗脱率。例如，黄连生物碱被树脂吸附后，用 50%、70%、100% 甲醇洗脱，小檗碱的回收率低，为 24.31% ~ 83.46%；用含 0.5% H_2SO_4 的 50% 甲醇洗脱，则小檗碱的回收率可达 100.03%。

3. 洗脱剂用量　洗脱剂的用量根据每个具体品种的吸附量来定，用量太多会造成浪费，不经济；用量不够则洗脱不完全，达不到分离效果，可先通过预试验积累一定的数据再进行放大操作。

4. 洗脱流速　不同的流速，解吸率略有不同，如将 20.0g 预处理好的树脂装入玻璃层析柱中，以 3mL/min 上样速度上样，用体积分数为 40% 的乙醇溶液分别以 0.5、1、2、3、4、5mL/min 的速度洗脱，当洗脱速率为 4mL/min 时解吸率最高。

六、常见天然药物成分的大孔吸附树脂精制机理

（一）生物碱类成分

生物碱是天然药物有效成分的主要类别之一。生物碱分子的共性是有一定的碱性，可与酸生成盐。其氨基部分是亲水的，与憎水部分一起形成既亲水又亲油的结构。憎水部分使其能被非极性树脂吸附，吸附的推动力是范德华力。另外，生物碱分子中氨基的存在使其既可以被一些选择性吸附树脂吸附，这些吸附的推动力可以是静电力、氢键作用或配合作用；也可以用阳离子交换树脂进行交换。可供选择的树脂有含磺酸基或羧基酸性基团的离子交换树脂，含酚羟基的可与生物碱形成氢键的吸附树脂和含过渡金属离子的、与生物碱的氨基具有配合作用的吸附树脂等。

（二）皂苷类成分

人参中所含的药用成分是结构相似的多种皂苷类化合物，其共同点是结构均由两部分构成：一部分是羧基与葡萄糖基（或其他糖基）相连形成的皂苷结构，是亲水的部分，使皂苷能够溶于水；另一部分是苷元，不亲水，使皂苷能够被树脂吸附。这样就形成了可用树脂吸附法进行提取的条件，即先把人参皂苷浸取到水溶液中，再以树脂吸附技术吸附溶于水中的皂苷。曾被废弃的人参茎、叶也含有人参皂苷，同样可用树脂吸附法富集。三七和绞股蓝等的茎、叶含有的三七皂苷和绞股蓝皂苷，也可以用相似的方法获取。

达玛烷型三萜类化合物的酸枣仁皂苷，树脂孔道内 21% 的水与甲醇作用，可与酸枣仁皂苷及其皂苷元分子形成稳定的氢键体系，大大提高了其在树脂上的吸附量；酸枣仁皂苷及其皂苷元的空间构型也是影响其吸附量的一个重要因素，长链的酸枣仁皂苷分子柔性较环烷烃类的皂醇的柔性大，在树脂纯化过程中，酸枣仁皂苷分子构型极易发生变化，增加了其扩散能垒，降低了皂苷

分子在树脂上的吸附量及解吸率。含水 21% 的树脂在甲醇溶液中 175W 下超声 30 分钟条件预处理纯化重结晶后，样品中皂苷含量可高达 43%。

（三）黄酮类成分

黄酮类化合物是以黄酮（2-苯基色原酮）为母核，母核上连接有羟基、甲氧基等取代基，包括黄酮、黄烷醇、异黄酮、黄烷酮、花色素、查耳酮和色原酮等。通过大孔径吸附树脂技术来富集、分离和纯化中药中的总黄酮，所得产物的总黄酮含量大致为 70.00%~90.00%，产率和总黄酮的纯度都有显著提升。不同的大孔径吸附树脂类型纯化结果不同，AB-8 和 D-101 大孔径吸附树脂具有较好的分离纯化效果。

七、大孔吸附树脂分离操作与装置

（一）大孔吸附树脂分离技术基本工艺流程

大孔吸附树脂分离技术的基本工艺流程如下：

树脂型号的选择→树脂前处理→考察树脂用量及装置（径高比）→样品液的前处理→树脂工艺条件筛选（浓度、温度、pH、盐浓度、上柱速度、饱和点判定、洗脱剂的选择、洗脱速度、洗脱终点判定）→目标产物收集→树脂的再生。

关于工艺设计的一般考虑，主要涉及树脂的型号选择、树脂的前处理、树脂的用量及径高比、树脂的再生、吸附饱和点及洗脱终点的判定等方面的内容。

1. 大孔吸附树脂的型号选择 大孔吸附树脂的实际应用效果是由树脂的极性、孔径、比表面、孔容等多方面的综合性能决定的，对其性能的评价要从吸附量、解吸率和吸附动力学试验的结果综合考虑。一般而言，有效的吸附树脂应吸附量大、分离效果好。

2. 树脂的前处理 前处理常用溶剂有乙醇、酸、碱、丙酮等，常见方法有回流法、渗漉法、水蒸气蒸馏法等。

3. 树脂的用量及径高比 树脂柱的径高比对吸附工艺过程有一定影响，选择合适的径高比可保证有效的吸附效率。如大孔吸附树脂在白芍分离纯化应用的影响因素研究中，以芍药苷为指标，通过对 5 种不同类型大孔吸附树脂的筛选，确定 AB-8 型大孔吸附树脂对芍药苷具有较好的分离性能。通过考察树脂柱径高比，确定芍药苷最佳树脂层析柱径高比为 1∶9。

4. 大孔吸附树脂的再生 树脂再生可采用动态法也可采用静态法。动态法简便，效率也高。一般可选择的再生剂有 50%~95% 乙醇、50%~100% 甲醇、异丙醇、50%~100% 丙酮、碱性乙醇溶液、2%~5% 盐酸、2%~5% 氢氧化钠等，滤去溶剂用水充分洗涤至下滴液呈中性时即达再生目的。

5. 吸附饱和点及洗脱终点的判定 吸附饱和点是指吸附达动态平衡时的临界点。通常在静态吸附试验时大致计算出树脂的吸附量，在树脂柱中进行吸附时，每隔一定的时间，采用颜色反应、TLC 法、HPLC 法等判定吸附饱和点，防止有效成分的泄漏。

同样，也可以通过考察被洗脱成分的洗脱率，同时采用定性、定量的方法确定指标成分洗脱的终点。

（二）吸附分离装置

1. 静态吸附装置 静态吸附特点是吸附平衡，吸附质在树脂和溶液中进行分配，吸附率一般不会达到100%，因此多用于研究，很少用于生产。

2. 固定床动态吸附装置　常用的为几百升至几千升的不锈钢或搪瓷柱（图8-10），下部或上、下部装有80目的滤网，实验室则常用玻璃柱。

固定床因装填的不均匀性、气泡、壁效应或沟流的存在，吸附饱和层面的下移常是不整齐的，即存在所谓"偏流"现象。这使吸附过程临近结束，部分吸附质从柱子随溶剂漏出时，柱子底部的树脂层尚未达到吸附平衡，因而采用柱式吸附装置时树脂的装填应当均匀。

3. 中试及生产设备　由于大孔吸附树脂分离工艺涉及树脂预处理、上样吸附、洗杂与洗脱、树脂再生等多个工艺步骤，中试及生产规模一般采用多根树脂柱通过输送管道连接，对工艺进行组合优化，以达到稳定、连续的工艺流程。

为了适应大生产的需要，研究人员对树脂吸附装置做了许多革新，图8-11所示即为一种新型保温大孔吸附树脂柱，柱体中安装有滤芯，柱体顶部和底部分别设有过柱液进口和过柱液出口，过柱液进口或过柱液出口位置设有阀门，柱体外侧包覆有水浴恒温层，水浴恒温层将柱体和阀门包裹，水浴恒温层上端和下端分别开设有出水口和进水口；通过水浴保温层为柱体和阀门整体保温，实现进入柱体的液体从进口到出口的全程保温，避免进入柱体的液体在柱体中或柱体进出口位置冷却，结块堵塞滤芯或柱体进出口，保证处理的效果及树脂柱运行的流畅性。

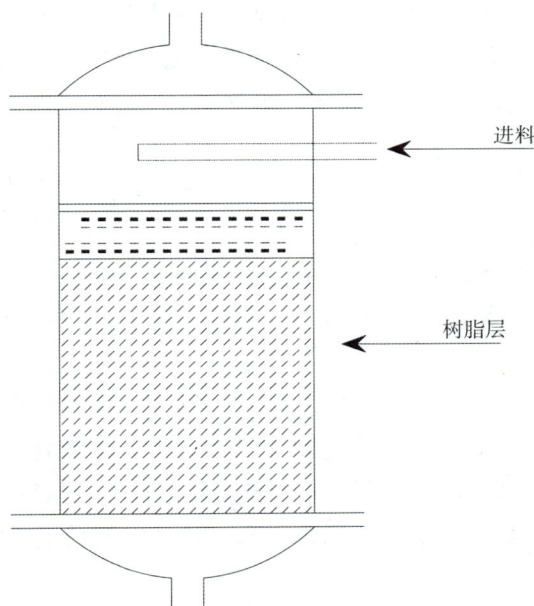

图 8-10　吸附树脂柱

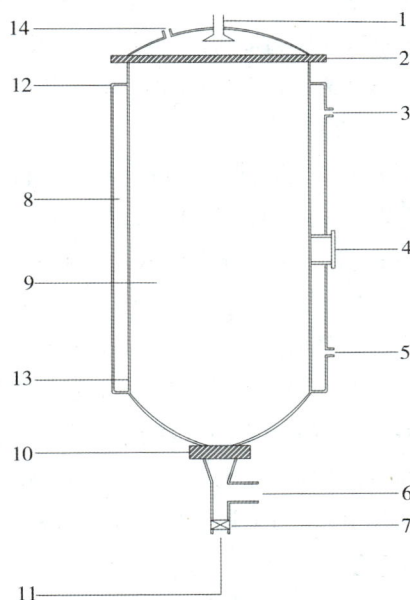

图 8-11　一种新型大孔吸附树脂柱剖面图

1. 进样喷头；2. 过滤装置；3. 出水口；
4. 观察镜；5. 进水口；6. 分流口；7. 调节阀门；
8. 水浴加热夹层；9. 树脂柱内腔；10. 多层过滤网；
11. 出料口；12. 柱体外壁；13. 柱体；14. 逆流洗脱出液口

（三）成品中有机残留物的限量检查

国家药品监督管理局要求使用大孔树脂纯化的中药产品，应制定相应的有机残留物限量检查标准。

（1）检查方法　气相色谱法。

（2）检查成分　应根据树脂合成过程中使用的原料和溶剂确定检查成分。

（3）测定方法　顶空进样法或溶剂进样法，溶剂进样法优于顶空进样法。

（4）含量限度　苯不得超过0.0002%，其他有机残留物不得超过0.0002%。

（5）方法学考察　标准曲线和线性关系考察、空白溶剂的气相色谱检测、基线噪音和最低检测限测定、精密度考察、重现性考察、对照品测定、样品测定。

案例8-1　大孔树脂工厂应用典型案例——大孔树脂分离纯化三七总皂苷

三七为我国传统的名贵药材，主要有效成分为皂苷类成分，以三七为原料的药品中，主要为血塞通注射液与血栓通粉针，其主要药效成分为三七总皂苷，对心脑血管疾病均有显著疗效。三七注射用冻干粉是由三七药材经过提取、浓缩、水沉、柱色谱、脱色、干燥等步骤制成。

问题　优选分离纯化方法及条件，建立大孔树脂分离纯化三七总皂苷工艺。

分析　通过前期小试，确定了工艺参数，进行中试放大。HPD100型大孔树脂对三七总皂苷的吸附、解吸效果较好。以大孔树脂HPD100为纯化材料，进行工业化大生产工艺的摸索。

关键　研究出年产2000kg三七总皂苷的自动化提取纯化工艺。

工艺设计

1. 提取：称取粉碎好的三七药材（直径约8mm）100kg，投入提取罐中，再加入85%乙醇溶液200L，浸泡8~10小时后，再加入500L的85%乙醇溶液，加热回流提取6小时，过滤，滤液进入储罐。再加入600L的85%乙醇溶液，加热回流提取6小时，过滤，滤液进入储罐。将两次滤液合并，约1200L药液。

2. 浓缩：将上述提取药液进行减压浓缩，药液温度控制在70℃以下，浓缩至药液比重为1.10mg/mL时为止，得到约150L浓缩液。

3. 水沉：将上步浓缩液转入水沉罐中，在搅拌状态下缓慢加入600L纯化水，控制流速约30L/min，待水加完后，继续搅拌，并通冷却水降温至25℃时停止搅拌，静置沉降约17小时。静置结束后，药液分为固液两层，分出水沉液，约700L。

4. 纯化：将120L左右大孔吸附树脂（HPD100）装于树脂柱（高径比=7~8）中，95%乙醇溶液浸泡8~12小时，浸泡3次后，纯水清洗至含醇量≤3%。将上述水层液上柱，上柱流速为180L/h；再用300L的纯水洗脱，洗脱流速为240L/h，接着用约800L的55%乙醇溶液进行洗脱，洗脱流速为240L/h，收集醇洗脱液，约800L。每次洗脱完毕后，树脂再用95%乙醇溶液浸泡12小时以上后重复使用。

5. 脱色：将上述醇洗脱液加入装有D900型弱碱性阴离子交换树脂的玻璃柱中（柱高径比=6~7，树脂填料约105L），进行过柱脱色，过柱流速为210L/h，收集过柱后的药液，约800L。

6. 干燥：将经脱色柱后的药液进行减压浓缩，浓缩至药液比重为1.30mg/mL以上时，转入真空干燥箱中进行减压干燥，至含水量<5%为止，粉碎，包装，得约8kg三七总皂苷。减压浓缩和干燥过程中，温度均控制在60℃以下。

产能计算

（1）年产能：按照250天生产计算，年产2000kg三七总皂苷提取物。

（2）月产能：按照每年10个月生产计算，月产能=年产能÷月=2000千克÷10月=200千克/月。

（3）日产能：按照平均每月25日生产计算，日产能=月产能÷天=200千克÷25天=8千克/天。

按照上述产能计算，每天需生产8kg提取物。

大孔树脂纯化工段物料衡算：

上柱药液：700L

水洗脱量 = 2.5BV = 2.5×120L = 300L

酒精洗脱量 = 6.5BV = 6.5×120L = 780L

药液收集量：为酒精洗脱量，800L

评价与小结 大孔树脂分离纯化方法可实现年产 2000kg 三七总皂苷。大孔树脂具备吸附快、解吸率高、洗脱率高且再生简便的优点，为工业化生产提供了一种简单、快速的分离纯化方法。三七总皂苷中含有三七皂苷 R_1，人参皂苷 Rg_1、Rd、Re 及 Rb_1 等多种活性成分，据文献报道，可以采用 HPLC 建立指纹图谱和多成分定量分析方法对三七总皂苷进行质量控制。

思考题 生产过程中物料的衡算，产能的计算。

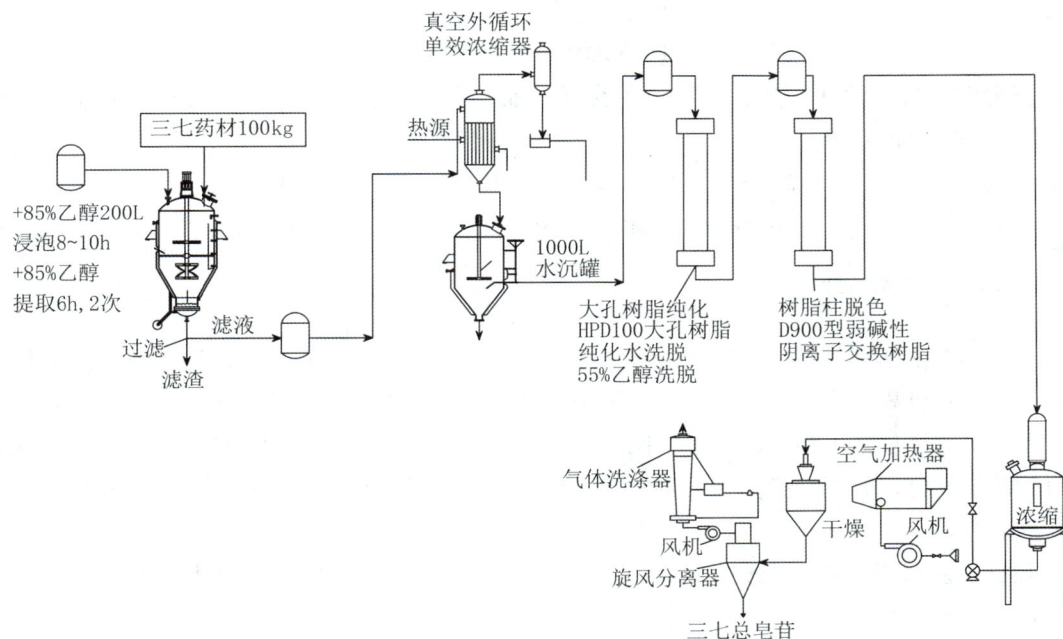

图 8-12 三七总皂苷的制备流程图

第三节 离子交换色谱

离子交换起源于古希腊时期人们用特定的黏土（沸石）纯化海水，1905 年 Gans 合成了无机离子交换剂，1935 年 Adams 和 Holmes 合成了高分子离子交换树脂，离子交换技术自此得到较为迅速的发展。目前，离子交换树脂除大量用于工业水处理外，在医药、化工、环境保护等领域的用途也十分广泛。

一、离子交换基本理论

离子交换色谱是以离子交换剂（带有可交换离子的不溶性固体，通常为树脂）为基本载体的一类分离技术。用一种带有可交换 B 离子的不溶性载体 RB，与含有 A 离子的溶液接触时，溶液中的 A 离子进入载体与 R 结合，而 B 离子脱离载体进入溶液中，A、B 为带同种电荷的离子，即同为带正电荷的阳离子或同为带负电荷的阴离子，阳离子和阴离子交换反应可分别表示为

$$R^+B^- + A^- \Longleftrightarrow R^+A^- + B^- \tag{8-9}$$

$$R^-B^+ + A^+ \Longleftrightarrow R^-A^+ + B^+ \tag{8-10}$$

离子交换反应是可逆反应，在一定条件下被交换的离子又可以被置换出来而得到分离，同时使离子交换剂又恢复到原来的离子形式而得到再生，离子交换剂通过交换和再生可以反复使用。离子交换树脂进行电解质分解有三类反应，包括中性盐分解反应、中和反应、复分解反应。

1. 中性盐分解反应　强型离子交换树脂可与盐发生分解反应生成酸或碱。

$$R-SO_3H + NaCl \Longleftrightarrow R-SO_3Na + HCl \tag{8-11}$$

$$R-N(CH_3)_3OH + NaCl \Longleftrightarrow R-N(CH_3)_3Cl + NaOH \tag{8-12}$$

2. 中和反应　强型、弱型离子交换树脂均可进行中和反应。

$$R-SO_3H + NaOH \Longleftrightarrow R-SO_3Na + H_2O \tag{8-13}$$

$$R-COOH + NaOH \Longleftrightarrow R-COONa + H_2O \tag{8-14}$$

3. 复分解反应　盐式的强、弱型离子交换树脂均可与溶液中的盐发生复分解反应，但强型的选择性不如弱型的选择性好。

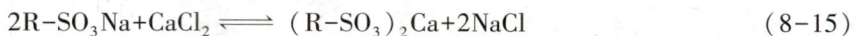

$$2R-SO_3Na + CaCl_2 \Longleftrightarrow (R-SO_3)_2Ca + 2NaCl \tag{8-15}$$

$$2R-COONa + CaCl_2 \Longleftrightarrow (R-COO)_2Ca + 2NaCl \tag{8-16}$$

二、离子交换剂的分类

离子交换剂依据其骨架主要分为两大类：一类是无机物离子交换剂，如沸石、磷酸钙凝胶等；另一类是有机离子交换树脂，它是一类带有功能基、具网状结构的有机高分子化合物，其结构由三部分组成，包括不溶性的三维空间网状骨架、固定在骨架上不能自由移动的功能基团、功能基团所带相反电荷的可交换离子。最常用的交换剂为离子交换树脂，种类较多，相应分类方法主要有以下四种。

1. 根据树脂骨架的主要成分　可分为聚苯乙烯型、聚丙烯酸类、酚醛类、多糖类（如葡聚糖、琼脂糖、纤维素）等。

2. 根据合成方法　可分成缩聚型和共聚型两大类。

3. 根据树脂的孔结构　可分为凝胶型（亦称微孔树脂）、大孔型（亦称大孔树脂）及均孔型树脂。

4. 根据所带离子化基团　可分为含酸性基团的阳离子交换树脂、含碱性基团的阴离子交换树脂和两性离子交换树脂。由于活性基团的电离程度不同，阳离子交换树脂又可按功能基团的酸碱强弱程度细分为强酸型（$-SO_3H$）、中强酸型（$-PO_3H_2$）、弱酸型（$-COOH$），阴离子交换树脂又进一步分为强碱型（$-N^+R_3$）、弱碱型（$-NH_2$、$-NRH$、$-NR_2$）。

三、离子交换树脂的性能

离子交换树脂一般不溶于水、酸和碱溶液及有机溶剂，是一种化学稳定性较好的高分子聚合物。选择离子交换树脂时必须要考虑其性能，包括粒度、交换当量、密度、交联度、孔度、孔径、比表面积、滴定曲线、机械强度（不破损率）、化学稳定性等。

1. 交换容量　又名交换当量，其定义为一定数量（质量或体积）的离子交换树脂所具有的可交换基团或离子的数量。交换容量是表征树脂活性基团数量-交换能力的重要参数，表示方法有质量交换容量（mmol/g）、体积交换容量（mmol/mL）两种。

2. 交联度　交联度是离子交换树脂骨架结构的重要结构参数，表示离子交换树脂中交联剂的含量，通常以重量百分比来表示。一般情况下，高交联度的树脂刚性较强，溶胀较小，吸水量少。它与树脂的交换容量、选择性、溶胀性、微孔尺寸、含水量、稳定性等密切相关。

3. 孔度、孔径、比表面积 孔度、孔径为树脂孔的结构参数。孔度是指每单位重量或体积树脂所含有的孔隙体积，以 mL/g 或 mL/mL 表示。树脂的孔径大小差别很大，与合成方法、原料性质密切相关，凝胶树脂的孔径取决于交联度，交联程度增加，孔径变小，一般小于 3nm；大孔树脂的孔径通过交联度、致孔剂使其孔径变化范围较大，通常孔径为 $0.1 \sim 50 \mu m$。比表面积是指单位质量树脂所具有的内外总表面积，单位为 m^2/g。

4. 滴定曲线 阳离子交换剂或阴离子交换剂可以认为是不溶性的酸或碱，可以发生酸碱中和反应，得到 pH 滴定曲线。从滴定曲线便可鉴别树脂酸碱度的强弱。一般来说，强酸和强碱树脂的滴定曲线开始有一段呈水平状态，随酸、碱用量的增加到达某一点而出现曲线的突升或陡降，此时表示活性基团已经被酸或碱达到饱和，该处相应的酸或碱的消耗量就是树脂的交换容量。弱酸、弱碱型树脂的滴定曲线不出现水平部分和转折点，而呈渐进的变化趋势，因此，滴定曲线是离子交换剂性质的全面表征。

四、离子交换色谱的主要影响因素

影响离子交换的选择性及反应速度的因素除来自树脂因素（类型、交联度、粒度等），还与吸附物因素（离子的化合价、水合半径等）以及操作条件（pH、浓度、搅拌、温度等）有关。

1. 离子交换剂的选择 选择合适的树脂是应用离子交换色谱的关键。通常采用阳离子交换树脂分离碱性目标物如生物碱类，采用阴离子交换树脂分离酸性成分如有机酚酸类；强酸、强碱性目标物宜选用弱碱或弱酸型离子交换树脂，这是因为强酸、强碱型树脂与目标物结合过强，不易洗脱。不同交联度的离子交换树脂适合分离不同分子量大小的成分。

2. 化合物离子的化合价和水合半径 一般来说，在离子浓度相同的情况下，离子的化合价越高就越易被交换。对同价无机离子而言，原子序数较大的离子表面的电荷密度相对减少，因此吸附的水分子减少，其水合半径较小，阳离子交换树脂对它们的结合力较大。

3. 流动相的组成和 pH 溶剂的极性和 pH 对树脂活性基团的解离度有影响，故而在水或含水的极性溶剂（如水与甲醇混合溶剂）中可进行离子交换，大多数离子交换树脂色谱经常采用不同离子浓度的含水缓冲液作为洗脱剂，例如在阳离子交换树脂中，经常用醋酸、枸橼酸、磷酸缓冲液；在阴离子交换树脂中，则常用氨水、吡啶等缓冲液。对复杂的多组分则可采用梯度洗脱的方法，也就是在洗脱的过程中改变溶剂的性质，如 pH、离子强度等。

五、离子交换的设备与操作方式

离子交换的设备根据结构可分为罐式、塔式、槽式等；根据两相间接触方式不同分为固定床、移动床、流化床；根据操作方式可以分为间歇式、半连续式和连续式。

1. 间歇操作的搅拌槽 搅拌槽是带有多孔支撑板的筒形容器，离子交换树脂置于支撑板上，间歇操作，操作过程主要包括：①交换反应的进行；②交换剂的再生；③交换剂的清洗。该设备结构简单、操作方便，但分离效果较差，只适用于规模小、要求不高的场合。

2. 固定床离子交换设备 在固定床中离子交换树脂的下部需要用多孔陶土板、石英砂等作为支撑，通常被处理的料液从树脂的上方加入，经过分布管均匀分布在整个树脂的横截面上，料液与再生剂从树脂上方各自的管道和分布器分别进入交换器，支撑下方的分布管便于水的逆流冲洗。如果将阴、阳两种树脂混合起来，可以制成混合床离子交换设备。单床及混合床固定式离子交换装置见图 8-13。固定床离子交换设备的应用较为广泛，具有设备结构简单、操作方便、树脂磨损少等优点；主要缺点是树脂的利用率低，因为一般固定床中有效的交换传质区域只占整个床高的一部分，在任何时刻，床中饱和区与未用区中的树脂都处于闲置状态，导致再生剂与清洗剂用量较大。

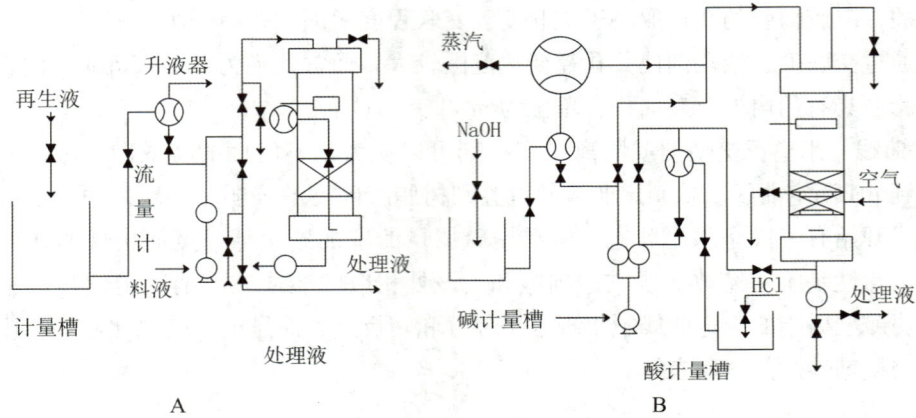

图 8-13　固定床离子交换装置
A. 单床；B. 混合床

3. 半连续式移动床离子交换设备　半连续式移动床离子交换装置见图 8-14，该设备的操作过程：待处理液进入处理柱后，树脂与待分离的料液一起在柱内流动并进行交换反应，树脂悬浮液流到中间循环柱，进行固-液分离，处理水外排。当再生信号发出，水处理系统内部分树脂进入饱和树脂存储柱，同时有再生好的树脂补充过来，然后，存储柱内的树脂进入再生柱而再生。该操作中，交换、再生、清洗等步骤是分开、连续进行的，离子交换树脂需要在规定的时间内流动一部分，而在树脂的移动期间没有产物流出，故而从整个过程来看是半连续的。

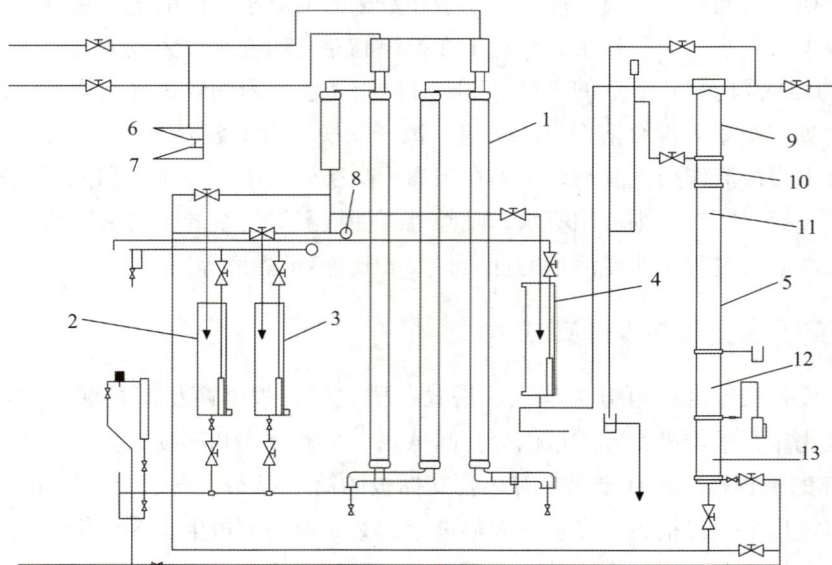

图 8-14　半连续式移动床离子交换装置
1. 处理柱；2、3. 中间循环椎；4. 饱和树脂存储柱；5. 再生柱；6~8. 传感器；
9. 树脂计量段；10. 缓冲液；11. 再生段；12. 清洗段；13. 快速清洗段

4. 连续式离子交换设备　连续式离子交换装置由具有一定数量类似固定床的圆形树脂柱组成一个像"旋转木马"的装置，树脂柱中装有吸附剂，以进行离子交换及分离。如图 8-15 所示，主要由旋转床体、上配流盘、泵站、机架、下配流盘、传动装置及配管接口面板等组成。当其旋转床体的旋转槽口与上下流盘的固定槽口相接时，流体流入或流出圆形柱，流入一个圆形柱或两个圆形柱的时间可根据工艺需要由旋转床体的转速调节。每旋转 1 周时，每个树脂柱都将经历一次完整的循环：即交换、再生（或洗脱）及 1~2 次清洗。连续离子交换技术与传统的离子交换柱相比，其设备紧凑、系统简化、管道缩减和占地面积少；与固定床相比，树脂消耗量减少，再生剂、冲洗水消耗降低；由于非间断操作下的连续运转，产品的成分、浓度保持基本稳定，具有良好的操作弹性，可根据生产负荷的变化自动调节旋转速度；在生产过程中基本无三废排放。例如利用连续离子交换色谱分离甘草酸和甘草黄酮：首先将甘草超声处理后采用氨醇溶液渗漉提取；渗漉液再通过连续离子交换色谱分离，使用由 12 支色谱柱（25.4mm×300mm）组成的一个连续色谱分离系统，利用 HPLC 测定甘草酸的含量、分光光度法测定甘草黄酮的含量，优选对甘草黄酮吸附量较小，而对甘草酸吸附量最大，并且对二者的解吸率较高的条件，最终选用阴离子交换树脂 D941，甘草黄酮的解吸溶剂为 70% 乙醇，甘草酸的解吸溶剂为 0.5mol/L NaOH，并确定最佳上样溶液浓度、上样及洗脱体积、流速；将上样流出液和 70% 乙醇洗脱液合并浓缩，再用聚酰胺树脂吸附，乙醇洗脱，将洗脱液浓缩干燥，得甘草黄酮；将 NaOH 洗脱液用稀盐酸调节至中性，浓缩干燥，经甲醇溶解过滤，将滤液浓缩干燥，再用冰醋酸重结晶过滤，经干燥后得甘草酸。

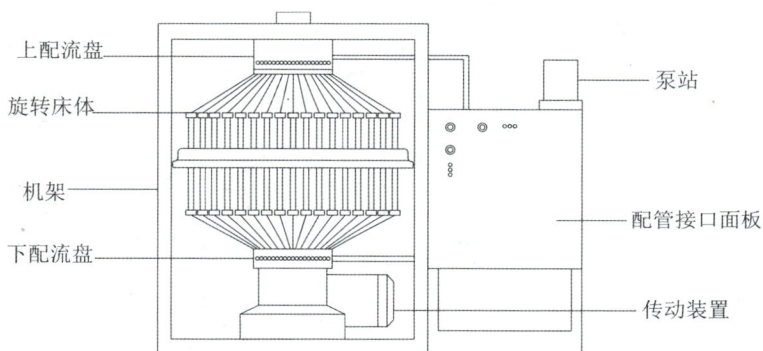

图 8-15　连续式离子交换装置

第四节　其他色谱

一、制备液相色谱

制备液相色谱是目前技术最成熟、应用最广泛的一种制备色谱分离技术。硅胶及其键合固定相、离子交换树脂、聚酰胺、氧化铝、凝胶等都可以作为制备色谱柱的填料，从而有正相、反相、离子交换、体积排阻、亲和色谱等多种可供选择的分离模式。利用两种不同的分离机理、擅长于复杂样品分析的二维液相色谱已经应用于中药及天然药物的制备性分离。

(一) 制备液相色谱分离方法的建立

通常根据样品性质（组成、浓度、理化性质等）首先采用薄层色谱或者分析液相进行条件摸索，如利用硅胶薄层色谱确定硅胶柱色谱分离条件，采用 C_{18} 薄层色谱确定反相柱分析条件，或者在分析液相色谱上将目标峰之间或目标峰与杂质之间的分离因子优化到最大，并使目标峰的容量因子最小，获得基本工艺条件（包括填料种类、流动相组成、洗脱方式、上样量、流量等），然后综合考虑纯度要求、制备产量、时间和成本进行中试放大，最后过渡到生产规模使用。例如应用动态轴向压缩工业制备色谱制备丹参脂溶性单体化合物，根据"三角形法则"选用丙酮、苯、乙酸乙酯、二氯甲烷与环己烷适当配比作为硅胶薄层色谱展开剂，以 TLC 点数、分离度、拖尾现象作为指标，对分离溶剂系统进行评价、筛选。选择薄层色谱展开系统时，应使样品在 TLC 板上全程展开，目标化合物的 R_f 值在 0.2~0.8，由此确定分离度好、不拖尾的石油醚-二氯甲烷系统作为柱层析的流动相；柱色谱分离的流动相极性通常比 TLC 检测条件极性小，调整石油醚-二氯甲烷体系的比例，使目标化合物 R_f 值在 0.1~0.3，最终选择石油醚-二氯甲烷（10∶1）作为柱色谱分离时初始流动相的比例。

(二) 制备液相色谱系统构成及操作原理

制备液相色谱系统通常与分析型液相色谱一样，由制备色谱柱、输液泵及进样系统、在线检测器、工作站软件、馏分收集装置等构成。

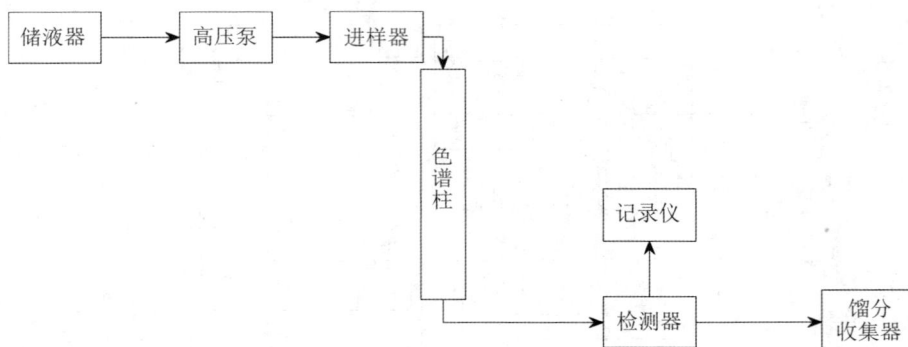

图 8-16　制备液相色谱系统构成

制备液相色谱一般为间歇式操作，即样品进入色谱系统后，必须完全流出色谱柱后才能进行下一次的分离纯化过程。样品溶液由柱顶端加入色谱柱中，用泵连续输入流动相，样品溶液中溶质在流动相和固定相之间进行扩散传质，由于溶质各组分在两相间分配情况不同，造成各组分在柱中移动速度不同而得到分离。柱出口流出液经检测器检测，通过色谱工作站将流出液的浓度变化以色谱峰的形式描述，形成制备色谱峰图形，根据依次流出色谱柱的色谱峰对流出液中各组分进行收集。

制备分离过程中，色谱柱在超载状态下工作，采用切割收集技术，增加单位时间的物料通过量。切割收集技术包括中心切割及边缘切割两种方式，如图 8-17 所示。将切割技术与循环色谱相结合，对尚未完全分开部分，则可重复进行循环色谱以达到彻底分离。

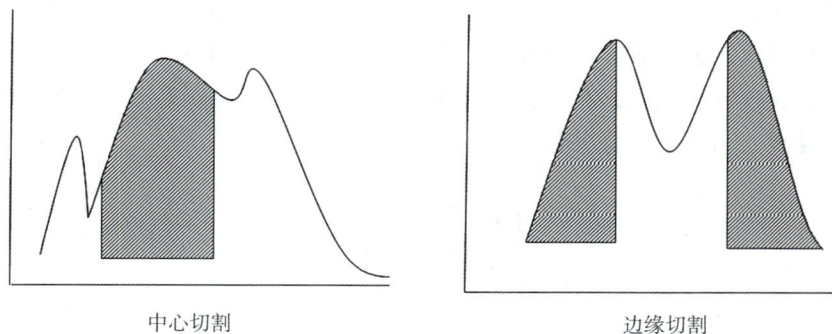

中心切割   边缘切割

图 8-17 中心切割与边缘切割

二、高速逆流色谱

高速逆流色谱技术（high speed counter-current chromatography，HSCCC）是一种无须任何固态载体或支撑的液-液分配色谱，由于螺旋管柱的行星式运动产生了一个在强度和方向上变化的离心力场，使在管中互不相溶的两相不断剧烈混合、分层，对溶质的分配分离极为理想，如果以 800r/min 的转速旋转，其分配的频率高达每秒 13 次以上，因此，HSCCC 能在短时间内实现高效分离与制备。聚四氟乙烯管中的固定相不需要固态载体，无不可逆吸附，不存在固-液色谱中因使用载体而带来的样品损失、变性、失活等问题，其固定相为液体，体系更换与平衡较常规方法方便、对样品前处理要求不高，故而 HSCCC 具有适用范围广、回收率高、制备量大、分离效率高、操作简单等优点。

（一）高速逆流色谱的基本原理

1. 两相逆向流动原理 在一个两端封闭的螺旋管内引入互不相溶的两相溶剂，经高速自转后，两相会完全分离，并分别集聚于螺旋管两端。一般把轻相所在的一端称为"首端"，把重相所在的一端称为"尾端"（图 8-18A）。在旋转时，如果先在螺旋管中注满轻相，重相从"首端"泵入，将向"尾端"移动（图 8-18B）；反之，如果先在螺旋管中注满重相，轻相从"尾端"泵入，将向"首端"移动（图 8-18C）。恒流泵的输液出口由单向阀控制，而另一相被留在了管路中，成为"固定相"，固定相的保留程度主要取决于两相的界面张力、比重差和黏度。

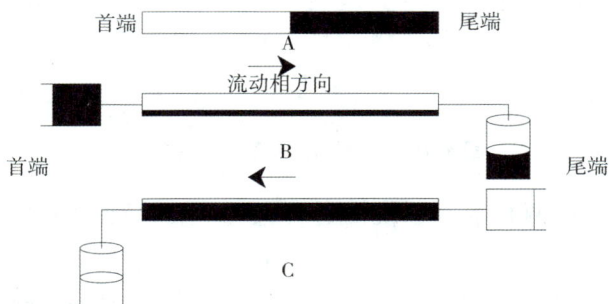

图 8-18 高速逆流色谱流动相移动示意图

2. 两相充分混合原理 HSCCC 的螺旋管除自转外，还加上一个同步的公转，则螺旋管中的两相出现了两种状态即混合态和沉积态，当螺旋管转到离公转轴 O 处接近的位置时，在公转离心力的作用下，重相被甩离公转轴，而轻相移向公转轴，此时，轻重两相沿螺旋管径向逆向流动，发生剧烈混合，当转过该区域后，在公转与自转共同作用下，两相开始分层，特别是在离公转轴最远端，两相所受离心力叠加，分层最彻底。

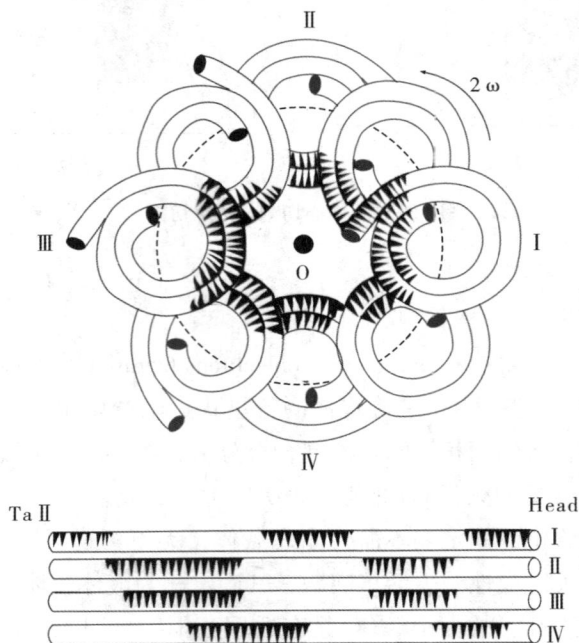

图 8-19　高速逆流色谱两相混合与分层机理

（二）高速逆流色谱系统构成及溶剂系统的选择

HSCCC 色谱仪包括储液罐、输液泵、进样器、色谱柱、检测器、色谱工作站或记录仪及馏分收集装置等组成部分，与液相色谱的不同之处在于其柱分离系统为可行星式运动的由聚四氟乙烯管绕制而成的螺旋形管柱。

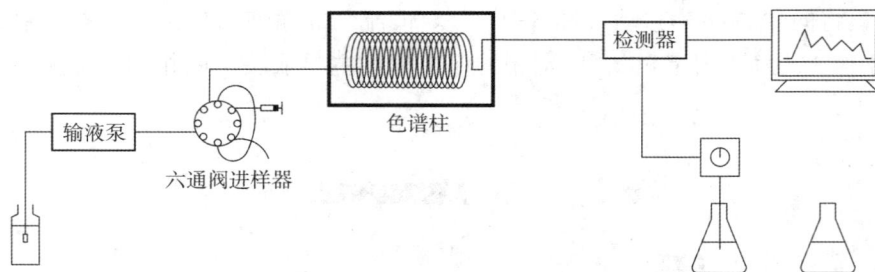

图 8-20　高速逆流色谱系统的构成

HSCCC 分离是否成功，两相溶剂系统的选择最为关键。溶剂系统选择应符合以下原则：①溶剂不造成样品的分解和变性；②固定相在管内有合适的保留值（一般溶剂体系的分层时间应小于 20 秒）；③目标样品的分配系数适当（通常分配系数要求 0.5~2 较好，分离度应大于或等于 1.5）；④尽量采用挥发性溶剂，方便后续处理。

三、模拟移动床色谱

模拟移动床色谱（simulated moving bed chromatography，SMB）的分离过程与移动床比较相似，不同点在于吸附剂颗粒被装填后不再移动，而是通过切换物料进出的位置，模拟固定相与流动相的逆流移动。模拟移动床色谱既保留了移动床能连续化操作、增加原料的处理量、提高生产效率的优点，同时又避免了由于分离填料的移动造成的磨损、操作不便以及床层内孔隙率不断变化影响分离品质等缺点。

（一）模拟移动床色谱的基本原理

模拟移动床色谱在实际应用中根据系统的结构特点不同可以分为 3 区带或 4 区带，每个区域包含一根或多根色谱柱。在分离过程采用一个旋转阀，通过阀切换周期性地改变色谱分离系统中两个物料的进口和出口，从而使固体分离材料与流动相发生相对逆流移动来实现组分的连续分离。图 8-21 为典型 4 区带模拟移动床色谱的原理示意图，其中 A 组分为弱吸附组分，B 组分为强吸附组分，具备两进两出的流体通道，可以划分为四个区域：Ⅰ区：位于洗脱液入口和提取液出口之间。在这个区域内，洗脱液对吸附剂进行脱吸附，将 B 组分从吸附剂中洗脱出来，实现 B 组分的解吸附和吸附剂的再生。Ⅱ区和Ⅲ区：位于提取液及提余液和 A、B 进料口之间。这个区域的主要作用是对 A、B 混合物的分离浓缩。在这两个区域中，由于 A 组分移动速度较快，B 组分移动速度较慢，A 组分逐渐在区域Ⅲ中富集，B 组分逐渐在区域Ⅱ中富集。Ⅳ区：位于提余液和洗脱液入口之间。在这个区域中，组分 A 从吸附剂中洗脱下来，再生洗脱液。

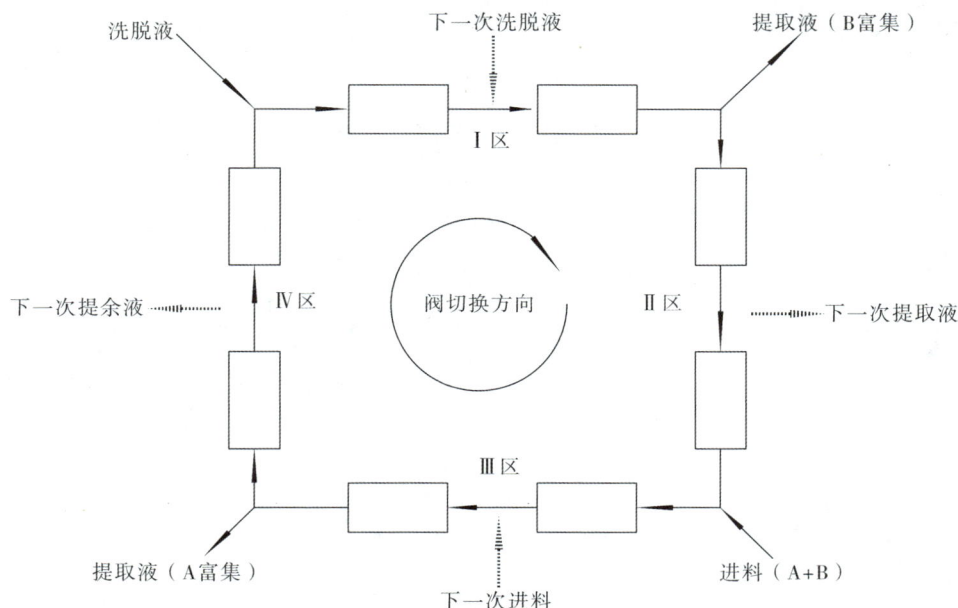

图 8-21　模拟移动床色谱原理示意图

（二）模拟移动床操作工艺

在操作过程中，常规 SMB 装置在各区段具有固定数目的色谱柱，并且各区段具有恒定的液相流率、进料流率和采出流率。为了满足日益复杂和困难的分离需求，自 20 世纪 90 年代以来，发展了一些新型 SMB 操作工艺。

1. Varicol 工艺　又称作异步切换 SMB，操作原理基于循环周期内进出口位置的不同步切换，根据浓度谱带的迁移情况来调整各区长度，使色谱柱分布更为合理有效，从而提高柱效和分离性能。

2. Power Feed 工艺　即变流速进料工艺，当谱带经过进料口位置时，通过规律性地调节 2 个开关之间的截面流速改变谱带浓度，从而影响谱带迁移，提高分离效率。

3. Modicon 工艺　是一种在每个切换周期内有规律地调整进料浓度的操作方式。在起始阶段，当强吸附组分谱带前沿经过进料口位置时，降低进料浓度，可降低强吸附组分谱带前沿上各个浓度点的迁移速率，减缓强吸附组分谱带前沿的迁移；同样在结束阶段，当弱吸附组分谱带后沿经过进料口位置时增加进料浓度，可增强弱吸附组分谱带后沿上各个浓度点的迁移速率，加速弱保留组分的迁移，改善分离效率。

4. 梯度 SMB　可在各区采用溶剂梯度、温度梯度或压力梯度等操作，使样品在最佳条件下分离。如对于手性化合物适当采用温度梯度，可以使分离性能大大提高。

习　题

1. 色谱与其他分离方法比较，具有哪些特点？
2. 大孔树脂分离机理包括什么？
3. 大孔树脂按照骨架分类分为哪几种？
4. 如何确定生产中大孔吸附树脂的最佳工艺条件？
5. 常用吸附剂有哪些？

结晶是固体物质以晶体状态从蒸汽、溶液或熔融物中析出的过程，具有高效低耗的特点，是医药、化工、生化等工业生产中常用的制备纯物质的技术，应用也越来越广泛。并且随着工业结晶技术及其相关理论研究的不断深入，国内外新型结晶技术及新型结晶器的开发设计也随之取得了较大进展。

第一节 结晶原理和操作方式

一、结晶原理

结晶法（crystallization）是利用混合物中各组分对某种溶剂溶解度的差异而实现分离纯化的方法。选择合适的溶剂对化合物的结晶至关重要，溶剂选择的基本原则是该溶剂对被结晶成分热时溶解度大、冷时溶解度小，而对杂质则冷热都溶解或都不溶解。

通常，结晶操作可分为溶液结晶、熔融结晶、升华结晶和沉淀结晶四大类，其中溶液结晶是中药制药工艺中最为常见的结晶方法。溶液结晶发生于固液两相之间，可通过降温或浓缩的方法使溶液进入过饱和状态，从而使固体溶质析出，获得纯化的目标物质。

溶液结晶的过程通常包括两个阶段：晶核形成和晶体成长。在过饱和溶液中生成一定数量的晶核，称为晶核形成；而在晶核的基础上成长为晶体，则为晶体成长。在溶液中，许多晶核形成进入成长阶段后，还有新的晶核继续形成，所以在结晶操作过程中这两个阶段通常是同时进行的。无论晶核形成还是晶体成长，都必须以浓度差即溶液的过饱和度作为推动力。

【非凡人物】

王静康：工业结晶专家，工业结晶技术奠基人，中国工程院院士。享有"中国工业结晶之母""化工科研女神"等美誉。半个世纪以来，王静康院士目标专一，矢志不渝，获得国家科技进步奖、教育部科技进步奖等国家级、省部级荣誉。她带领的团队连续承担并完成国家下达的"七五"至"十二五"工业结晶领域的重大科技攻关和科技支撑计划项目数百项。其科研成果使我国工业结晶研发跻身世界前列，让"中国结晶"一次次改写世界结晶产业的格局。

（一）溶解度及溶解度曲线

在一定温度下，物质溶解在某种溶剂中得到溶液，在溶剂中所能溶解的最大浓度（平衡浓度）称为该溶质的溶解度。在某一温度下，当溶液中溶解的溶质等于该溶质在同等条件下的溶解度时，称为该溶液的饱和溶液；超过溶解度时的溶液，称为该溶液的过饱和溶液。溶液达到饱和状态，超过溶解度的过量溶质就会从溶液中析出形成结晶。溶解度常用的表示方法：固液相平衡时，单位质量的溶剂所能溶解的固体的质量，单位为 kg 溶质/kg 溶剂或 g 溶质/g 溶剂，简写为 kg/kg 或 g/g。

溶解度是一个状态函数，其值随着温度的改变而改变。因此，温度是结晶过程的重要影响因素，溶解度与温度的关系曲线称为溶解度曲线，其是指导相应结晶产生的重要依据，一般由实验直接测定，如图 9-1 所示。由图示可见，所列举物质的溶解度随温度升高而升高，但有些物质的溶解度对温度的敏感度较低，如硫酸肼、磺胺等；有些物质的溶解度对温度变化的敏感度较高，如葡萄糖等；还有一些物质的溶解度随温度升高而降低，如 $Ca(OH)_2$、$CaCrO_4$ 等。因此，结晶操作应根据目标成分的溶解度特点，采用相应的操作方法。

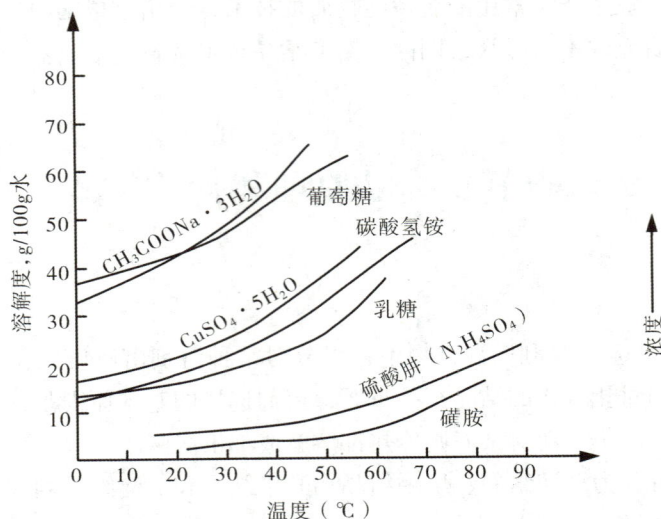

图 9-1　几种物质在水中的溶解度曲线

（二）过饱和溶液及溶液状态图

在同一温度下，过饱和溶液和饱和溶液间的浓度差为过饱和度，它表示溶液呈饱和的程度，也是结晶过程中不可或缺的推动力，即

$$\triangle C = C - C^* \qquad (9-1)$$

式中，$\triangle C$ 为溶液的过饱和度，C 为过饱和溶液的浓度，C^* 为同温度下饱和溶液的浓度（即溶解度），三者单位均为 kg/kg。

除过饱和度外，也可采用相对过饱和度来表示溶液的过饱和程度，其值等于溶液的过饱和度与对应温度下的溶解度之比，即

$$S = \frac{\triangle C}{C^*} = \frac{C - C^*}{C^*} \qquad (9-2)$$

式中，S 为相对过饱和度，无因次。

一般把物质溶解度随温度变化的关系曲线称为饱和度曲线。过饱和溶液中溶质的浓度随温度变化的关系曲线称为过饱和度曲线。饱和度曲线受相平衡控制，对于溶剂相同的溶液体系，一种物质仅有一条饱和度曲线；而过饱和度曲线受动力学控制，受多种因素的影响，如有无搅拌、搅

拌强度、有无晶种、晶种大小及多少等。

　　图 9-2 所描述的溶液的温度-溶解度关系图称为溶液状态图，其由大致平行的饱和度曲线和过饱和度曲线组成，将整个浓度范围划分为三个区域，即稳定区、介稳区和不稳定区。由于在饱和度曲线以下区域的溶液处于不饱和状态，不会发生结晶现象，因此称为稳定区。在饱和度曲线和过饱和度曲线之间的区域称为介稳区，虽然此区域内溶液的浓度已大于溶解度，但由于过饱和度值不是很高，故溶液一般不能轻易形成结晶，需要加入晶体才能诱导结晶进行。加入的晶体称为晶种，晶种可以是同种物质或相同晶型的物质，有时惰性的无定型物质（如尘埃）也可以作为结晶中心诱导结晶。此外，在靠近饱和度曲线上方的介稳区中，通常存在一个极不易发生自发结晶的小区域，称为第一介稳区，在该区域内添加晶种，溶质一般会在晶种的表面生长，不产生新的晶核；除此之外的介稳区被称为第二介稳区，在该区域内若向溶液中添加晶种，此时溶质不仅会在晶种的表面生长，还会诱发产生新的晶核。可见，介稳区是影响结晶操作较为复杂的一个浓度区域。在过饱和度曲线以上的区域称为不稳定区，该区域内能自发地产生晶核，形成大量冗杂的晶体，造成晶体过滤和洗涤困难，晶体无法长大，质量较差。综上可知，结晶过程应尽量控制在介稳区内进行，以得到平均粒度较大的结晶产品，避免产生过多晶核而影响最终结晶的粒度。

　　图 9-2 也可以体现结晶操作的基本原理。图中点 A 表示未饱和溶液，若将点 A 所代表的溶液冷却到不稳定区而溶剂量保持不变时则结晶能自动进行，该操作为冷却结晶。将溶液在等温下蒸发达到不稳定区域时的结晶称为蒸发结晶。实际制药工业中，为了提高溶剂蒸发速度，降低蒸发温度，可采用真空条件下蒸发-冷却联合结晶操作，称为真空蒸发结晶。

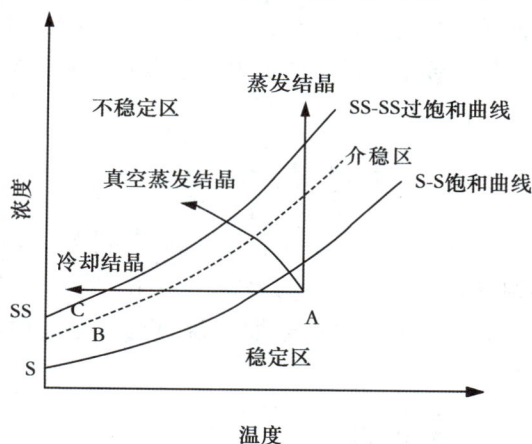

图 9-2　溶液状态图

（三）晶核形成和晶体成长

　　在过饱和溶液中产生晶核的过程称为晶核形成。晶核形成的方式有两种：初级成核、二次成核。在没有晶体存在的过饱和溶液中产生晶核的过程称为初级成核，其可进一步分为均相初级成核和非均相初级成核。在亚稳区内洁净的过饱和溶液中自发产生晶核的过程称为均相初级成核。如果溶液中混入外来固体杂质，如空气中的灰尘或其他人为引入的固体粒子，它们对初级成核有诱导作用，这种在非均相过饱和溶液中产生晶核的过程称为非均相初级成核。二次成核是指在含有晶体的过饱和溶液中进行成核的过程。二次成核是大多数工业结晶过程中的主要成核机制，即在处于亚稳区的澄清过饱和溶液中加入一定数量的晶种来诱发晶核的形成，制止自发成核。二次成核速率不仅受过饱和度的影响，也受悬浮密度、温度和杂质等因素的影响，甚至还会受晶体粒度的影响。

　　在过饱和溶液中有晶核形成后，以过饱和度为推动力，溶质分子或离子继续一层层排列上去，从而形成晶粒，这种晶核长大的现象称为晶体成长。一般认为，晶体的成长过程包括两个步骤：一是溶液中的过剩溶质从溶液向晶体表面扩散，属扩散过程；二是到达晶体表面的溶质分子按一定排列方式嵌入晶体格子中，组成有规则的晶体结构，使晶体增大，同时放出结晶热，这个过程称为表面反应过程。可见，晶体成长过程是溶质的扩散过程和表面反应过程的串联过程，故晶体的成长速率与溶质的扩散速率和表面反应速率有关。

二、结晶的操作方式

结晶法的操作过程一般包括选择合适的结晶溶剂、加热溶解、趁热过滤、结晶、抽滤、干燥。主要操作通常包括以下 4 个步骤。

（一）加热溶解

将欲结晶处理的固体物质或粗晶置于合适的容器内，加入部分适宜的溶剂和小沸石，适当加热至沸腾，再分次加入溶剂使样品溶解。为减少母液中样品的残留而造成损失，应尽可能少加入溶剂，并将溶剂加热沸腾或近沸腾，使溶剂的溶解度达到最大，利于冷却后过饱和溶液的形成和结晶析出。

若某些样品含少量有色杂质而使结晶溶液有颜色，可加入适量活性炭脱色。活性炭的用量需根据活性炭的活性、结晶溶剂和所含杂质确定，常用量为固体样品量的 1%～2%，不可加入过多，易导致结晶成分被吸附而损失。一般在待结晶样品全部加热溶解，稍冷后加入活性炭，避免暴沸，再继续回流 5～10 分钟即可。

（二）趁热过滤

为除去不溶性杂质，需要将溶解样品的热溶液趁热过滤。由于溶解制成的结晶溶液是一个热的饱和溶液，遇冷时易析出结晶，所以须趁热过滤。过滤可采用常压过滤和减压过滤。常压过滤时若需要也可以采取保温过滤，过滤时应将热溶液分次滤过，防止过滤中溶液冷却析出结晶。

（三）析晶

析晶是指将滤液慢慢冷却放置，等待结晶析出。析晶过程中，一般溶液浓度越高，降温越快，析出结晶的速度也快，但析出的结晶颗粒较小，杂质较多。有时析晶速度太快，超过了化合物晶核的形成和分子定向排列速度，只能得到无定型粉末。有时溶液浓度过高，相应杂质的浓度或溶液的黏度也较大，反而阻碍结晶析出。因此，操作中的溶液浓度需适当，降温速度要慢，才能析出颗粒较大纯度较高的结晶。

有的结晶形成需要较长时间，需要放置数天或更长时间。放置过程要防止溶剂蒸发，避免结晶先在液面析出使结晶纯度较低。若放置一段时间仍无结晶析出，可采用下面方法诱发结晶。

1. 用玻璃棒或金属刮勺摩擦瓶内壁溶液边缘处，摩擦应为垂直方向，且足以听得见摩擦声。

2. 加入晶种是诱导结晶的常用有效手段。晶种即同种化合物结晶的微小颗粒，加入冷却溶液中，会诱发结晶并长大。如果溶液是光学异构体的混合物，还可优先析出与晶种相同的光学异构体。

3. 放入较低温度环境中如冰水浴或冰箱中冷却，使溶质的溶解度再降低而利于结晶产生。

4. 若以上方法仍无结晶析出，可继续适当浓缩溶液，或者另选适宜的溶剂，或者除掉一些杂质后再结晶。

（四）滤过

滤过指滤出结晶。滤出的结晶要用少量合适的溶剂洗涤，以除去黏附在晶体表面的母液。滤过的结晶再干燥即可。

第二节　晶体质量评价以及影响结晶的因素

一、晶体质量评价

晶体的质量主要是指晶体大小、形状和纯度三个方面。制药工业中通常希望获得粗大、均匀、纯度高的晶体，更利于实际生产中过滤与洗涤，储存过程中也不易结块。

（一）晶体大小

一般影响晶体大小的主要因素有过饱和度、温度、搅拌速度、晶种等。

从图 9-3 可以看出，过饱和度增加能使成核速度和晶体生长速度加快，但成核速度增加太快，易得细小的晶体，尤其过饱和度很高时影响更为显著。例如生产上常用的青霉素钾盐难溶于醋酸丁酯，造成过饱和度过高，形成较小晶体。采用共沸蒸馏结晶法时，溶液始终维持较低的过饱和度，可得较大的晶体。

溶液快速冷却时能达到较高的过饱和度，得到较细小晶体，反之缓慢冷却常得较大的晶体。例如土霉素的水溶液以氨水调至 pH=5，温度 20℃降低到 5℃，使土霉素碱结晶析出，温度降低速度愈快，所得晶体比表面愈大，晶体愈细（图 9-4）。当溶液温度升高时，成核速度和晶体生长速度都加快，但对后者影响更显著，因此低温可得较细晶体。

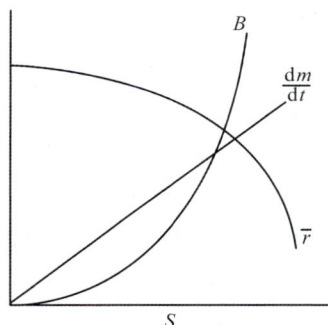

图 9-3　过饱和度 S 对成核速度 B、晶体生长速度 dm/dt 和最终晶体平均半径 $\bar{r}$ 的影响

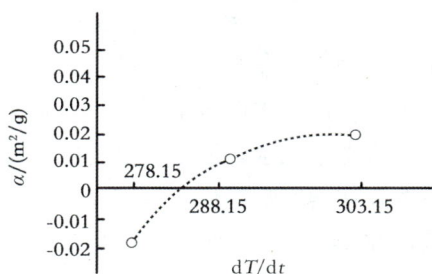

图 9-4　土霉素结晶时，温度变化速度 dT/dt 对比表面 α 的影响（纵坐标表示偏离平均值的数值）

通过搅拌能促成成核和加快扩散，提高晶核长大的速度，但当搅拌强度达到一定程度后，再加快搅拌效果就不显著，反而晶体还会被打碎。例如普鲁卡因青霉素微粒结晶搅拌速度为 1000r/min，但制备晶种时则采用 3000r/min 的转速。而土霉素碱结晶时，搅拌速度越快，得到晶体的比表面越大（图9-5）。搅拌也可防止晶体聚集形成结团（晶簇）现象的产生。

加入晶种诱导结晶，也是控制晶体形状、大小和均匀度的重要因素。如普鲁卡因青霉素微粒结晶，

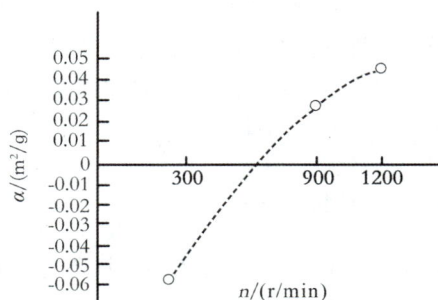

图 9-5　土霉素结晶时，搅拌速度 n 对比表面 α 的影响（纵坐标表示偏离平均值的数值）

所用晶种为 $2\mu m$ 左右的椭圆形晶体，不仅能保证晶体大小均匀一致，符合《中国药典》规定的细度要求，且加入晶种会使晶核提早在介稳区域内形成。实际生产中结晶浓度较低结晶有困难时，可考虑适当加入晶种从而顺利结晶。

考虑到影响晶体大小的因素，且工业生产通常希望得到颗粒大而均匀的晶体，因此结晶的温度不宜太低，搅拌不宜太快，控制晶核形成速度远小于晶体生长速度，最好将溶液控制在介稳区且在低的过饱和度下，在较长时间内只能产生一定量的晶核保证原有晶种不断长出晶体，这样得到的晶体颗粒大而整齐。

（二）晶体形状

人工晶体生长的实际形态常有两种情况。当晶体在自由体系中生长时（如晶体在气相、溶液等生长体系中生长），晶体的各生长面的生长速度不受晶体生长环境的约束，各生长面的生长速率是恒定的，其实际形态取决于各晶面生长速率的各向异性，呈现出几何多面体的形态。若晶体生长受到人为干预，晶体各晶面生长速率的各向异性无法表现出来，故按照人为干预的方向生长。

采用不同的结晶方法得到的同种物质的晶体，虽然仍属于同一晶系，但其外形可以完全不同。外形的变化是由于晶体在一个方向生长受阻，或在另一方向生长加速所致。若需改变晶体外形，可控制晶体生长速度、过饱和度和结晶温度，选择不同溶剂，调节溶液 pH，有目的地加入某种能改变晶形的杂质等。

结晶过程中的过饱和度对某些物质的各晶面生长速度影响不同，提高或降低过饱和度可能使晶体外形受到显著影响。若只有在过饱和度超过亚稳区的界限后才能得到所要求的晶体外形，则需向溶液中加入抑制晶核生长的添加剂。

在不同溶剂中结晶常得到不同的外形，可能是因为溶剂分子与某一晶面上溶质分子具有较强的选择性吸附作用，难以脱溶剂化，从而降低了该晶面的生长速率，引起晶体生长形态的变化。如普鲁卡因青霉素在水溶液中结晶可得方形晶体，在醋酸丁酯中结晶则为长棒形晶体。

杂质的存在会影响晶形。在结晶溶液中，杂质的存在或有目的加入某些物质，即使微量也会很大程度地改变晶形，这种物质被称作晶形改变剂，常用的有无机离子、表面活性剂及某些有机物等。如普鲁卡因青霉素结晶中，若有消沫剂丁醇的存在会影响晶形，醋酸丁酯的存在则使晶体变得细长。

结晶过程中，晶体的结块会带来诸多不便。主要原因是母液没有洗净，温度的变化使母液中溶质析出，使颗粒胶结在一起。吸湿性强的晶体也易结块。一般来说，大而均匀整齐的颗粒晶体结块倾向较小，即便发生结块，由于晶块结构疏松，单位体积的接触点少也易被破碎。而粒度不均匀的晶体，由于大晶粒间的空隙充填了较细晶粒，单位体积中接触点增多，使结块倾向较大，且不容易被破碎。此外，粒度不均匀的柱状、片状晶体由于能紧密挤贴在一起而具极强的结块倾向。

（三）晶体纯度

杂质的存在也是影响产品纯度的重要因素。杂质对结晶行为的影响是复杂的，有的杂质能完全抑制晶体生长，有的能促进生长，还有的对同一种晶体的不同晶面产生选择性的影响，改变晶体外形。若杂质与晶体具有相同晶形，称为同结晶现象，对于这种杂质，需用特殊的物理化学方法分离除去。

结晶过程中，由于晶体表面有一定的物理吸附能力，因此表面上有很多母液和杂质。一般晶体越细小，表面积越大，吸附的杂质就越多。表面吸附的杂质可通过晶体的洗涤除去。如非水溶性晶体常可用水洗涤杂质，如红霉素、制霉菌素等。有时洗涤法也能除去表面吸附的色素，如灰黄霉素晶体常带黄色，用正丁醇洗涤后呈白色。为加强洗涤效果，最好将溶液加到晶体中，搅拌后再过滤。不宜采用边洗涤边过滤的方法，因为易形成沟流致使有的晶体不能被洗到。

有时结晶速度过大时（如过饱和度较高、冷却速度太快），常容易形成晶簇而包含母液等杂质，或因晶体对溶液有特殊的亲和力，使晶格中包含溶剂，对于这种杂质，用洗涤的方法不能除去，只能通过重结晶来除去。重结晶是提高结晶纯度常用的重要方法，它是利用杂质和结晶物质在不同溶剂和不同温度下的溶解度不同，将晶体用合适的溶剂溶解再次结晶，从而提高纯度。重结晶的关键是选择合适的溶剂，原则为：①溶质在某溶剂中的溶解度随温度升高而迅速增大，冷却时能析出大量结晶；②溶质易溶于某一溶剂而难溶于另一溶剂，若两溶剂互溶，则通过试验确定两者在混合溶剂中所占比例；③对色素、降解产物、异构体等杂质能有较好的溶解性；④无毒性或极其低微毒性、沸点较低便于回收套用等。

重结晶的操作方法是将溶质溶于对其溶解度较大的一种溶剂中，然后将第二种溶剂加热后缓缓地加入，一直到稍显混浊，结晶刚出现为止，接着冷却并放置一段时间使结晶完全。通过重结晶可使产品的色级及纯度均提高，提升产品质量。

二、影响结晶的因素

从晶体形成的过程可看出，结晶的形成受溶液浓度、样品纯度、溶剂、pH、温度、时间等多种因素的影响。

（一）溶液浓度

溶质的结晶必须在超过饱和浓度时才能实现，所以目的物的浓度是结晶的关键。浓度高，结晶收率高，但溶液浓度过高时，结晶物的分子在溶液中聚集析出的速度太快，超过该分子形成晶核的速率，就只能获得一些无定形固体微粒。且溶液浓度过高，相应的杂质浓度也增大，易生成纯度较差的粉末结晶。因此，合适的溶液浓度应根据工艺和具体情况确定或调整，方能获得理想状态的晶体。

（二）样品纯度

在大多数情况下，结晶是同种物质分子的有序堆砌。那么，杂质分子的存在就是结晶物质分子规则化排列的空间障碍。一般来说，纯度越高越容易结晶，结晶母液中目的物的纯度应接近或超过50%。对于已结晶的制品，也并不表示就达到了绝对的纯化，只是其纯度已相当高。有时候对于纯度不高的制品，可通过加入有机溶剂和制成盐等创造有利条件获得结晶。

（三）溶剂

溶剂对于晶体能否形成和晶体质量的影响十分显著，故选择合适的溶剂是结晶的首要条件。一个物质的合适结晶溶剂的选择，需对此物质的性质如溶解度、稳定性和温度系数等进行预实验才能确定。

选择结晶溶剂的原则通常如下：①所用溶剂不能和结晶物质发生任何化学反应；②选用的溶剂应对结晶物质有较高的温度系数，以便利用温度的变化达到结晶的目的；③选用的溶剂应对杂质有较大的溶解度，或在不同的温度下结晶物质与杂质在溶剂中的溶解度差别明显；④所用溶剂若为易挥发有机溶剂时，应考虑操作方便和安全性。实际工业生产中还应考虑成本高低、是否易回收等。

（四）pH

一般来说，两性物质在等电点附近溶解度低，利于达到过饱和使晶体析出，因此大分子生化物质结晶时的 pH 一般选择在等电点附近。如溶菌酶的 5% 溶液，pH 为 9.5~10，在 4℃放置过夜便析出晶体。

（五）温度

一般低温可使溶质溶解度降低，利于溶质的饱和析出结晶。但温度过低时，由于黏度大会使结晶生成变慢，可在低温析出结晶后适当升温。通过降温促使结晶时，若降温快，则结晶颗粒小；降温慢，则结晶颗粒大。

（六）时间

结晶过程中，晶体分子的有序排列消耗能量较大，一些大分子物质的晶核生成和晶体生长都比较缓慢，所以从不饱和溶液到饱和溶液的过程需缓慢进行，以免溶质分子来不及形成晶核而以无定形沉淀析出。即使形成晶核，也会因晶核数量太多导致晶粒过小。晶体小致使表面积增大，吸附杂质增多，纯度下降，还会造成分离困难和收率降低。因此，为了利于晶体的缓慢生长，获得足够量、颗粒大的结晶物，需提供一定的结晶时间。

第三节　结晶常用的方法与装置及其操作

溶液结晶是指晶体从饱和溶液中析出的过程。按照结晶过程过饱和度产生的方法，溶液结晶可分为冷却结晶法、蒸发结晶法、真空冷却结晶法、盐析（溶析）结晶法、反应结晶法等几种类型。本节主要介绍上述常用的结晶方法与装置及其操作。

一、冷却结晶

冷却结晶（cooling crystallization）过程一般不去除溶剂，而是通过冷却降温使溶液变成过饱和。该法适用于溶解度随温度降低而显著下降的物系。操作方法是当晶核产生后，将溶液缓慢冷却，维持溶液在介稳区中的育晶区，待晶体慢慢长大。冷却的方法可分为自然冷却法、间壁换热冷却法和直接接触冷却法等。

（一）自然冷却法

该方法一般将热的结晶溶液置于无搅拌，甚至是敞口的结晶釜中，依靠大气自然冷却降温而结晶。虽然此法所需时间较久，所得产品的纯度较低，粒度分布不均，还易发生结块现象，但由于该法的设备成本低，安装使用要求不高，对于某些产品量不大、产品纯度及粒度要求不是很严格的情况仍在使用。

（二）间壁换热冷却法

间壁换热冷却法是在结晶釜周围或内部设置冷却夹套或管道，通过冷却剂带走釜内热量而降温冷却。图9-6与图9-7分别是典型的内循环式和外循环式釜式冷却结晶器，冷却结晶过程所需的热量由夹套或外换热器传递，而具体形式的结晶器选择则主要取决于结晶过程换热量的大小。一般，内循环式结晶器由于受换热面积的限制，换热量不能太大。外循环式结晶器通过外部换热器传热，传热系数较大，也可根据需求加大换热面积，但须选用相应合适的循环泵，以避免发生悬浮晶体的磨损破碎。间壁换热冷却结晶过程易出现的主要问题是冷却表面常有晶体出现，称为晶垢，使冷却效果降低，且晶垢的清理困难。

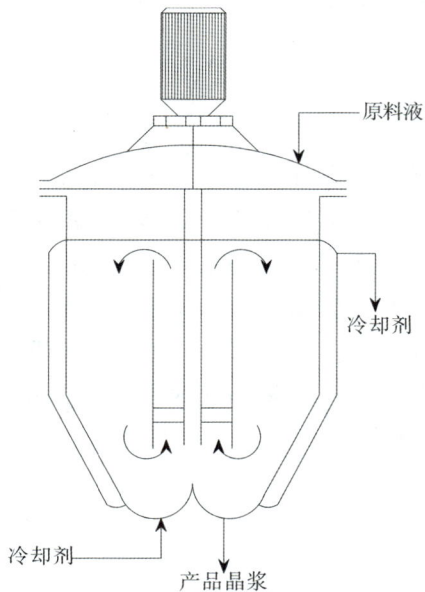

图 9-6　内循环式间壁冷却结晶器

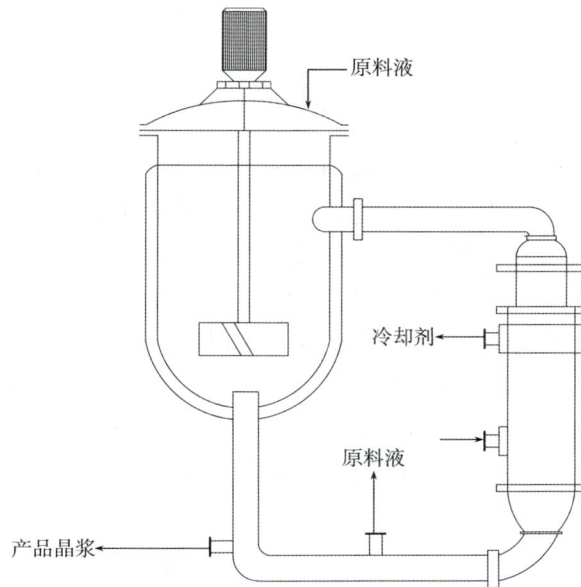

图 9-7　外循环式间壁冷却结晶器

连续式搅拌结晶槽也为常见的一种冷却式结晶器，如图9-8所示。该结晶槽外形为一长槽，槽底呈半圆形，槽内装有长螺距的螺带式搅拌器，槽外设有夹套。实际操作时，料液由槽的一端加入，在搅拌器的推动下流向另一端，形成的晶浆由出料口排出，冷却剂一直在夹套内与料液呈逆流流动。结晶槽内的搅拌器除了排料作用外，还可提高槽内传热与传质的均匀性，促进晶体的均匀生长，减少晶簇生成和结块现象。也可在搅拌器上安装钢丝刷，以及时清除附着于传热表面的晶体，防止晶体在槽内堆积或结垢。连续式结晶槽的生产能力较大，多用于处理量大的结晶操作，如葡萄糖的结晶等。

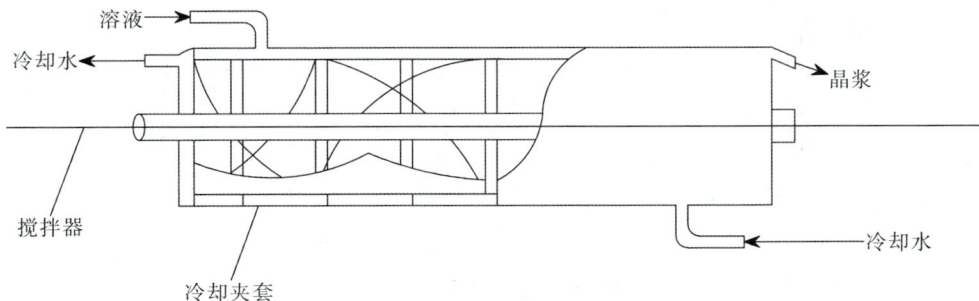

图 9-8　连续式搅拌结晶槽

（三）直接接触冷却法

间壁换热冷却结晶的缺点是冷却表面结垢，导致换热效率下降，直接接触冷却法可解决该问题。它是通过冷却介质与热结晶母液的直接混合达到冷却结晶。常用的冷却介质有空气及与结晶溶液不能互溶的惰性液体、碳氢化合物（如氟利昂）等。还有采用专用的液态冷冻剂与结晶液直接混合，多借助于冷冻剂的气化而直接制冷。采用此种操作必须注意避免冷却介质可能对结晶产品的污染，选用的冷却介质应不易与结晶母液的溶剂互溶或者虽互溶但易于分离除去。

二、蒸发结晶

蒸发结晶（evaporation crystallization）是将稀溶液加热蒸发而移除部分溶剂的结晶过程，它是使结晶母液在加压、常压或减压下加热蒸发浓缩而达到过饱和。此法适用于溶解度随温度降低但变化不大或具有逆溶解度特性的物系。如利用太阳能晒盐就是最古老而简单的蒸发结晶过程。

图 9-9 是利用最为广泛的一种蒸发式晶析装置。从装置中溢流出来的母液由换热器为其提供溶媒蒸发时所需的潜热。母液升温后由底部进入装置，在导流筒内一边上升一边形成蒸气进行蒸发，使溶液达到过饱和状态。结晶在澄清区成长并沉降至淘析腿。未沉降下去的小颗粒结晶向着导流筒流去，与泵入且升温的母液进行再循环。另外还有部分热的母液从淘析腿下部进入，使晶粒上浮，小颗粒的结晶便会随着母液重新返回装置。

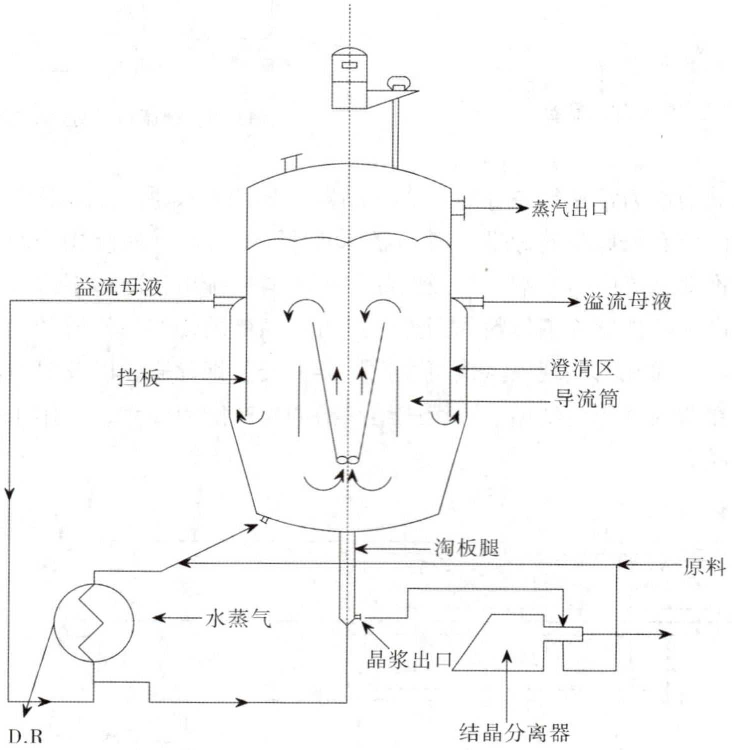

图 9-9　蒸发式晶析装置

三、真空结晶

真空结晶（vacuum crystallization）是使溶剂在真空下绝热闪蒸，同时依靠蒸发浓缩与冷却两种效应产生过饱和度从而结晶，又称为真空绝热冷却结晶。该法适用于具有正溶解度特性且溶解度随温度的变化率中等的物系。该法不需外加热源，仅利用真空系统抽真空不断提高真空度，由于对应的溶液沸点低于原料液温度使溶液自蒸发，然后冷却结晶，并使晶体慢慢长大。

由图 9-10 可见，依靠溶媒的蒸发可带走晶析时放出的潜热和原料降温时放出的显热。晶析装置的操作温度、产品回收、晶浆浓度等皆由真空度控制。该装置无须加热，一部分冷凝液顺着装置的壁面流下，可溶解积于壁上的垢层。

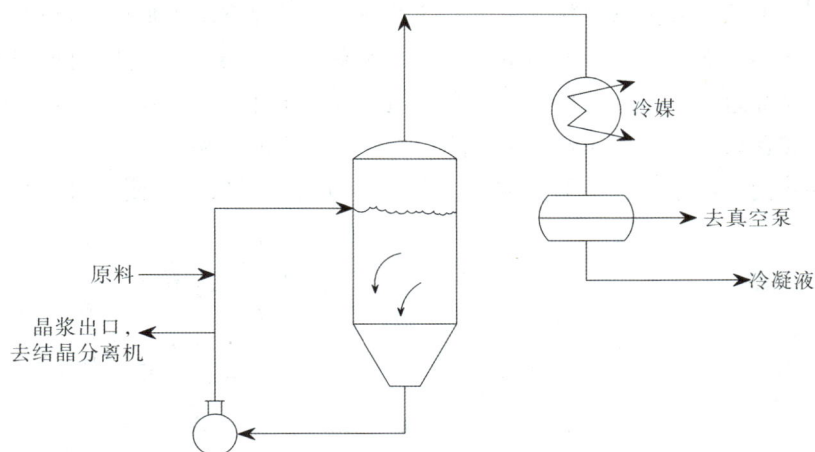

原料

晶浆出口，
去结晶分离机

冷媒

去真空泵

冷凝液

图 9-10 真空冷却式晶析装置

四、溶析（盐/有机溶剂等）结晶

溶析结晶是指在溶液中原来与溶质分子作用的溶剂分子，部分或全部与新加入的其他物质作用，使溶液体系的自由能大大提高，导致溶液过饱和而使溶质析出。所加入的物质可以是固体、液体或气体。该法多用于对温度敏感的生物大分子类药物的制备，主要包括盐析结晶和有机溶剂结晶两种类型。

溶析剂的选择，要求溶质在其中的溶解度要小（如两性分子等电点处），还要求所加物质不与结晶溶质反应，溶剂与溶析剂的混合物也要易于分离。若对溶析产品晶形有特殊的要求，则需考虑不同的溶析剂对晶体各晶面生长速率的影响。

五、反应结晶

反应结晶（reaction crystallization）也称反应沉淀结晶，是指气体与液体或液体与液体之间发生化学反应而沉淀出固体产品的过程。固体的析出是由于反应产物在液相中浓度超过了饱和浓度或构成产物的各离子浓度超过了溶度积。

反应结晶通常包括混合、反应和结晶过程，随着反应的进行，反应产物的浓度增大并达到过饱和，在溶液中产生晶核并逐渐长大为较大的晶体颗粒。其中宏观、微观及分子级混合、反应、成核与晶体生长称为一次过程。不同于一般的结晶，反应结晶过程中还常伴随着粒子的老化、聚结和破碎等二次过程。两个过程都对产品质量（晶形、颗粒大小、纯度等）有影响，而流体的混合状况对反应结晶过程具有较大的影响。因为一般化学反应的速率比较快，若在结晶器中不能提供良好的混合，则容易在加料口处产生较大的过饱和度并产生大量晶核。因此，反应结晶产生的固体颗粒一般较小，若想获得符合粒度分布要求的晶体产品，须小心控制溶液的过饱和度，如将反应试剂适当稀释或适当延长沉淀时间。

六、典型的溶液结晶器

结晶器是结晶分离的关键设备，合理设计结晶器及结晶工艺流程是实现结晶分离工业化的前提和保证。随着结晶分离技术研究的不断深入，各种新型结晶设备被不断开发出来。

1. 强迫外循环结晶器　图 9-11 是由美国 Swenson 公司开发的强迫外循环结晶器，由结晶室、循环管及换热器、循环泵和蒸汽冷凝器组成。部分晶浆由结晶室的锥形底排出后，经循环管与原料液一起通过换热器加热，沿切线方向重新返回结晶室。这种结晶器可用于间接冷却法、蒸发法及真空冷却法的结晶过程。特点是生产能力大，但由于外循环管路较长、输送晶浆所需的压力较高、循环泵叶轮转速较快，因而循环晶浆中晶体与叶轮之间的接触成核速率较高。另外，它的循环量较低，结晶室内的晶浆混合不够均匀，存在局部过浓的现象，致使所得产品平均粒度较小，粒度分布较宽。

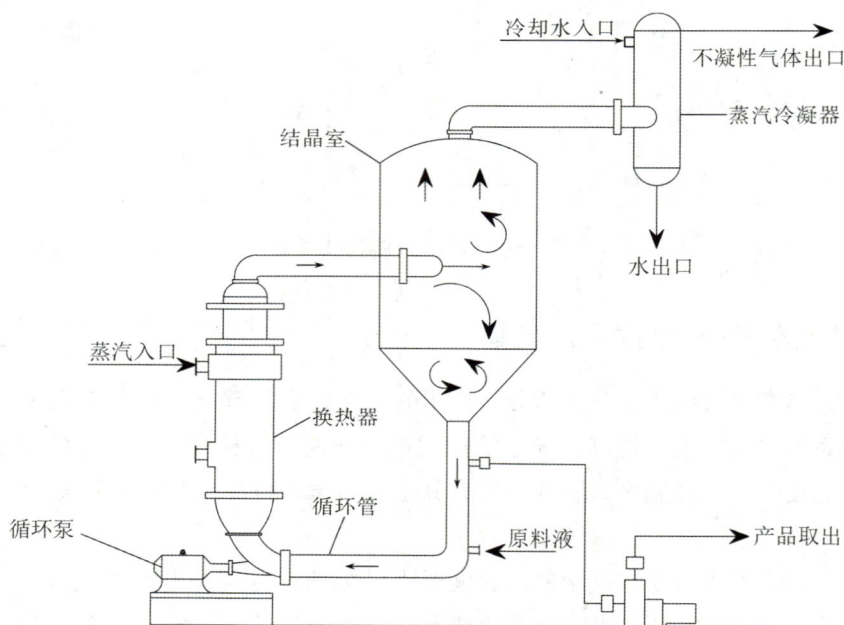

图 9-11　强迫外循环结晶器

2. OSLO（奥斯陆）型结晶器　它是一种具有粒度分级的流化床结晶器，对于冷却、蒸发、真空或反应结晶均能适用，根据用途可对其进行改进。图 9-12 是蒸发式 OSLO 结晶器和冷却式 OSLO 结晶器的示意图，可以看出结晶室的器身常有一定的锥度，即上部较底部有较大的截面积，液体向上的流速逐渐降低，其中悬浮晶体的粒度越往上越小，因此结晶室成为粒度分级的流化床。

一般在结晶室的顶层，基本已不再含有晶粒，作为澄清的母液进入循环管路，与热浓料液混合后，在换热器中加热并送入气化室蒸发浓缩（蒸发结晶器），或者在冷却器中冷却（冷却结晶器），从而产生过饱和度。过饱和溶液通过垂直中央降液管流至结晶室底部，与富集于结晶室底层的粒度较大的晶体接触，得以生长更大。溶液在向上穿过晶体流化床时，则可以逐步解除其过饱和度。

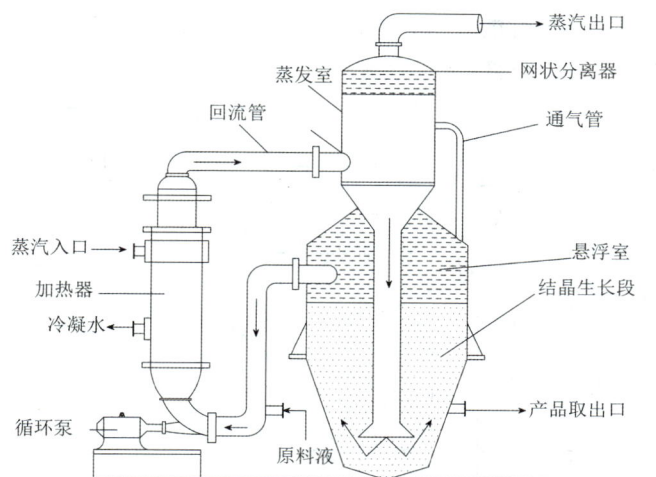

(a)蒸发式结晶器

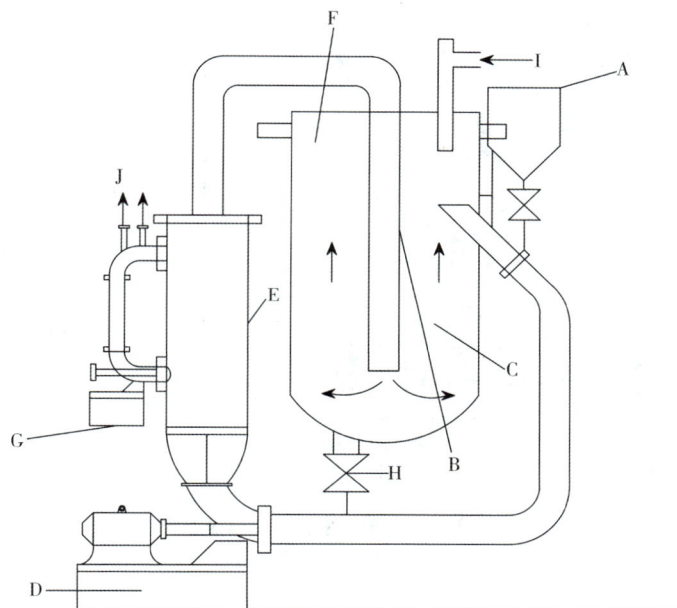

（b）冷却式结晶器

A.结晶捕集器；B.中心降液管；C.分级段；D.主循环泵；
E.冷却器；F.溢流管；G.辅助循环泵；H.取出口；I.加液口；J.冷却剂出口

图 9-12 蒸发式和冷却式 OSLO 结晶器

其主要特点是过饱和度产生的区域与晶体生长的区域分别设置在结晶器的两处，晶体在循环母液液流中流化悬浮，为晶体生长提供一个良好的条件，晶体大而均匀，特别适合于生产在过饱和溶液中沉降速度大于 0.02m/s 的晶粒。

3. DTB（draft-tube-babbled）型结晶器 即导流筒-挡板结晶器，它属于典型的晶浆内循环结晶器，按照物料工艺线路可分为蒸发结晶和冷却结晶，根据物料性质及节能角度可分为多级闪蒸结晶器和多级冷却结晶器，广泛适用于化工、食品、医药、农药等行业的结晶。该结晶器是由加热器对循环料液加热后进入真空蒸发分离结晶室进行蒸发达到过饱和度，由于在结晶器设置内导流筒，形成了循环通道，使晶浆具有良好的混合条件，只需要很低的压头就能使器内实现良好的内循环，各流动截面上都可以维持较高的流动速度，且晶浆密度高，在蒸发结晶中能迅速消除沸腾界面处的过饱和程度，使溶液的过饱和度处于比较低的水平，尤其适用于溶解度曲线比较陡的产品。通常，DTB 型结晶器性能良好，生产强度高，能生产颗粒较大的晶粒，且结晶器内不易结疤，是连续结晶器的主要组成部分。

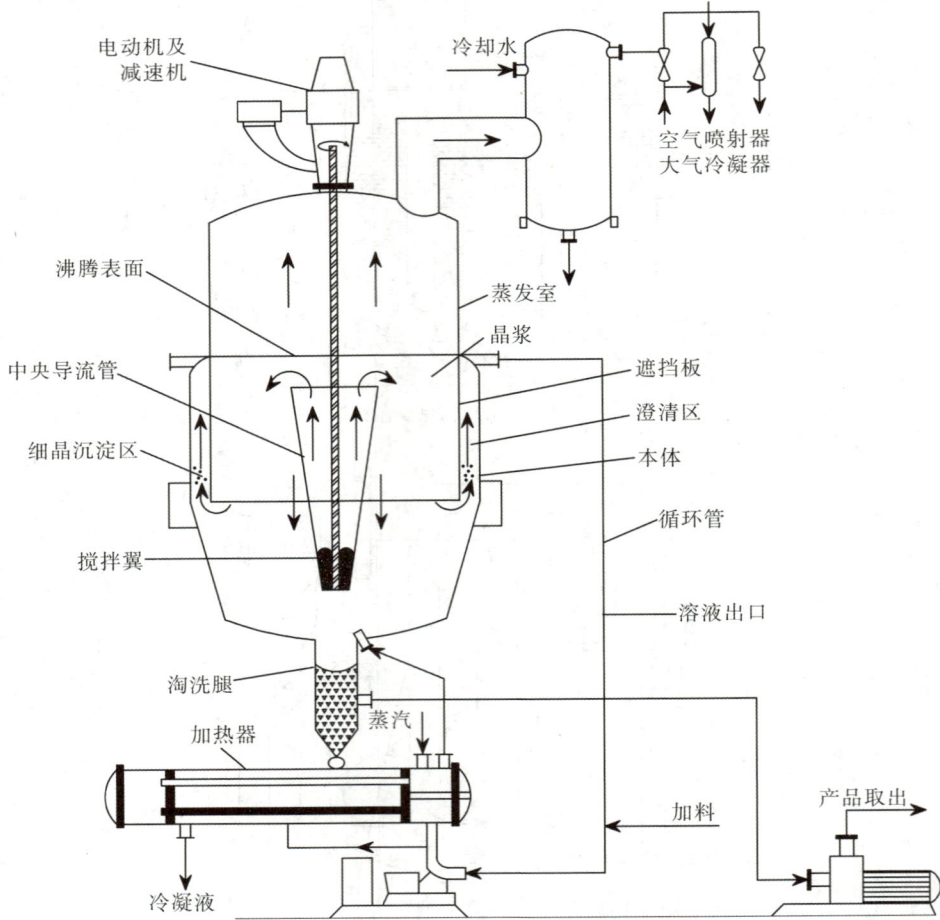

图 9-13 DTB 型蒸发式结晶器装置简图

第四节 基于结晶原理的冷冻浓缩技术

一、冷冻浓缩原理

冷冻浓缩是利用冰与水溶液之间的固液相平衡原理，将水以固态方式从溶液中去除。因此冷冻浓缩涉及固-液两相之间的传热传质与相平衡规律。

如图 9-14 所示，D 点是纯水的冰点、E 点是共晶点，DABE 为溶液组成和冰点关系的冻结曲线。在 DABE 曲线上侧是溶液状态，下侧是冰和溶液的共存状态，与冷冻浓缩有关的是共晶点 E 以左的曲线。

组成为 ω_A 的溶液从温度 T 的状态下，冷却到 T_A 时，如果溶液中有冰种，溶液中的水就会结成冰。如果溶液中无"冰种"，则溶液不会结冰，其温度会继续下降，变成过冷液体。过冷液体是不稳定的液体，受到外界干扰（如振动），溶液就会产生大量的冰晶并成长变大。因溶剂析出，溶液的浓度会增加到 ω_B，理论上，溶液可浓缩至 E 点。如将溶液中的冰粒过滤，即可达到浓缩的目的。

当溶液浓度小于共晶点时，随着温度降低析出的是溶剂，使溶液变浓；当浓度大于共晶点时，随着温度降低析出的则是溶质，使溶液变稀，即传统的结晶操作。由此可见冷冻浓缩与结晶操作的区别。

二、冷冻浓缩种类与特点

冷冻浓缩根据结晶的方式不同，主要分为悬浮式冷冻浓缩（suspension freeze concentration，SFC）和渐进式冷冻浓缩（progressive freeze concentration，PFC）。它们在浓缩设备、效果及操作等方面各有优缺点。目前冷冻浓缩已经应用于浓缩热敏性液态食品、生物制药、要求保留天然色香味的高档饮品及中药汤剂等领域。

图 9-14 简单的双组分相图

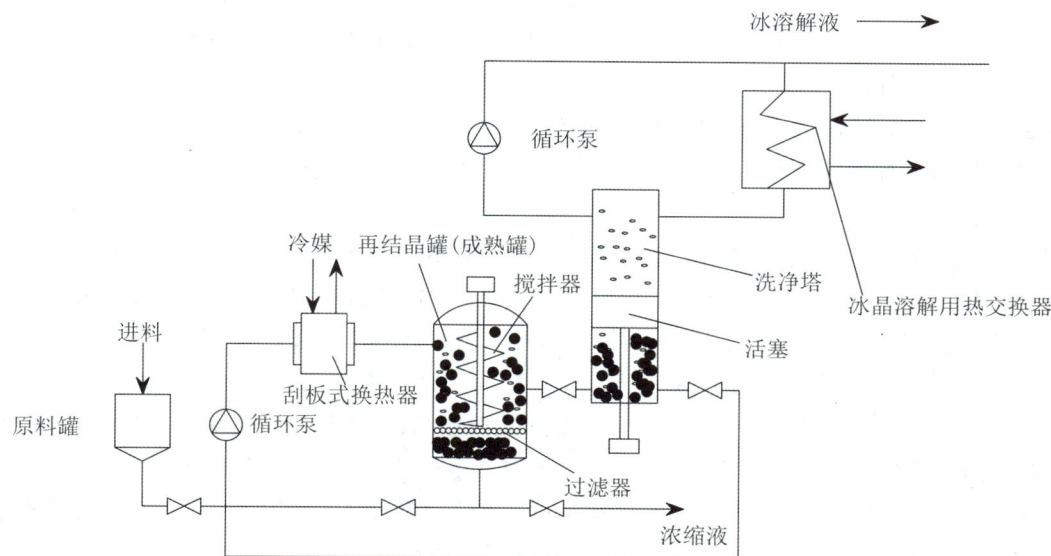

1. 悬浮式冷冻浓缩 悬浮式冷冻浓缩是指在溶液中先生成数量巨大的小冰晶，形成冰晶悬浮液，冰晶在带有搅拌的低温罐中不断长大并被排除，从而使溶液浓度增加的浓缩方法，也被称为分散结晶浓缩法。

悬浮冷冻浓缩将晶核生成、晶体生长、固液分离 3 个主要过程在不同设备中完成。设备主要由刮面换热器、再结晶罐和洗净塔三部分组成，见图 9-15。首先，原料罐中的待浓缩液通过入口路径注入刮面换热器，冷媒工作对其进行热交换，待浓缩液温度降低至冰点以下，在刮面换热器的表面产生一层冰膜被刮刀刮下，形成大量细小的冰晶。随后将冰晶转移至再结晶罐中进行奥斯瓦尔德熟化，促使冰晶生长；然后通过洗净塔将冰晶与其表面附着的浓缩液进行洗涤分离，并采取溶解部分冰晶的方法回收，同时循环泵将清洗液泵回原料罐。最终，通过成熟罐底部的过滤器收集浓缩液，并由循环泵泵入刮面换热器进行下一级工作循环。通过再结晶罐底部的阀门可将符合生产要求的浓缩液排出。

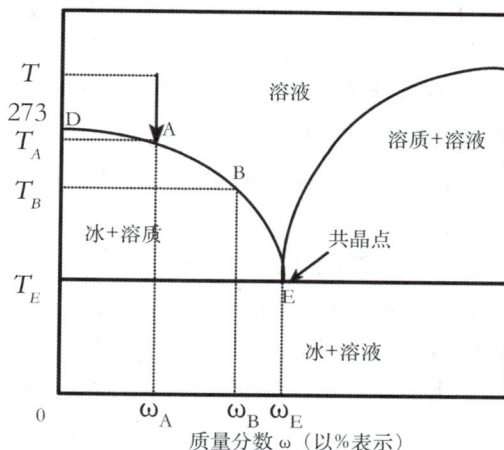

图 9-15 典型悬浮冷冻浓缩系统示意图

由于在母液中形成大量的冰结晶，单位体积冰晶的表面积很大，所以悬浮结晶法的优点是能够迅速形成洁净的冰晶，且浓缩终点较大，生产效率高、生产能力强，是工业化生产的首选方式。缺点：①冰结晶比表面积大以及低温下浓缩液黏度大造成其固液分离比较困难；②该过程需要在三个装置中进行，对装置和操作的要求较高，从而造成该法成本高；③结晶中容易包裹溶质。

2. 渐进式冷冻浓缩　渐进式冷冻浓缩是在结晶表面形成晶核并层层生长，当料液浓度达到要求时将冰层和浓缩液分离，也被称为层状结晶法。

在渐进式结晶中，水在冷却表面上冷冻并逐渐形成冰层，结晶的冰晶依次沉淀在先前由该溶液所形成的晶层上，随着冰层在冷却面上生成并成长，界面附近的溶质被排除到液相侧，使液相中溶质质量浓度逐渐升高。渐进冷冻浓缩装置示意图见图9-16。

该方法的优点：①冰结晶是一个整体，固-液界面小，冰晶与母液易分离；②冰晶的生成、成长，同母液分离及去冰操作在同一个装置内完成，简化了冷冻浓缩装置，方便控制，可降低设备成本。

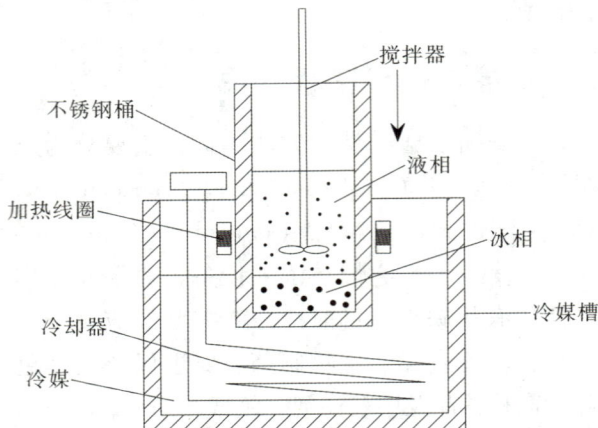

图9-16　渐进冷冻浓缩装置示意图

缺点：①冰的传热效率低，对冰晶持续生长是限制，随着冰层厚度不断增加，结冰速率快速下降；②结晶初期易出现过冷却现象，形成树枝状结晶。

三、冷冻浓缩结晶应用

自20世纪50年代末学者们开始关注冷冻浓缩，研究已有较长的历史。依此原理制造的冷冻浓缩设备在食品工业中已经用于果汁、葡萄酒、乳制品、咖啡等的浓缩并获得高质量的产品。中药材中含有很多挥发性物质，使用传统的浓缩方法经常会造成中药的芳香成分以及其他易挥发有效成分损失，并且长时间受热也会造成一些有效成分聚合，从而降低或破坏中药药效。冷冻浓缩具有可在低温下操作，气液界面小，可将微生物增殖、溶质变性及挥发性成分损失控制在极低水平等优点而备受关注。

案例9-1　结晶法富集银杏叶提取物中的银杏内酯B

背景　银杏叶提取物常作为心脑血管疾病治疗药物，主要有效成分之一是银杏叶提取物中的银杏内酯B。

问题　优选分离方法及条件，建立富集银杏内酯B的分离方法。

分析　结晶主要为了改变银杏内酯溶解度，使其析出。银杏内酯能被一定浓度的乙醇溶解，所以银杏内酯析出的方法可使用纯乙醇溶解，再加入溶剂改变溶解度使银杏内酯析出。

关键　结晶溶剂及其比例的选择。

工艺设计　首先进行溶剂浸提、萃取得到银杏内酯粗品，再利用结晶法获得目标含量的银杏内酯B。银杏内酯的溶解度介于正己烷和水之间，所以考察正己烷-乙醇和乙醇-水体系结晶情况。

1. 银杏内酯粗品制备：银杏叶用4倍60%的乙醇于30℃浸提5小时，共3次。合并提取液，浓缩至总体积的1/4，放置过夜。过滤得滤液，用石油醚萃取4次除杂（体积比2∶1）。萃取后水相用乙酸乙酯萃取3次（体积比2∶1），合并乙酸乙酯液，用8%醋酸钠洗涤（体积比2∶1），回收乙酸乙酯得残渣，得银杏内酯粗品。

2. 正己烷-乙醇体系考察：体积比为2∶1、1∶1、1∶2，将银杏内酯粗品用少量乙醇溶解，过滤，在滤液中加入上述体积比的正己烷，搅拌后静置1小时析晶。过滤得白色结晶，低温干燥。通过含量测定发现，正己烷比例增加，银杏内酯 B 在结晶中的含量提高，但当正己烷比例进一步增加后，银杏内酯 B 含量下降，与溶剂极性改变较大有关。银杏内酯 B 的含量在正己烷：乙醇（1∶1）时含量最高。

3. 乙醇-水体系考察：体积比为 1∶3、1∶5、1∶7，将银杏内酯粗品加乙醇溶解配制成 1g/mL 的浓溶液，加入不同体积的蒸馏水，静置 2 小时冷却结晶，过滤，结晶用水淋洗后干燥即得。含量测定发现，随着水的比例升高，银杏内酯 B 含量下降，且呈现非常好的线性关系。

通过以上对比，最终选取正己烷与乙醇体积比 1∶1 作为最佳结晶条件。

评价与小结　银杏内酯 B 含量>50%，银杏总内酯得率为 15%~20%，分离操作简单。

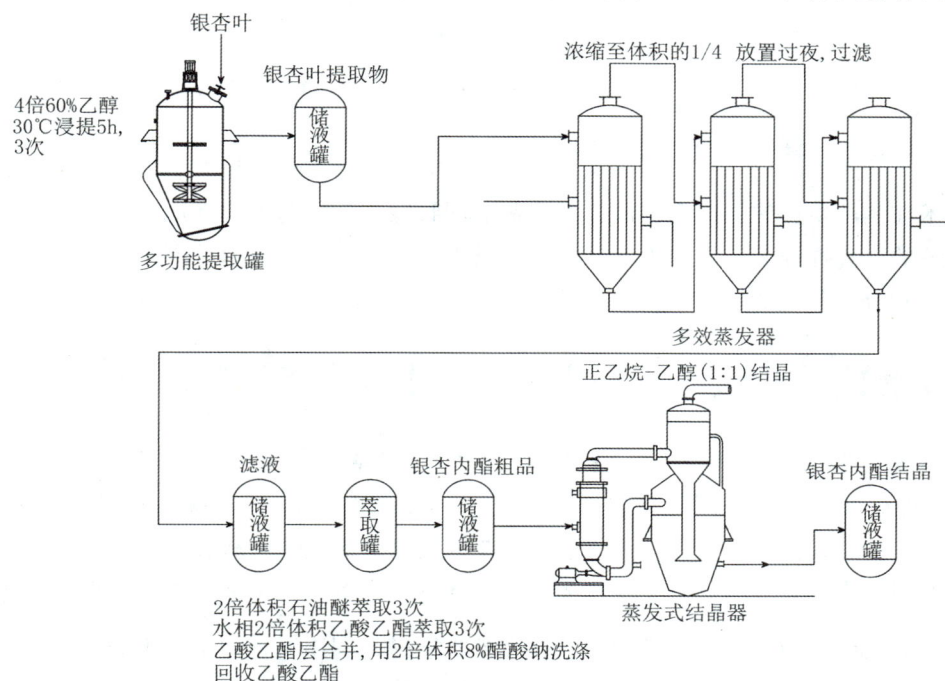

图 9-17　银杏内酯 B 结晶分离示意图

习　题

1. 结晶过程的原理是什么？结晶分离有何特点？如何选择结晶的溶剂？

2. 结晶的操作步骤包括哪些？

3. 什么是过饱和度？简述不同的过饱和度对结晶过程的影响。

4. 溶液的稳定区、介稳区和不稳定区各有何特点？实际的工业结晶过程需控制在哪个区域内进行？

5. 晶体的质量评价包括哪些方面？影响结晶的因素有哪些？

6. 结晶常用的方法有哪些？有哪些操作要点？

7. 结晶的首要条件是什么？制备过饱和溶液一般有哪几种方法？

8. 冷冻浓缩技术的原理及特点是什么？

9. 通过查阅文献了解结晶新技术、新设备的进展及在制药工业中的应用。

第十章
蒸 馏

一、蒸馏原理、蒸馏技术分类及其特征

蒸馏技术在制药生产中的应用较广，如溶剂的回收精制、中药挥发油成分的提取及精制、热敏性药用成分的分离提纯等。近几十年来，随着塔内件和化工模拟技术的不断发展，各种蒸馏技术、操作方式和分离理论的研究也在不断发展。

【非凡人物】

徐光宪：无机化学和物理化学家、教育学家，"国家最高科学技术奖"获得者，被誉为"中国稀土之父""稀土界的袁隆平"，中国科学院院士，亚洲化学联合会主席。他寄语年轻人："人是社会的动物，一个人不可能离开他人而生存。年轻人要有时代幸福感、社会责任感和时代使命感。现在是中国历史上最好的时期，但也还有很多问题没有解决，未来需要年轻人负担起来。

蒸馏是分离液体混合物的一种常用方法，其基本原理是利用混合物中各组分的沸点不同而进行分离。液体物质的沸点越低，其挥发度就越大。因此将液体混合物沸腾并使其部分气化和部分冷凝时，挥发度较大的组分在气相中的浓度就比在液相中的浓度高，相应地难挥发组分在液相中的浓度高于在气相中的浓度，故将气、液两相分别收集，可达到轻重组分分离的目的。因而，蒸馏操作进行的条件是各组分具有不同的挥发性、有热源加热、有冷凝剂冷凝及有蒸馏设备。

根据液体的挥发性、操作条件、分离要求等方面的不同，蒸馏技术可进行如下分类。

1. 按蒸馏方式分类 可以分为平衡蒸馏（也叫闪蒸）、简单蒸馏、精馏和特殊精馏。平衡蒸馏和简单蒸馏多用于待分离混合物中各组分挥发度相差较大而对分离要求不高的场合；精馏适合于待分离的混合物中各组分挥发度相差不大且对分离要求较高的场合；特殊精馏适合于待分离混合物中各组分的挥发度相差很小甚至形成共沸物，普通蒸馏无法达到分离要求的场合。特殊精馏主要有萃取精馏、恒沸精馏、盐熔精馏及反应精馏等。

2. 按操作流程分类 可分为间歇蒸馏和连续蒸馏，间歇蒸馏又称分批蒸馏，属于非稳态操作，主要适用于小规模及某些有特殊要求的场合；连续蒸馏属于稳态操作，是工业生产中最常有的蒸馏方式。

3. 按操作压力分类 可分为常压蒸馏、减压蒸馏（真空蒸馏）和加压蒸馏。一般常压下为气态（如空气）或常压下沸点近室温的混合物多采用加压蒸馏以提高其沸点；常压下沸点在150℃左右的混合物多采用常压蒸馏；对于常压下沸点较高或热敏性物质，可采用减压蒸馏以降低其沸点。

4. 按待分离混合物的组分数分类　可以分为双组分精馏和多组分精馏。

制药过程中经常用到简单蒸馏和精馏操作，简单蒸馏指仅有一次部分气化和部分冷凝的过程，也称为单级蒸馏；具有多次部分气化和部分冷凝的过程称为精馏（或多级蒸馏）。精馏过程的原理如下：通过加热及调节操作压力等方法，使液、液混合物沸腾，产生气、液两相并达到气液相平衡；达气液相平衡时，由于各组分具有不同的挥发性，组分在两相中的相对含量不同，挥发性高的组分在气相中的浓度比在液相中的浓度高，而挥发性低的组分在液相中的浓度比在气相中的高；利用各组分挥发性不同的性质，通过加入热量或取走热量的方法，使气、液两相经过多次部分气化和部分冷凝并充分接触，使易挥发组分在气相中浓集，难挥发组分在液相中浓集，从而达到液、液混合物的分离。

相对而言，单级蒸馏技术由于设备简单、操作简便以及投资少，被广泛用于中药挥发油及其他药用成分的提取和纯度要求不高的分离过程。常用的单级蒸馏技术包括水蒸气蒸馏技术、同时蒸馏萃取技术、水扩散蒸馏技术和分子蒸馏技术。目前中药提取单元操作多采用多功能提取器，其中含有以水蒸气蒸馏原理为基础所设计的挥发油收集、分离器。

不同蒸馏操作过程的主要特征分别列于表10-1和表10-2。

表 10-1　基于简单蒸馏的技术及其特征

具体技术	基本特征	设备构成	分离条件	适用范围
水蒸气蒸馏	只有一次部分气化和部分冷凝，分离效率低，系统引入水蒸气	水蒸气发生器，冷凝器，油水分离器	组分间沸点差 50~80℃以上或挥发物与不挥发物之间的分离	从中药材饮片中提取挥发油或从挥发油中去除不挥发性杂质等
水扩散蒸馏				
同时蒸馏萃取		水蒸气发生器，冷凝器，萃取系统，油水分离器		
分子蒸馏	仅有一次部分气化和部分冷凝	蒸发器，冷凝器，真空系统	分子自由程相差很大	热敏性强的挥发油精制等

表 10-2　精馏技术及其特征

具体技术	基本特征	设备构成	分离条件	适用范围
水蒸气蒸馏	具有多次部分气化和多次部分冷凝的多级分离过程，分离效率高，可获得高纯度产品	由再沸器、塔体、塔板或填料、冷凝器、回流控制系统、真空系统、水蒸气发生器等构成的精馏塔	组分间沸点大于3.5℃（相对挥发度大于1.05）	沸点差相近的挥发油组分间的分离
热敏物料间歇精馏				沸点差较小的热敏物料组分间的分离
动态累积间歇精馏				药用组分的分离，溶剂回收至高纯度
普通间歇精馏				一般性分离任务

二、分子蒸馏技术

分子蒸馏（molecular distillation）也称短程蒸馏，是一种在高真空度条件下进行分离操作的连续蒸馏过程。由于在分子蒸馏过程中，操作系统的压力仅在 10^{-2}~10^{-1}Pa 之间，混合物可以在远低于常压沸点的温度下挥发，另外组分在受热情况下停留时间很短（约0.1~1秒），因此，分子蒸馏过程已成为分离目的产物最温和的蒸馏方法。分子蒸馏适合于分离低挥发度、高沸点、热敏性和具有生物活性的物料。目前，分子蒸馏技术已成功地应用于食品、医药、精细化工和化妆品等行业。

与普通的减压蒸馏相比，分子蒸馏工艺过程的主要特点在于：①分子蒸馏的蒸发面与冷凝面间距离很小，蒸气分子从蒸发面向冷凝面飞射的过程中，蒸气分子之间发生碰撞的概率很小，整个系统可在很高的真空度下工作；②分子蒸馏过程中，蒸气分子从蒸发面逸出后直接飞射到冷凝面上，几乎不与其他分子发生碰撞，理论上没有返回蒸发面的可能性，因而分子蒸馏过程是不可逆的；③分子蒸馏的分离能力不仅与各组分的相对挥发度有关，也与各组分的分子量有关，且蒸发时没有鼓泡、沸腾现象。

1. 分子蒸馏的基本原理　不同种类的分子，由于其分子有效直径不同，其平均自由程也不同，不同种类的分子溢出液面不与其他分子碰撞的飞行距离不同。分子蒸馏技术正是利用不同种类分子溢出液面后平均自由程不同的性质实现分离的目的。轻分子的平均自由程大，重分子的平均自由程小，若在离液面小于轻分子的平均自由程而大于重分子平均自由程处设置一冷凝面，使得轻分子落在冷凝面上而被冷凝，重分子因达不到冷凝面而返回原来液面，从而达到分离混合物的效果。

（1）分子运动的平均自由程　任一分子在运动过程中都处于不断变化自由程的状态。分子在两次连续碰撞之间所走的路程的平均值称为分子的平均自由程。根据理想气体的动力学理论，分子平均自由程可通过下式计算得到：

$$\lambda_m = \frac{RT}{\sqrt{2}\pi d^2 N_A P} \tag{10-1}$$

式中，λ_m 为分子平均自由程，m；d 为分子有效直径，m；T 为分子所处环境的温度，K；P 为分子所处空间的压力，Pa；R 为气体常数（8.314）；N_A 为阿伏伽德罗常数（6.023×10^{23}）。

分子平均自由程的长度是设计分子蒸馏器的重要参数，在设计时要求设备结构满足的条件是：分子在蒸发表面和冷凝表面之间所经过的路程小于分子的平均自由程，其目的是使大部分气化的分子能到达冷凝表面而不至于与其他气体分子相碰撞而返回。

式（10-1）是在理想气体处于平衡条件的假设下推导得到的，理论计算结果与实际情况存在一定偏差，更加准确的方法可通过求解 Boltzmann 方程得到。

（2）分子运动平均自由程的分布规律　分子运动平均自由程的分布规律为正态分布，其概率公式为：

$$F = 1 - e^{-\lambda \lambda_m} \tag{10-2}$$

式中，F 为自由程度≤λ_m 的概率；λ_m 为分子运动的平均自由程；λ 为分子运动自由程。

由上述公式可以得出，对于一群相同状态下的运动分子，其自由程等于或大于平均自由程 λ_m 的概率为：$1 - F = e^{-\lambda \lambda_m} = e^{-1} = 36.8\%$。

（3）分子蒸馏技术的相关模型　对于许多物料而言，用数学模型来准确地描述分子蒸馏中的变量参数还有待完善。由实践经验及各种规格蒸发器中获得的蒸发条件，可以近似地推广到分子蒸馏生产设备的设计中。相关的模型有以下两种。

①膜形成的数学模型：对于降膜、无机械运动的垂直壁上的膜厚，Nasselt 公式为：

$$\sigma_m = (3v^2 R_e / g)^{1/3} \tag{10-3}$$

式中，σ_m 为名义膜厚，m；v 为物料运动黏度，m^2/s；g 为重力加速度，m/s^2；v 为表面载荷，$m^3/(s \cdot m)$；R_e 为雷诺数，无因次；该方程的适用条件是 $R_e > 400$ 时。

对于机械式刮膜而言，上式并不适用，机械式刮膜的膜厚大致为 0.05~0.5mm 之间，可由实验确定。但从上述公式可以分析出，机械式刮膜中膜厚的影响参数主要有表面载荷、物料黏度和刮片元件作用于膜上的力等。

②热分解的数学模型：Hickman 和 Embree 对分解概率给出以下公式：

$$Z = pt \tag{10-4}$$

式中，Z 为分解概率；p 为工作压力（与工作温度 T 成正比）；t 为停留时间，s。

其中停留时间取决于加热面长度、物料黏度、表面载荷和物料的流量等，通过分解概率可以分析物料的热损伤性。

表 10-3 为同一物料在不同蒸馏过程中的热敏损伤比较一览表。从中可看到物料在分子蒸馏中的分解概率和停留时间比其他类型的蒸馏器低了几个数量级。因此，用分子蒸馏可以保证物料少受破坏，从而保证了物料的品质。

表 10-3　同一物料在不同蒸馏过程中的热损伤比较一览表

系统类型	停留时间/s	工作压力/Pa	分解概率/（Z）	稳定性指数 $[Z_1=\lg Z]$
间歇蒸馏柱	4000	1.01×10^5	3×10^9	9.48
间歇蒸馏	3000	2.7×10^3	6×10^7	7.78
旋转蒸馏器	3000	2.7×10^2	6×10^6	6.78
真空循环蒸馏器	100	2.7×10^3	2×10^6	6.30
薄膜蒸馏器	25	2.7×10^2	5×10^4	4.70
分子蒸馏器	10	0.1	10	1.00

（4）蒸发速率　蒸发速率是分子蒸馏过程十分重要的物理量，是衡量分子蒸馏器生产能力的标志。在绝对真空下，表面自由蒸发速度应等于分子的热运动速度。蒸发速率的近似计算可以使用理论上的分子蒸馏模型，而实际的蒸发速率要由经验数据来确定。

推广的 Lang Muir-Knudsen 方程为：

$$G=kp\ (M/T)^{1/2} \tag{10-5}$$

式中，G 为蒸发速度，kg/（m^2·h）；M 为分子量；p 为蒸气压，Pa；T 为蒸馏温度，K；k 为常数。

2. 分子蒸馏装置与流程

（1）分子蒸馏过程　如图 10-1 所示，分子蒸馏过程可分为如下四步。

①分子从液相主体扩散到蒸发表面。在降膜式和离心式分子蒸馏器中，分子通过扩散方式从液相主体进入蒸发表面。液相中的分子扩散速率是控制分子蒸馏速率的主要因素，应尽量减薄液层的厚度及强化液层的流动状态。

②分子在液层表面上的自由蒸发：分子的蒸发速率随着温度的升高而上升，但分离效率有时却随着温度的升高而降低，应以被分离液体的热稳定性为前提，选择适当的蒸馏温度。

③分子从蒸发表面向冷凝面飞射：蒸气分子从蒸发面向冷凝面飞射的过程中，蒸发分子彼此可能产生的碰撞对蒸发速率影响不大，但蒸发的分子与两面之间无序运动的残气分子相互碰撞会影响蒸发速率。但只要在操作系统中建立起足够高的真空度，使得蒸发分子的平均自由程大于或等于蒸发面与冷凝面之间的距离，则飞射过程和蒸发过程就可以快速完成。

④分子在冷凝面上冷凝：只要保证蒸发面与冷凝面之间有足够的温度差（一般大于 60℃），并且冷凝面的形状合理且光滑，则冷凝过程可以在瞬间完成，且冷凝面的蒸发效应对分离过程没有影响。

（2）分子蒸馏装置　一套完整的分子蒸馏设备主要包括分子蒸馏器、脱气系统、进料系统、加热系统、冷却系统、真空系统和控制系统。分子蒸馏装置的核心部分是分子蒸馏器，其类型主要有降膜式、刮膜式和离心式分子蒸馏器。

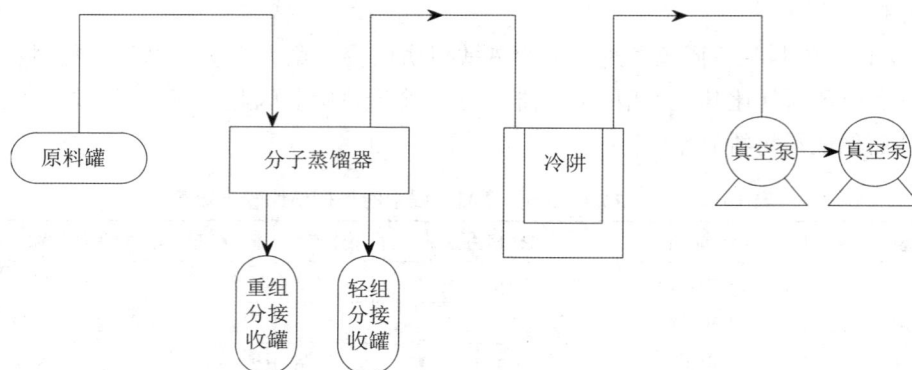

图 10-1　分子蒸馏过程示意图

①降膜式分子蒸馏器：降膜式分子蒸馏设备的优点是液体在重力作用下沿蒸发表面流动，液膜厚度小，物料停留时间短，热分解的危险性小，蒸馏过程可以连续进行，生产能力大。缺点是液体分配装置难以完善，很难保证所有的蒸发表面都被液膜均匀地覆盖，即容易出现沟流现象；液体流动时常发生翻滚现象，所产生的雾沫夹带也常溅到冷凝面上，降低了分离效果；由于液体是在重力的作用下沿蒸发表面向下流的，因此降膜式分子蒸馏设备不适合用于分离黏度很大的物料，否则将导致物料在蒸发温度下的停留时间加大。降膜式分子蒸馏器现应用较少。

②刮膜式分子蒸馏器：刮膜式分子蒸馏器如图 10-2 所示。

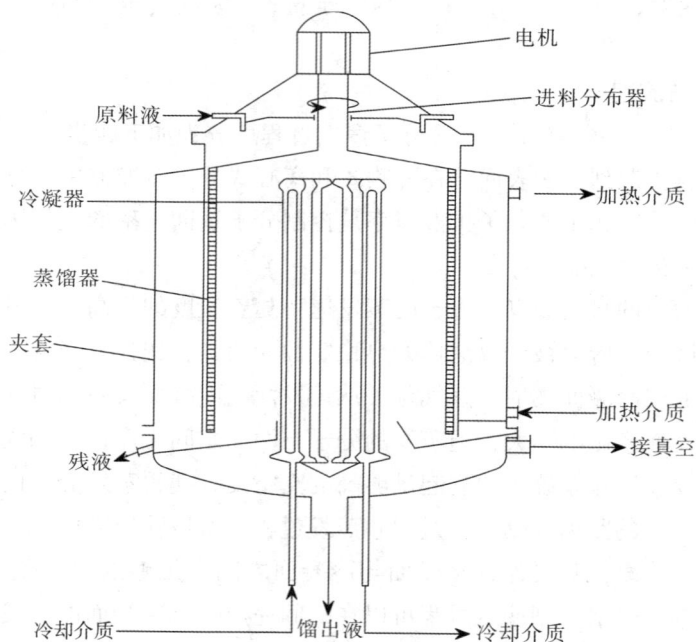

图 10-2　刮膜式蒸馏器

刮膜式蒸馏器是由同轴的两个圆柱管组成，中间是旋转轴，上下端面各有一块平板。加热蒸发面和冷凝面分别在两个不同的圆柱面上，其中，加热系统是通过热油、蒸汽或热水来进行的。进料喷头在轴的上部，其下是进料分布板和刮膜系统。中间冷凝器是蒸馏器的中心部分，固定于底层的平板上。

物料以一定的速率进入旋转分布板上，在一定的离心力作用下被抛向加热蒸发面，在重力作用下沿蒸发面向下流动的同时，在刮膜器的作用下得到均匀分布。低沸点组分首先从薄膜中挥发，径直飞向中间冷凝面，并冷凝成液相，冷凝液流向蒸馏器的底部，经馏出口流出，不挥发组分从残留口流出，不凝气从真空口排出。图 10-3 所示为分子蒸馏装置的工艺流程。

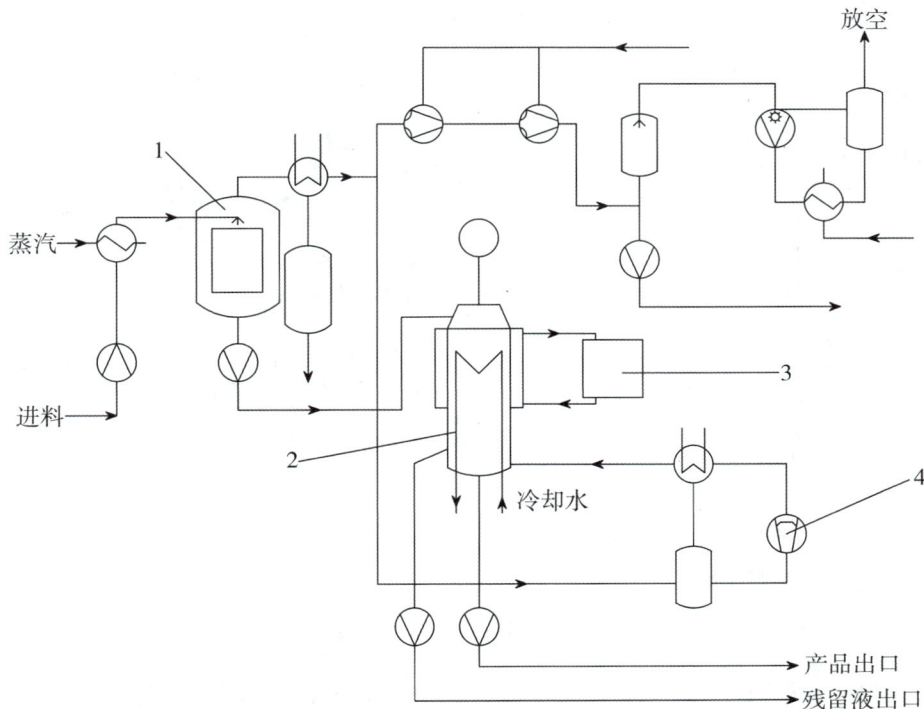

图 10-3　分子蒸馏装置工艺流程
1. 脱气系统；2. 分子蒸馏器；3. 加热系统；4. 真空系统

　　一般待分离物料在进入刮膜蒸馏器之前，须经脱气系统将低沸点杂质脱除，以利于整个操作系统保持很高的真空度。

　　③离心式分子蒸馏器：如图 10-4 所示，离心式分子蒸馏器具有旋转的蒸发表面，操作时进料在旋转盘中心，靠离心力的作用，在蒸发表面进行均匀分布。离心式分子蒸馏器的优点是液膜非常薄，流动情况好，生产能力大；物料在蒸馏温度下停留时间非常短，可以分离热稳定性极差的有机化合物；由于离心力的作用，液膜分布很均匀，分离效果较好。但离心式分子蒸馏设备结构复杂，真空密封较难，设备的制造成本较高。

　　由于离心式分子蒸馏设备的局限性，多数厂家生产刮膜式分子蒸馏器，仅美国一家公司生产离心式分子蒸馏器。

　　（3）分子蒸馏设备的特点　分子蒸馏设备主要有以下特点：①利用离心力强化了成膜装置，减少了液膜厚度，降低了液膜的传质阻力，提高了分离效率及生产能力，且能耗低；②采用能适应不同黏度物料的布料结构，液体分布均匀，可有效避免返混，提高了产品质量；③设计了独特、新颖的动静密封结构，解决了高温、高真空下密封变形的补偿问题，保证了设备高真空下能长期稳定运行；④成功解决了液体的飞溅问题，省去了传统的液体挡板，减少分子运动的行程，提高了装置的分离效率；⑤开发了能适应多种不同物料温度要求的加热方式，提高了设备的调节性能及适应能力；⑥优化了真空获得方式，提高了设备的操作弹性，避免了因压力波动对设备正常操作性能的干扰；⑦彻底地解决了装置运转下的级间物料输送及输出输入的真空泄漏问题，保证装置的连续性运转；⑧设备运行可靠，产品质量稳定；⑨适应多种工业领域，可进行多种产品的生产，尤其对于高沸点、热敏感及易氧化物料的分离有传统蒸馏方法无可比拟的优点。

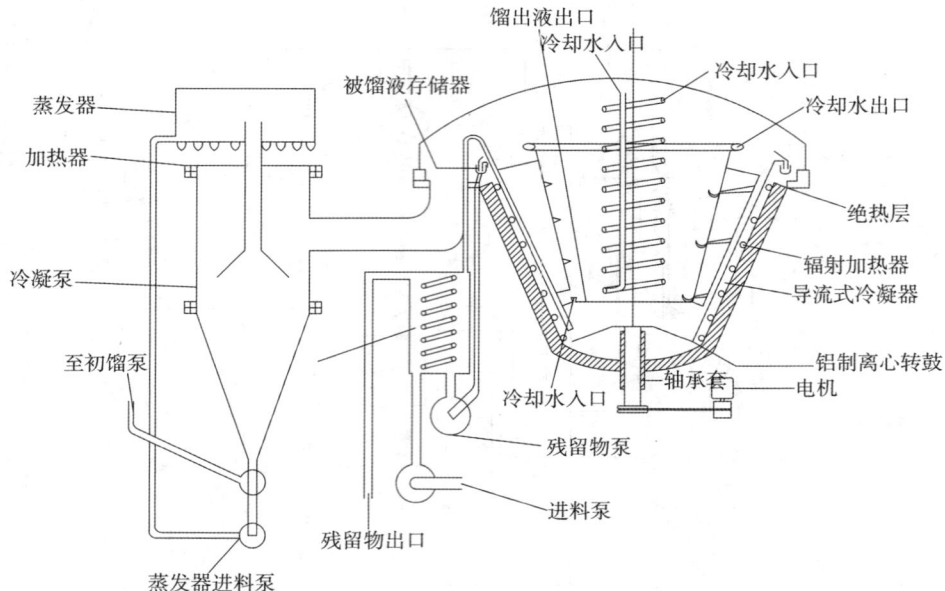

图 10-4 离心式分子蒸馏器

目前，已开发出从实验室到工业化生产规模的分子蒸馏系列设备，现有设备的加工容量从 1~1000L/h 不等，可满足化工、制药、生物技术等领域的实验室研究、中试工艺开发和大规模生产需要。

3. 分子蒸馏技术在天然产物分离中的应用

（1）芳香油的精制　芳香油中成分复杂，主要成分是醛、酮、醇类，且大部分是萜类，属热敏性物质，受热时很不稳定。利用分子蒸馏技术在不同真空度条件下，可以将芳香油中不同组分提纯，并可除去异臭和带色杂质，提高了天然香料的品质。分子蒸馏技术在提纯其他芳香油，如桂皮油、玫瑰油、香根油、广藿香油、香茅油和山苍术油等产品过程中也具有比传统技术难以达到的效果。

（2）天然维生素 E 的提纯　维生素 E 具有热敏性，用普通的真空精馏很容易使其分解；萃取法工艺步骤繁杂，收率较低。而以分子蒸馏技术提纯维生素 E，只需要两步，就可使其浓度达到 30% 以上。

（3）从鱼油中分离 DHA、EPA　鱼油中 DHA 含量为 5%~36%，EPA 含量为 2%~16%。由于 DHA 和 EPA 为分别含 5、6 个不饱和双键的脂肪酸，对其进行分离提纯难度很大，因在高温下很容易聚合。在用分子蒸馏技术分离前，仍需要用乙醇将其酯化，然后才可安全地将其分离到需要的纯度。目前，世界各国从鱼油中提纯 DHA 和 EPA 的工艺，大都采用分子蒸馏技术。

（4）辣椒红色素中微量溶剂的脱除　由于在提取过程中加入了有机溶剂，用普通真空精馏对其进行脱溶剂处理时，辣椒色素中仍然存在 1%~2% 的溶剂，不能满足产品的卫生标准要求。用分子蒸馏技术对辣椒红色素进行处理后，产品中溶剂残留量仅为几十个 ppm，完全符合质量要求。

（5）挥发油类单体成分的分离　分子蒸馏技术所具有的对天然活性物质进行高效分离和纯化

的特点，为挥发油类单体成分的分离纯化提供了实现的手段。对某些高凝固点而具有升华特性的物质，可利用分子蒸馏装置高真空度的特点，结合固体物质的升华特性，对其进行升华分离。该工艺设计不仅有利于高熔点生物活性物质的分离，而且也拓展了分子蒸馏技术的应用方式和应用领域。

（6）脱除中药制剂中的残留农药和有害重金属　中成药制剂有残留农药和重金属超标，采用分子蒸馏技术对中药制剂中的残留农药和重金属进行脱除，比其他传统方法更简便有效。

（7）降低挥发油中毒性和刺激性成分　应用分子蒸馏法对地椒油进行精制，可有效降低这两个成分的含量，同时也达到为地椒油脱色脱臭的目的。

【科海拾贝】

目前常用大宗中药材都是人工种植，为防止人工种植过程中病虫害对药材的危害和追求高产量，药农一般都给中药材施加人工肥料和喷洒农药，其后果是造成了中药材中残留农药和重金属含量超标。当采用这样的药材制成中成药时，也存在残留农药和重金属超标的问题。通过分子蒸馏技术对中药制剂中的残留农药和重金属进行脱除，是更加有效和经济的分离手段。

三、水扩散蒸馏技术

20 世纪 90 年代中期出现的一种水扩散蒸气蒸馏技术，属于单级蒸馏技术。用水扩散蒸馏法提取植物中的芳香油是一种新型的提取技术，它和传统的水蒸气蒸馏法原理相近。水蒸气蒸馏工艺过程中，水蒸气在装置中的流动途径是由下往上，水蒸气与挥发性芳香油一起进入冷凝器冷凝，冷凝液在分层器分层后得到芳香油，水蒸气蒸馏的时间较长，对挥发油的产量和质量均有不良影响。

而水扩散蒸馏工艺中，水蒸气是在低压下（0.03~0.09MPa），在装置中自上而下逐渐向物料层渗透扩散，在重力作用下，通过水扩散带出的精油无须全部气化即可经过滤后进入冷凝器，蒸气由上往下做快速补充。水扩散表示其中的一个物理过程（即渗透过程，指提取时油从植物油腺中向外扩散的过程）。水扩散蒸馏属于渗滤过程，蒸馏过程均匀、一致、完全，而且水油蒸气能较快地进入冷凝器。

水扩散装置由装料室、萃取室和冷凝室 3 个部分，它们各自独立又很紧凑，整套装置具有易搬运、操作简单、节约蒸气、劳动强度低、挥发油产量高等优点。水扩散法实质上也是一种蒸馏技术，只不过与常规蒸馏相比，其进气方式截然不同。据了解，目前国内对此技术的应用尚在研究探索阶段，国外也只有少数国家进行了研究。

水蒸气蒸馏法提取植物的挥发油时，水蒸气与植物之间存在三种不同的作用：①水和挥发油的扩散作用，是挥发油及热水透过植物细胞壁的渗透扩散作用；②挥发油中某些成分与水发生水解作用，如醛类的皂化等；③挥发油中某些不稳定成分受热分解、氧化、聚合-热解作用。

氧化、分解、热解作用是蒸馏中的不利因素，水扩散蒸馏技术强化了蒸馏中的扩散作用，抑制了蒸馏中不利于蒸馏的水解和热解作用。对于同种植物挥发油的提取，水扩散蒸馏法比水蒸气蒸馏法具有得率高、蒸馏时间短、能耗低、油质佳等特点。

四、精馏技术

精馏即多级蒸馏技术，分为连续精馏和间歇精馏。连续精馏主要适用于石油和化工行业。精细化工和制药工业以小批量、间歇生产方式为主，间歇精馏是液体混合物的首选分离技术。

（一）间歇精馏概述

1. 间歇精馏的基本操作方式　间歇精馏有精馏式及提馏式间歇精馏两种基本方式，如图 10-5、图 10-6 所示。

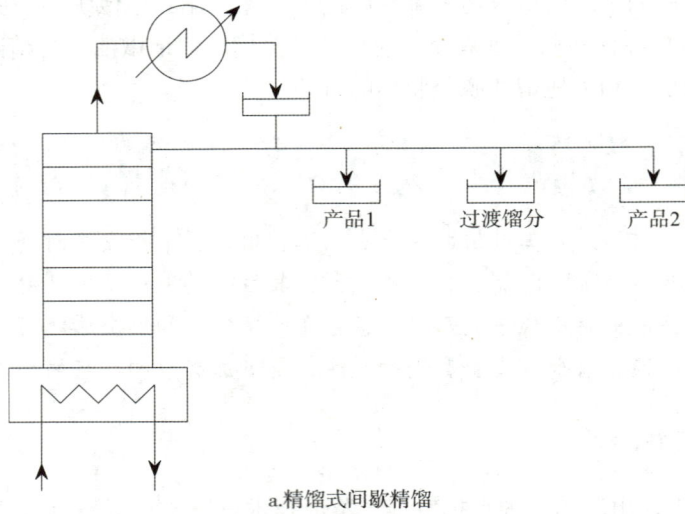

a.精馏式间歇精馏

图 10-5　精馏式间歇精馏流程图

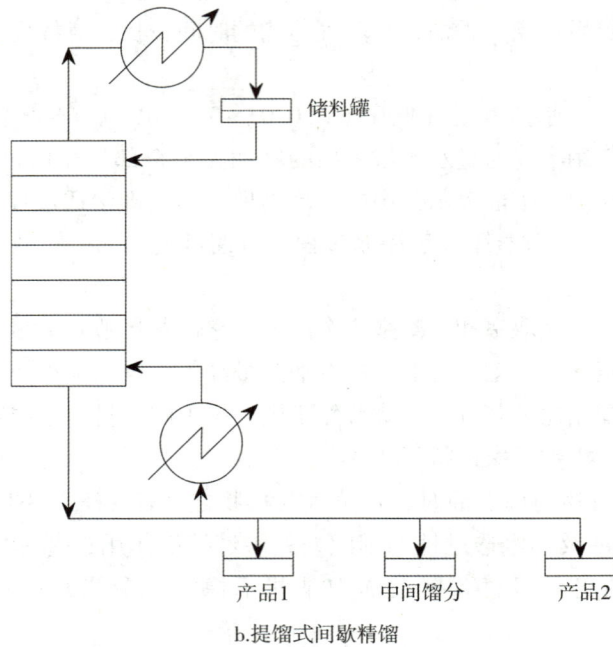

b.提馏式间歇精馏

图 10-6　提馏式间歇精馏流程图

间歇精馏过程是在由塔釜（含再沸器）、塔体（内有塔板或填料）、塔顶冷凝器等构成的精馏塔内进行的。被分离物料一次性地加入塔釜，然后开始精馏操作，上升蒸气和回流液体在每一块塔板上或填料表面逆流接触，并进行气、液相传热传质的过程，随着塔高的增加，易挥发组分（轻组分）在气相中的浓度越来越高，难挥发组分在液相中的浓度越来越高，最后气相离开塔顶经冷凝器冷凝，冷凝液部分作为回流液返回塔顶，部分作为产品采出。轻组分在塔顶产品中得到浓缩和富集，塔顶采出的产品按沸点从低到高的顺序分部收集，最后可以获得各个纯组分产品。蒸馏一定时间以后，停止加热，放出釜残液，完成一次间歇精馏过程。

2. 影响间歇精馏分离效果的主要因素

（1）相对挥发度　精馏是利用液体物质挥发度的差别实现分离的。组分间的相对挥发度是反映混合物分离难易程度的物性参数。对于多组分混合物，组分 i 对组分 j 的相对挥发度 α_{ij} 的定义如下：

$$\alpha_{ij} = \frac{y_i/x_i}{y_j/x_j} = \frac{K_i}{K_j} \tag{10-6}$$

式中，y_i、x_i 分别为组分 i 在平衡的气、液两相中的摩尔分数；K_i、K_j 分别为组分 i 和组分 j 的相平衡常数。

在工程实际应用中，对于操作压力不高的理想溶液，两组分间的相对挥发度往往按下式计算：

$$\alpha_{12} = \frac{p_1^0}{p_2^0} \tag{10-7}$$

式中，α_{12} 为组分 1 对 2 的相对挥发度；p_1^0 为纯组分 1 的饱和蒸汽压；p_2^0 为纯组分 2 的饱和蒸汽压。

式（10-7）中的饱和蒸汽压 p_1^0 和 p_2^0 可采用下列 Antoine 方程计算：

$$\ln p^s = A - \frac{B}{C+t} \tag{10-8}$$

式中，p^s 为饱和蒸汽压；t 为温度；A、B、C 为 Antoine 蒸汽压方程中的系数。

（2）理论塔板数　具有足够多的理论塔板数，是精馏塔能够实现分离的基本条件。一般来说，间歇精馏塔的理论塔板数越高，则能达到的产品纯度和收率越高，过渡馏分量越小，但塔设备的高度也越大，设备投资也越大，同时塔底温度越高，能耗越大。所以，实际设计精馏塔时应综合权衡，选取最佳的理论塔板数。

测定精馏塔理论板数的规范方法为：采用国内外惯例的二元物系正庚烷—甲基环己烷或苯-四氯化碳，使精馏塔在规定的压力和上升蒸气流率下全回流操作，稳定运行足够长的时间，当塔顶浓度稳定不变，即全塔达到平衡状态时，同时测定塔顶和塔底浓度，然后代入芬斯克公式得的塔板数即为所测定条件（压力和上升蒸气流率）下的理论塔板数。

$$N = \ln \left(\frac{x_C}{1-x_C} \times \frac{1-x_B}{x_B} \right) / \ln\alpha \tag{10-9}$$

式中，N 为塔的总理论板数；x_B 为达到平衡时塔釜的摩尔分数；x_C 为达到平衡时塔顶的摩尔分数；α 为相对挥发度。

（3）塔内持液量　当间歇精馏塔工作时，除了塔釜内存有被分离物料外，塔板上（或填料层内）、塔顶冷凝器内以及回流系统均存在一定量的持液。由于间歇精馏是动态过程，塔内各点的组成均随时间持续改变。各部分持液对组成变化具有阻滞和延缓作用。这一点与稳态过程的连续精馏不同。塔顶和塔身有少量的持液（如达到塔釜存液量的 5%）都对过程有显著的影响。通常情况下间歇精馏塔内持液量往往高于此值，因此对产品收率和操作时间具有显著影响。

（4）操作压力　选择不同的操作压力可以将精馏塔的操作温度控制在适宜的范围。通常情况下，工业装置采用蒸汽锅炉供热的最高加热温度可达 160~180℃，采用导热油锅炉供热的最高加热温度可达 260~280℃，采用电加热或直接燃煤加热则最高加热温度可达 300~400℃。选择操作压力时应根据装置供热条件、待分离物料的沸点范围以及热敏温度限制三个方面综合考虑。一般说来，对于沸点低和沸点适中的物料采用常压操作，而对于沸点较高或易分解的物料则采用真空操作，以降低塔釜温度从而有利于加热和避免物料热分解。

（5）回流比　精馏操作中，由精馏塔塔顶返回塔内的回流液流量 L 与塔顶产品流量 D 的比值，称为回流比（R），即 $R=L/D$。回流比是间歇精馏塔最重要的操作控制参数，直接决定着产品纯度、收率、操作时间以及过渡馏分量。回流比越大，塔顶易挥发组分浓度越高，同时产品馏出速率越小，操作时间越长。对于每一产品馏分，如果按恒定回流比采出，只要回流比选择适当，则采出过程中前期得到的馏出物浓度比规定值高，后期得到的馏出物浓度比规定值低。这样，虽然塔顶馏出物浓度随时间而变化，但接收罐内产品的平均浓度最终能够符合要求指标。

（6）上升蒸汽流率　由于制药工业广泛应用的间歇精馏塔绝大多数是填料塔，因此上升蒸汽流率对分离也有明显影响。上升蒸汽流率稳定，精馏塔填料层才有稳定的理论塔板数。

有关 CY 型波纹丝网填料（工业生产广泛应用）理论塔板数随上升单位截面气体负荷的变化规律研究表明，增大上升蒸汽流率，即增大单位截面气体负荷，填料的理论塔板数会下降。

此外，在保证精馏塔具有足够理论塔板数的前提下，上升蒸汽流率越大，则相同回流比下产品馏出速率越大，过程操作时间越短。

3. 间歇精馏产品收率的计算　间歇精馏为非定态操作，蒸馏釜中残液及塔内各处的组成、温度均随时间变化而变化，这使得精馏计算比较复杂。一般在进行设备参数和操作参数的粗略估算时，可参考有关论著采用简化算法。

间歇精馏过程存在过渡馏分，且过渡馏分需要在下一批加料时返回塔釜"重蒸"。因此，在计算产品收率时，考虑和不考虑过渡馏分的"重蒸"，就形成了两种产品收率。只计算一次性投料所产出的成品，而不计入过渡馏分的"重蒸"产品收率，称为间歇精馏的"一次收率"（e），其计算公式如下：

$$e = \frac{x_D D}{x_0 B_0} \tag{10-10}$$

式中，B_0 为初始投料量，kmol；D 为产品量，kmol；x_0 为初始投料量的摩尔分数；x_D 为产品平均的摩尔分数。

当间歇精馏塔经过若干批操作，每次返回塔釜"重蒸"的过渡馏分量趋于恒定的前提下，投入物料仅计入新鲜加料，成品是计入了返回塔釜"重蒸"的过渡馏分量的总产出量，此时的产品收率称为间歇精馏的"总收率"。

设返回塔釜"重蒸"的过渡馏分量为 W，浓度为 x_w，则总收率为 e' 的计算公式如下：

$$e' = \frac{x_D D + e x_w W}{x_0 B_0} \tag{10-11}$$

整理得：
$$e' = e \left(1 + \frac{x_W W}{x_0 B_0}\right) \tag{10-12}$$

间歇精馏的"一次收率"主要反映塔设备的分离能力，其值随被分离物系相对挥发度的不同而异，一般可达60%~80%；间歇精馏的"总收率"综合考虑了塔设备的分离能力和操作控制水平，更加接近于生产实际情况，其值一般可达85%~95%。

（二）中药生产常用的精馏技术

在中药生产过程中，基于简单蒸馏技术的水蒸气蒸馏及分子蒸馏等均是单级分离过程，分离效率有限，只有在组分的沸点差足够大时，才能获得一定纯度的产品。因此常用于挥发油的初步提取或产品的纯化。相反，由于精馏是多级分离过程，分离效率很高，即使在组分的沸点相差很小时，甚至对于同分异构体仍然能够进行组分间的完全分离，获得高纯度的产品。所以，精馏技术常用于混合物分离、产品精制和溶剂回收。以下对用于中药生产的精馏技术原理进行简单介绍。

1. 水蒸气精馏技术 水蒸气精馏主要用于低沸点且相差很近的挥发油组分间的分离。基本方法是从精馏塔的塔底通入水蒸气，使水蒸气与物料蒸气混合均匀，并自下而上进入塔顶冷凝器，被冷凝后在回流罐中与挥发油分层，挥发油冷凝液回流入塔，而水则流回水蒸气发生器循环使用，如图10-7所示。

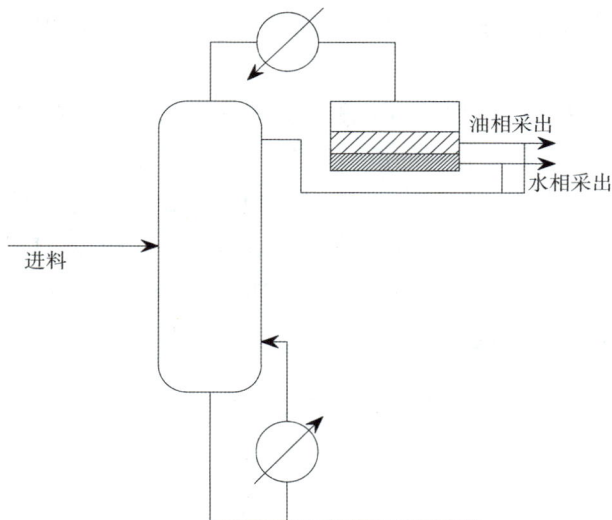

图10-7 水蒸气精馏的流程图

水蒸气精馏是基于两个互不相溶的液相所具有的特殊蒸气压性质而实现的，即在给定的系统温度下，各液相以其纯物质蒸气压为分压贡献于系统总压，这样，总蒸气压等于各个纯液体饱和蒸气压之总和，各组分的分压值以及气相组成也与液相各组分物质的量（摩尔）有关，即：

$$p = p_{水}^0 + \sum p_i^0 \quad (i = 1, 2, \cdots, M) \tag{10-13}$$

式中，$p_{水}^0$为水的饱和蒸气压；p_i^0为挥发油各组分的饱和蒸气压。

当各组分及水的饱和蒸气压之和等于外压时，混合液体开始沸腾，此时相应的沸点低于各纯组分在同压下的沸点。

基于以上原理，尽管植物精油和中药挥发油成分复杂，甚至大多数组分的常压沸点高达

200℃以上，但当有水蒸气伴随时，在常压下也可以在100℃以下进行精馏分离，从而保证中药有效成分不受高温破坏。

水蒸气精馏被广泛应用于精细化工生产中高沸点、热敏性物质的分离提纯以及天然植物精油的分离。由于真空精馏中即使减压至接近塔压力为零时，许多物质的沸点仍远高于100℃，因此水蒸气精馏对于高沸点热敏性混合物的分离具有独特的优点。

目前，中药生产中的挥发油提取应用水蒸气简单蒸馏较多，而对于可进行有效成分浓缩、杂质去除以及挥发油组分分离的水蒸气精馏，应用尚不十分普遍。

2. 用于热敏性物料分离的间歇精馏技术 热敏性间歇精馏技术在中药制药领域中具有一定的应用前景，主要体现在对中药挥发油的精制分离及中药生产过程所用溶剂的回收。挥发油中常含有一些杂质需要去除，若用简单蒸馏，理论板数太少，收率太低，而采用多板数的精馏塔可解决此类问题。水煮醇沉、醇煮水沉以及中药成分的渗漉等提取工艺是现有中药企业常用的提取方法，而这些工艺过程都需要用酒精等有机溶剂，间歇精馏技术可有效、经济地回收这些有机溶剂。

（1）解决热不稳定性体系分离问题的两个思路 在工艺生产和日常生活中遇到的许多有机物单体和中间体、精细化工产品、医药、香料等都具有热敏性。热敏物系本身的热不稳定性给分离提纯带来了很大的困难，采用精馏技术分离这类物料，一般是从以下两方面着手解决，其一是采用真空精馏，以降低釜温，防止热敏物料因过热而分解或聚合；其二是减少热敏物料在受热区的停留时间，改造塔结构，如采用分子蒸馏器、降膜式蒸馏器、喷转喷射塔以及减少物料在受热区的停留时间的其他精馏塔型。

间歇（分批）蒸馏是将被分离物料一次投入塔内逐渐蒸出的过程，虽然工艺时间比较长，但现阶段间歇精馏技术仍是分离热敏物料的重要手段。

（2）影响物料热稳定性的两个因素 温度（或饱和压力）和受热时间是影响物料热稳定性的两个主要因素。在精馏设备中，物料的液相在高温区比气相的停留时间要长，物料的受热时间主要集中在液相，故可以只考虑液相的受热反应。Hickman 和 Embree 指出，受热分解反应的速度常数 K 和蒸气压力 P 都随温度的上升而上升，可近似表达为：

$$\lg K = c_1 - \frac{A}{2.3RT} \tag{10-14}$$

$$\lg p = c_2 - \frac{\Delta H}{2.3RT} \tag{10-15}$$

式中，A 为分解反应的摩尔活化能；ΔH 为气化潜热。

对于高分子量的物料，Hickman 根据分子蒸馏比较 ΔH 和 A 得出 $A \cong \Delta H = 3 \times 4.187 \times 10^4 \text{J/mol}$，这样式（10-14）与式（10-15）可简化为：

$$\lg (P/K) = c_2 - c_1 = 常数 \tag{10-16}$$

假设分解反应为 n 级不可逆反应，则 $\mathrm{d}c_A/\mathrm{d}t = Kc_A^n$，积分得：

$$Kt = \frac{\left[\dfrac{1}{c_{A_1}^{n-1}} - \dfrac{1}{c_{A_0}^{n-1}}\right]}{n-1} \quad (n \neq 1) \tag{10-17}$$

$$Kt = \ln (c_{A_0}/c_{A_1}) \quad (n=1) \tag{10-18}$$

物料浓度从 c_{A_0} 降至 c_{A_1} 所需时间可由式（10-17）和式（10-18）分别求得：

$$t = \frac{\left[\dfrac{1}{c_{A_1}^{n-1}} - \dfrac{1}{c_{A_0}^{n-1}}\right]}{K（n-1）} \quad （n \neq 1） \tag{10-19}$$

或：

$$t = \frac{\ln（c_{A_0}/c_{A_1}）}{K} \quad （n = 1） \tag{10-20}$$

所以，如果给定物料的初始浓度 c_{A_0} 和允许分解后的浓度 c_{A_1}，则可以定出允许的受热时间 t，即

$$Kt = 常数，或 K = 常数/t \tag{10-21}$$

对于物料允许的分解度来说

$$pt = 常数 = D \tag{10-22}$$

Hickman 命名 D 为任一纯化合物允许的分解险度，并指出各种物质的 D 值范围相当大，$D = 0.02 \sim 10^{12}$，故用对数表示 $D_h = \lg D$。King 称 D_h 为热敏物料的稳定性指数 I_s：

$$I_s = D_h = \lg D \tag{10-23}$$

一般也可用 I_s 代表热敏组分的允许受热险度。

对于分子量在 $200 \sim 250$ 之间的物料，Hickman 对不同温度下一些物料的热分解研究表明，分解反应的摩尔活化能一般比物料的气化潜热大，即 $A > \Delta H$，一般：$\Delta H = （10000 \sim 15000）\times 4.187$（J/mol）。R. W. Kjing 表示为：

$$pt^a = 常数 = D \tag{10-24}$$

式中，$a = A/\Delta H$，则：

$$I_s = D_h = \lg D = \lg（pt^a） \tag{10-25}$$

当 $a = 1$ 时，

$$I_s = D_h = \lg D = \lg（pt） \tag{10-26}$$

由于计算中从纯热敏组分的热稳定性指数分析起，由 Antoine 方程，对纯组分有：

$$\ln P = A - B/（C + T） \tag{10-27}$$

代入前式得：

$$t = \exp\left[I_s/\lg e - A + B/（C + T）\right] \tag{10-28}$$

这样就得到对一纯组分在热稳定指数 I_s 下，其受热温度 T 与允许受热时间 t_L 之间的关联式，其对确定合适的蒸馏范围有指导作用。

上述讨论是对纯物料的研究，实际精馏时所面对的总是多元混合物的溶液体系，这就应考虑其他杂质对热敏物料热稳定性的影响。若物料中含有杂质或其他某些高沸物时，物料的热敏性还会加剧。为了提高塔填料的润湿性能，有时对填料表面进行处理，但常会对热敏物料产生热破坏，所以关于物料稳定性的研究还有待完善。

案例 10-1 水蒸气蒸馏用于提纯分离松脂

背景　对采集的松脂进行水蒸气蒸馏，得到液态的松节油和固态的松香。

问题　应用水蒸气蒸馏时加热方法有两个，请分析两种方法的过程，扬长避短择优组合。

分析　方法一为直接蒸汽加热，直接蒸汽又叫开口蒸汽或活汽，常在蒸汽管上钻很多小孔，蒸汽喷出后，除加热外，还有鼓泡作用；方法二为加热方法，除了直接蒸汽外还用间接蒸汽，习惯上称为闭口蒸汽，加热。单用直接蒸汽加热，常有一部分蒸汽冷凝，结果在蒸馏液中出现水

层。此时依照相律只能规定操作总压或温度二者之一，不能同时将二者自由度规定，如规定了操作的总压，则混合液的沸点也就随之而定，即限制了蒸馏温度的提高，故必须同时用闭汽和活汽加热，使活气不致冷凝成水，就可根据需要控制蒸馏温度。

关键　提高蒸汽温度和防止蒸汽冷凝成水分，需要蒸馏时蒸汽过热至300°C左右。

工艺设计

1. 蒸汽干度大，锅内不会形成水层，有两个自由度，在蒸馏时可同时规定蒸馏温度和蒸馏系统的压力。

2. 蒸汽温度越高，比容越大，一定重量的蒸汽鼓泡越多，因而随蒸汽带出的松节油也越多，即效率越高。但是，温度太高，在蒸馏过程中也会引起某写物质的聚合。

3. 蒸汽温度高，锅内无水分存在，有利于防止松香结晶。

评价与小结　以上是蒸馏松节油的情况，相应的高沸点组分逐步增多。另外，从溶液的观点看，脂液是松香溶解在松节油中的混合液，溶剂即松节油越少，沸点越高，因此在蒸馏末期必须提高蒸馏温度，加大活汽用量，才能有利于高沸点的松节油蒸出。

思考题　活气和闭气的关系问题。闭气的作用？活气的作用？

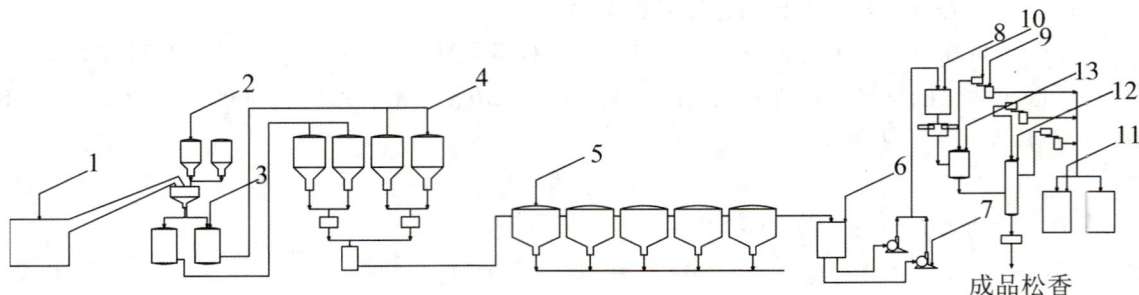

图 10-8　水蒸气蒸馏用于提纯分离松脂

1. 松脂池；2. 溶解油储罐；3. 溶解锅；4. 过渡锅；5. 澄清槽；

6. 储脂罐；7. 脂液泵；8. 高位槽；9. 油水分离器；10. 冷凝器；

11. 松节油储罐；12. 精馏塔；13. 预蒸馏锅

习　题

1. 精馏在制药过程中主要应用于哪些方面？

2. 什么是间歇精馏的一次收率和总收率？这两个值在什么情况下相等？

3. 水蒸气蒸馏的应用条件是什么？

第一节　蒸　发

蒸发是将含有不挥发性溶质的溶液加热至沸腾，使挥发性溶剂部分汽化并移出从而将溶液浓缩的单元操作。低于沸点温度的溶液在表面也发生汽化，但在沸腾时溶液在全部体积范围内发生汽化，两者相比，沸腾汽化，也就是工业上的蒸发操作，是十分强烈的汽化过程，效率较高。

中药汤剂已经有 3000 多年历史，东汉的《伤寒论》中记载的煎煮过程可以看作是固液浸取和蒸发两个单元操作的耦合。明代出版的《天工开物》中还记载了通过蒸发熬卤制盐和煎糖。在现代中药制药过程中，中药提取液通过蒸发分离大部分溶剂，可以得到浓缩液甚至浸膏。

《伤寒论》——东汉·张仲景

12 条桂枝汤：桂枝（三两，去皮）　芍药（三两）　甘草（二两，炙）　生姜（三两，切）大枣（十二枚，擘）

上五味，咀三味，以水七升，微火煮取三升。

《天工开物》——明·宋应星

凡取汁煎糖，并列三锅如"品"字，先将稠汁聚入一锅，然后逐加稀汁两锅之内。若火力少束薪，其糖即成顽糖，起沫不中用。

中药液蒸发过程中需要考虑的两大影响因素：高耗能、热敏性。蒸发主要涉及热量的传递过程，中药液蒸发时溶剂由液相变成气相，这种"相变"过程极其消耗能量。通常蒸发浓缩这个工段的蒸发量又比较大，故而中药液的蒸发过程属于高耗能操作，其能耗通常占整个中药制药企业能耗的 70%~80%，有时甚至更多。另外，中药提取液体系非常复杂，根据提取溶剂的不同，有水提液和醇提液，常常含有多种有效成分以及一定量的鞣质、蛋白、树脂、糖和胶类等杂质。中药中的有效成分多为热敏性物质，在高温浓缩过程中可能存在复杂的物理和化学变化，不仅使中药制剂外观性状和内在质量发生不同程度的改变，更进一步影响其临床疗效；而且杂质容易导致结垢现象，降低传热效率，使浓缩时间延长。

一、蒸发的分类

（一）根据蒸发器的工作原理分类

用来进行蒸发过程的设备称为蒸发器。蒸发器首先要有热量传入以提供溶剂的汽化热，其次要把汽化产生的蒸汽和其夹带的液滴分开，以避免或减少蒸气带走溶质，因此蒸发器都包括加热室和分离室两个基本部分。工业常用蒸发器分为循环型和单程型两种，在循环型蒸发器中，料液做连续的循环流动，以提高传热效率，减少料液结垢，液体滞留量大，受热时间长，不适用于热敏性的料液；在单程型蒸发器中，料液呈膜状流动，液体滞留量少，受热时间短，传热效率高，蒸发速度快，对中药液特别适宜。

（二）根据蒸发器的操作压力分类

蒸发可以在加压、常压或减压下进行，减压下的蒸发称为真空蒸发。真空蒸发具有很多突出优点：①真空度（真空度＝大气压力－绝对压力）越大，则溶液的沸点越低，蒸发在更低的温度下进行，有利于保护热敏性物质；②可以利用低压蒸汽或低温的废气、废水作为加热介质；③蒸发在较低温度下进行，对设备材料的腐蚀性和对外界的热损失都比较小；④若采用相同的加热蒸汽，真空蒸发的传热温度差大于常压蒸发，因而可以减少所需的传热面积。中药生产更适宜真空蒸发。真空蒸发的缺点：①需配备抽真空设备，蒸发温度受冷却水与真空泵的制约，蒸发浓缩系统本身也要有较好的承压性和密封性；②蒸发在低温下进行，溶液的黏度增大，溶液侧的对流传热系数下降。

（三）根据二次蒸汽的利用情况分类

图 11-1 所示为在单程型蒸发器中进行单效减压蒸发的工艺流程图，原料液从加热室顶部加入，经液体分布器均匀地流入加热管内，在溶液自身的重力作用下呈膜状沿管内壁向下流动，液膜受到从管壁传递的热量而蒸发汽化。加热介质通常为饱和水蒸气，又称加热蒸汽、生蒸汽或一次蒸汽。当传热温差不大时，汽化发生在强烈扰动的膜表面，而不是在加热管与液膜的界面（即加热管内表面），因此不易结垢。产生的蒸汽，又称二次蒸汽，通常是与液膜并流往下。由于汽化表面很大，蒸汽中的液沫夹带量较少。料液在管内壁呈膜状流动，不充满管子的整个截面，所以通过的料液量可以很少。气液混合物由加热管下端引出至分离室，二次蒸汽由分离室顶部引出至冷凝器冷凝，完成液将由分离室的底部排出。二次蒸汽中的不凝性气体经分离器和缓冲罐，由真空泵抽出。这种二次蒸汽直接进入冷凝器被冷凝的蒸发过程称为单效蒸发，如果多台蒸发器串联操作，前效产生的二次蒸汽通到后效的加热室作加热蒸汽，则称为多效蒸发。多效蒸发提高了加热蒸汽的利用率，可以节能。

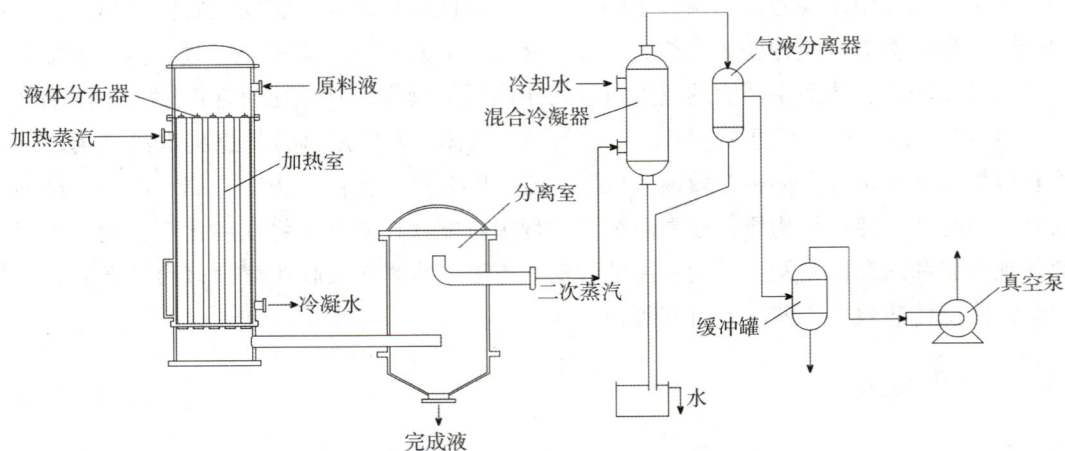

图 11-1　在单程型蒸发器中单效减压蒸发的工艺流程图

（四）根据操作方式分类

工业化生产中大多数蒸发过程是连续式的，即操作中的温度、压力、浓度、流量等各种参数不随时间变化，但在小批量生产中，蒸发也可以间歇进行。

连续操作的产量大，易于自动控制，但整个蒸发过程是在最终完成液浓度下进行，黏度大，因此溶液侧的对流传热系数较小；沸点高，导致传热有效温度差低，实际是在不利的条件下运行的。

间歇操作时，蒸发器内一次性加入料液，随蒸发进行浓度连续升高，其传热条件由较好到较差逐渐变化，这比连续操作始终在较差条件下进行要好一些。

间歇操作方式有两种：①先一次性加入全部料液，蒸发到所需浓度后全部排空，再进行下一批加料蒸发，这就需要蒸发器有很大的存液容积，而在浓缩终了时还要保证加热面仍浸没在溶液中，以免暴露的加热面蒸干结垢；②先加入部分料液，待料液因蒸发而体积减小后，连续或分批补充原料液，直到蒸发器内全部料液达到所需浓度，停车排空，再进行下一批操作，这就需要连续调整补充料液的流量，以保持蒸发器内的液面稳定。

间歇操作时，原料液需要较长的时间预热至沸点，多效蒸发预热时间更长。间歇蒸发还需要设置较大容积的料液储槽和浓缩液储槽。间歇蒸发时，随浓度变化，溶液的沸点、传热系数等都发生变化。

（五）根据蒸发溶剂的类型分类

根据蒸发溶剂的类型可分为单一溶剂蒸发和混合溶剂蒸发。2020 年版《中国药典》收载的中成药中采用热水提取工艺者占总数的四成，因此最常见的单一溶剂是水，本节主要讨论水溶液的蒸发。单一溶剂蒸发时，汽化的溶剂组成是不变的。

中药醇提液和醇沉液的蒸发过程属于混合溶剂蒸发，间歇蒸发过程中溶剂组成不断变化。同样压力条件下，乙醇、水混合溶剂的沸点低于单一溶剂水。图 11-2 为常压下乙醇、水混合液的温度组成图。由图可见，M 点为恒沸点，乙醇的摩尔分率为 0.894，恒沸温度为 78.1℃，即《中国药典》中常用的 95%（mL/mL）的乙醇。常压蒸发过程中，若原料液的乙醇浓度小于 95%，则沸点高于 78.1℃，沸腾汽化的二次蒸汽仍然为乙醇、水的混合溶剂，其浓度大于原料液的乙醇浓度，但小于 0.894。若为间歇操作，随着蒸发的进行，溶液中乙醇浓度不断下降，二次蒸汽中乙醇浓度也不断下降，沸点不断升高。即使"溶液浓缩至无醇味"，溶液中依然含有乙醇。

图 11-2 常压下乙醇、水混合溶剂的温度组成图

二、蒸发的温度差损失

蒸发的目的是分离溶剂，但蒸发的实质是蒸汽冷凝和溶液沸腾之间的传热过程，溶剂的汽化速率取决于传热速率。传热需要一定的温度差作为推动力，蒸发过程的温度差与一般传热过程的温度差有区别。

蒸发过程的温度差是指加热蒸汽的饱和温度 T_s 和冷凝器中二次蒸汽的饱和温度 t_1 之差。加热

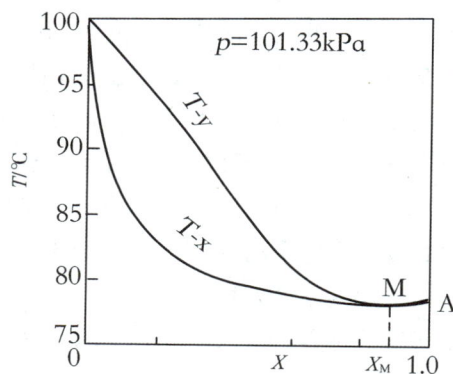

蒸汽的压力越高，其饱和温度也越高；冷凝器的真空度越高，二次蒸汽的温度越低，对应溶液的沸点越低；两者的差值越大，蒸发越快。传热过程的温度差是指传热壁面两侧的加热蒸汽饱和温度 T_s 与沸腾溶液沸点 t 之差，也称为蒸发过程的有效温度差。

冷凝器中二次蒸汽的温度 t_1 不等于溶液沸点 t，通常低于溶液沸点，从而造成蒸发过程的温度差 $T_s - t_1$ 大于传热过程的温度差 $T_s - t$，两者的差值称为蒸发的温度差损失 Δ。温度差损失是蒸发过程区别于一般传热过程的重要标志。由于 $\Delta = (T_s - t_1) - (T_s - t) = t - t_1$，可知蒸发的温度差损失就等于溶液沸点与冷凝器中二次蒸汽的温度之差。引起温度差损失的原因有三个。

1. 因溶质存在而引起的温度差损失 Δ'　由拉乌尔定律可知，溶液中由于含有不挥发性溶质，同样温度下溶液的蒸汽压比纯溶剂的低，因此在一定压力下溶液的沸点比纯溶剂的高，这种现象称为沸点升高。一般稀溶液和有机溶液的沸点升高值较小，但是无机盐溶液的沸点升高值较大，有时可高达数十度。例如，常压下 50% NaOH（质量分数）水溶液的沸点是 143℃，而纯水的沸点为 100℃，此时溶液沸点升高 43℃。

在蒸发器的分离室压力条件下，因溶质的存在引起溶液的沸点高于二次蒸汽的温度，该沸点升高值就是因溶质存在而引起的温度差损失，用 Δ' 表示。

待浓缩的中药液中溶质通常非单一物质，在常压下的沸点一般通过实验测得，部分常见溶液的沸点也可在有关书籍或手册中查到。但蒸发操作常常在减压下进行，计算非常压下的溶液沸点，可用 $\Delta' = 0.0162 \dfrac{(T' + 273)^2}{r'} \Delta'_a$ 估算。式中，Δ' 为操作压力下的沸点升高值，单位为℃；Δ'_a 为常压下的沸点升高值，单位为℃；T' 为操作压力下二次蒸汽的饱和温度，单位为℃；r' 为操作压力下二次蒸汽的汽化潜热，单位为 kJ/kg。

2. 因液柱静压力而引起的温度差损失 Δ''　某些蒸发器的加热管内积有一定高度的液层，液层内各截面上的压力大于液体表面压力，因此液层内溶液的沸点高于液面的沸点。液层内部沸点与表面沸点之差称为液柱静压力引起的温度差损失，用 Δ'' 表示。为了简便，计算时往往以液层中部的平均压力 p_m 及相应的沸点为准，中部的压力 p_m 等于液面上方二次蒸汽的压力 p' 加上 $\rho g l / 2$，l 为液层高度，根据平均压力 p_m 和 p' 查出纯水的相应沸点，用两个压力下纯水的沸点之差计算因液柱静压力引起的温度差损失 Δ''。

由于溶液沸腾时液层内混有气泡，故液层的实际密度较纯液体密度 ρ 要小，因此计算得到的 Δ'' 偏大。此外，当溶液在加热管内的循环速度较大时，就会因流体阻力使平均压力增高，计算 p_m 时未考虑这项影响，但可以抵消前述的部分误差。计算的 Δ'' 仅为估计值。

3. 因管路流动阻力而引起的温度差损失 Δ'''　多效蒸发中二次蒸汽由前效经管路流至后效作为加热蒸汽，单效蒸发中二次蒸汽从分离室流向冷凝器，因管道流动阻力使二次蒸汽的压力下降，温度也相应降低，引起温度差损失，用 Δ''' 表示。影响 Δ''' 的因素很多，如二次蒸汽的流速，管路的材料、结构、形状、长度，管件的数量等。管子越长，管件越多，则 Δ''' 的值越大，实际上难以精确计算，常取 1~1.5℃。

蒸发的总温度差损失 $\Delta = \Delta' + \Delta'' + \Delta'''$。控制冷凝器真空度一定的情况下，若温度差损失很大，则蒸发的沸点就很高，必须提高加热蒸汽的压力以保证具有必要的传热温度差。

三、蒸发过程的节能

蒸发过程中溶剂汽化需吸收大量的汽化热，因此消耗大量的加热蒸汽，此项热量消耗构成蒸发过程的主要操作费用。蒸发过程想要节能，必须设法提高加热蒸汽的利用率，需要充分利用较低温位的二次蒸汽、温度较高的冷凝液的余热。

【中国制造 2025 九大任务——全面推行绿色制造】

任务 5

加大先进节能环保技术、工艺和装备的研发力度，加快制造业绿色改造升级；积极推行低碳化、循环化和集约化，提高制造业资源利用效率；强化产品全生命周期绿色管理，努力构建高效、清洁、低碳、循环的绿色制造体系。

加快制造业绿色改造升级。全面推进钢铁、有色、化工、建材、轻工、印染等传统制造业绿色改造，大力研发推广余热余压回收、水循环利用、重金属污染减量化、有毒有害原料替代、废渣资源化、脱硫脱硝除尘等绿色工艺技术装备，加快应用清洁高效铸造、锻压、焊接、表面处理、切削等加工工艺实现绿色生产。加强绿色产品研发应用，推广轻量化、低功耗、易回收等技术工艺，持续提升电机、锅炉、内燃机及电器等终端用能产品能效水平，加快淘汰落后机电产品和技术。积极引领新兴产业高起点绿色发展，大幅降低电子信息产品生产、使用能耗及限用物质含量，建设绿色数据中心和绿色基站，大力促进新材料、新能源、高端装备、生物产业绿色低碳发展。

（一）多效蒸发

将二次蒸汽通入另一蒸发器的加热室，只要后者的操作压力和溶液沸点低于原蒸发器的值，则通入的二次蒸汽仍能起到加热作用，仅第一效需要消耗生蒸汽，这就是多效蒸发。

在多效蒸发中，每一个蒸发器都称为一效，第一个生成二次蒸汽的蒸发器称为第一效，利用第一效的二次蒸汽来加热的蒸发器称为第二效，以此类推，最后一个蒸发器称为末效。由于各效（末效除外）的二次蒸汽都作为下一效的加热蒸汽，故提高了生蒸汽的利用率。例如，当原料液在沸点下进入蒸发器，并忽略热损失、各种温度差损失以及不同压力下汽化热的差别时，理论上，1kg 生蒸汽在单效蒸发时可蒸发 1kg 水，加热蒸汽消耗量 D/溶剂蒸发量 $W \approx 1$，双效蒸发时 $D/W \approx 1/2$，三效蒸发时 $D/W \approx 1/3$，……n 效蒸发时 $D/W \approx 1/n$。若考虑实际上存在的各种温度差损失和蒸发器热损失，则多效蒸发的经济性比理论值要小。表 11-1 列出了实际蒸发操作中最小的 D/W 值。

表 11-1　蒸发 1kg 水所需的生蒸气 D/W

效数	单效	双效	三效	四效	五效
D/W	1.1	0.57	0.4	0.3	0.27

通常，工业中的多效蒸发操作的效数并不是很多，一方面因为效数增加，虽然减少了操作费用，但是设备的投资费用增大；另一方面因为效数越多，温度差损失越大，总的有效温度差越小，应保证各效蒸发器中传热有效温度差不小于 5~7℃。对于中药液的蒸发，由于其温度差损失较小，所用效数可取 3~4 效。

（二）二次蒸汽再压缩

将分离室排出的二次蒸汽进行压缩，使其温度升高，与溶液形成足够的传热温度差，就可以回到蒸发器的加热室作加热蒸汽。这样，只需补充一定的能量，便可将二次蒸汽的潜热加以利用，使蒸发过程顺利进行，这种方法称为热泵蒸发。

二次蒸汽再压缩有两种方法，机械式蒸汽再压缩和热力蒸汽再压缩。

1. 机械式蒸汽再压缩（mechanical vapor recompression，MVR） 如图 11-3 所示，由蒸发器产生的二次蒸汽被压缩机绝热压缩，其温度提高至所需加热蒸汽的温度，进入加热室。此种蒸发仅需在蒸发启动阶段提供适量加热蒸汽，一旦操作稳定就无须再补入生蒸汽，只消耗少量电能，既节省大量的加热蒸汽又节约冷却水。适用于沸点升高不大的溶液的蒸发，年度总成本介于三效到四效之间。MVR 的关键设备是压缩机，常用的有三种：罗茨式、螺杆式、离心式，投资费用较大，维修保养费用较高。

2. 热力蒸汽再压缩（thermal vapor recompression，TVR） 如图 11-4 所示，高压蒸汽进入喷射泵的喷嘴，加速减压，在二次蒸汽吸入口处形成低压，将二次蒸汽吸入、混合，然后一起进入喷射泵的扩压管，减速加压，在所需的加热蒸汽压力下出喷射泵，进入加热室作加热蒸汽。与 MVR 相比，TVR 的能量利用率较低，其节能效率介于二效和三效之间。但因其本身结构简单，费用低廉，消耗蒸汽而不耗电，可以在投资较少的前提下取得较大的节能效果和经济效益，因而很受一些企业的欢迎。

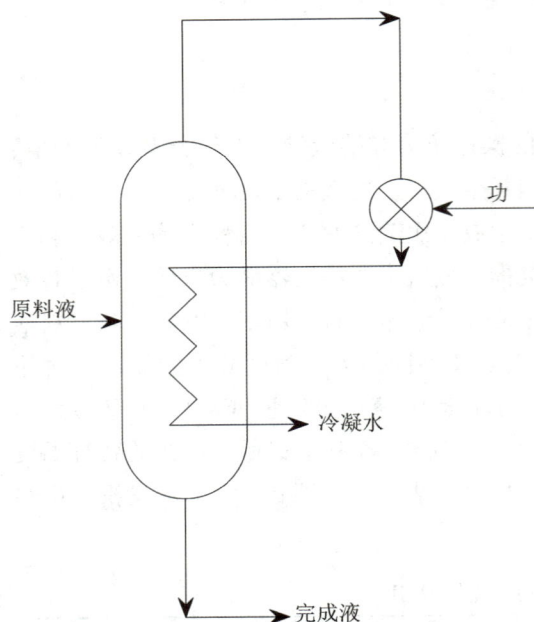

图 11-3 机械式蒸汽再压缩

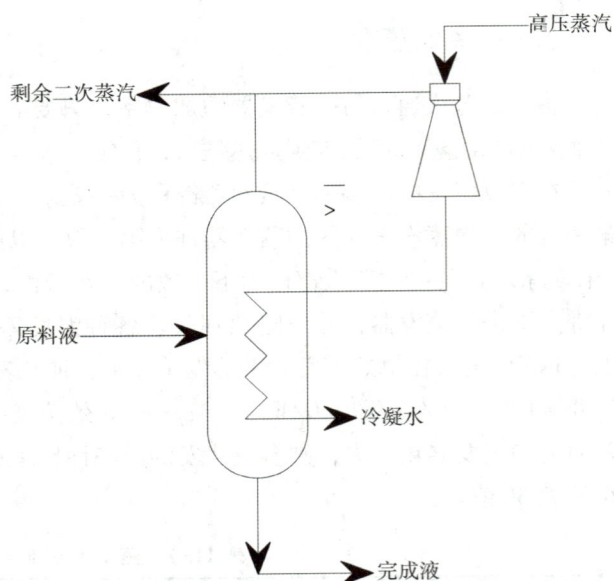

图 11-4 热力蒸汽再压缩

（三）额外蒸汽的引出

将蒸发器产生的二次蒸汽引出或部分引出，作为其他加热设备的热源，既提高加热蒸汽的利用率又节约大量的冷却水。必须注意，若在第 i 效中引出数量为 E_i 的额外蒸汽，在相同的蒸发任务下，必须向第一效多供应一部分生蒸汽。如果此生蒸汽的补加量与额外蒸汽引出量相等，则额外蒸汽的引出并无经济效益。然而，从第 i 效引出的额外蒸汽实际上在前几效已经反复地被用作加热蒸汽，因此，补加的生蒸汽量必较额外蒸汽引出量为少，而且越从后几效取出额外蒸汽，增加的生蒸汽消耗量越少。

（四）冷凝水的利用

从蒸发器的加热室有大量冷凝水排出，这部分冷凝水温度高而且洁净，完全可用它预热原料或加热其他物料。也可以将排出的冷凝水减压，冷凝水减压后因过热产生自蒸发现象，汽化的蒸汽可与二次蒸汽一起作为后一效的加热蒸汽。

四、蒸发设备

蒸发设备实为传热设备，主要区别在于加热室的型式，最初采用夹套式或蛇管式加热装置，其后则有横卧式短管加热室及竖式短管加热室，继而又发明了竖式长管液膜蒸发器，以及刮板薄膜蒸发器等。按照传热方式的不同，分为直接加热和间接加热两大类，后一类加热方式最为常用，分为循环型与单程型两类。

（一）循环型蒸发器

这类蒸发器的特点是溶液在蒸发器内做循环流动。根据液体循环原理的不同，又可将其分为自然循环和强制循环两种类型。前者是借助在加热室不同位置上溶液的受热程度不同，使溶液产生密度差而引起的自然循环；后者依靠外加动力使溶液进行强制循环。目前常用的循环型蒸发器有以下几种。

1. 中央循环管式蒸发器　中央循环管式蒸发器结构如图 11-5 所示。其下部的加热室由垂直的加热管束组成，中间有一根直径较大的中央循环管。当管内液体被加热沸腾时，中央循环管内气液混合物的平均密度较大，其余加热管内气液混合物的平均密度较小。在密度差的作用下，溶液由中央循环管下降，由加热管上升，做自然循环流动。溶液的循环流动提高了沸腾表面传热系数，强化了蒸发过程。

中央循环管式蒸发器具有结构紧凑、制造方便、传热效率高、操作可靠等优点，应用十分广

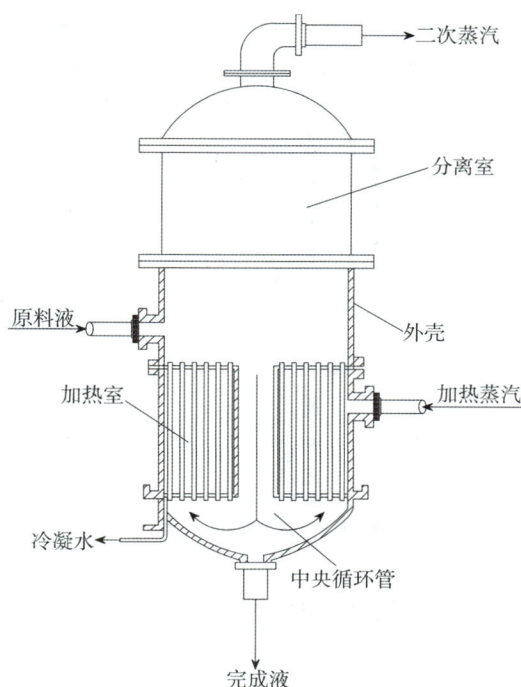

图 11-5　中央循环管式蒸发器

泛，有"标准蒸发器"之称。为使溶液有良好的循环，中央循环管的截面积一般为其余加热管总截面积的 40%～100%；加热管的高度一般为 1～2m；加热管径多在 25～75mm 之间。但实际上，由于结构上的限制，其循环速度一般在 0.4～0.5m/s 以下；加热管内溶液浓度始终接近完成液浓度，故有溶液黏度大、沸点高等缺点；清洗和维修也不够方便。中央循环管式蒸发器适用于处理结垢不严重、腐蚀性较小的溶液。

2. 悬筐式蒸发器　悬筐式蒸发器的结构如图 11-6 所示，是中央循环管式蒸发器的改进。加热蒸汽由中央蒸汽管进入加热室，加热室悬挂在蒸发器内，可由顶部取出，便于清洗与更换。包围管束的外壳外壁面与蒸发器外壳内壁面间留有环隙通道，其作用与中央循环管类似，操作时溶液形成沿环隙通道下降而沿加热管上升的循环运动。一般环隙截面积约为加热管总截面积的

100%~150%，大于中央循环管式，因此溶液循环速度较高，在 1~1.5m/s 之间，改善了加热室内结垢情况，并提高了传热速率。由于与蒸发器外壳接触的是温度较低的沸腾液体，故其热损失较小。悬筐式蒸发器适用于蒸发易结垢或有晶体析出的溶液。它的缺点是结构复杂，单位传热面需要的设备材料量较大，加热室内的溶液滞留量大。

3. 外热式蒸发器 外热式蒸发器的结构如图 11-7 所示，这种蒸发器的加热室与分离室分开，这样不仅便于清洗与更换，而且可以降低蒸发器的总高度。因其加热管较长（管长与管径之比为 50~100），同时由于循环管内的溶液不被加热，其密度较加热管内的大，故溶液的循环速度大，可达 1.5m/s。

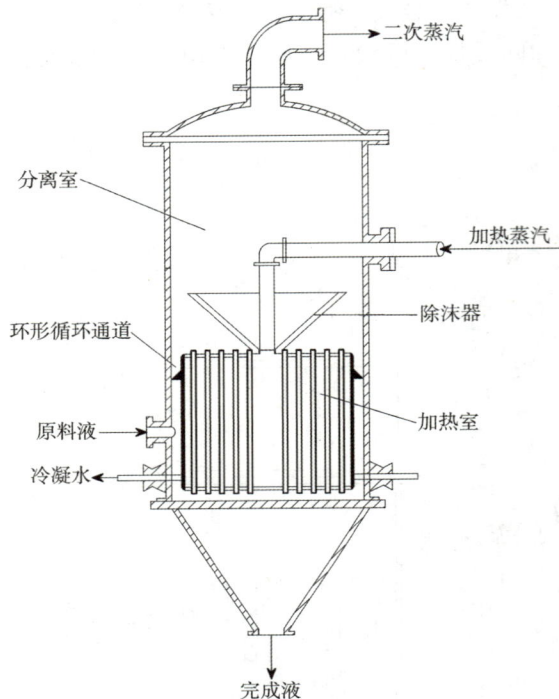

图 11-6 悬筐式蒸发器   图 11-7 外热式蒸发器

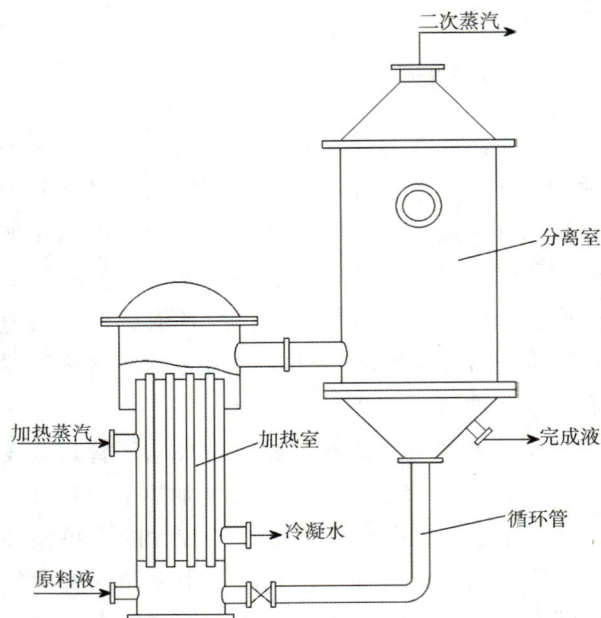

上述几种自然循环蒸发器，其循环速度均在 1.5m/s 以下，一般不适用于蒸发黏度较大、易结晶或结垢的溶液，否则操作周期就很短。为了提高自然循环速度以延长操作周期和减少清洗次数，可采用如图 11-8 所示的列文式蒸发器。

4. 列文式蒸发器 列文式蒸发器的加热室高度大，其上增设沸腾室，这样加热室中的溶液因受到附加的液柱静压力作用并不沸腾，而是在上升到沸腾室内所受静压力降低后才开始沸腾，因而使溶液的沸腾由加热室移到了没有传热面的沸腾室。另外，这种蒸发器的循环管的截面积为加热管总截面积的 2~3 倍，溶液向下流动的阻力小，因而循环速度可达 2.5m/s 或更高。这些措施不仅对减轻和避免加热管表面结晶和结垢有显著的作用，且传热系数也较大，适用于处理有晶体析出或易结垢的溶液。其缺点是设备庞大，需要高大的厂房。此外，由于液层静压力大，故要求加热蒸汽的压力较高。

5. 强制循环蒸发器 强制循环蒸发器的结构见图 11-9。为提高循环速度，采用泵进行强制循环，循环速度的大小可由调节泵的流量来控制，一般在 2.5m/s 以上。此类蒸发器可用立式、卧式或板式换热器。卧式加热器的上方通常有足够高的液体静压力，加热室中的液体受热但不沸腾。待液体流至上方空间时，由于压力降低产生闪蒸，使汽化与加热面分离，减少了加热面上结垢的可能。此外，流体流动不依赖于热虹吸，传热温差可按溶液物性独立设定。

强制循环蒸发器的优点是传热系数大，对于黏度较大或易结晶、结垢的物料适应性较好，但其动力消耗较大。

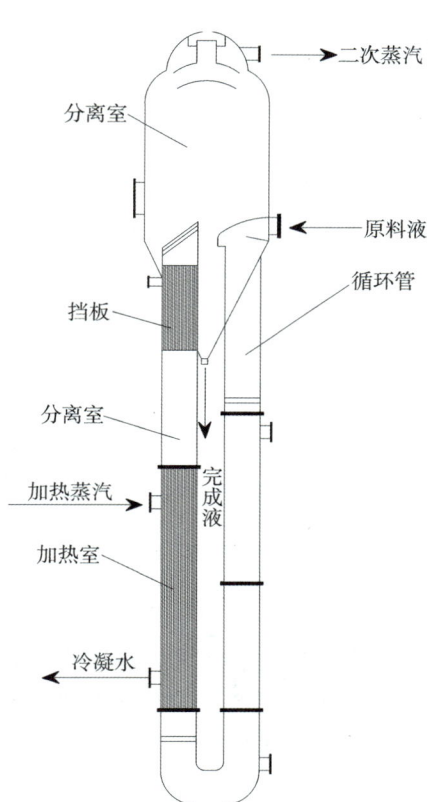

图 11-8　列文式蒸发器

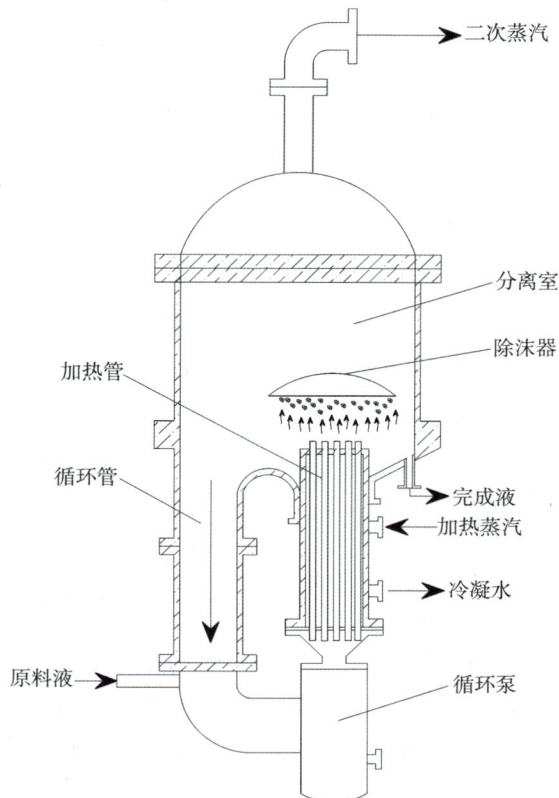

图 11-9　强制循环蒸发器

（二）单程型蒸发器

单程型蒸发器的特点是，溶液沿加热管壁成膜状流动，一次通过加热室即达到要求的浓度，而停留时间仅数秒或十几秒钟。单程型蒸发器的主要优点是传热效率高，蒸发速度快，溶液在蒸发器内停留时间短，因而特别适用于热敏性物料的蒸发。

按物料在蒸发器内的流动方向及成膜原因的不同，可以分为以下几种类型：①升膜蒸发器；②降膜蒸发器；③刮板薄膜蒸发器。

1. 升膜蒸发器　升膜蒸发器的加热室由一根或数根垂直长管组成，如图 11-10 所示。通常加热管直径为 25~50mm，管长与管径之比为 100~150。料液经预热后由蒸发器底部引入，进入加热管内受热沸腾后迅速汽化，生成的蒸汽在加热管内高速上升。溶液则被上升的蒸汽所带动，沿管壁成膜状上升，并在此过程中继续蒸发，汽、液混合物在分离器内分离，完成液从分离器底部排出，二次蒸汽则在顶部导出。为了能在加热管内有效地成膜，上升的蒸汽应具有一定速度。例如，常压操作时适宜的出口气速一般为 20~50m/s，减压操作时气速则应更高。因此如果从料液中蒸出的水量不多，就难以达到上述要求的气速，即升膜式蒸发器不适用于较浓溶液的蒸发；对黏度很大、易结晶或易结垢的物料也不适用；适用于蒸发量较大的稀溶液、热敏性及易起泡沫的溶液。

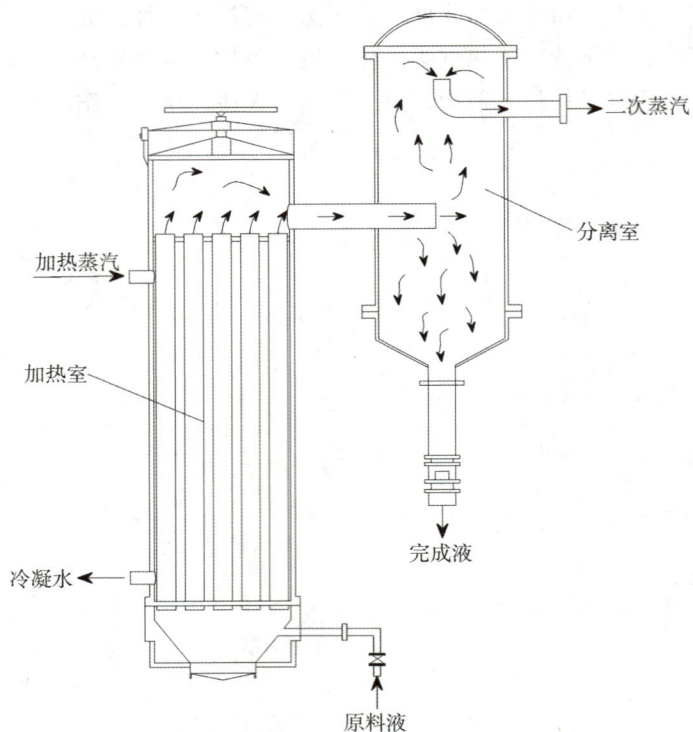

图 11-10　升膜蒸发器

2. 降膜蒸发器　如图 11-11 所示，降膜蒸发器和升膜蒸发器的区别在于，料液是从蒸发器的顶部加热，在重力作用下沿管壁成膜状下降，并在此过程中不断被蒸发而增浓，在其底部得到完成液。为使液体在进入加热管后能有效地成膜，每根管的顶部都装有液体分布器。

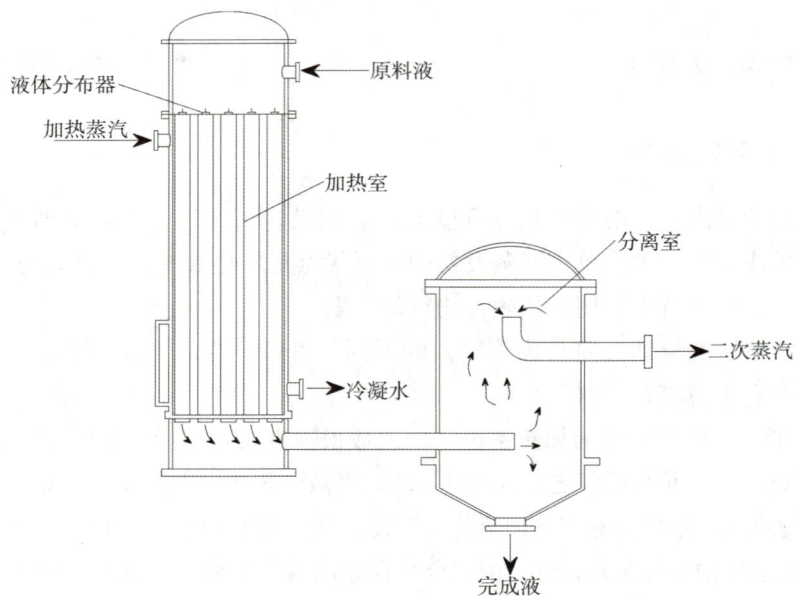

图 11-11　降膜蒸发器

降膜蒸发器可以蒸发浓度较高的溶液，对于黏度较大的物料也能适用，但对于易结晶或易结垢的溶液不适用。此外，由于液膜在管内分布不易均匀，与升膜蒸发器相比，其传热系数较小。

3. 刮板薄膜蒸发器　如图 11-12 所示，刮板薄膜蒸发器主要由加热套管和旋转刮板组成，加热套管为一根较粗的直立圆管，外有夹套，分为几段隔开，以调节不同的加热温度，夹套内通入加热蒸汽。

料液自顶部进入蒸发器后，在重力和旋转刮板的搅动下分布于加热管壁，呈膜状旋转向下流动，并在下降过程中不断被蒸发。汽化的二次蒸汽在加热管上端无套管部分被旋转刮板分去液沫，然后由上部抽出并加以冷凝，浓缩液由蒸发器底部放出。

刮板薄膜蒸发器借助外力强制料液成膜流动，适用于高黏度、易结晶、易结垢的浓溶液的蒸发，且能获得较高的传热系数。某些场合下可将溶液蒸干，而由底部直接获得粉末状的固体产物。这种蒸发器的缺点是结构复杂、制造要求高，加热面积不大，动力消耗大，受夹套式传热面的限制，处理量小。

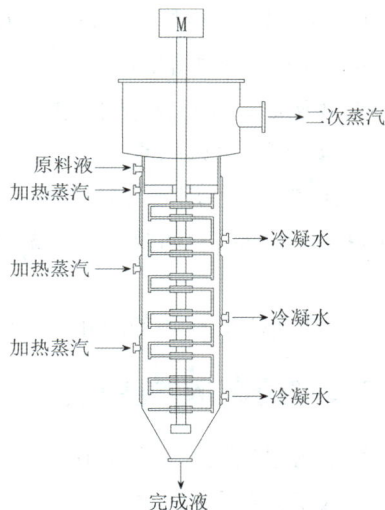

图 11-12　刮板薄膜蒸发器

第二节　溶剂回收

溶剂，与溶质相对应，是一类可以溶解溶质形成溶液的化合物，可以为固体、液体、气体。在工业生产中最普遍的溶剂是水，有机溶剂则是包含碳原子的有机化合物。溶剂通常拥有比较低的沸点，容易挥发。

中药制药过程中不可避免地需要使用大量的溶剂，例如，在中药提取分离过程中，会用到不同浓度的酒精；在柱层析纯化物质过程中，需要使用大量的洗脱液对纯化柱上吸附的物质进行梯度洗脱；在结晶后形成大量含有少部分不挥发性产品的母液；固体物料干燥会产生气态混合溶剂，由于干燥过程不尽相同，气态混合物的成分存在较大差异。

从企业的角度看，大量溶剂如果可以进行有效回收和循环使用，可以降低生产成本，提高企业经济效益；从环境保护的角度看，对溶剂进行回收，可减少废液、废气的排放，达到环保要求，实现可持续发展，也保护人类和动植物的生命安全。可以说溶剂回收和有效利用是实现经济、环境、社会协调发展的必要途径。

一、溶剂回收的依据

GMP 附录 2：原料药　第三十八条"物料和溶剂的回收"，明确提出（二）溶剂可以回收。回收的溶剂在同品种相同或不同的工艺步骤中重新使用的，应当对回收过程进行控制和监测，确保回收的溶剂符合适当的质量标准。回收的溶剂用于其他品种的，应当证明不会对产品质量有不利影响。（三）未使用过和回收的溶剂混合时，应当有足够的数据表明其对生产工艺的适用性。（四）回收的母液和溶剂以及其他回收物料的回收与使用，应当有完整、可追溯的记录，并定期检测杂质。

GMP 第一百三十三条　产品回收需经预先批准，并对相关的质量风险进行充分评估，根据评估结论决定是否回收。回收应当按照预定的操作规程进行，并有相应记录。回收处理后的产品应当按照回收处理中最早批次产品的生产日期确定有效期。

ICH Q7 14.4 物料与溶剂的回收

14.40 只要有核准的回收方法，并且回收的物料符合其使用标准，反应物、中间体或原料药的回收（例如，从母液或滤液中）是可以接受的。

14.41 溶剂可以回收，并在同一工序或不同工序重新使用，只要回收过程得到了控制和监测，确保在重新使用或与其他核准的物料混合前，这种溶剂符合一定的标准。

14.42 新鲜的和回收溶剂和试剂可以混合，如果有足够的测试表明它们适用于所参与的生产工序。

14.43 回收溶剂、母液和其他回收的物料的使用应当有足够的文件作证。

二、溶剂回收的基本原则

溶剂可以回收，进行套用，但是不能带入超过标准的杂质，造成交叉污染。套用的溶剂会进入不同的工艺阶段，如果控制不当，会造成严重后果。

回收的溶剂业界常见的做法是使用在相同的工艺中。一般不用于其他品种的生产，也不用于最终的精制步骤，最好用于同一品种的同一工序步骤。

随着物料的多次套用，微量杂质会积累，导致最后无法除掉，所以回收溶剂的使用和套用比例、套用次数应该进行验证，证明此限度之内不会影响下一批次的杂质含量。如果无限套用，需要证明回收溶剂具有与新鲜溶剂等同的质量标准。

将回收的溶剂用在不同的工艺中，ICH Q7 并没有反对这种行为，但这种情况显然存在交叉污染风险，需要格外慎重。这时企业需要说明回收溶剂共用的合理性和适用性，以及制定科学合理的检验方法和残留限度加以控制。

ICH Q7 对回收溶剂未强制进行验证，企业可以根据自己的情况选择制订合理的控制和监测方式。

三、溶剂回收工艺

（一）固液混合物中的溶剂回收

通过结晶可以得到结晶产品和大量的结晶母液，这一类固液混合物中的溶剂通常先通过过滤或离心实现固液分离，分离出的母液可能含有少部分不挥发的产品成分和其他杂质，也可能含有少量可挥发的杂质，通常不经回收处理，直接套用，应记录套用次数。

（二）液态混合物中的溶剂回收

中药经酒精提取之后的醇提液，柱层析纯化过程的洗脱液，液液萃取之后的萃取相、萃余相，这些液态混合物中的溶剂回收要根据杂质的类型和溶剂的组成进行选择。

1. 蒸发冷凝和喷雾冷凝　液态混合物通过蒸发或者喷雾干燥将溶剂气化，再通过冷凝器冷凝得到溶剂冷凝液，回收过程只是气化和冷凝，没有太多分离除杂的作用；产品有可能被夹带到溶剂中一起出来；如果液态混合物本身存在多种溶剂，则溶剂冷凝液得不到分离；还含有很大水分。如果不进一步精馏处理，直接回用，考虑用在同一产品的同一步骤。还可以部分回收，加入一部分新的溶剂作为补充。这种回收通常是在生产车间现场进行的，是同一产品生产线的设备。

2. 精馏　将液态混合物收集起来，先经过或不经过适当的前处理（可以是过滤、加药反应沉降过滤、萃取），再进入精馏塔，收集特定温度范围的组分，其他温度范围的组分进入下次精馏过程循环再处理，或者排放至污水处理（有或者无，比如膜过滤或柱层析以将水分或杂质降至更低的程度），对收集的组分进行检验，符合标准后放行回用。这种回收需要收集溶剂到统一的地方进行，有可能是专用的，也有可能是共用的，如果是后者，由于共线造成"污染"引入其他杂质、溶剂，需要特别考虑。通过完整的精馏过程处理的溶剂，是回收处理最完全的，基本不含活性物质、有关物质和降解产物，可用于同一产品或不同产品的工艺中，不存在套用次数的问题。用于同一产品的同一步骤或不同步骤的工艺中时，从工艺的角度需要考虑水分和其他溶剂的影响；用于不同产品的工艺中时，除了考虑水分和其他溶剂的影响外，还要对溶剂中的活性成分、有关物质和降解产物有更严格的要求。

（三）气态溶剂的回收

干燥过程中需要回收的溶剂基本呈气态，这些气态混合物由于干燥物料的性质、预期干燥程度、生产条件的不同，其成分和特点差异巨大，相应的溶剂回收方法不尽相同，有吸收法、吸附法、冷凝法、膜分离法。

四、溶剂回收工艺的验证

单做溶剂回收工艺验证意义不大，一般是结合生产工艺一起验证。先用新鲜溶剂生产几批；每批的溶剂单独回收、检测合格后，用全部的回收溶剂（或规定好回收溶剂的使用量）投入生产工艺中，如此往复。再用经回收溶剂生产中间产品往下一工序继续生产，直至做出最终产品，经检测合格，与用新鲜溶剂生产的产品检测数据对比，必要时进行稳定性考察。规定回收溶剂的套用使用量，验证好，以后不得超过这个量。溶剂回收与再用应在上报的注册文件中加以说明，得到注册批准后才能实施。

验证方法：回收溶剂的使用原则就是不影响产品质量，标准就是该工序所用溶剂达到的质量标准，如何做到适当检测取决于回收物料的计划用途。

（一）溶剂回收工艺的验证

证明回收工艺是不是可以稳定地生产出符合所定的质量标准的溶剂。

1. 确定回收工艺。预订质量标准和检验方法：依据工业级溶剂标准及理论分析溶剂中可能存在的产品、挥发性和非挥发性杂质的残留水平制定标准和检验方法。

2. 按照制定的回收工艺进行溶剂回收，并按标准逐批检测。

3. 生产一定批数后，对所定的回收工艺进行评估，分析工艺是否稳定；对检测结果进行统计分析，制定质量标准；然后根据检测结果进行风险评估，决定是否可以周期检测。

（二）产品的工艺验证

产品的工艺验证一般都是 3 批，但是很多验证内容难以在 3 批中实现。这就需要在生产中对使用情况进行监控，监控一定批次（几十批或一段时间）后再进行一次总结，对产品质量和杂质积累进行分析评估，并根据总结制订出以后的控制标准或增加监控指标和以后的检测频率。

案例 11-1　复方穿心莲片流膏的提取浓缩工艺

背景　复方穿心莲片，主要成分是穿心莲、路边青，工业化生产流程主要由提取、过滤、浓缩、醇沉、吸附、洗脱、收膏、干燥、制剂及相应的乙醇回收等工序组成。

问题 提取、浓缩工序都是多变量、扰动大、非线性的复杂动态系统。造成这些问题的主要原因表现在以下两个方面：中药有效成分的复杂性，中药材质量的不稳定性。现有中药提取浓缩生产线大都采用传统的提取浓缩方式，无法达到生产自动化、标准化，一直是中药走向世界的瓶颈。而且生产中产生的废水、废气、废热直接排到空气中，造成能源浪费、环境污染等问题。

分析 采用机械式蒸汽再压缩蒸发工艺和自动化控制，实现节能、溶剂回收和绿色制造的目标。

关键 提取浓缩工艺的选择。

工艺设计 具体流程见图11-13，中药饮片在提取罐中95℃水提，提取液2t/h，输入贮液罐中。将贮液罐中的中药液通过换热器加热到预置温度，然后抽取到蒸发室，通过加热部分汽化进入分离室，二次蒸汽经过气液二次分离室后，经过高功率动力泵压缩到预置温度，一部分回到蒸发室作加热介质，放出热量给蒸发室里的中药液后成为冷凝液，回到冷凝液缸；另一部分回到提取罐作加热介质。中药液浓缩到流膏比重1.2后，浓缩液抽取到浓缩液缸中；若未达到浓度要求，则将中药液抽取到蒸发室，继续蒸发浓缩。加热介质的冷凝液从冷凝液缸中抽取到提取罐中循环利用。浓缩后流膏出料温度90℃。整个提取浓缩过程是由比例微积分PID控制的内循环式系统。

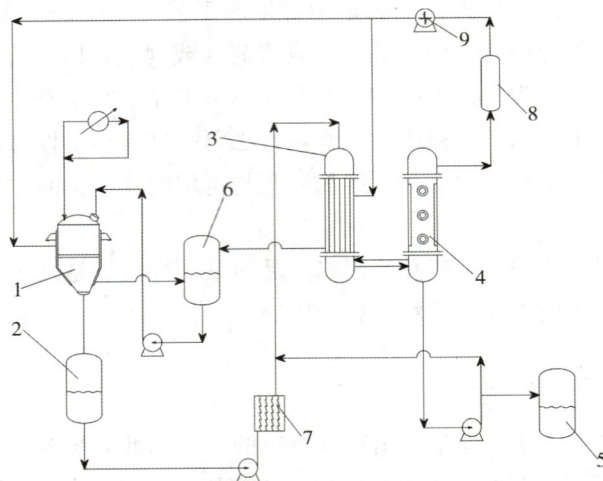

图11-13 中药的提取浓缩工艺流程图
1. 提取罐；2. 贮液罐；3. 蒸发室；4. 分离室；5. 浓缩液缸；
6. 冷凝液缸；7. 换热器；8. 气液二次分离室；9. 高功率动力泵

评价与小结 传统二效蒸发器蒸发1kg水分需消耗蒸汽0.6kg，1kg标准煤产生6kg蒸汽，1kg标准煤市价0.8元，不同温度水的焓值：$H_{30} = 125.6\text{kJ/kg}$，$H_{90} = 376.81\text{kJ/kg}$，$H_{95} = 397.75\text{kJ/kg}$，$H_{100} = 418.68\text{kJ/kg}$，100℃水蒸气的焓值 $H = 2677\text{kJ/kg}$。通过传统的双效浓缩工艺和本发明的提取浓缩方法对比，相关实验数据如表11-2所示。在浓缩过程中，采用机械式蒸汽再压缩蒸发技术，节约了能耗，浓缩后剩余加热蒸汽的热量和冷凝水（废水）都再次用于提取过程，实现了废水、废气余热的循环利用，一方面降低了对环境的污染，另一方面降低了提取过程中的能源需求。

表 11-2 两种提取浓缩工艺的数据对比

对比项目		传统工艺提取浓缩工艺及设备		机械式蒸汽再压缩蒸发+PID 控制	
		水提取（95℃）	双效浓缩设备	水提取（95℃）	新型浓缩
标准煤		544300/2677/6=33.9kg	600×2/6=200kg	41900/2677/6=2.6kg	0
水	耗水	2000kg		2000×0.012=24kg	0
	冷却水	少量	10000kg，温度升高，生产效率下降	少量	0
	洗涤水	多	多	少	少
电		多 1.2kwh	少	6.0kwh	
蒸汽	耗蒸汽	2000×（397.75-125.6）=544300kJ	1200×2677=3212400kJ	2000×（397.75-376.8）=41900kJ	0，不需要蒸汽
废气	气体	33.9×2.62=88.82kgCO$_2$	200×2.62=524kgCO$_2$	2.6×2.62=6.81kgCO$_2$	0
	热量	多，不回收	多，不回收	少，不回收	少，不回收
废水	液体	废水多	1100kg 废水，2000×（1-1.2%）=1976kg 不同温度、压力产生的混合冷凝水，难回收	少	2000×（1-1.2%）=1976kg 标准温度、压力产生的冷凝水，可全部回收利用
	热量	多，不回收	多，回收利用	少，不回收	少，回收利用
	洗涤废水、碱	多，不回收	多，不回收	少，回收利用	少，回收利用
生产	温度	蒸汽加热温度在 110℃，温度变化 30~95℃	第一效加热温度在 110℃，第二效在 90℃	蒸汽加热温度在 110℃，温度变化 90~95℃	低温蒸发，温度 40~90℃任意标准调控
	压力	人工控制（近乎标准）操作安全系数低	加真空泵减压，降低药液沸点，达到低温蒸发	自动控制（标准）操作安全系数高	蒸汽泵工作本身产生一定程度的真空
	流量、液位	人工控制（近乎标准），易人为失误操作影响设备正常运行，影响工艺、生产时间、生产效率		自动控制（标准）判断堵料情况，确定系统故障，确定设备正常运行，判断阀门正常工作，判断循环次数和量，保证工艺、提取时间和效果	
	密度	收膏比重不均，混合困难		收膏比重标准、可控	
	总结	工作时间长，加热温度高，消耗能量大，有效成分损失较多，药物中的有效成分易被破坏、碳化而影响药品质量，且设备易结垢，管道易堵塞，易造成热敏性物料的破坏和损失。水提取液直接用减压设备浓缩时，由于提取液温度高于减压浓缩设备中药液的沸腾温度，药液在设备中易引起暴沸而跑料，影响产品质量和收得率		工作时间、加热温度标准控制，控制有效成分损失。动态循环加热，加热管内外温度差不超过 10℃，温和的加热方式，大大降低设备结垢、管道堵塞，蒸发过程产生泡沫棉、暴沸而跑料等问题的产生，产品质量和收得率标准化	
	效率	**	1t/h	**	2t/h
	生产控制	需要操作成熟的员工用经验来判断，不可以连续生产		全自动化不间断生产，连续生产	
清洗	清水、碱	人员清场和洗涤工作		CIP 清洗系统，可自身清洗	
操作	系统控制	人员操作，不同程度出现跑料		系统操作平稳，控制跑料现象，自动化控制	

习 题

1. 蒸发过程如何解决中药生产的高能耗、热敏性问题？

2. 蒸发过程中引起温度差损失的原因有哪些？

3. 在中药提取分离过程中，用不同浓度酒精提取药材，然后用不同浓度酒精洗脱某个成分，这些工艺产生的酒精回收后能否用于下个批次的提取与分离使用？

第十二章
干　燥

　　干燥是中药生产中的重要工序，贯穿生产全过程，直接影响产品质量和价值。干燥过程是物料表面水分先扩散到空气后，物料内部与表面形成水分浓度差，水分子逐渐由内向外渗透扩散，最终从物料逃逸的过程。干燥得以进行的必要条件是物料表面水蒸气分压大于空气中水蒸气分压；若小于空气中水蒸气分压，物料反而吸水；当相等时，水分子运动停止，干燥过程结束。水分子以不同形式存在于物料中，以物理化学形式存在的水分子与物料结合力强，干燥较难去除，如水合物与结晶水；而以机械吸附形式存在的水分子与物料结合力弱，干燥容易去除，如吸附于物料表面、孔隙及深处的水分子。经过干燥无法再去除的水分是平衡水分，在干燥过程中能去除的水分是自由水分，物料所含的总水分为平衡水分和自由水分之和。中药制药谈到的干燥多是指除去物料中自由水的过程。

　　中药绝大多数来源于动物和植物，这些药物在收集和采摘后除部分鲜用外，在贮藏和运输过程中，常常会发生虫蛀、变色、霉变等现象而难以保存。为满足临床需要，中药收集后应立即对其进行初加工。干燥是初加工中的重要环节，能去除中药中的自由水，而水分是微生物生长的必要条件之一，因此能有效避免此类变质现象的发生。

【中医药灿烂的历史】

　　中药干燥在我国有着悠久的历史，《神农本草经》记载了许多药材的干燥方法，其后的历代本草对各种干燥方法进行了发展。例如当归干燥方法，秦汉时期《神农本草经》始载为"阴干"，至元代《汤液本草》有"日干，火干入药"的记载，明代《本草纲目》发展为"凡晒干乘热纸封瓮收之，不蛀"。干燥的重要性在《本草蒙筌》中提及，"凡药藏贮宜提防，倘阴干、暴干、烘干未尽其湿，则蛀蚀、霉垢、朽烂不免为殃"，反映了干燥是中药采收后最重要、最关键的步骤，直接影响中药的质量、外观，间接影响经济价值。古籍记载的这些方法一方面反映了我国历史、文化、自然资源等方面的特点，另一方面也是古代人民同疾病斗争的经验总结，是中华民族灿烂文化的组成部分。

　　随着中药产业工业化程度的不断提升，现代干燥技术逐渐推广应用，大大提升了中药材产地加工、中药提取物制备、中成药生产的干燥效率，保障并提高了中药的品质。由于中药理化性质差异较大，如何针对不同类型和功用的中药选择适宜的干燥方法和技术，如何评价现代干燥技术的适用范围，如何构建高效、环保、低成本的干燥工艺和设备，是中药制药工程研究的重要问题。

第一节 常用干燥技术及设备

一、传统干燥方法

传统的中草药干燥方法主要有晒干法、阴干法和烘干法。晒干（sun drying）是大多数中药材产地加工时常用的干燥方法，特点是经济、方便、易控制，但受天气影响大，物料易被尘土污染。烘干（drying）不受气候影响，易控制干燥温度和干燥时间，适用于各类中药材、饮片和中成药的干燥，但不适用于含挥发性成分和热不稳定成分的中药干燥。阴干（drying in shade）避免了太阳强光和紫外线直射而导致的挥发油逃逸、油脂溢出、色素降解等现象，避免中药变质和有效成分的破坏，适用于富含挥发油、易走油、易变色的中药。《中国药典》规定的中药材及饮片的干燥方法为传统干燥方法。

二、现代常用干燥方法

传统干燥方法虽然经济方便但效率低。20世纪70年代以来，我国干燥技术和设备有了较大提升，目前鼓风干燥、真空干燥、喷雾干燥、流化床干燥、冷冻干燥等设备已在制药企业逐渐普及应用。随着中药现代化的进展，越来越多新的干燥技术出现在中药制药领域，促进中药行业的蓬勃发展。

（一）鼓风干燥

1. 原理 鼓风干燥（forced air drying）是指通过加热使物料中的水分汽化逸出再由风机吹走的干燥方法。

2. 特点 鼓风干燥广泛应用于中药制药各个领域，是普及度最高的干燥技术。相对于传统的干燥方法，鼓风干燥具有不受天气影响、能控制温度、干燥效率高、操作简便、设备简单和性能可靠等优点。但由于需要加热物料，因此不适用于热不稳定物料的干燥。

3. 设备概况 鼓风干燥箱根据箱体的结构，可以分为台式鼓风干燥箱与立式鼓风干燥箱；根据温度的高低，可以分为电热恒温鼓风干燥箱与高温鼓风干燥箱；根据加热方式不同，可以分为电热鼓风干燥箱与蒸汽加热鼓风干燥箱。

4. 设备实例 以电热鼓风干燥设备为例说明鼓风干燥设备的基本结构与性能。电热鼓风干燥设备（图12-1）通常由烘烤室、发热装置、电机鼓风装置、感温探头和温控装置等组成。将待干燥物料平铺在隔板上，放入烘烤室层位卡架，开启鼓风电机和电发热装置，根据物料性质调整至合适温度和鼓风速度，水分子从物料中汽化逸出来，被热风吹走。物料干燥后关闭鼓风电机和发热装置电源，取出进行后续操作。干燥时要注意风速太高会吹起物料，造成损失；风速太低热，交换效率较低，干燥时间延长。

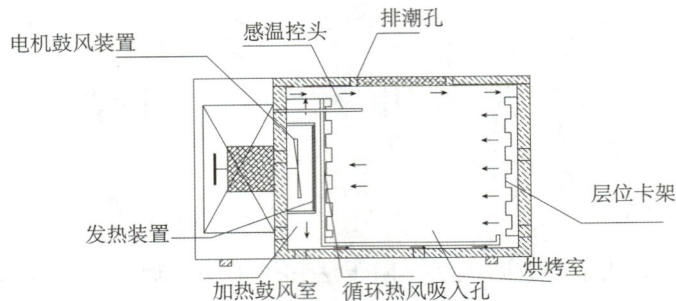

图 12-1　电热鼓风干燥箱

（二）真空干燥

1. 原理　真空干燥（vacuum drying）是指在密闭设备中抽去空气使环境处于负压状态，水的沸点降低，水分子更容易从物料中逃逸，随即被真空泵抽走的干燥方法。

2. 特点　真空干燥效率高，干燥后的物料形成多孔结构呈蓬松海绵状，易粉碎，有较好的溶解性；真空环境降低水的沸点，低温就能使水分快速蒸发，适用于热不稳定物料的干燥；真空中不含空气，减少与氧气接触的机会，适用于易氧化物料的干燥。但也有热利用率低、干燥后浸膏仍需二次粉碎等缺点。

3. 设备概况　真空干燥设备往往配备温控装置，通过升高环境温度加速物料中水分的蒸发，提高干燥效率。真空干燥设备分为间歇式和连续式。间歇式顾名思义就是隔一段时间运行一下设备，包括真空干燥箱和旋转型真空干燥设备。例如真空干燥箱，当真空达到设定值后，关闭真空泵，待物料释放的水蒸气充满干燥箱时再打开真空泵抽出水蒸气，间歇开关至物料完全干燥。连续式顾名思义就是连续不断运行设备，包括带式真空干燥设备和真空振动干燥设备。中药研发和生产常用的真空干燥设备有真空干燥箱、双锥回转真空干燥设备、带式真空干燥设备、真空耙式干燥设备等。

4. 设备实例　以带式真空干燥设备为例说明真空干燥设备的基本结构与性能。带式真空干燥技术在我国制药行业逐渐兴起，能解决富含皂苷类成分的中药浸膏在真空中易起泡的问题，目前已在丹参、复方丹参、川芎、当归、穿心莲、灵芝、苦参、人参、刺五加等中药浸膏干燥中使用。带式真空干燥机（图 12-2）的组成部件主要有干燥机筒体、布料装置、真空装置、履带输送装置、剪切装置、加热装置、冷却装置、出料装置、电控装置等。待干燥的物料通过螺杆计量泵将其送入干燥机的真空室内，喷嘴摆动将物料均匀喷涂在传送带上。由电机驱动特制的辊轴传动传送带，并以设定的速度运转。传送带下面设有相互独立的加热板和一组冷却板，传送带与加热板、冷却板紧密贴合，以接触传热的方式将干燥所需的热量传递给物料，待干燥后再冷却降温。根据物料性质的不同设定传送带的运转速度，当物料由传送带从筒体的一端运送到另一端时，物料已经干燥并冷却。传送带折回时，干燥后的料饼从传送带上剥离，通过粉碎装置进行粉碎后，经由蝶阀气闸出料，获得的颗粒可直接制成胶囊或压片。带式真空干燥机分别在机身的两端连续进料、连续出料，实现连续生产。

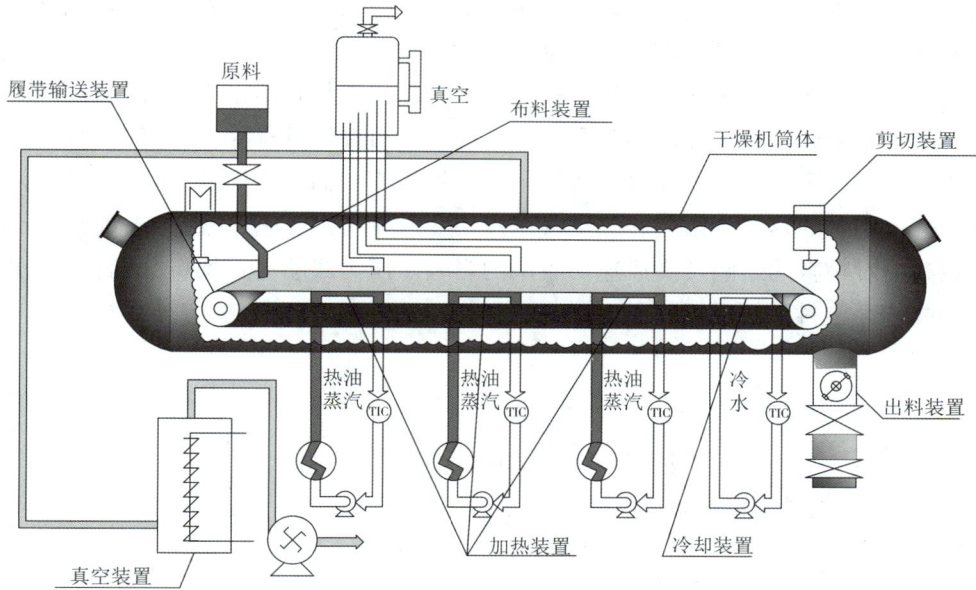

图 12-2 带式真空干燥机

（三）喷雾干燥

1. 原理 喷雾干燥（spray drying）是指通过雾化器将料液分散成很细的雾状液滴，并与热空气充分交换热能，瞬间蒸发料液水分而获得粉状产品的干燥方法。中药经提取后，提取液需浓缩至适当浓度，再喷雾干燥成中间体或往浓缩液中添加辅料喷雾干燥直接制成颗粒剂。喷雾干燥的液态原料可以是溶液、悬浮液或乳浊液，中药喷雾干燥的浓缩液以悬浮液居多，能干燥成粉状、颗粒状、空心球或团粒状成品。

2. 特点 喷雾干燥效率非常高，干燥过程迅速；干燥后的物料呈粉末状，粉末色泽、粗细均匀；易改变干燥条件，调整产品的粒度大小和水分；料液与辅料混合后可一步制粒，无须二次加工；干燥室有一定负压，避免车间尘土飞扬，保证产品卫生条件；生产能力大，能连续作业。也有热效率不高而能耗较大、设备温度高、空气流量大、不适用于易氧化物料等缺点。

3. 设备概况 喷雾干燥是中药生产中常用的干燥方法，广泛应用于中药浸膏干燥。其雾化方式可分为三种：气流式、压力式和离心式。气流式喷雾干燥是将湿物料经输送机与加热后的自然空气同时进入干燥器，二者充分混合，瞬间蒸发干燥。压力式喷雾干燥是利用高压泵，以 70~200 大气压的压力，将气体与物料通过雾化喷枪，雾化的液滴微粒与热空气直接接触，进行热交换，短时间完成干燥。离心式喷雾干燥是利用水平方向做高速旋转的圆盘给予溶液以离心力，使其以高速甩出，形成薄膜、细丝或液滴，切向加速度与重力形成合力，使物料轨迹为一螺旋形，物料在飞行的过程中与热空气交换热量，瞬间蒸发干燥。上述三种方式干燥后的成品从旋风分离器排出，落入收集装置，少量飞粉由布袋除尘器得到回收利用。

4. 设备实例 以压力式喷雾干燥设备为例说明喷雾干燥设备的基本结构与性能。压力式喷雾干燥设备已在众多中成药生产企业运用，如在小柴胡汤、葛根汤等中药浸膏干燥中使用。压力式喷雾干燥机（图 12-3）通常由空气加热系统（滤风器、鼓风机、加热器）、物料雾化系统（过滤器、泵、雾化器）、干燥系统（干燥塔）、气固分离系统（旋风分离器、引风机）和控制系统等单元组成。料液通过隔膜泵高压输入雾化器，喷出雾状液滴，液滴大小与经雾化器的流量有关且可调整，雾化液滴与经空气加热系统加热后的热空气在干燥塔中相遇进行热交换，水分子从料液表面迅速逃逸，随热风被抽走。干燥物料粉末落至塔底排料口收集，夹杂水分的废气及微小粉末经过旋风分离器分离，废气及水分由抽风机排除，粉末由设在旋风分离器下端的授粉筒收集，风机出口处还可装备捕尘袋，授粉筒和捕尘袋中的细粉可回收利用。干燥塔中温度受进入塔中的热空气影响，热空气温度可由控制系统调整，温度越高干燥效率越高，但也要注意高温对物料的影响及高风速对收率的影响。压力式喷雾干燥机分别在设备的上端连续进料、下端连续出料，实现不间断生产。

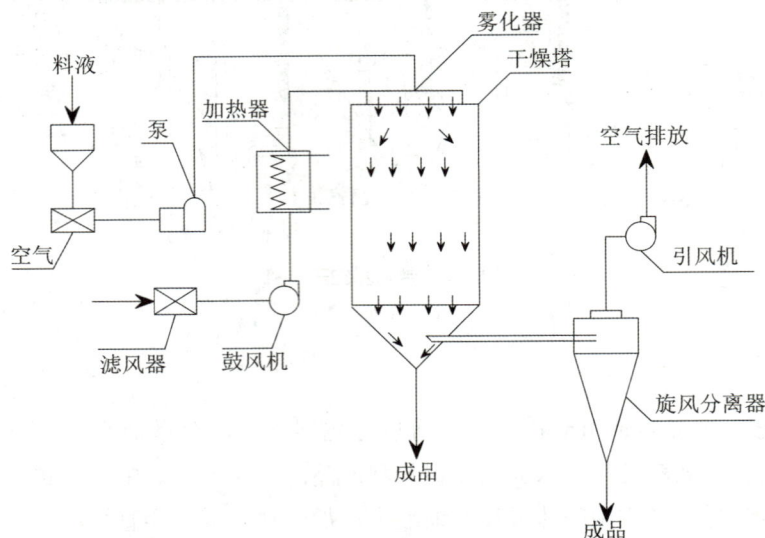

图 12-3   压力式喷雾干燥机

（四）流化床干燥

1. 原理   流化床干燥（fluidized bed drying）也称沸腾干燥，是指固态物料在流化状态下进行干燥的过程。固体物料在流化床气体分布板上受下部输送热空气吹动，当气流速度增大到对物料的作用力与物料本身重力相平衡时，物料在气流中呈悬浮状态，犹如沸腾一样，物料与气体充分接触而进行热交换，水分从物料中逃逸被热空气带走。当多种物料混在一起进行流化床干燥时，要求各种物料密度相当。

2. 特点   流化床干燥具有较高的传热和传质速率，干燥速率高，热效率高；结构紧凑，基本投资和维修费用低，易改变干燥条件、调整产品水分，便于操作；能连续作业，生产能力大。相对于传统的烘干法，流化床干燥热风温度低、加热时间短，适用于热不稳定物料的干燥。但热风吹动过程中，空气流量大，物料与氧气接触机会多，因此不适用于易氧化物料的干燥。

3. 设备概况   流化床干燥设备分为振动流化床干燥设备、搅拌流化床干燥设备、离心流化床干燥设备、脉冲流化床干燥设备和热泵流化床干燥设备等。流化床干燥的关键在于输送热空气的流速。当气体以低速通过床层时，固体颗粒处于静止状态，床层高度也不变，气体在颗粒之间的空隙中通过，此时称为固定床；当气体流速增大到一定值时，固体颗粒被上升气流悬浮起来，气体对颗粒的作用力与颗粒的重力平衡，床层略有膨胀，处于初始流化状态，此时的气流速度称为最小流化速度；随着气体流速增加，固体颗粒在床层中的运动也愈激烈，呈现出沸腾状态；当气体在更高的速度下通过流化床，床层上界面消失，颗粒随气流从容器中一起被吹送出去，造成物料损失。因此，热空气流速既不能过高也不能过低，调整至使固体物料处于沸腾状态即可。

4. 设备实例 以连续式流化床干燥设备（图12-4）为例说明流化床干燥设备的基本结构与性能。一定量的空气经过滤、除湿、加热后进入干燥机，进风温度可精确控制。湿物料通过加料器均匀由上部加入含耙散装置的流化床第一室中，与鼓风机送入经蒸汽管道加热后的热空气充分热交换。经过第一室后的半干产品基本呈松散沸腾状态，并向第二室运动，在第二室继续与热空气接触，待物料干燥后从出料口排出。与物料接触过的夹带细粉的废气经旋风分离器分离，细粉从底部重新回到流化床第一室再利用，废气经引风机和水幕除尘器排出。该设备特点：①可控制进风温度、进风速度、加料量；②采用特殊气流分布板既能推动物料前进又不遗漏物料；③流化床第一室中的耙散装置可将聚集成团的物料打散；④连续作业，处理量大，适合工业大生产。

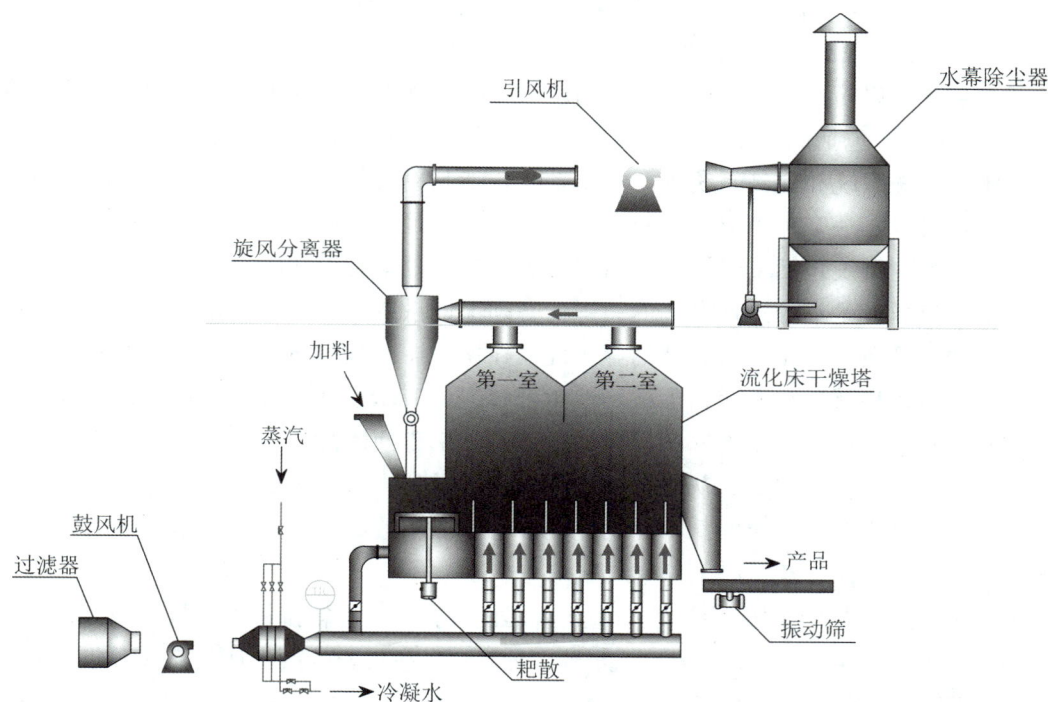

图 12-4　连续式流化床干燥机

（五）冷冻干燥

1. 原理 冷冻干燥（freeze drying）是指将物料冻结到共熔点温度之下，使物料中水分凝结成固态冰，在真空环境下加热，物料中的水分直接升华成水蒸气，随即被真空泵抽走，物料脱水成冻干制品的干燥方法。冷冻干燥分为预冻、升华干燥（一次干燥）和解析干燥（二次干燥）三个阶段。首先降低环境温度使物料冻结，物料中的自由水固化，物料保持固有形态，称为预冻；接着在真空中加热，加热温度必须低于物料共晶温度或玻璃化转变温度，若高于则物料出现塌陷或隆起而改变形状，此时占物料中水分约90%的自由水直接升华成水蒸气，被水汽凝结器除去，此步称为升华干燥，又称为一次干燥；升华干燥结束后，在干燥物料的多孔结构表面和极性基团上还吸附着未被冻结的水，由于吸附能量较大，需要提供更高的温度和热量才能使这部分水解析变成自由水，再吸热蒸发为水蒸气被水汽凝结器除去，此步称为解析干燥，又称为二次干燥，解析干燥的温度必须低于热敏物料变性温度。

2. 特点　冷冻干燥最大的特点是低温环境，适用于热不稳定物料的干燥，例如人参冷冻干燥后样品中所含的热敏成分丙二酰基人参皂苷 Rb_1 与鲜人参相比差异很小；冷冻干燥中真空环境，适用于易氧化物料的干燥；所得成品营养成分损失少，能够最大限度地保留物料原有成分、味道、色泽和芳香；干制品骨架保持不变，多孔结构使质地疏松，复水性好，速溶；预冻时物料中水分以冰的形式存在，使无机盐均匀在物料中析出，升华后水分直接逃逸，避免其他干燥方法中水分携带无机盐向表面迁移，物料表面无机盐累积析出而造成的表面硬化；冻干制品含水量低，采用真空包装能够长期保存。冷冻干燥的缺点是设备投资贵，运行能耗高，冻干时间长，设备维护成本高，最终造成产品生产成本高。

3. 设备概况　中药研发和生产常用的冷冻干燥设备有小型实验室冷冻干燥机、箱式冷冻干燥设备、喷雾冷冻干燥设备、带式冷冻干燥设备等。冷冻干燥设备较贵且运营成本高，一般用于贵重中药材或附加值较高中成药的生产中。

4. 设备实例　以箱式冷冻干燥设备为例说明冷冻干燥设备的基本结构与性能。箱式冷冻干燥设备（图 12-5）包括冻干箱、加热系统、制冷系统、换热系统、真空系统、液压系统、蒸汽灭菌系统、清洗系统和控制系统等。制冷系统包括制冷机与干燥箱、凝结器内部管道和换热器等，制冷机可以是一套也可以是多套组合而成，主要是对干燥箱和凝结器降温并维持工作环境所需低温。真空系统包括干燥箱、凝结器、真空泵、真空管道和阀门等，真空泵将与物料接触的环境抽成负压，是水分迅速升华的关键，必须保证系统没有漏气现象。换热系统包括换热器、电加热器、循环泵、制冷机和硅油等，硅油在换热器中被加热器升温或制冷机降温，达到预定温度后再被循环泵送至干燥箱隔板。液压系统包括液压顶杆和可上下移动的搁板，在冷冻干燥结束时，对干燥箱中的半加塞制品瓶进行液压加塞，使制品瓶与外界环境隔绝，制品瓶出箱后，能避免外界空气中水分、灰尘、微生物等对产品的影响。蒸汽灭菌系统包括干燥箱、大蝶阀、凝结器、真空管道、小蝶阀等，它能在冷冻干燥前或结束后对干燥箱、凝结器等部件进行高温灭菌。

工作过程为：将待干燥物料分装在合适的容器内放置于干燥箱搁板上，打开制冷，待环境温度降至指定温度后维持一段时间完成预冻步骤，抽真空，按摸索的条件加热完成升华干燥，升华结束后提高干燥箱温度完成解析干燥，制品瓶液压加塞，冻干结束，关闭真空泵、制冷压缩机、凝结器开关、电加热器和循环泵，打开放气阀使干燥箱恢复大气压，成品出箱，凝结器除霜，关闭设备。为了获得良好的冻干药品，一般在冻干时应根据每种冻干机的性能和药品特点，在经过试验的基础上制订出一条冻干曲线，然后控制机器，使冻干过程各阶段的温度变化符合预先制订的冻干曲线。真空冷冻干燥的生产过程可借助计算机来控制生产系统按照预先设定的冻干曲线工作。

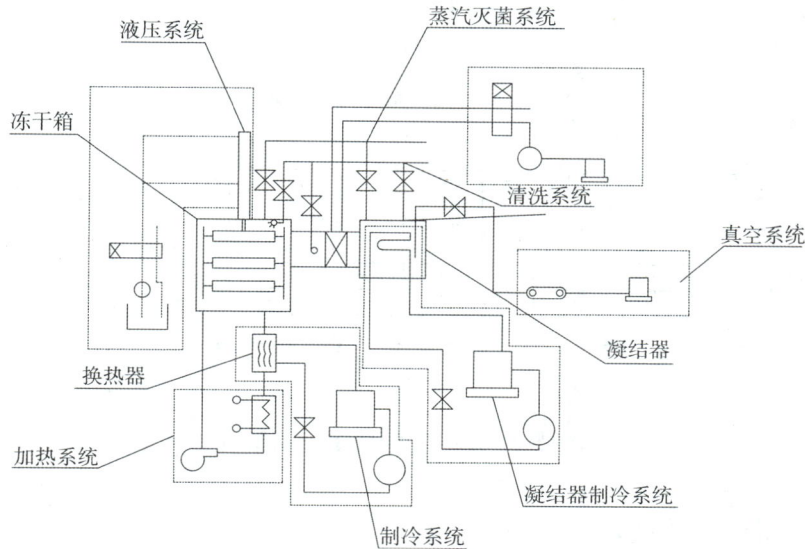

图 12-5　箱式冷冻干燥机

（六）微波干燥

1. 原理　微波干燥（microwave drying）是指利用 0.1~100cm 波长的电磁波使物料中极性分子急剧摩擦、碰撞，产生大量热能，物料迅速升温失去水分子的干燥方法。微波是高频波，频率在 300MHz~300kMHz，目前制药工业常用 915MHz 和 2450MHz。当物料处于微波中，微波引起的电场和磁场周期性交替变化，物料所含的极性分子极化，在电场和磁场中不断转动并与周围分子碰撞、摩擦，微波能量被吸收转化为热能，使物料被加热。水分子本身属于极性分子，介电常数大，能强烈吸收微波，因此用微波除去中药中的水分是一种高效的方法。

2. 特点　与传统烘干法热量由外向内传递使物料失水不同，微波有极好的穿透性，物料表层和里层中极性分子同时运动，热能均匀产生，具有干燥均匀、生产效率高、能耗低、易实现自动化控制等优点。微波干燥在中药领域中的应用越来越广泛，但并不是所有的中药都适合用微波干燥法来干燥，如富含挥发性或热敏性成分的中药材，含大量淀粉、树胶的天然植物都不适合使用微波干燥。微波干燥应用于提取物、浸膏和制剂时，容易产生有效成分损失的问题。在新药研发中，国家药品监督管理局药品审评中心要求对微波干燥的工艺进行研究，要关注微波干燥的过热效应及对热敏成分、挥发成分和毒性成分的影响。

3. 设备概况　目前微波干燥广泛应用于中药材、中药提取物、浸膏、散剂、丸剂等生产。微波干燥设备按照外形及工作方式的不同可以简单分为箱式微波干燥设备、隧道式微波干燥设备、多层连续式微波干燥设备、波导型微波干燥设备、慢波型微波干燥设备等。

4. 设备实例　以多层连续式微波药丸干燥设备为例说明微波干燥设备的基本结构与性能。该设备（图 12-6）用来干燥中药药丸，由上下料系统、微波系统、多层连续式输送系统、抽湿系统、监控系统组成。干燥室的长度为 13.5m，宽 1.2m，高 0.55m；每层输送带的长度为 16m，宽度为 0.8m；每层布置微波发生器 35 个，所发出的微波的频率为 2450MHz。其工作过程为：物料连续不断地进入上料系统物料斗中，通过输送带输送到微波干燥室，同时微波系统开始工作，发射出相对高强度和均匀的电磁场来干燥；为了减小设备长度的尺寸，输送带采用三层连续式，每一层的功率 0~120kW 连续可调，对前端的药丸不采用抽湿，让其在水蒸气充足的状态下进行定型，解决中药药丸在干燥过程中易发生裂丸的难题。

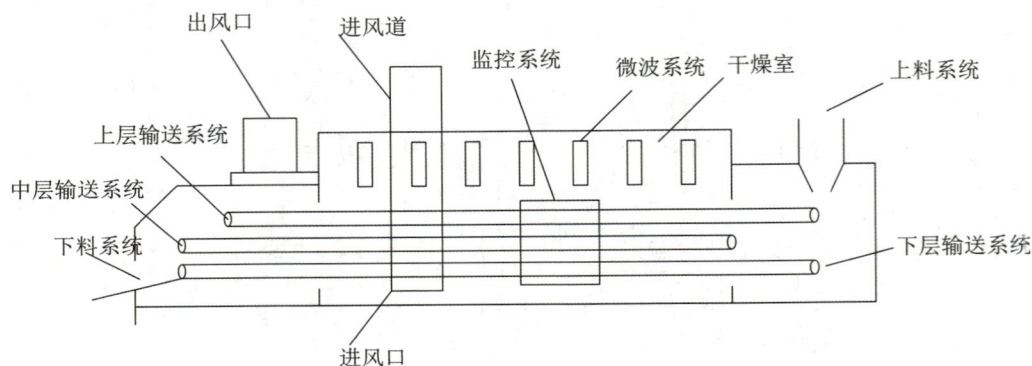

图 12-6　多层连续式微波药丸干燥机

（七）其他新型干燥技术

1. 高压电场干燥　高压电场干燥（electrohydrodynamic drying）是一种新型的干燥技术。它是通过将被干燥物料放在下极板上，然后给上极板（平板、针状、线状等不同形状的电极）加一定幅度的直流电压或交流高电压，在两电极间形成电晕电场以实现物料干燥。高压电场干燥技术具有物料不升温、干燥效率高、兼具有杀菌作用、节约能源及环保等优势。高压电场由于其特殊的"电场能传质"理论，与传统的热力传质理论不同，其驱动水分的迁移不需要通过升高温度，因此，实现了物料常温干燥，在中药材、中药固体制剂的干燥领域具有一定的发展前景。但目前对高压电场干燥机制的研究尚未成熟，大多数研究还是实验室研究阶段。

2. 多层振动干燥　多层振动干燥（multilayer vibrating drying）是以洁净热空气为热源，由振动电机提供的振动力和物料自身重力共同驱使物料移动，热空气逆向穿流与物料发生热交换，使水分子从物料中逃逸的过程。江西中医药大学申请的一种中药丸剂多层振动干燥设备专利已获国家知识产权局授权，该设备基于绿色制造理念设计，已用于中药大生产，设备示意图见图12-7。新鲜空气由鼓风机引入，经过滤、加热后进入干燥器底部，穿过带有筛孔的多层干燥盘后，经除尘过滤由引风机排出。湿丸从投料口沿导料管落到干燥器内顶层的干燥盘中央，在干燥盘上沿导轨从中心到边缘运动，到达干燥盘边缘落料口后沿导槽落到下一层干燥盘的中央，直到到达最低一层干燥盘的落料口进行出料。从多层振动干燥机的工作流程可以看出，空气和被干燥的中药丸剂运动方向是逆向的，二者能充分地相互接触，有利于干燥过程的传热传质。干燥器中空气有温度梯度和湿度梯度，这不仅可实现能量的梯级利用，且药丸在干燥过程中经历低温余热的升温过程，对其干燥品质的提高至关重要。同时，中药丸剂在振动盘上做上下跳动及沿着螺旋形导轨圆周运动的复合运动，在整个干燥过程中起到进一步滚圆塑形的作用，保证了成品外观质量。通过延长中药丸剂在每一层干燥器的行径及振动，使中药丸剂与热空气之间充分接触，以保证药丸多层振动干燥机在干燥温度较低的条件下仍具备高的干燥效率。干燥器内空气的温度、湿度及干燥器振动频率均可针对不同物性的中药丸剂进行调节，扩大了该干燥设备的适用范围。

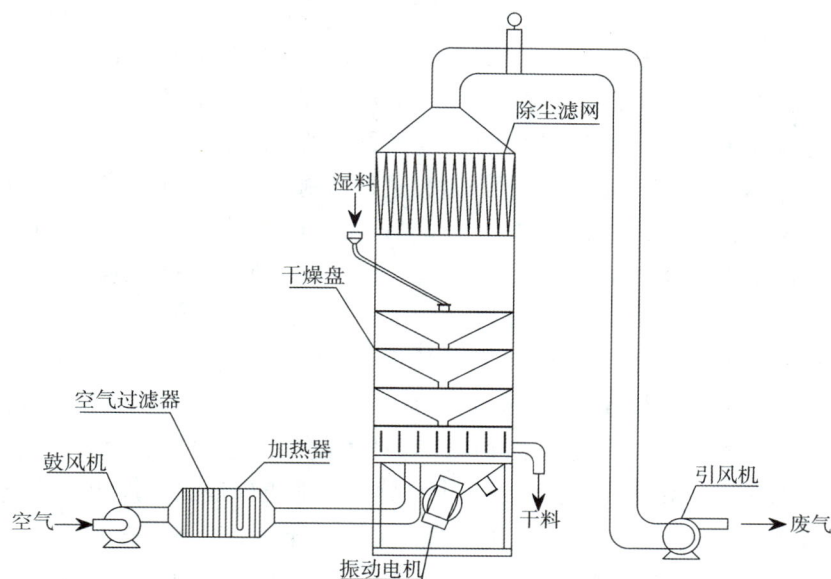

图 12-7 多层振动干燥机

3. 组合干燥 组合干燥（combined drying）是由 2 种或 2 种以上不同干燥技术串联组合的干燥技术，解决单一干燥技术无法满足物料干燥要求的问题。组合干燥技术应用于中药干燥，通过整合不同干燥技术的优势，形成新的干燥工艺，不仅能提高效率降低能耗，且使干燥成品质量和经济效益提高。有研究表明将微波与鼓风组合的干燥设备具有干燥效果好、能耗低的特点，且对不同干燥物料的适应性广，整体能耗较单一微波干燥设备降低 50%～70%，较单一鼓风干燥设备降低 10%～30%，所生产的中药丸剂品质还得到提升。将带式干燥和微波干燥技术相结合就组合成微波带式干燥设备，该设备结构简单，安装、检修方便，在中药丸剂干燥中广泛应用。微波真空冷冻干燥设备，将微波干燥、真空干燥和冷冻干燥技术结合起来，能够有效保留物料中的热敏性成分，多应用于药品、生物制品、高附加值食品等的干燥，冷冻干燥能耗高、成本高，用微波作为冷冻干燥的热源可提高热效率和加快干燥速度，干燥时间可缩减数倍，同时微波有灭菌的作用。

第二节 干燥在中药生产中的应用

上一节介绍了已用于中药制药的干燥技术，每种方法都有各自的优势和适用范围。如喷雾干燥速度快，生产效率高，能获得较小粒径的粉体，产品流动性和速溶性好，但易出现物料黏壁问题而导致物料损失，且难以处理高浓度、高黏性的中药浓缩液；冷冻干燥由于低温操作适用于热敏性或易氧化药品的干燥，能有效保护药液中的有效成分，但其设备复杂、耗能大、干燥成本高等限制了其在中药工业中的普及应用。因此，应根据中药的不同特性选择合适的干燥方法，力争做到最大限度地保证中药的质量、高效生产、绿色制造。

一、药材及饮片的干燥

中药材从田间采集洗净后直接切制或经水软化后切制，所得饮片含水量较高，给微生物繁殖提供了条件，为了避免发霉、虫蛀等现象，需要及时干燥。《药品生产质量管理规范》（GMP，

2010年修订版）附录5"中药制剂"第七章中提道："中药材应当按照规定进行拣选、整理、剪切、洗涤、浸润或其他炮制加工。未经处理的中药材不得直接用于提取加工。"

中药材及饮片在古代常采用晒干、阴干、烘干等传统方法进行干燥，随着我国装备制造业水平越来越高，一些现代干燥技术逐渐运用于中药材及饮片的干燥中。鼓风干燥设备简单便宜、操作方便、性能可靠、不受天气影响、能对干燥过程进行控制，是中药材及其饮片干燥中应用最广泛的设备。真空干燥是在烘干的基础上增加了真空设备，样品脱水程度和干燥时间更短。近年来，微波干燥设备由于干燥效率高、设备便宜、运营成本低，在中药材产地加工中已有所普及运用。例如黄芪饮片微波干燥效率是热风干燥的近10倍，且饮片干燥均匀、色泽和味道保持原有特色、所含的黄芪皂苷类有效成分变化较小。冷冻干燥能保留药材原有风味，适用于含热不稳定成分中药的干燥，但设备购置费用高、运营费用高，造成产品生产成本高，目前仅用于附加值高的中药饮片及粉末的干燥。例如采用真空冷冻干燥技术制备三七饮片及粉末，成品质轻、药味浓、脱水彻底、复水性好、溶解后溶液混悬均匀口感佳，能更好地保证药物有效成分的完整度，提高药物疗效。云南省药品监督管理局于2018年发布了三七（冻干）、三七颗粒（冻干）、三七粉（冻干）、三七切片（冻干）4个中药饮片炮制规范。高压电场干燥设备造价低、运行成本低，能实现规模化和规范化生产，干燥时不升温，适用于含热敏性成分的物料，在中药材及饮片干燥方面是一项非常有前景的新型设备，但由于其干燥机理和干燥规律尚未完全揭示，目前大多数应用还处于实验室研究阶段。例如在对厚朴、知母和薄荷等中药饮片进行干燥时，选取40℃，应用38kV高压电场，其干燥效率分别比80℃烘箱提高16.7%、42.86%和7.7%；有效成分含量比烘箱干燥厚朴饮片中厚朴酚提高30%、和厚朴酚提高7.41%，知母饮片中菝葜皂苷元提高2.7%，薄荷饮片中薄荷脑提高12.8%。

二、料液的干燥

中药材除了少部分直接打粉入药外，都需要经提取、浓缩、干燥后再进一步加工制成中成药，GMP对中药提取液浓缩和干燥操作做了详细规定。料液干燥的对象往往是浓缩后具有较大比重的提取液，通常浓缩提取液黏度大、含糖量高、透气性差，需要尽快进行干燥处理，否则马上会滋生微生物导致发霉、腐败变质。

已普及的中药浓缩液干燥设备有鼓风干燥箱和真空干燥箱。当浓缩液中多糖和黏液质含量较低时可选用鼓风干燥箱，一般干燥温度要达到80℃以上才能取得较好的干燥效果；当多糖和黏液质含量较高时，由于黏性大、透气性差，物料表面水分逃逸后容易在外层形成硬壳，延缓后续水分逃逸使干燥困难，需要选用真空干燥箱，帮助水分子破壳而加快干燥速度。无论鼓风干燥箱还是真空干燥箱都需要在较高温度下长时间加热才能达到干燥效果，生产效率低、产品品相差，不适用于热不稳定浓缩液的干燥。将真空干燥技术和带式干燥技术组合在一起，设计成带式真空干燥机，往传送带上喷涂一层薄薄的中药浓缩液，即使多糖和黏液质含量高，但在真空和辐射热的作用下，水分快速从浓缩液中逃逸，不形成硬壳，这种干燥方式效率高，能连续生产。特别是对不适宜喷雾干燥的浓缩液，带式真空干燥机是最佳选择，具有广阔的产业应用前景。例如连花清瘟胶囊生产时，处方中连翘、炙麻黄、大黄等4味药为醇提工艺，提取液黏度大，不能用喷雾干燥设备干燥，而恒温干燥箱干燥需要7天且对麻黄碱鉴别和连翘苷含量有影响，不适合连续大生产，采用带式真空干燥设备可成功解决上述问题。喷雾干燥目前已成为中药制药企业主流的干燥方法，无论中药浓缩液是溶液、乳浊液还是混悬液，都能快速高效干燥成浸膏粉，省去粉碎步骤，所得粉末细腻、粒度均匀。例如采用喷雾干燥法制备蓝靛果花色苷粉末，药粉粒度小且均匀，有很好的分散性和速溶性，含水量较真空冷冻干燥法低 1.23%，设备投资少，运行费用低，能连续生产，相较于其他干燥方法优势明显。

三、固体的干燥

中药制药中的固体物质包括粉状或结晶状提取物及其固体制剂。提取物是提取分离后得到的产品，是中药制剂的原料。固体制剂包括散剂、颗粒剂、丸剂、片剂、胶囊剂等。提取物因所含成分复杂，经不同干燥方法干燥后粉末流动性、吸湿性、黏性和压缩成形性等物理学性质会有显著差异，为方便后续的制粒步骤，需选择适合的干燥设备对其进行干燥。例如决明子提取物采用不同干燥工艺所制得粉末吸湿性为：冷冻干燥>真空干燥>喷雾干燥；溶解度为：喷雾干燥>冷冻干燥>真空干燥；喷雾干燥明显优于其他方法。

目前已有多种设备应用于中药固体的干燥，如采用单一干燥技术的鼓风干燥箱、真空干燥箱、流化床干燥机等，还有采用组合式干燥技术的带式真空干燥机、微波流化床干燥机等。随着中成药生产规模的扩大，新版 GMP 实施，用烘箱和真空干燥箱来干燥固体物料已逐渐减少，双锥回转真空干燥机应用逐渐增加。双锥回转真空干燥机（图 12-8）是真空干燥设备中的一种，由回转筒体、冷凝器、缓冲罐、真空系统、加热系统和控制系统组成。与真空干燥箱最大的区别在于主机含回转筒体、左右回转轴、传动装置，回转筒体内中药固体物料在真空环境中受夹套内热媒（热水等）的加热，在动力驱动下，回转筒体做缓慢旋转，筒体内物料不断地运动混合，相对于真空干燥箱中物料固定不动，能快速达到干燥的目的。双锥回转真空干燥机已用于中药微丸的干燥中。流化床干燥机在中药提取物、颗粒、微丸等固体干燥中有广泛的应用，流化床能使小颗粒呈沸腾状态不停碰撞，在运动中被热风干燥，效率高，制备出的成品粒度、色泽均匀。流化床还能一步制粒，利用热气流使底料悬浮成沸腾状，将药液均匀喷入使之聚结成粒，在一台设备内完成混合、制粒、干燥，减少了大量的操作环节，提高了工作效率，制得的颗粒粒度分布均匀、流动性好、易于溶解，含量低的药物组分在颗粒中分布更均匀。由于生产在密封环境中进行，不但可防止环境对药物的污染，还可减少操作人员接触具有刺激性或毒性药物和辅料的机会，更加符合 GMP 规范要求。例如采用流化床制粒法将半夏泻心汤制备成微丸，经起母模丸、终模丸增大和包衣 3 个过程后，能制备出粒径分布在 $500\sim600\mu m$、粒径分布率达 80.5% 的微丸，该微丸表面光滑、圆整度较高且防潮性能好。

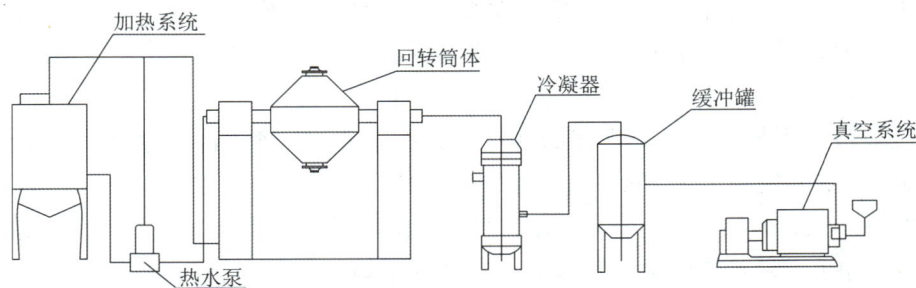

图 12-8 双锥回转真空干燥机

第三节 沙参麦冬颗粒临床前研究中用到的干燥技术

沙参麦冬颗粒是在清代著名医家吴鞠通创立沙参麦冬汤的基础上经现代中药制药技术制备而

成的颗粒剂。该方是中华中医药学会内科分会肺系病专业委员会推荐的治疗咳嗽-肺阴亏虚证的代表方，已获得国家药品监督管理局颁发的药物临床试验批件。

案例 12-1 干燥技术在沙参麦冬颗粒临床前研究中的应用

背景 沙参麦冬颗粒由北沙参、麦冬等七味中药饮片经水煎煮、浓缩、干燥、制粒而成，具有清养肺胃、生津润燥的作用。

问题 沙参麦冬颗粒整个研发过程中如何选用干燥设备？

分析 需要用到干燥设备的地方有：①饮片的干燥；②浓缩提取液的干燥；③成品颗粒的干燥。

关键 针对不同的干燥对象和所处的研究阶段，选择适合的干燥方法和设备。从实验室研发到中试车间放大再到临床后生产设计，体现工程源于设计的理念。

工艺设计

1. 饮片的干燥：沙参麦冬汤由北沙参、麦冬、玉竹、天花粉、桑叶、白扁豆和甘草组成，不含贵重药材，系统查阅文献资料未见 7 味药材中有热不稳定成分的报道。《中国药典》（2020 年版）一部药材及饮片标准中，北沙参、麦冬、玉竹、天花粉和甘草干燥方法为"干燥"，桑叶和白扁豆由于本身易干燥且不易返潮而未注明干燥方法。《中国药典》一部凡例规定药材产地加工及炮制方法，其中"干燥"指"烘干、晒干、阴干"，因此 7 味药材均可采用传统的干燥方法进行干燥。

药材产地加工及炮制方法为：北沙参采收后除去残茎和须根，清洗干净，置沸水中水烫外皮，切断，烘干或晒干。麦冬采收后除去杂质，洗净，先晒 3 天，须根变硬后室内堆闷变软，再晒，反复操作至块根完全干燥。玉竹采收后除去杂质，洗净，润透，切厚片，烘干。天花粉采收后洗净，略泡，润透，切厚片，烘干。桑叶、白扁豆采收后除去杂质，晒干。甘草采收后除去杂质，洗净，润透，切厚片，烘干。

传统的干燥方法主要是晒干，受天气影响较大。特别是麦冬，反复晒干和堆闷，加工周期过长，采收期集中在雨水多的春夏交际，因此麦冬不易干燥，易发霉，致使药材质量下降。随着规模化种植，麦冬、甘草等集中采收、加工，样品量大，需要稳定快速的干燥方法，运用鼓风干燥设备，制定统一的干燥方法使批次间药材质量一致，还能缩短加工周期避免天气影响。

设置不同的鼓风干燥温度，按《中国药典》（2020 年版）一部 7 味药材及饮片的质量标准检测，结果 50℃、60℃鼓风干燥对药材质量均无影响，因此北沙参、麦冬、天花粉、桑叶、白扁豆、甘草采用（60±3）℃鼓风干燥；玉竹因含丰富的多糖高温易软化，故采用（50±3）℃鼓风干燥。

2. 浓缩提取液的干燥：取已处理好的饮片，加水适量，煎煮 2 次，过滤，合并滤液，60~65℃减压浓缩，至相对密度为 1.16±0.01（70℃）清膏，进行干燥。

（1）实验室小试：为提取工艺研究阶段，每批试验取复方药材 162g 煎煮，得浓缩液 150mL。如果采用喷雾干燥机，设备壁会粘连物料，由于浓缩液较少，相对损失较大，所得干浸膏量偏少，试验结果不准确；如果采用鼓风干燥箱，由于浓缩液含多糖，干燥过程中易形成表面硬壳，延缓水分蒸发速度，延长干燥时间，所得物料硬，不易粉碎；本方无贵重药材、不含热敏成分，如果采用冷冻干燥技术对产品质量提升没有明显意义，反而会增加试验及生产成本；而带式真空干燥机适用于中试规模以上样品的制备。因此，实验室小试阶段浓缩后的提取液采用真空干燥箱干燥较为合适。以干燥后干浸膏中甘草苷和甘草酸总量、水分为指标，筛选合适的真空干燥温度，结果（60±3）℃真空干燥较为合适。

（2）实验室中试：为提取工艺放大研究阶段，中试试验取复方药材18.9kg煎煮，得浓缩液16L。由于溶液体积较大，采用真空干燥技术则需要较大体积的真空干燥箱，且干燥效率较低，此时采用喷雾干燥技术和带式真空干燥技术较为合适。项目组运用上海大川原干燥设备有限公司OPD-8型喷雾干燥机，将浓缩液高速离心雾化，以干燥后干浸膏中甘草苷和甘草酸总量、水分为指标，优选喷雾干燥条件。当进风温度（180±3）℃，出风温度（90±3）℃，进料清膏相对密度为1.16±0.01时，沙参麦冬汤浓缩提取液干燥效率高，所得干膏粉细腻、粒度均匀、水分低于7%。沙参麦冬颗粒中试制备工艺流程图见图12-9。中试制备工艺所用设备简单易操作、购置成本低、生产效率高，提取步骤干浸膏收率为30%左右，制粒步骤成品率为90%左右。

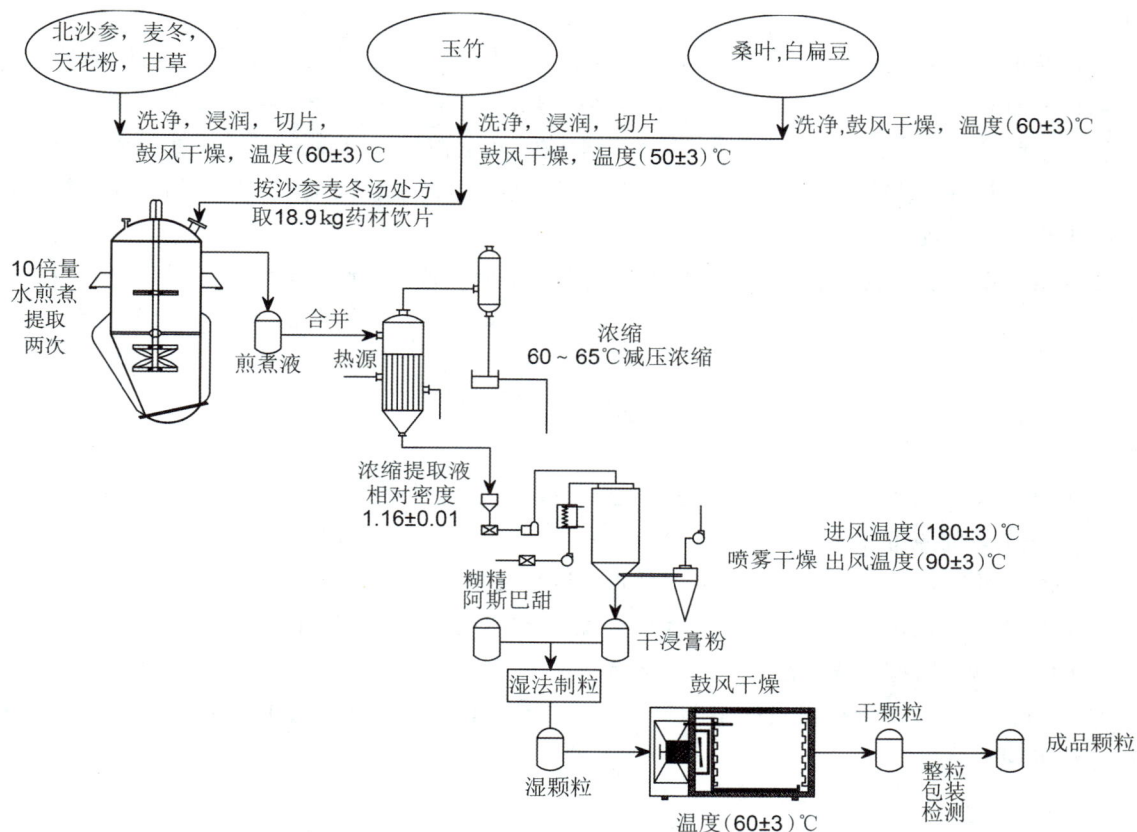

图 12-9　沙参麦冬颗粒中试制备工艺流程图

3. 成品颗粒的干燥：取喷雾干燥后的干膏粉，加入糊精和阿司帕坦适量，混合均匀，湿法制粒，湿颗粒进行干燥。在制剂处方筛选、湿法制粒工艺研究阶段，每批湿颗粒制备量在500g左右，此时由于颗粒已成型，能形成表面硬壳的多糖类成分已均匀分散在湿颗粒各处，不同粒度的物料混合后使湿颗粒形成多孔结构，物料中存在丰富的"管道"通向内部，水分容易从内部散发到空气中，因此采用鼓风干燥箱即可。以干燥后颗粒中甘草苷和甘草酸总量、水分和干燥时间为指标筛选合适的鼓风干燥温度，结果（60±3）℃鼓风干燥较为合适。水分符合《中国药典》（2020年版）一部颗粒剂项下规定（不得过6%）。实验室小型流化床干燥机也是可选设备，干燥效率较鼓风干燥高，但运行费用高，样品也会有少量损失。

4. 未来临床研究及正式生产中干燥方法的设计：生产规模投料量可达数吨，饮片除采用鼓风干燥法外还可采用效率更高的微波干燥法，但微波干燥较剧烈。应研究传统干燥方法与微波干燥方法对饮片化学成分、理化性质、溶出物等的影响，并在向国家药品监督管理局药品审评中心申报生产时详细说明。

由于生产规模较大，可采用一步制粒机将浓缩提取液的干燥与湿法制粒步骤合并，一步完成从浓缩提取液到颗粒干燥的过程，既减少工艺流程，提高生产效率，又能降低生产成本。一步制粒技术是在流化床干燥室中上部加一个喷雾器，首先将辅料放入料斗密闭容器内，在热气流作用下辅料粉末悬浮呈流化状，接着喷入雾状浓缩提取液润湿容器内的粉末，使粉末凝成疏松的颗粒，同时热气流对颗粒做高效干燥，水分不断蒸发，最终形成理想、均匀的颗粒，在流化床中一次完成混合、造粒、干燥三个步骤。可以通过调整浓缩提取液喷入量和雾滴大小调整颗粒大小，通过流化床中干燥时间控制颗粒水分。目前我国已有多种型号的一步制粒机可供选择，生产能力一次可达750kg。

评价与小结　实验室小试阶段采用的干燥设备为：饮片-鼓风干燥箱、提取浓缩液-真空干燥箱、颗粒-鼓风干燥箱。中试阶段为：饮片-鼓风干燥箱、提取浓缩液-喷雾干燥机、颗粒-鼓风干燥箱。生产阶段拟为：饮片-鼓风干燥箱、提取浓缩液至颗粒-一步制粒机。从小试到中试到生产逐渐放大，制备工艺能稳定重复，不同阶段所用干燥设备简单、购置成本低、易操作、被干燥物料损失小、干燥效率高。

思考题　提取浓缩液干燥时，能否采用带式真空干燥设备？该设备与喷雾干燥设备各自的优点是什么？

习　题

1. 常用的干燥技术有哪些？中药制药中已广泛应用的有哪些？

2. 冷冻干燥的原理和特点？

3. 流化床干燥和喷雾干燥有哪些共有特点，区别又是什么？

4. 带式真空干燥机的原理和特点？为什么说它有广阔的产业应用前景？

5. 中药料液有哪些干燥方法？各有什么特点？

6. 现有富含多糖且价格昂贵的中药材，需经提取、浓缩、干燥制备成固体提取物，有哪些干燥方法可用？

第一节　酶解反应分离技术

酶是一种由活细胞产生的生物催化剂，在生物体的新陈代谢中起着非常重要的作用。它参与生物体大部分的化学反应，使新陈代谢有控制地、有秩序地进行下去，从而使生命得以延续。

【酶的发现】

酶从发现到成熟地服务于民众，经历了漫长而又坎坷的历程。酶来源于人们对发酵机理的逐渐认识，早在几千年前，我们的祖先就开始利用生物酶来制造食品和治疗疾病。我国在 4000 多年前的夏禹时代已经掌握了酿酒技术，是世界上最早进行酿酒的国家之一；3000 多年前的周朝已经掌握了制酱技术；2500 多年前应用"曲"来治疗疾病，"神曲"就是一味沿用至今，具有消食和胃功效的中药。18 世纪清朝康熙年间，提出了"酶者，酒母也"。

一、概述

（一）酶的分类

酶分成六大类，它们是氧化还原酶类、转移酶类、水解酶类、裂解酶类、异构酶类、合成酶类。

（二）酶的化学本质及特性

1. 酶的化学本质　酶的化学本质是蛋白质，酶蛋白与许多蛋白不同之处在于酶都具有活性中心。活性中心以外的酶蛋白的其余部分不仅具有维持结构的作用，而且具有确定微环境的作用。酶分子的亲水性强弱、分子的带电性和电荷的分布，以及活性中心周围的环境都是由整个酶蛋白结构决定的，对于酶的催化特性具有很大的影响。

2. 酶的特性

（1）蛋白质的一般特性

①酶是两性电解质，酶在电场中能像其他蛋白质一样泳动，酶的活性 pH 曲线和两性离子的解离曲线相似。

②紫外线、热、表面活性剂、重金属盐以及酸碱变性剂等能使蛋白质变性的因素，往往也能

使酶失效。

③酶本身可被水解蛋白质的蛋白质水解酶分解而丧失活力。

（2）酶催化反应的高效性　酶催化反应与一般催化反应不一样，它可以在常温常压和温和的酸碱度下高效地进行。

（3）酶反应的专一性　一种酶只能催化一种或一类物质反应，即酶是一种仅能促进特定化合物、特定化学键、特定化学变化的催化剂。如淀粉酶只能催化淀粉水解，蛋白酶只能催化蛋白质水解。

【科海拾贝】

影响酶促反应的因素　酶在催化反应中不能改变反应的平衡，但可以加快反应速度。影响酶促反应的主要因素有底物浓度、酶浓度、激活剂、抑制剂、温度、pH 值、作用时间以及实际生产中的工艺设备情况。

二、酶工程技术在中药分离中的应用

随着中药现代化的发展，酶工程技术应用于中药有效成分的提取、分离和纯化的研究开发也取得很大进展。

（一）酶技术在中药分离领域的应用原理

1. 破坏植物细胞壁，加速目标成分的释放溶出　植物细胞壁是中药有效成分溶出的主要屏障。植物细胞壁主要成分是纤维素，纤维素酶可破坏植物细胞壁，如茶多糖是茶叶中的重要生物活性成分之一，传统提取方法通常采用水或有机溶剂浸出，但多糖难以从胞内释放，得率低而成本高。将复合酶（viscozyme L，含纤维素酶、半纤维素酶和果胶酶等）和果胶酶用于茶多糖的提取，茶多糖的提取率可达 3.29%，是水提法的 2.7 倍。其作用原理为复合酶和果胶酶可使茶叶细胞壁破裂，促进多糖溶出。

2. 降解水溶性植物组织高分子物质，提高过滤分离效率　植物细胞初生壁中除了纤维素外还有半纤维素和果胶质，这些组分的存在使提取液的黏稠性增加，提取率较低，并且给提取液的过滤分离带来困难。在山楂黄酮类化合物的提取中，加入纤维素酶的同时加入果胶酶，总黄酮的提取率提高了 16.9%。

3. 对中药化学成分进行生物转化　利用酶作为生物催化剂，可对中药化学成分进行生物转化，修饰其结构或活性位点，从而获得新活性化合物。

（二）酶技术在中药分离领域应用的工艺过程

酶技术在中药领域应用的基本工艺过程，可以归纳为以下几个步骤：

1. 酶的筛选、制备与活力测定　如采用漆酶提取黄芪中黄芪皂苷时先须制备漆酶粗酶液：取保藏的杂色云芝斜面进行活化培养，挑取适量菌丝转接于培养基平板上，再按一定的接种量接入三角瓶中，25℃振荡培养，定期检测酶活力；培养后发酵液经滤过、离心，取上清液，测定酶活力后低温保存，使用前再测酶活力。

2. 酶解浸提及其工艺条件优选　酶解条件与 pH 值、温度和加酶量等因素有关，仍以上述研究为例，首先考察漆酶的加入量对提取率的影响，再采用正交表进行优选工艺参数，结果表明：影响黄芪皂苷提取率的主要因素是反应温度，其次是 pH 和反应总体积，影响最小的是时间。

3. 酶的灭活及其与目标产物的分离　应根据目标产物的物理化学性质，在不影响目标产物活性的前提下，选择适宜的酶灭活及分离方法。

（三）酶技术在中药分离领域的作用

1. 提高中药提取物中有效成分得率　将金银花以乙醇回流提取前，用纤维素酶和果胶酶分别或联合处理，实验结果表明，采用纤维素酶处理能显著提高金银花提取物中绿原酸得率（8.15g/100g），最适温度40~50℃，且酶用量和处理时间对绿原酸得率有显著影响；联合处理对绿原酸得率影响不明显，但能显著提高提取物得率。

2. 用于提取液的精制，提高提取液的澄清度　中药水提液含有多种类型的杂质，如淀粉、蛋白质、鞣质、果胶等。针对中药水提液中所含的杂质类型，采用相应酶将其降解为小分子物质或分解除去可解决上述问题，并改善中药口服液、药酒等液体制剂的澄清度，提高成品质量。采用碱法提取海参中多糖蛋白质成分时，多糖得率仅为鲜品海参的0.06%，而采用胃胰蛋白酶提取得到的海参多糖则为鲜品的1.45%~1.61%。

3. 将高含量的中药成分转化成微量的有效活性成分　中药中很多高活性成分属于痕量物质，而中药有效成分的生理活性与其结构紧密相关。在中药提取过程中通过某些酶的加入将一些生理活性不高，或没有生理活性的高含量成分的结构转变为高活性分子结构，可以大大提高提取物的生理活性及应用价值，降低生产成本。

采用皂苷酶处理人参中常见组分 Rb、Rc、Rd 等二醇类皂苷生产 Rh_2 等稀有皂苷，酶处理生产 Rh_2 等的转化率在60%以上，比从红参中直接提取提高了500~700倍。

三、典型案例

案例13-1　中药酶法提取应用案例——黄芪多糖的制备

背景　黄芪是常用的补气药，黄芪多糖是其主要活性部位之一，具有增强免疫、抗病毒、抗肿瘤、抗衰老、抗辐射、抗应激、抗氧化等作用。

问题　优选提取分离方法及条件，建立黄芪多糖酶法提取的分离工艺。

分析　中药的细胞壁主要由纤维素构成，黄芪原料及药渣中纤维素的含量较高，因此纤维素可能是制约黄芪多糖最大限度溶出的主要物质。纤维素由 D-葡萄糖-β-1,4 糖苷键连接而成，纤维素酶则能特异性地降解纤维素，生成葡萄糖等低相对分子质量的糖。

关键　黄芪提取过程中酶解条件酶解 pH 值、温度和加酶量的优选。

工艺设计　首先确定酶法提取黄芪多糖工艺流程：

黄芪干饮片→粉碎→过筛→称重→乙醇溶液提取→抽滤→滤渣挥干溶剂→水提→离心→沉渣加纤维素酶酶解→灭酶同时第2次水提→离心→合并上清液→适度稀释→测定提取液中多糖含量。

然后根据 Box-Behnken 中心组合试验设计原理，综合析因实验的部分因子试验设计结果，选取酶解过程中对黄芪多糖含量影响显著的3个因素——酶解 pH 值、温度和加酶量作为自变量，以黄芪多糖的含量为响应值，进行实验筛选。结果表明黄芪多糖含量达到最高时所需的参数条件为：酶解 pH 值为4.02，温度为56.57℃，加酶量为61.16U/g，预测黄芪多糖的含量达到21.06%。为检验响应曲面法所建立的数学模型的可靠性，采用上述最优酶法提取条件进行黄芪多糖的提取试验，同时考虑到实际操作的便利，将酶法提取黄芪多糖的最佳酶解条件修正为 pH 值为4.0，温度为56.5℃，加酶量为61U/g，进行5次重复试验，实际测得的黄芪多糖的平均含量为20.31%，与理论预测值相比相对误差在1.20%左右。

评价与小结　酶法提取的黄芪多糖含量与未加酶提取相比可提高 1 倍多，纤维素酶在提取过程中能有效地促进多糖物质的溶出。酶解 pH 值与加酶量、酶解温度与加酶量对黄芪多糖提取含量的交互作用显著。

第二节　免疫亲和色谱技术

一、概述

免疫亲和色谱（imnoafinit chronalogrphy，IAC）是一种将免疫反应与色谱分析方法相结合的分析方法。该技术不仅可简化处理过程，而且较之传统的样品前处理方法能够大大地提高处理方法的选择性，样品基体中一些理化性质相近的化合物得以有效去除，使得分析结果更加准确和可靠。目前，该技术在抗体、激素、多肽酶、重组蛋白、受体、病毒及亚细胞化合物的分析中被广泛应用。

IAC 是利用抗原与抗体的高亲和力、高专一性和可逆结合的特性，基于色谱的差速迁移理论而建立的一种色谱方法。将针对被测物的特异性抗体固定到适当的固相基体制备成免疫亲和色谱固定相。利用被测物的反应原性、抗原抗体结合的特异性以及抗原抗体复合物在一定条件下能可逆解离的性质进行色谱分离。当含有目标物的样本粗提液经过免疫亲和色谱柱时，提取液中对抗体有亲和力的目标物就因与抗体结合而被保留在柱上，淋洗去掉非目标分析物后采用适当条件将结合在抗体上的目标物洗脱下来，从而使敏测物被选择性地提取与浓缩。所得提取物可直接采用 GC、HPLC、ELISA 等方法进行检测。

二、特点

1. 纯化、浓集能力好　在生物样本分析中，由于样品浓度通常较低，分析方法的灵敏度是首要考虑的因素。IAC 的高效能首先体现在它能成倍甚至成百倍、成千倍地提高样品的纯化率。IAC 的高效能还体现在它可以缩短分析时间，提高分析效率。

2. 选择性好　由于 IAC 是利用抗原抗体的特异性反应来分离和纯化样品的，只有与其抗原决定簇相吻合的被测物才能被它结合。虽然在免疫反应中交叉反应也会发生，但是通过制备高纯度的抗体及有多个活性位点的抗体可以提高抗原结合的选择性。

3. 可重复使用　IAC 可以在一定缓冲液冲洗后再生重复使用，这大大节约了资源，也降低了成本。

三、操作流程

1. 抗体的制备　IAC 中的抗体作为固定相的配体，直接影响目标测定物的特异性亲和力，所以是 IAC 建立的关键因素。当抗原注入生物体时，机体被激发产生相应的抗体，并能与该抗原发生专一性的结合反应。某些分离过程的目标物相对分子量较小，本身不具备抗原性。如将其先衍生化，使其末端含有氨基、羧基、羟基等活性基团，再通过这些活性基团与大分子物质如蛋白质基体结合，也能免疫产生抗体。

2. 制成 IAC 基体　基体的选择一般要求高度亲水，使亲和色谱固定相易与水溶液中的生物大分子接近；要求非专一性吸附小；应该具有相应的化学基团可以修饰和活化；有较好的理化稳定性和良好的机械性能，对温度、压力、pH 值、离子强度等有良好的耐受性；具有良好的多孔网状结构和均一性。传统的基体一般为某些碳水化合物（如琼脂和纤维素）或一些合成的有机基体（如丙烯酰胺聚合物、共聚物或衍生物，聚甲基丙烯酸酯衍生物，磺酰醚聚合物）。填充这些基体的 IAC 柱通过柱后抽负压的方式或直接在流体重力的作用下即可实现加样分析的过程，其最大的优点是价格便宜，操作简单，多用于非在线分析时的样本制备。但其缺点也比较明显，即传质能力低，在高压及高流速状态下稳定性较差，不能在 HPLC 系统使用。

3. 抗体与基体的偶联　基体在与抗体偶联之前需要进行活化。一般是在基体骨架上引入亲电基团，然后与间隔分子或抗体上的亲核基团共价结合。在小配体的亲和色谱中，常在基体和配体之间插入一个间隔臂，以减小空间位阻的影响。常用的活化试剂包括溴化氰、环氧氯丙烷和维生素 H 酰肼等。

抗体与活化基体的偶联方式有随机偶联与定向偶联两种。随机偶联时，基体与抗体的结合位点不固定，随机偶联后的 IAC 的免疫活性一般较低。定向偶联是先将蛋白 A（protein A）或蛋白 G（protein G）固定在基体上，蛋白 A 或蛋白 G 只与 IgG 的 Fc 区相结合，然后用二甲基庚二酸酯等化学交联剂使抗体（多抗或单抗）与蛋白 A 或蛋白 G 定向偶联，抗体上的抗原结合位点则处于游离状态。定向偶联的优点是留出正确定向的抗原结合位点，能够提高 IAC 固定相的结合容量。

4. 洗脱方式　其操作过程可分为如下几个步骤。

（1）在一定的流动相系统下，将待测样品注入 IAC 柱中，在此条件下，待测物与固定于柱上的抗体有很强的结合作用。

（2）由于待测物与抗体发生专属性的抗原-抗体结合反应被保留在 IAC 柱上，而样品中的其他溶质则不被保留，采用适当的缓冲溶液（冲洗液）即可将其冲出 IAC 柱。

（3）采用另一种缓冲体系（洗脱液），将待测物从 IAC 柱上洗脱下来。通常，洗脱液有较强的酸性，其中加入碘化钠等试剂以增加离子浓度，并加入适量的有机改性剂以使 IAC 柱环境发生改变，降低抗原-抗体反应的平衡常数，最终使得抗原-抗体结合物解离，从而实现待测物的洗脱。

（4）测定上述（3）中的洗脱物。

（5）当所有待测物都被洗脱后，再用冲洗液重新冲洗系统，使固定的抗体再生，即可以进行下一轮的加样分析。

四、免疫亲和色谱技术的应用模式

IAC 可分为单抗体-单分析物、单抗体-多分析物、多抗体-多分析物等多种模式。但就分离分析的整个过程而言，IAC 可分为非在线 IAC 和在线 IAC 两种模式。

1. 非在线 IAC 模式　该模式是以 IAC 作为样本的分离纯化方法，随后，可将从 IAC 柱上洗脱下来的样品组分用其他分析方法进行定性或定量分析。这种模式操作简便，并可根据需要与其他分析方法组合，不需特别的仪器设备，因而使用广泛。通常，只需经过一步 IAC 的提取过程即能收到满意的实验结果。

2. 在线 IAC 模式　与非在线 IAC 相比，在线 IAC 更易实现操作的自动化，就其目前的发展状况而言，可以分为以下两种应用方式：

（1）高效免疫亲和色谱柱的应用　在该种应用方式中，用免疫亲和柱代替液相色谱柱，直接在 HPLC 系统上实现分离分析，形成高效免疫亲和色谱（HPIAC）系统。应用高效免疫亲和柱是一种较为简便的在线 IAC 模式，但是由于直接连接在仪器系统中，因此对 IAC 柱提出了耐高压的要求，并且由于分析柱的长度一般比样本纯化时所用的萃取柱长得多，因而需要制备较多的抗体，色谱柱的造价也因此较贵。

（2）联用技术的应用　在该种应用方式中，IAC 技术仍作为分析过程前期的样本纯化方法，随后与其他技术联用，实现进一步的定性或定量分析。但是，与非在线模式不同的是，样品纯化、转移和分析的整个过程均实现了自动化操作。原则上，IAC 可与 HPLC、GC、HPCE、MS 等多种分析方法联用。

IAC 作为理化检测方法的分离纯化手段，使残留分析集免疫反应的高选择性、快速与理化检测方法的准确性于一体，避免了单纯免疫分析或理化分析的不足。IAC 主要用于食品与药品安全监管中的农药残留、真菌毒素等检测。其优点是大大简化了样品前处理过程，提高了分析的灵敏度。但是目前由于许多样品的前处理还是采用传统的固相萃取（SPE）、基质固相分散（MSPD），使该技术的推广应用受到限制，而大量性质均一的纯化抗体的供应和非特异性吸附难题的解决是 IAC 真正走向实用化的前提。

五、典型案例

案例 13-2　亲和色谱应用案例——β_2-肾上腺素受体亲和色谱及其在苦杏仁活性成分筛选中的应用

背景　药物选择性地识别细胞膜上的受体并与之结合，然后通过信息传递最终产生药理活性是药物在体内发挥药效的重要途径之一。如果能将受体固载于固定相表面，并利用其与药物的这种特异性作用及液相色谱的高分离能力，就能建立一种受体试用药快速、高效和稳定的亲和色谱筛选方法。β_2 肾上腺素受体（β_2-AR）是 G 蛋白偶联的 7 次跨膜受体蛋白家族的成员之一，是止咳平喘药物发挥药效的主要靶体，苦杏仁为临床常用的止咳平喘的中药之一。

问题　如何建立稳定的 β_2-AR 亲和色谱方法。

分析　用亲和色谱法从家兔肺组织中纯化得到 β_2-AR，然后选择温和的化学方法将其通过共价键均匀地固载于大孔硅胶表面，用硫酸沙丁胺醇、重酒石酸去甲肾上腺素、盐酸肾上腺素和盐酸普萘洛尔表征 β_2-AR 色谱柱的亲和特性。

关键　β_2-AR 亲和色谱固定相的合成与装柱。

工艺设计

（1）苦杏仁苷粗品的制备：70g 苦杏仁捣碎后，用 200mL 石油醚抽提脱脂；脱脂苦杏仁晾干后，再用 250mL 95% 乙醇抽提；浓缩抽提液并加少量乙醚，放置过夜，过滤，得苦杏仁苷粗品 3.2g。

（2）β_2-AR 亲和色谱固定相的合成和装柱：β_2-AR 纯化后，制备氨丙基硅胶，再用羰基二咪唑活化。取 1.3g 活化硅胶，加入 β_2-AR 洗脱液和磷酸盐缓冲溶液（pH7.0），室温下搅拌 2 小时，抽滤，硅胶用缓冲液洗涤多次后，转移至 1% 甘氨酸乙酯溶液中反应 30 分钟。最后用缓冲溶液洗涤，得到 β_2-AR 亲和色谱固定相。以 5mmol/L Tris-HCl 溶液（pH7.2）为匀浆液和顶替剂，在 $4.0×10^7$Pa 的压力下装填色谱柱（50mm×4.6mm I. D.）。

（3）成分筛选条件及结果：色谱条件：以 5mmol/L Tris-HCl、0.5mmol/L EDTA 和 1mmol/L NaCl 组成的溶液（pH7.2）为流动相，流速为 0.8mL/min。质谱条件：大气压化学电离源正离子模式，雾化气压力为 $2.8×10^5$Pa，干气流速为 8L/min，干气温度为 350℃，柱后添加甲醇-二氯甲烷（$V:V=1:1$）混合溶液进行衍生。质谱分析结果：苦杏仁粗提物中与该受体色谱柱有保留作用的活性成分为苦杏仁苷。

评价与小结　与已有色谱筛选方法相比，该法具有稳定性好和选择性强的特点，可对苦杏仁中与 β_2-AR 作用的活性成分进行快速准确筛选。该法之所以具有良好的稳定性，主要是因为通过共价键将 β_2-AR 键合在填料表面，既避免了色谱固定相表面上 β_2-AR 的流失，又提高了 β_2-AR 本身的稳定性。该法之所以选择性强，主要是由于 β_2-AR 对配体具有选择性识别作用。

第三节　分子印迹技术

一、概述

分子印迹技术（molecular imprinting technology），也称分子模板技术，是指以一定的目标分子为模板，制备对该分子具有特异选择性聚合物的技术，于近 20 年内得到了飞速的发展。基于分子印迹聚合物具有选择性高、稳定性好、使用寿命长和适用范围广等特点，分子印迹技术在许多领域，如色谱分离、固相萃取、仿生传感、模拟酶催化和临床药物分析等领域得到了日益广泛的研究和应用。

分子印迹技术用于中药成分分离的优势：分离效果好，前处理简单，方法可靠，样品处理简单，富集痕量组分，精密度和准确性高，回收率高，操作简单；可免除反复柱色谱的低效率和低收率，是发现先导化合物的有效手段，为传统的中药分离提供补充。

二、原理

分子印迹聚合物（molecularly imprinted polymers，MIPs）的制备过程和识别原理如图 13-1 所示。将一个具有特定形状和大小的需要进行识别的分子作为印迹分子（又称模板分子），把该印迹分子与功能单体溶于溶剂，形成主客体复合物，再加入交联剂、引发剂，聚合形成高度交联的聚合物，其内部包埋与功能单体相互作用的印迹分子。然后将印迹分子洗脱，这样MIPs 上就留下了与印迹分子形状相匹配的空穴，且空穴内各功能基团的位置与印迹分子互补，这样的空穴对印迹分子具有分子识别特性。因此，MIPs 对印迹分子有"记忆"功能，具有高度的选择性。

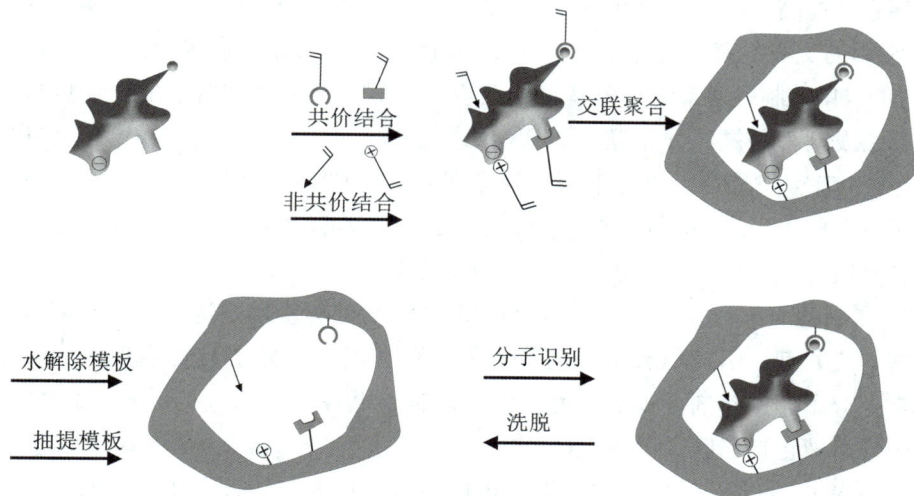

图 13-1　分子印迹技术原理

三、分子印迹聚合物的类型

根据印迹分子与功能单体之间结合作用的不同，可将 MIPs 分为共价键作用、非共价键作用和金属螯合作用 3 种类型。

1. 共价键型 MIPs　印迹分子与功能单体以可逆共价键结合，形成相对稳定的主客体复合物，与交联剂共聚，再采用水解等方法使印迹分子与功能单体间的共价键断裂，释放出印迹分子，得到共价型 MIPs。常用的共价结合包括硼酸酯、亚胺、缩醛酮等。

2. 非共价键型 MIPs　印迹分子与功能单体不发生化学反应，只以氢键、静电作用力、$\pi-\pi$（偶极-偶极）作用力或范德华力形成分子复合物，此过程是分子自组装过程。氢键在许多有机化合物间容易产生，是应用最多的结合方式，氢键作用已被广泛用于氨基酸及其衍生物的印迹过程中。

3. 金属螯合型 MIPs　金属螯合作用通常是通过配位键产生，具有高度立体选择性，功能单体与印迹分子结合和断裂均比较温和，聚合时按化学计量配料，不需要过量的功能单体。金属螯合在分子印迹中的应用有两种情况，一种是金属离子本身作为印迹分子，即合成对金属离子有识别作用的 MIPs；另一种是以有机化合物（如酶、肽类）为印迹分子，以金属离子为桥，实现对印迹分子的识别。目前，用于印迹的金属离子主要有 Ca^{2+}，Zn^{2+}、Cu^{2+}、Ni^{2+}，常用的功能单体有 1-乙烯基咪唑和 1-乙烯基多胺。

四、分子印迹聚合物的组成及其处理工艺要求

分子印迹体系主要由功能单体、交联剂、引发剂、溶剂、致孔剂等试剂组成，其处理工艺各具不同要求。

1. 功能单体　功能单体的选择主要由印迹分子结构与理化性质决定，首先它能与印迹分子形成稳定的复合物，其次在反应中它与交联剂分子处于合适的空间位置，才能使印迹分子很好地镶嵌于 MIPs 中。目前，用共价结合的功能单体数量十分有限，主要包括 4-乙烯基苯硼酸和 4-乙烯基苯胺等。用于分子印迹的非共价键功能单体多达几十种。按性质可分为 3 类：酸性功能单体、碱性功能单体和中性功能单体。

2. 交联剂　交联剂的种类和用量对 MIPs 性能有重要影响，交联剂分子的柔性有利于 MIPs 在溶剂中的溶胀，提高溶胀率，降低分子链的内应力，减少分子链的断裂，在实际应用中可减少 MIPs 破碎。常用的交联剂有二乙烯苯、1,3-二异丙烯基苯、二甲基丙烯酸乙二醇酯等。

3. 引发剂　MIPs 制备通常为自由基聚合反应，根据聚合体系和溶剂的性能可选用不同的引发剂。常用的引发剂为偶氮二异丁腈（AIBN）或偶氮二（2,4-二甲基）戊腈（ABDV），可在 55~60℃ 释放自由基引发聚合，也可采用紫外光照射，在 0℃ 左右引发聚合。光照引发适于制备热不稳定印迹分子的 MIPs。为消除空气中氧气对反应的影响，引发聚合反应前需对反应液进行充氮气或者抽真空处理，后者会导致易挥发成分的损失。

4. 溶剂　在制备 MIPs 过程中，单一溶剂和混合溶剂都有应用。选用原则是溶剂要对印迹分子、功能单体、交联剂、引发剂有很好的溶解度，有利于印迹分子与功能单体形成复合物的稳定。目前，常把分子印迹溶剂分为低极性和极性两种，低极性溶剂包括甲苯、氯仿、二氯甲烷、四氢呋喃；极性溶液包括乙腈、甲醇/水、水。

5. 致孔剂　MIPs 的多孔结构有利于提高传质性能，扩大与印迹分子的接触面积。一般致孔剂在聚合物中形成孔道的原理是相分离原理，即致孔剂对聚合物的溶解度要适当，当生成的聚合物达到临界分子量时，使之从致孔剂中析出。

五、分子印迹聚合物的常用制备方法

分子印迹聚合物的常用制备方法主要有本体聚合法、悬浮聚合法、沉淀聚合法、表面印迹法等。

1. 本体聚合法 目前最常用、最经典的一种方法。制备过程是将印迹分子、功能单体、交联剂和引发剂按一定比例溶解在适当的溶剂体系中；然后置入具塞瓶中，充氮除氧，密封，通过热引发或光引发聚合一定时间，得到块状聚合物；经粉碎、研磨、过筛，再经索氏提取洗脱除去印迹分子，真空干燥后得到所需粒径的 MIPs。

本体聚合法制备的 MIPs 具有良好的分子选择性，且制备过程简单，便于普及。但是，存在如下弊端：①反复研磨，费时、费力、产率低，合格粒子一般低于制备总量的 50%，聚合物颗粒为无定形，粒径高度分散；②作为柱填料使用时，柱效低、反压高、吸附量小；③部分印迹位点包埋在颗粒内，印迹分子的移除困难，导致使用过程中印迹分子渗漏，影响分析结果。

【科海拾贝】

1989 年，Hjerten 制备了以丙烯酰胺为功能单体的分子印迹整体柱，是本体聚合技术的一次重大突破。所谓分子印迹整体柱技术，就是在空色谱柱管内注入印迹分子、功能单体、交联剂、致孔剂、引发剂混合物，通过热引发聚合，然后除去致孔剂和印迹分子就得到一根整体柱。此法省去了研磨、筛分、装色谱柱等环节，节省了时间，减少了原料的浪费，还可以通过调节致孔剂的组成来控制柱内微孔的尺寸，减小反压，提高分离效率。

2. 悬浮聚合法 采用全氟烃类为分散介质，代替传统的有机溶剂或水，加入特制的聚合物表面活性剂，使印迹混合物形成乳液，然后引发聚合。MIPs 粒度范围分布窄，形态规则，是目前制备聚合物微球最简便、最常用的方法之一。这种方法省去了研磨、筛分等步骤，以 MIPs 作为色谱固定相，分离性能高，但水包油的悬浮聚合方式仅限于能溶于疏水性有机溶剂的非极性印迹分子。

3. 沉淀聚合法 又称非均相溶液聚合，在引发剂的作用下，反应产生自由基引发聚合成线型、分支的低聚物，接着低聚物交联成核从介质中析出，相互聚集而形成聚合物粒子，这些聚合物粒子与低聚物及单体最终形成高交联度的聚合物微球。沉淀聚合法过程简单，无须研磨。但为避免团聚，合成的微球通常只能在低黏度的溶剂中进行，因此对溶剂的黏性要求较高。

4. 溶胀聚合法 典型的溶胀聚合分为两步完成：第一步采用无皂乳液聚合法制备粒径较小的微球；第二步以此微球为种球，将其用一定的乳液多次溶胀，然后再引发聚合得到所需粒径的微球。

【科海拾贝】

1994 年，Hosoya 等首先应用二步溶胀法制备了 MIPs。第一步先在水中进行乳液聚合制备聚苯乙烯单分散纳米粒子，粒径为 50~100nm，以此作为第二步溶胀的种子粒子；第二步将种子粒子分散体系加入由功能单体、交联剂、致孔剂和稳定剂组成的混合溶液中，在恒定搅拌速度下完成第二步溶胀。然后加入印迹分子在氮气保护和恒速搅拌下引发聚合反应，生成球形印迹聚合物，最后将印迹分子和致孔剂萃取出来得到 MIPs。用此法可得到粒径均一的多孔微球，适合作色谱固定相。

5. 表面印迹法 表面分子印迹法是近年出现的一种新的方法。所谓表面印迹，就是采取一定措施，把几乎所有的结合位点都局限在具有良好可接触性的表面上，有利于印迹分子的脱除和再结合。因此，此法适合于生物大分子的印迹。

通常采用的表面印迹法是在微球载体表面进行修饰或涂层制备分子印迹聚合物材料的一种方法。制备过程中，功能单体与印迹分子在乳液界面处结合，交联剂与单体聚合后，这种结合物结构就印在了聚合物的表面。因此，这种方法也称表面印迹分子聚合。

六、分子印迹聚合物的性能评价

选择性结合印迹分子是 MIPs 最基本的特征，因此，评价 MIPs 的性能主要包括两个指标：第一，分子印迹材料的吸附量，即所制备的 MIPs 是否保留足够多的活性位点，可实现对印迹分子的结合；第二，分子吸附的选择性，即当印迹分子与相似分子（如对映体）同时存在于溶剂中时，MIPs 是否能选择性吸附印迹分子，而不是相似物。常用评价方法有两种，一种是色谱法，一种是静态吸附法。

1. 色谱法　借助常用的液相色谱或气相色谱平台进行评价。以高效液相色谱法为例，将处理好的 MIPs 作为固定相，装填至不锈钢的柱管内，用洗脱液洗脱平衡后，再将印迹分子溶液与类似物的混合溶液注入色谱柱，通过色谱图分析 MIPs 对印迹分子的选择性。

2. 静态吸附法　静态吸附法的具体实验方法：准确称量一定量的 MIPs，放入一系列已知浓度的印迹分子溶液中，在一定温度下振荡足够长的时间，使之吸附达到吸附平衡；然后通过离心或过滤除去 MIPs，测定溶液的平衡浓度，通过差量法计算单位质量 MIPs 对印迹分子的吸附量。

七、分子印迹技术在中药分离中的应用

将分子印迹技术应用于中药成分的分离纯化，就是以待分离的化合物为印迹分子，制备对该类分子有选择性的 MIPs，以此作为吸附材料用于中药成分的分离纯化。在中药分离中，分子印迹技术可以应用到分离手性异构体及结构类似物、直接纯化活性成分并进行测定；洁净生物样品用于体内药物分析；富集微量有效成分、大批量一步分离纯化目标成分、以具有特定药效的化合物为印迹分子选择性分离具有相同药效的活性组分。

分子印迹技术在中药活性成分中的应用研究较为广泛，涉及黄酮、多元酚、生物碱、甾体、香豆素等多种结构类型化合物。

八、分子印迹技术在制药分离领域应用面临的挑战

MIPs 作为一种新兴的分离材料，因其制备简单、选择性好、分离效率高，被广泛用于药学研究的很多领域。但其本身在理论和应用等方面还存在许多问题，如 MIPs 识别过程的机制和定量描述，功能单体、交联剂的选择局限性等。此外，其在中药活性成分分离纯化的应用中也有一定局限性：①合成在水中具有分子识别作用的 MIPs 存在困难，中药提取液多为水提液或一定浓度的醇提液，而水和醇的存在会破坏或削弱印迹分子与功能单体的氢键作用；②有些印迹分子往往十分昂贵或难于得到，限制了 MIPs 的应用规模；③由于结合位点的非均匀性和实际可利用官能团的数量有限，导致 MIPs 吸附量较低，为达到较大规模的制备水平，需要进一步增加聚合物中的实际有效结合位点以扩大分离柱容量；④制备蛋白类大分子的 MIPs 还有一定困难，现有的分子印迹方法还很难为生物活性大分子提供高的吸附量和选择性。

九、典型案例

案例 13-3　分子印迹技术应用案例——葛根中葛根素的制备
背景　葛根为常用的清热药，主要有效成分为葛根异黄酮类化合物，如葛根素（puerarin）、大豆

苷（daidzin）、大豆苷元（daidzein）和大豆苷元-4′,7-二葡萄糖苷（daidzein-4′,7-diglucoside）。

　　问题　优选提取分离方法及条件，建立葛根中异黄酮类化合物分子印迹分离工艺。

　　分析　葛根素的分子结构见图13-2。葛根素为异黄酮类化合物，分子中含有两个酚羟基及羰基，可分别作为氢键的供体和受体。以丙烯酰胺为功能单体，可制成多重氢键的非共价型MIPs。印迹及聚合过程见图13-3。

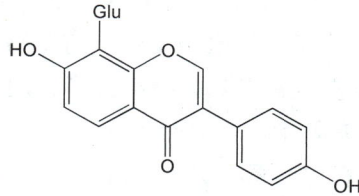

图 13-2　葛根素的分子结构

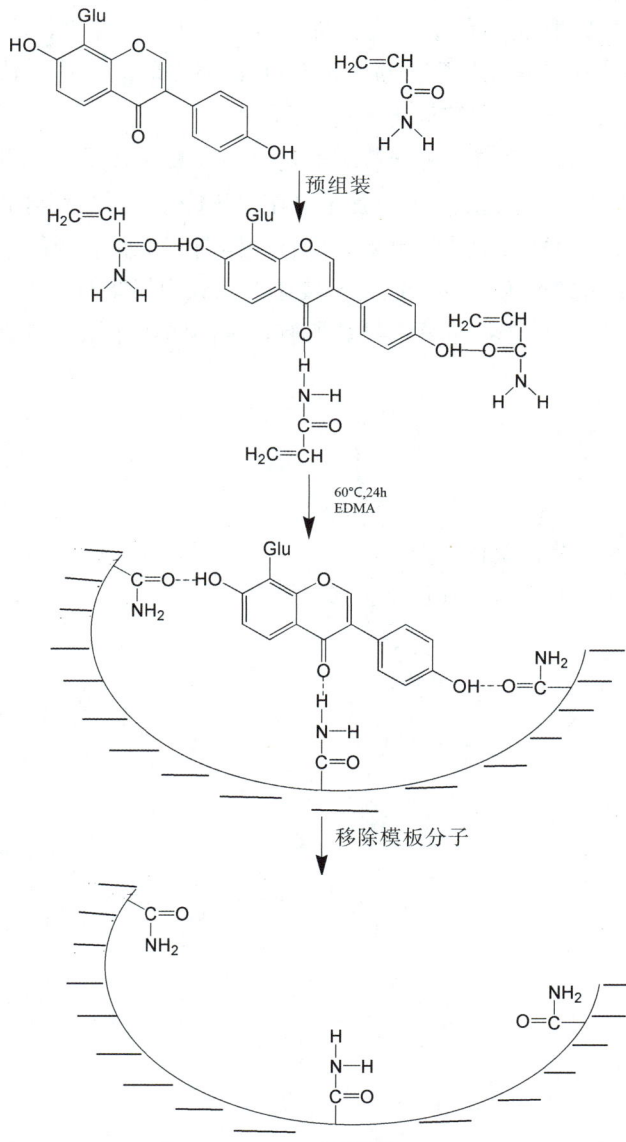

图 13-3　葛根素的分子印迹及聚合过程

关键　功能单体、交联剂的选择。

工艺设计

1. 葛根素分子印迹聚合物（MIP）的制备：将功能单体丙烯酰胺（5mmol）、模板分子葛根素（1mmol）、交联剂 EDMA（50mmol）、溶剂四氢呋喃（15mL）和引发剂偶氮二异丁腈（0.025g）置于封闭管中，充分溶解，超声处理 15 分钟后，充氮脱气，交替进行多次，抽真空，密封。在 60℃、恒温水浴中聚合 24 小时，得到棒状聚合物，粉碎，过 200 目筛，取粒径小于 75μm 颗粒，用丙酮反复沉降，以除去细末，真空干燥。将所得聚合物装入色谱柱中，依次用甲醇、甲醇–醋酸（9∶1，V/V）反复洗脱，以除去模板分子，用 HPLC 检测流出物在 254nm 处无任何吸收，真空干燥，得葛根素印迹聚合物（MIP）。

2. 葛根提取液的制备：取 50g 粉碎的葛根置于三口瓶中，用 12 倍体积的 80% 乙醇溶液回流提取 3 次，提取时间分别为 2 小时、2 小时和 1 小时。合并滤液，旋蒸除去乙醇，转入水相，浓缩至约 95mL，离心除去沉淀，上清液定容 100mL 备用。

3. 印迹聚合物对葛根提取液的色谱分离：称取 0.5g 印迹聚合物，用甲醇混成浆液，装入 15mm×10mm（I.D.）空柱中，再用甲醇冲洗。取 1mL 葛根提取液上柱，适量甲醇冲洗后，用含醋酸 10% 的甲醇溶液洗脱，收集，浓缩至干，得成品。

评价与小结　葛根粗提液中含有多种异黄酮类化合物及其他杂质，用甲醇可洗去非特异性吸附组分，而葛根素与 MIP 有较强的亲合性，被保留在 MIPI 柱上。当用强极性溶剂甲醇–醋酸溶液洗脱时，可将亲合性较强的葛根素洗脱出来。比较进样前与洗脱后产品中葛根素总量，葛根素收率为 83%，产品中葛根素纯度为 78%，远高于普通大孔吸附树脂对葛根提取液的分离结果。说明以葛根素为模板分子的印迹聚合物对葛根异黄酮有很好的印迹作用，可有效地从葛根提取物中分离出葛根素。

习　题

1. 酶解反应分离技术具有哪些特点？
2. 如何确定分子印迹技术流程的最佳工艺条件？

扫一扫，查阅本章数字资源，含PPT、音视频、图片等

第一节 智能制造总体设计原则

一、中药提取智能制造的发展趋势

2015 年 5 月 19 日，国务院正式印发《中国制造 2025》，力争使我国在 2025 年从工业大国转型为工业强国。在工业和信息化部的积极推动下，工业化和信息化的深度融合（"两化深度融合"）为制造业的网络化、智能化发展奠定了坚实基础。新一轮工业革命将更快地带动两化深度融合：信息技术向制造业的全面嵌入，将颠覆传统生产流程、生产模式和管理方式；生产制造过程与业务管理系统的深度集成，将实现对生产要素高度灵活的配置，实现大规模定制化生产。这一切都将有力地推动传统制造业加快转型升级的步伐。随着《中国制造 2025》的贯彻落实，国务院正式出台了首个国家级中医药发展规划——《中医药发展战略规划纲要（2016—2030年）》，实现中药生产的自动化与信息化，提高生产中的工作效率提上了正式议程。

（一）中药提取生产的现状

我国目前主流的中药生产技术与国际生产技术相比仍有一定差距，提取工艺技术滞后于制剂技术，存在环境差、能耗高、自动化程度低、劳动强度大、质量控制手段落后等问题，并且生产过程以单元操作和人工操作为主，极大程度地制约了中药产业的发展，主要问题如下。

1. 工业信息化程度待加强。一方面，生产过程记录仍为人工纸质版，管理效率低下，存在录入差错的风险，而且人工收集整理、核实数据难，降低了生产信息记录的实时性和准确性，对纸质记录文件的保存、数据的查找都很困难。另一方面，因缺少了以现场总线技术为基础的工业控制网络，难以将大量生产数据进行存储，进而进行分析提炼。而工艺参数与药品质量的相关性数据也不能得到充分有效的深入挖掘和分析，生产数据的利用度低。

2. 生产工艺以单元控制为主，生产线自动化水平缺乏整体的系统集成管控。提取生产的设备控制以模拟仪表为主，数字化程度低，部分提取设备虽然采用了 PLC 控制，但设备未实现制药装备数据接口标准化，缺乏开放高速的工业网络覆盖，"信息孤岛、断层"情况严重，生产过程中各工艺单元之间大多是断层的、孤立的，管理人员无法同时对车间多个工艺单元的生产活动进行高效监管和控制，更难以针对整个生产流程进行系统集成和优化。生产过程控制严重依赖于操作人员的既往生产经验，难以实现对提取过程进行科学、严格的控制。

3. 中间体质量控制采取离线方式，难以高效准确保证产品质量。在提取生产过程中，有很

多关键的质量检测点，目前这些检测点的质量控制多依赖离线检测和人工观察，缺乏有效的、多样化的质量检测和控制手段，质量控制方法简单、效率低、风险高，而中药成分复杂、药材提取批间质量不一致的问题更是难以破解。

4. 能耗较高、环境较差、生产效率较低。传统中药提取工厂因为中药提取工艺的药材粉尘大、药渣难以处理、大量使用蒸汽等特殊性，生产现场往往温度高、能耗大、劳动强度重，再加上生产设备的自动化程度低，设备操作必须在现场进行，所以员工的工作环境较差。

（二）中药提取的智能化发展趋势

智能制造是以数字化信息为驱动力，由智能化系统、智能化机器和互联网技术共同组成并相互协作，可以根据生产需求自动完成全流程制造任务，以匹配不断变化的生产需求，并实现柔性生产的新型制造模式，同时，对 EHS（环保、职业健康、安全）的管理也带来显著提高。在中药提取生产中推进智能化，可以达到以下效果。

1. 实现生产数据的即时采集、存储，为信息化管理提供数据支撑。将数据存储到数据车中，能保证数据的一致性和有效性，避免手工记录的错误与差错问题的发生。同时，为 MES（制造执行系统）、WMS（仓库管理系统）、EMS（能源智能管理系统）等信息化管理提供支持，从而实现对仓库管理、生产计划、工艺过程、生产设备、产品质量等的有效管理和监控。通过挖据分析生产大数据，为相关决策提供建议。

2. 构建工业控制网络，实现生产系统集成管控。对生产设备接口进行改造以实现标准化，构建以现场总线技术为基础的开放高速工业控制网络，减少直至消失生产现场的"信息孤岛、断层"现象，实现整条生产线的自动化生产，减少人为差错，提高生产效率。并将数据分析结果及时传递给各层管理人员，让其可以同时监管多个工艺单元的生产活动，集成并优化整个生产流程。

3. 采用在线检测技术，实现设备自身的智能控制。中药提取的中间体控制采用在线检测技术，对提取中间体的关键质量指标进行连续、即时的检测分析，并根据分析结果进行实时的反馈和参数控制，从而有效消除各种扰动引起的系统误差，保证产品质量。

4. 生产厂房与工艺布置更科学。智能提取车间因为充分采用自动化、互联网及在线检测等技术，生产现场基本实现无人化作业，对厂房的设计更加简化，不用过多考虑人流、物料及暂存，因而工艺的设计也更流畅和高效。

5. 有利于 EHS 新理念的实施。在智能化生产中，通过减少人员操作、安全报警设置保证生产安全，通过自动化无人操作消除职业健康隐患，通过节能清洁技术及 EMS 系统应用，达到节能环保目的。

二、智能制造相关概念

ERP（enterprise resource planning，企业资源计划） 是指建立在信息技术基础上，集信息技术与先进管理思想于一身，以系统化的管理思想为企业员工及决策层提供决策手段的管理平台。ERP 是一种可以提供跨地区、跨部门甚至跨公司整合实时信息的企业管理信息系统。

MES（manufacturing execution system，制造执行系统） 是一套面向制造企业车间执行层的生产信息化管理系统。MES 可以为企业提供包括制造数据管理、计划排程管理、生产调度管理、库存管理、质量管理、人力资源管理、工作中心/设备管理、工具工装管理、采购管理、成本管理、项目看板管理、生产过程控制、底层数据集成分析、上层数据集成分解等管理模块，为企业打造一个扎实、可靠、全面、可行的制造协同管理平台。

WMS（warehouse management system，仓库管理系统） 是通过入库业务、出库业务、仓库调拨、库存调拨和虚仓管理等功能，综合批次管理、物料对应、库存盘点、质检管理、虚仓管理和即时库存管理等功能的管理系统，可有效控制并跟踪仓库业务的物流和成本管理全过程，实现完善的企业仓储信息管理。

EMS（energy management system，能源管理系统） 是为了能使企业更好地完成资源调配、组织生产、部门结算、成本核算而建立的一套有效的自动化能源数据获取系统。可对能源供应进行监测，以便企业实时掌握能源状况，为实现能源自动化调控扎下坚实的数据基础，同时方便企业的计量和成本核算工作。

SCADA（supervisory control and data acquisition，数据采集与监视控制系统） 是以计算机技术、通信技术以及自动化技术为基础的生产监控系统。它可以对现场的运行设备进行监视和控制，实现数据采集、设备控制、测量、参数调节以及各类信号报警等各项功能。

DCS（distributed control system，分布式控制系统） 是以微处理器为基础，采用控制功能分散、显示操作集中、兼顾分而自治和综合协调的设计原则的新一代仪表控制系统。它的主要特征是集中管理和分散控制。

PLC（programmable logic controller，可编程逻辑控制器） 是一种专门为在工业环境下应用而设计的数字运算操作电子系统。它采用一种可编程的存储器，在其内部存储执行逻辑运算、顺序控制、定时、计数和算术运算等操作的指令，通过数字式或模拟式输入输出来控制各种类型的机械设备或生产过程。

RFID（radio frequency identification，射频识别技术） 是自动识别技术的一种，通过无线射频方式进行非接触双向数据通信，利用无线射频方式对记录媒体（电子标签或射频卡）进行读写，从而达到识别目标和数据交换的目的，其被认为是 21 世纪最具发展潜力的信息技术之一。

CIP（clean in place，在线清洗） 即就地清洗或称为原位清洗，其定义为：不拆卸设备或元件，在密闭的条件下，用一定温度和浓度的清洗液对清洗装置加以强力作用，使仪器设备的表面洗净和杀菌的方法。

BPL（broadband over power lines，电力线宽带） 是指利用电力线传输数据、话音、视频信号的一种通信方式。通过连接在电力线上的数据采集网关，查找各电表的终端数据，实时采集。

NB-IoT（narrow band internet of things，窄带物联网） 是 IoT 领域的新兴技术，支持低功耗设备在广域网的蜂窝数据连接，也被叫作低功耗广域网（LPWAN）。NB-IoT 支持待机时间长、对网络连接要求较高设备的高效连接。NB-IoT 设备电池寿命可以提高至少 10 年，同时还能提供非常全面的室内蜂窝数据连接覆盖，应用于室内外水表数据的实时采集。

LoRa（long range radio，远距离无线电） 是一种低功耗远程无线通信技术，是由法国 Cycleo 公司研发的一种创新半导体技术。LoRa 特点：远距离，低功耗，多节点，低成本，抗扰，速率低，小数据传输。LoRa 频段：433/470/868/915MHz 频段。

RGV（rail guided vehicle） 是有轨制导车辆的英文缩写，又叫有轨穿梭小车。RGV 小车可用于各类高密度储存方式的仓库，小车通道可设计任意长，可提高整个仓库储存量，并且在操作时无须叉车驶入巷道，使其安全性会更高。

PROFINET 是新一代基于工业互联网技术的自动化总线标准。PROFINET 为自动化通信领域提供了一个完整的网络解决方案，囊括了诸如实时以太网、运动控制、分布式自动化、故障安全以及网络安全等当前自动化领域的热点话题，并且，作为跨供应商的技术，可以完全兼容工业以太网和现有的现场总线技术，保护现有投资。

三、智能制造总体设计

（一）中药提取智能制造的总体设计的内容

一个智能化提取车间在智能设计中一般应包括总体设计与数字化建模、全自动可视化生产线、质量管控系统、中药材智能仓储系统、能源智能管理系统以及中药企业信息化管理系统六方面内容。通过企业内部互联网及中间数据库建模，实现信息流纵向贯通，建立企业数据中心，降低劳动强度，提高生产效率，降低运营成本，实现企业信息高度集成的目的。

全自动可视化生产线的设计，根据生产具体工艺，主要体现在中药材前处理生产线、中药材输送与分配系统、提取生产系统、浓缩干燥系统等关键工艺的智能化上。在设计中要通过优化改进产品工艺、产品质量在线检测、生产工艺数据自动采集与可视化，以及现场数据与生产管理软件信息集成等，实现数字化、可视化、智能化的目标。

（二）中药制药智能制造系统的总体构架

在工厂建设前，通过以工艺生产流程为主线，合理设计规划车间内各种设备、功能模块的布局，并在车间各种设备、功能模块布局的基础上，通过对工艺流程的各项工艺参数（如温度、时间、质量要求、设备运行速度、流程规则等）的初步核定，建立整体工艺流程模型，借用模型的仿真运行来验证车间工艺的总体规划设计，调整、完善规划设计。同时以生产为主线进行各功能系统顶层规划设计，向上对接 ERP，中间层搭建 MES，并集成 WMS、EMS、在线检测系统，并向下搭建 DCS/SCADA，实现与底层设备的交互。

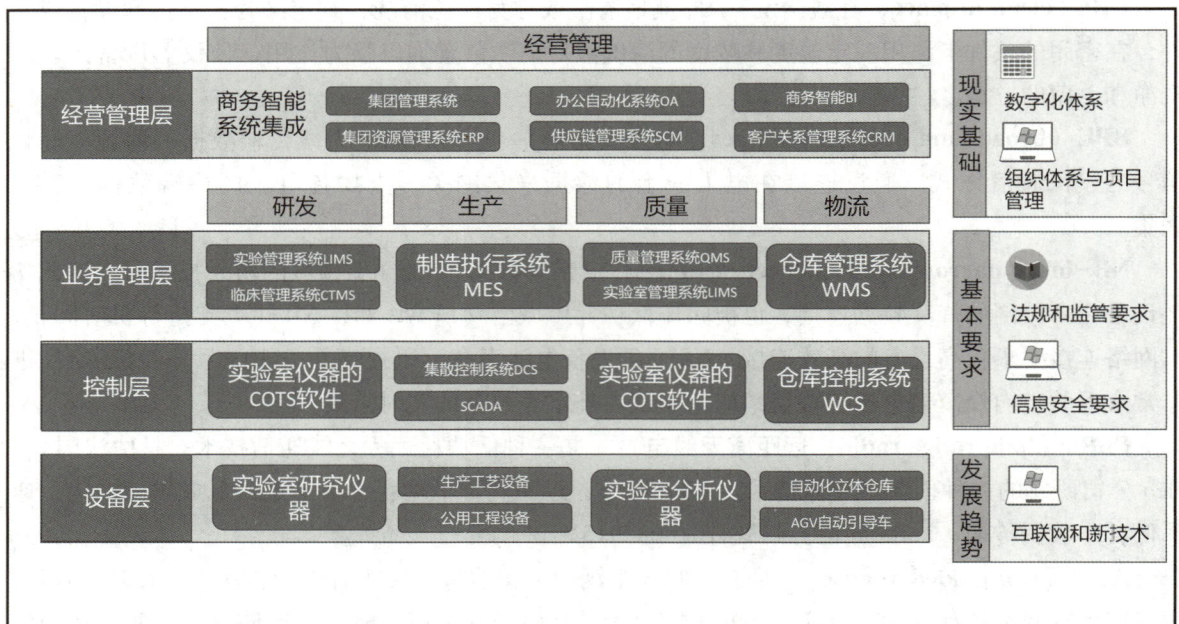

图 14-1　制药企业智能制造系统构架

1. 设备层　一般多由单体硬件组成，具体包括基于指令的自动化操作设备、仪表及传感器等。设备层负责执行具体的生产作业，并为生产过程控制生产和提供底层数据。企业可以根据业务范畴和管理需要配置符合需求的设备。在设备选型中，以质量源于设计（QbD）及生产自动化管理规范（GAMP）风险分析方法为指导，确定设备层的管理策略，建立工艺设备为核心的质量管理数字化基础；同时，应当关注关键工艺参数（CPP）、关键质量参数（CQA）、关键能源参数、关键维护参数、关键产能参数是否满足流程需求。由于后期接口扩展往往涉及重大的时间和成本投入，制药企业在设备选型时，应当确认相关设备和系统能够实现数据互联互通。

2. 控制层　控制层承担与设备层对接，并收集、整合设备层有关数据的职责，是智能制造的信息化管理基础。企业可以通过数据整合在控制层实现初步的可视化管理，比如确定设备传感器、仪表、控制系统是否能够满足各类参数的采集需求，并进行相应的提升和改造，应用过程分析技术（PAT）实时在线进行关键数据分析。选用使用主流协议的仪表、传感器，进行设备的数字化建设和互联互通建设；在设备网络化智能化的基础上进一步优化数字功能结构和信息流结构，以物料管理和工艺管理为基础，搭建质量追溯系统基础。此外，可以在控制层按需配置初级的跨设备管理系统，实现自动化运行。主要涉及数据采集及监控系统（SCADA）、集散控制系统（DCS）、生产环境智能控制系统（BMS）、批处理（Batch）系统、可编程控制器（PLC）、现场总线控制系统（FCS）、计算机集成过程控制系统（CIPS）等。

3. 业务管理层　通过生产制造执行系统（MES）、仓储管理系统（WMS）、实验室信息管理系统（LIMS）、质量信息管理系统（QMS）等系统的单项建设和系统间集成，实现智能制造业务管理一体化应用。通过对业务管理层的优化再造，使人、机器、材料、方法、环境、测量各方面全面融合；建立以关键工艺参数、关键质量参数、关键设备参数为主的数字化模型和质量数据、管理分类，形成电子批记录。业务管理层与经营管理层对接，作为企业管理决策的传递者，是智能制造体系建设的关键环节。

4. 经营管理层　横跨于其他系统之上，贯穿研发、生产、质量和物流全流程，是制药企业实现全局优化管理需求的关键。其核心应用系统是企业资源计划系统（ERP），全面集成企业物流、信息流和资金流，以提升经营绩效为核心，为企业提供经营、计划、控制与业绩评估。信息系统应支持企业所涉及的生产管控业务。

（三）智能制造自动化控制系统

为了确保中药提取自动化控制的效果，必须要确保智能控制系统，包括 DCS 分布式网络、控制站、远程站、TCP/IP 通信网络以及其他辅助设备。控制软件能够根据工艺生产的技术特点进行分析，确保中药生产实现智能化、安全化、高效化发展，并且对中药提取固液分离、静置、浓缩、喷雾干燥等全过程实现自动化控制。利用 SCADA 软件开发相应的采集管理程序，确保各子系统的控制效果及时呈现，而操作站则通过 PLC 对整个设备运行进行全方位的监控、报警，对生产信息进行及时处理，通过远程站对 IO 信号进行快速采集，快速传输至中央控制中心，根据中央控制站的指令来发送相关信号。中药提取自动化系统控制需要利用服务器现场控制仪器设备，满足多视窗操作要求，有效避免设备运行后出现故障，危及所有设备的安全。

建立与车间的日常生产全面结合的接口，进行可视化的监控和管理，设计数字化车间系统与物理系统的互连接口，通过 Profinet 等现场总线技术把数字化车间的指令送到真实的设备上，控制设备进行生产。同时物理系统的信息也通过接口反馈给数字化车间，让数字化车间同步表现真实车间的生产状态。监控人员能以数字化车间为接口监控工厂生产，通过可视化方式监控生产过程甚至车间内所有发生的事件；同时把数字化系统作为控制终端，对生产进行计划外的干预。

（四）数字仿真技术的运用

1. 定义 数字仿真也称模拟，它是通过对系统模型的试验与优化，研究已存在的或设计中的系统性能优化的方法及其技术。仿真可以复现在线系统的状态、动态行为及性能特征，用于分析系统配置是否合理，性能是否满足要求，预测系统可能存在的缺陷，为系统设计提供决策支持和科学依据。仿真范围包含流程范围、仿真周期和产品种类。

2. 功能介绍 数字仿真系统主要使用 Flexsim、AutoCAD、SketchUp 软件进行辅助处理二维布局和三维模型，建立生产工艺流程仿真模型，通过数字仿真技术进行产品产能、生产周期、设备利用率分析，预测系统可能存在的缺陷，验证生产能力、工艺布局、设备产能效率等，指导进行优化设计或产品工艺调整，为系统设计提供决策支持和科学依据。智能化车间设计建模后，在其上对生产进行预演仿真，验证布局是否能够提供安全的生产环境、车间内物流是否通畅、生产技术和应急方案是否可行等。根据仿真的结果，通过专家系统和优化方法的辅助，修改设计、优选方案，最后优选出的方案用于指导工厂的建设施工。减少或避免施工的失误，加速车间的建设。

第二节 中药提取智能制造关键技术及应用

一、关键工艺技术

传统中药提取要实现联线智能化生产，就要重点解决中药材前处理联动生产线、自动称量备料、自动输送、物料跟踪、自动投料以及自动出料、在线检测等关键技术。主要体现在中药材前处理生产线、中药材输送与分配系统、提取生产系统、浓缩干燥系统等关键工艺的智能化上。

（一）中药材前处理联动生产线

1. 概述 中药材前处理联动生产线指将中药原料药材经过"洗、切、烘"等联动功能处理，得到"净药材"后进行中药提取投料的连续化生产线，涵盖中药材的拆包、挑选、除尘、清洗、沥水（切制）、烘干等功能。通常中药材前处理是采用建立多个单独功能间，在功能间配备相关的单台设备进行生产处理，功能间布置烦琐，各设备单独控制操作，设备自动化程度较低，功能间之间需要人工转运及复核，人工劳动强度大，生产效率低下。通过进行联动式处理，中药材前处理联动生产线各单体自带 PLC 控制系统，通过 DCS 进行系统集成，可进行自主的参数设定和调整，控制中药材前处理联动速度、药材清洗程度、药材烘干温度均一性、药材水分及粉尘排放等。系统可以存储多达数种生产工艺，进行快速数据调用等功能，数据具有可追溯性，能较好地进行信息反馈和符合工艺生产。

2. 智能化技术应用

（1）生产速度智能控制 通过对设备运行电流实施在线监测，以后端设备的运行电流作为界定值，当出现设备故障或停机时，电流值降低，电流参数反馈至控制系统，通过系统分析，控制前端的设备运行，控制生产速度。

（2）药材清洗控制 中药材采用隧道式喷射式清洗机进行清洗。药材匀摊后进入不锈钢输送网带行进，上下循环水喷淋管道横置于输送带上部和中间，采用高压水泵直接抽取沉淀过滤水箱中的循环过滤水进行冲刷清洗。可根据药材的清洁程度控制清洗泵的开启频率，控制清洗水用量，达到清洗效果的控制。

（3）设备温湿度均匀控制 带式干燥机配有多套智能湿度传感器及变送装置，通过数据传输，可实时对设备内湿度进行监控。采用智能温控传感器与蒸汽管路中的阀门联控控制温度的均一性，温控信号采用4-2mA信号输出，无延时及误差，可有效直接控温，以保证箱内的温度均匀性。

（4）药材水分控制 中药材经带式干燥机进入下一工序，在此中间配备在线水分检测设备，通过在线检测的水分数据和设备建模的水分数据进行对比，判定药材水分是否符合要求。在线水分检测的信号反馈给带式干燥机，带式干燥机再通过信号输出控制蒸汽加热角座阀开启度，从而进行水分温度控制。

3. 技术特点

（1）降低人工强度，提高生产效率 将各单体设备自带PLC系统，进行DCS集成控制，设备之间通过传动皮带方式进行智能缓存和输送，形成连线作业，减少中间的人工转运，大大降低人工劳动强度，提高生产效率。

（2）改善现场环境 联动线配备除尘系统，在药材产生粉尘的工位配备吸式除尘器，物料产生的扬尘经风口吸入除尘柜后进行过滤排出，减少现场作业粉尘，改善现场环境。

（3）节约占地空间 通常中药材前处理区域的功能间的布局以各个单体功能间为主，没有规范化的区域布置，功能间占地面积大，通过联动化布局，将同品种的中药材联动线布局在一个整体的连线区域，节约占地空间。

（二）中药材配料与输送系统

1. 概述 传统中药材配料多采用人工配比输送方式，物料重量配比控制精度差，易混料，物料缓存存在交叉污染风险，物料转运输送人工强度大，人工投料存在巨大安全隐患，对于物料信息也无法形成绑定跟踪。

中药材输送与分配系统指对经过前处理的中药材按照生产工艺进行物料输送与分配。系统涵盖称重喂料系统、智能缓存系统、提升输送系统、投料前缓存系统、翻转投料系统、清洗系统、信息条码跟踪系统及计算机信息系统等，系统通过伺服系统、电子标签信息跟踪系统等技术，实现基础信息的绑定、跟踪、反馈，减少投料差错率，采用开发货叉式智能穿梭车实现智能双向投料，降低人工转运劳动强度，利用5轴龙门机械手、智能缓存、高精准动态称重、智能喂料与投料等系统，通过系统协同配合，实现各生产环节精准控制，完成产品配方管理。

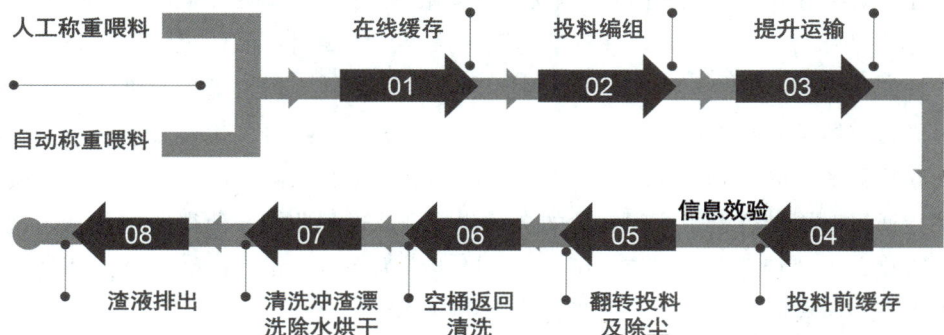

图 14-2 中药材输送与分配系统流程图

2. 智能化技术应用

（1）自动配料系统（喂料机） 具备自动根据称重传感器数据调节输送流量的能力。称重传感器输出信号反馈给喂料机控制系统，当称重传感器检测到缺物料较多时，为了保证喂料效率，喂料机爬坡皮带和水平皮带以同样的速度快速喂料；当称重传感器检测到料斗（周转料斗）内物料量与设定重量值有一定距离时，爬坡皮带和水平皮带减速，保证喂料精度。爬坡皮带和水平皮带会使用不同的传送速度，利用速度差，实现精准喂料。喂料机能够实现根据不同物料生产工艺所设定的不同生产工艺参数（投料质量）自动输送合适重量的物料到料斗的需求，且能够和后端称重系统、RFID 信息条码跟踪系统信息进行关联，实现智能控制。

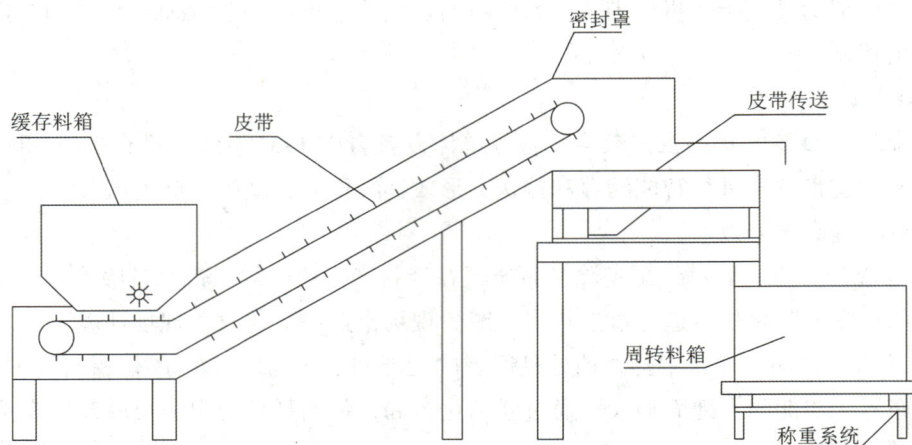

图 14-3 自动配料系统工作原理图

（2）货叉式智能穿梭车 在物料智能缓存系统中，核心设备是货叉式智能穿梭车，它配合智能缓存调度系统，完成物料的精确存入和取出。穿梭车自带信号接收器，能接计算机信息管理系统下达的动作指令，根据工艺要求进行物料的存入和取出。该车只需要根据逻辑关系编好程序即可实现自动向两侧缓存功能。

（3）物料智能投料系统 中药材在投喂料过程中，一般是采用人工倒料的方式进行投喂料，尤其是对于多品种同时投料时，容易造成物料混淆，且人工倒料具有较大安全隐患。通过采用 5 轴龙门机械手智能设备实现工艺要求的翻转投料，可实现 XYZ 3 轴不同投料口、取料斗和送空料斗的定位，通过夹抱和旋转实现翻转投料过程。料斗的输送、提升、旋转均采用伦茨电机驱动方式，其中输送、提升、旋转均伺服变频控制，充分保证各部分的精度；旋转采用伺服电机驱动，旋转速度和旋转角度可自动控制，并且根据不同的药材可自动做适当调整，满足不同物料的投送。

（4）信息条码跟踪 采用 RFID 信息条码跟踪系统，实现对产品信息绑定、跟踪、分类、存储及出入库智能化管理。对物料全程信息的跟踪，在每个周转容器上配均有唯一标识条码，每个条码内容为周转容器号和物料信息，能记录和读取产品名称、批号、生产日期、状态、重量等信息。通过不同物品的不同条码，在不同位置的条码扫描，将其条码上的信息传递给系统，实施物品信息跟踪。通过对周转容器工序间转运的自动化控制及过程监控，使得监控显示可视化，控制生产过程参数化，生产管理全流程信息可追溯，减少人为信息差错。周转容器经清洗后，条码信息清空，进入下一阶段的生产。工艺过程符合 GMP 要求。

3. 技术特点

（1）物料控制精度高 中药材根据工艺要求进行固定的物料重量设置后进行配比投料，装料量与设定装料量差值不超过±3‰。经第一次物料重量设置后，还需进行二次称重复核，称重模块传感器进行年度校整，保障实效性。

（2）物料智能缓存　物料称重配比后，采用开发货叉式智能穿梭车实现智能双向投料将物料进行智能缓存，即系统能通过计算机信息管理系统对缓存位信息进行自动管理，能够根据需求提示或显示进行存放和取料，保证物料不发生混淆和差错。

（3）减少人工误差　采用5轴龙门机械手进行翻转倒料。整个系统减少了人为信息差错，提高产品质量稳定性，为实现信息可追溯提供数据支持，消除人工投料安全隐患。

（三）吊篮式提取输送系统

1. 概述　传统提取方式主要是通过人工配料完成，从罐体顶部圆孔中放入物料，物料全部堆积在罐内，煎煮完成后，下开盖打开，排出药渣。提取罐设计是在罐盖开一个喂料孔，罐底开一个倒渣门。吊篮式提取输送系统中，煎煮罐采用上开盖的设计方式，可实现吊篮药材的上进上出，优化生产环境。通过智能输送，完成整个提取过程，其智能输送系统包括接收物料、吊篮输送、码垛、自动向罐内投篮或取篮、自动拆垛、翻转倒料、空篮全自动清洗、漂洗、除水、在线缓存、循环供给等功能，通过PLC模块集成DCS将该范围内设备进行统一控制、有序结合，构成一整套完整的物流作业系统。

2. 智能化技术应用

（1）吊篮搬运系统　根据现场设备布局和输送系统控制策略，定义完整的物流路径及各子系统的搬运段，路径信息包括起始站台、终点站台、路径编号等。设置各线路段的上限流量，避免下游堵塞。WMS系统在后台运行，接收系统下达的生产任务，并结合线路即时流量（或优先级）选择最优线路，将分解后的物流搬运指令根据指令顺序下达至各控制子系统，并根据各搬运控制子系统的执行反馈信息，指挥后续搬运控制系统将物流载体搬运至目标位置。结合物流工艺设计，通过物流设备监控图，提供对各物流输送单元的动态运行监视。当某一物流输送设备出现故障时，可通过系统提供的界面查看故障信息，并进行相应的故障处理。故障解除后，系统能够再次执行因故障未执行完的指令。

（2）吊篮定位系统　吊篮输送采用激光和条码实行精准定位，实现精准定位投料，并采用伺服编码器控制吊篮组进出提取罐升降速度。该系统主要由光斑定位器件和信号处理单元组成，它将目标的位置信号调制成光斑在系统定位器件的敏感面上的位置，然后通过信号处理单元解算出光斑的位置，从而达到对目标定位的目的。条码定位是将条码读取头安装在行走小车上，条码带安装在行走轨道中，当小车在轨道上行走时，安装在小车上的条码读取头时时扫描当前的条码，通过内置的解码器输出当前小车的位置信息。读取头可同时扫描多个条码，然后从多个条码中选择一个条码信息确定当前的位置，精度可达毫米级，可避免小车垂直方向的振动造成激光线脱码而带来的误差。读取头到条码之间的安装范围留有安装缓冲区域，可以忽略行走小车左右晃动的问题。条码带则采用贴有聚酯薄膜保护层的特殊材料，具有较好的抗腐蚀能力，且条码黏合剂黏合能力强，温度环境适用范围广，条码带不需要精准地贴在一条直线上，读取头可通过扫描角度覆盖功能进行读取信息。

（3）执行生产指令　系统下达生产指令后，提取段操作站获取了批生产指令及相关的生产工艺参数、SOP操作单等，相关生产线准备生产；控制系统将信号连锁自动投料系统进行投料，投料结束后，系统以提取罐上盖关盖信号作为投料完成标志，系统接到信号后，自动启动提取控制流程。

提取罐配置流量计、温度传感器、压力传感器等多种智能仪表，智能仪表采集实时信号反馈给控制系统，通过 WINCC 管理软件处理下达相关指令来控制提取溶媒添加量、加热蒸汽阀门的开启度、出液是否顺畅以及是否具备开盖条件等。

3. 技术特点

（1）自动化程度高　整线实现无人化生产，系统作业对物料信息进行全面跟踪与管理，自动关联生产批次、订单号等信息。在工艺流程中的关键点，电控系统将物料信息上报上层计算机系统，进行有效的信息复核，避免混料、错料、漏料、多料。

（2）现场环境整洁　整个提取过程中，物料均是在篮组内部进行转运，篮子孔径小于物料孔径，现场不会出现洒料情况；提取完成之后，篮子内的药渣先经抽真空处理，减少药渣的水分及降低温度，在药渣出罐后，由接水盘接收残液，无残液滴漏。

二、在线检测技术

（一）传统提取中间体离线检测

对生产过程中产品质量的检测，传统方式一直是以离线抽样检测为主，即质量检验人员低频间歇性地从生产线上进行少量取样，再送至实验室进行理化检测。这种检测方式有以下不足。

1. 生产过程中检测的不及时以及质量问题控制的不及时　传统的离线抽样检测与生产过程样品的检测不能做到同步，加上本身实验室仪器处理、检测、出结果时间通常相对较长，这就造成检测的不及时，又称之为"事后检测"，所以也不能及时对出现的质量问题进行控制及调整。

2. 检测不具有很强的代表性　因为是抽样检测，即在生产过程中随机抽取少量产品进行检测，而并不是连续不断地进行检测，检测很大程度上无法覆盖大多数状态下的生产情况，有时甚至会对生产的"稳定性"进行"误判"。

3. 质量问题控制的可能性"差错"　离线抽样检测出具的实验室理化结果在某种意义上只能体现抽样时的质量状况，不能全面地反映全过程中间产品的质量或趋势，特别是遇到突发性的生产设备波动、生产环境变化等情况，很难有效针对问题进行排查及处理。

（二）在线检测技术在中药提取生产中的应用

在线检测技术是指通过直接安装在生产线上的过程分析仪器，对原料、中间产品和工艺过程的关键质量品质进行在线实时检测、在线实时反馈，并据此构建、反馈、优化控制策略，切实将产品质量内化至生产环节中，保证产品质量。该技术用于中药提取生产过程中质量控制，可缩小中间体批次差异性，保证药品质量稳定性，也为后续的产品质量回溯提供了实时生产数据。近红外（NIR）光谱技术、微波检测技术、折光仪检测技术因其分析快速、非破坏性和无污染等特点，近年成为中药提取过程在线分析领域的应用热点。

1. 在线近红外（喷雾干燥浸膏粉的水分、含量）检测技术

（1）检测原理　现代近红外光谱分析技术包括近红外光谱仪、化学计量学软件和应用模型三部分，三者的有机结合才能满足在线检测分析的技术要求。物料的近红外光谱包含组成与结构的信息（主要是丰富的含氢基团信息，如 C—H、O—H、N—H、S—H 等），而性质参数（如物料的含量、水分等）也与其组成、结构相关。因此，使用化学计量学这种数学方法将物料的近红外光谱与其性质参数进行关联，可确立这两者间的定量或定性关系，即校正模型。建立模型后，只要测量未知样品的近红外光谱，再通过软件自动对模型库进行检索，选择正确模型，根据校正模型和样品的近红外光谱就可以预测样品的性质参数。

（2）结构特点　传统的红外分光光度技术采用棱镜或光栅作色散元件，以这些色散元件为核心的红外光谱测量系统结构复杂，设计和生产成本高，使得分析检测仪适于实验室条件下应用。而法布里-珀罗干涉仪（Fabry – Pérot interferometer）是一种由两块平行的玻璃板（或其他材料的薄膜）组成的多光束干涉仪，其中两块玻璃板相对的内表面都具有高反射率（反射率90%以上），两板间距可以调整改变。这一干涉仪的特性为，入射光在平行的两块板（膜）上反复反射和折射，波长满足与两块板（膜）间距发生干涉的条件时，其透射光会出现很高强度的峰值，能对不同角度的物料均有很强的光谱吸收。

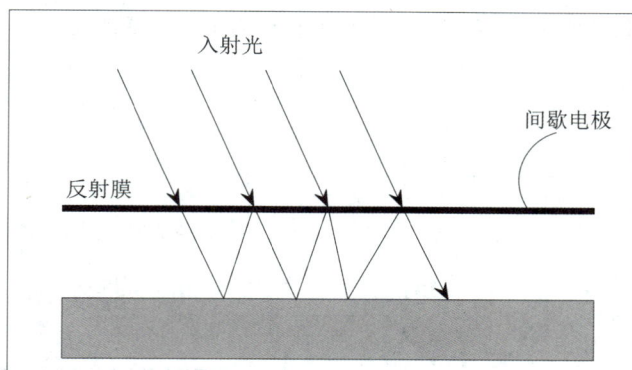

图 14-4　微型芯片分光模块结构图

（3）仪器安装　以喷雾干燥收浸膏粉在线检测为例，将在线检测装置（在线近红外光谱仪）设于喷雾干燥塔的收粉仓处，具体位置为斜壁靠中上端，目的在于使被检浸膏粉较为完整地覆盖住隔绝内外部的视窗以及外侧在线近红外光谱仪的探头，并且又不会使得下部分积累的浸膏粉没过探头造成"误判"。同时在暂存仓内部的蓝宝石视窗表面加装以固定频率摆动的刮板，用于及时清理上一次检过的浸膏粉，最大化地减少上一次浸膏粉对于下一次检测造成的干扰。

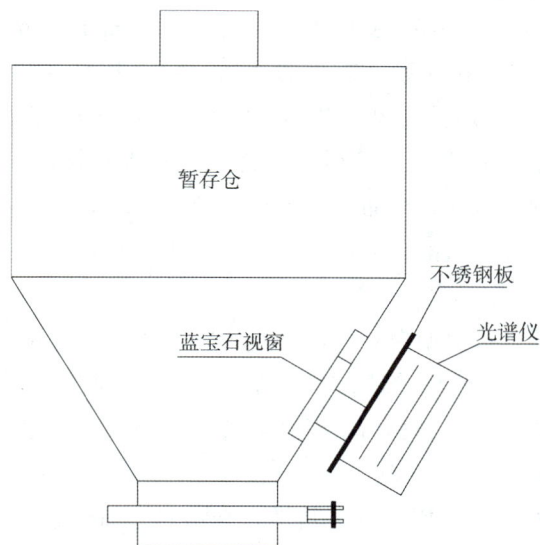

图 14-5　在线近红外安装位置

（4）建立模型　需采用离线建模的方式进行，其关键在于要确保近红外光谱时的样品与理化指标检验的样品来源一致，建模流程如图 14-6 所示。

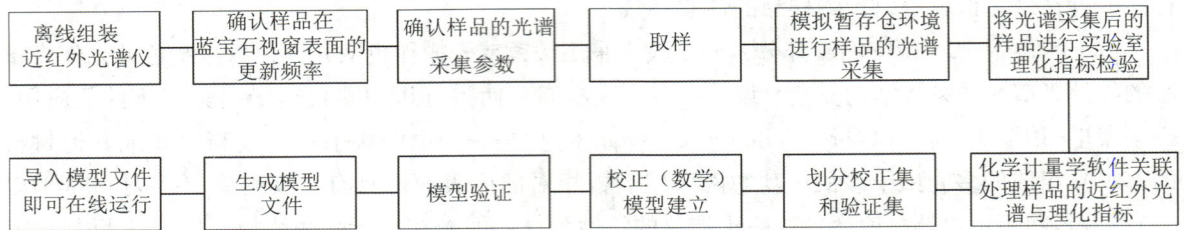

图 14-6　近红外光谱建模流程

①离线组装近红外光谱仪。将安装在暂存仓的近红外光谱仪取下，并将光谱仪、蓝宝石视窗和空心杯按照示意图 14-7 所示组装好，放置在模拟暂存仓环境的恒温恒湿箱内检测。

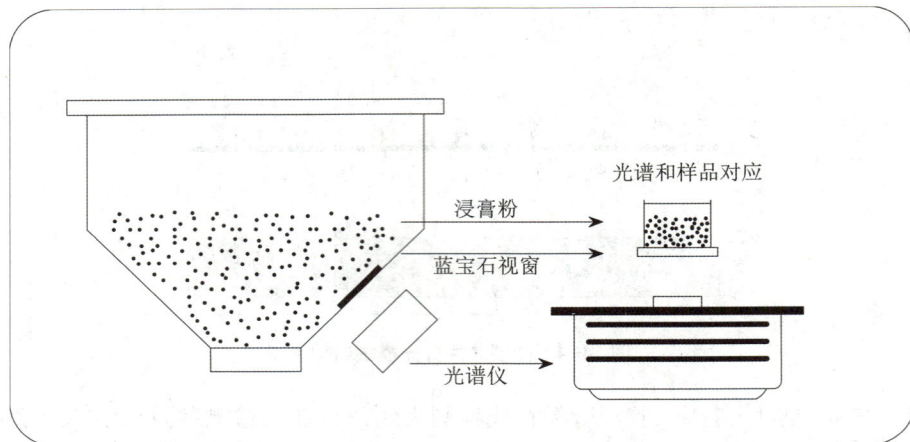

图 14-7　近红外光谱离线建模示意图

②根据样品在喷雾干燥塔的收粉仓的更新频率，确定适宜的光谱采集参数，如起止波长、波长增量、采样扫描次数、扫描时间等。

③依据性质参数（定性或定量）选取样品数量。如果做定性分析模型，收集的样品一般需要 20 个左右。如果做定量分析模型，收集的样品一般需要 50~80 个。如果样品为天然产物（比如药材、农作物或烟草），则所需要的样品数量会更多，是非天然产物的 3~5 倍。在收集样品的时候一定注意要保证样品具有代表性，不能只包括部分性质参数范围中的一簇样本。

④样品的光谱采集与理化检验。样品采集近红外光谱后，将样品从近红外光谱刮下即刻进行理化指标检验。此步骤是建模的关键点，目的是确保近红外光谱采集时的样品与理化指标检验的样品来源一致。

⑤利用化学计量学软件进行模型建立。对样品的近红外光谱预分析，利用适合方法对样品的划分，选出 10%~20% 样品用于模型验证，其余样品用于建立校正（数学）模型；运用归一化、一阶微分以及 19 点 MAF 平滑（先微分后平滑）对样品光谱进行数据预处理；运用偏最小二乘回归法（PLSR），结合实验室样品理化指标（含量、水分）与光谱数据关联，分别建立了浸膏粉含量、水分的校正（数学）模型。再用校正（数学）模型对之前划分的验证样品的光谱进行预测，得到验证集样品的预测值，与相应验证集样品的实验室理化指标对比，进行模型验证，其预测相对偏差控制越小，表明数学模型的在线检测数据准确性越高。最后，生成校正（数学）模型文件。

（5）在线使用　将生成的数学模型文件导入暂存仓的近红外光谱仪器，对正在生产的浸膏粉进行在线检测，并通过数据分析实时调整工艺参数。

（6）模型维护 模型所适用的范围越宽越好，但是模型的范围大小与建立模型所使用的校正方法、检体的性质参数以及测量所要求达到的分析精度范围有关。这也就意味着要想使一个模型更加稳定、适用范围更加宽广，就需要不断地对模型的数据库进行扩充，尤其是要尽量扩充不同产地、不同季节、不同供应商和不同梯度性质参数的差异性物料的模型参数，这样近红外光谱的预测数值会更加准确可靠。

（7）定期对模型的准确性进行确认 即用生产现场的浸膏粉预测值与其实验室理化值对比，以相对偏差数值来判断是否在可接受范围内，如果超出，需要模型扩充。模型建立不是一时一刻的功夫，而是长期大量的具有差异性数据的补充。

2. 在线微波（药材干燥水分）检测仪

（1）测定原理 微波水分在线检测采用的微波是一种电磁波，利用水分子具有偶极性的特征，当微波穿透被检物时，驻留在物质表面上及内部的水分子会与电磁场产生吸收或共振，而被水分子吸收的这部分能量的强度与位置和水分子含量保持着线性关系，以此可量化被检物所含水分。微波具有较强的穿透性，通过空间辐射方式便可穿透介质的内部，非常适合在线无损检测。

（2）安装 以药材前处理烘干物料水分检测为例。在线微波水分检测装置设于被检物料（如根茎类药材）在生产过程末端所加装的过渡段斜面上，当物料滑过过渡段时进行实时检测，同时装配有温度传感器（Pt100）加以温度补偿，减少因温度对检测结果造成的干扰（图14-8）。

（3）模型建立 为确保采集微波 MW 值（在微波仪上显示的样品湿度值）时的样品与水分实验室检验的样品来源一致，亦采用离线建模的方式进行。

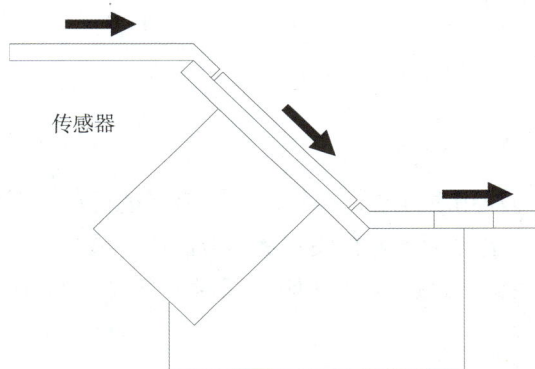

图 14-8 在线微波检测过程

①在线取样，实验室水分检测。在生产线上随机抓取样品，每组样品重量保证铺满传感器的感应盘为佳；每次取多组样品；每组取出的样品，在微波传感器的感应盘记录下所测的微波 MW 湿度值；然后将样品按照《中国药典》方法测出物料的水分值。样品需涵盖不同梯度的水分。

②模型建立。用物料的在线微波 MW 湿度值与实验室水分建立模型曲线。在线分析所建模型，预测值与实际测定值相关系数应大于 0.99，其预测相对偏差分别应在预测的可接受范围内。

③在线使用。将建立的模型导入在线微波水分检测仪软件，对正在生产的物料进行在线检测，并通过数据分析实时调整工艺参数。

④模型维护。在运行过程中尽量扩充不同产地、不同季节、不同供应商和不同梯度性质参数的差异性物料的模型参数，这样预测数值会更加准确可靠。

3. 在线折光（提取液固形物含量）检测仪 检测原理：光在不同介质中的传播速度不同，光从一种介质射向另一种介质时，光的传播方向发生了改变，在一定条件，由于每一种介质的浓度都与光的折射率相关，根据光的折射原理，在实际应用中可以利用测量光发生折射时的临界角变化来实时测量提取液中固形物的浓度。中药提取阶段的可溶性固形物含量是体现药材提取过程状态的一项关键性指标，针对生产过程的各种情况（外部循环等），选用在线折光检测提取中的可溶性固物含量，为提取进度和效率提供直观的监控数据，从而指导生产的工艺控制（图 14-9）。

（二）安装及使用

将在线折光仪（厂家在仪器中已内嵌数学模型，可直接对液态物料进行可溶性固形物含量预测）装于提取罐的外循环管道上，动态检测一、二煎煮提取过程中的实时可溶性固形物含量变化，从而达到监控煎煮提取进度（图 14-10）。

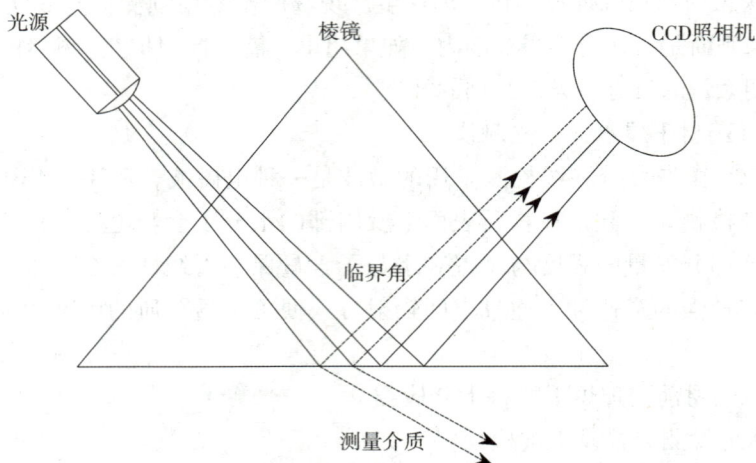

图 14-9　在线折光检测原理

使用过程中，当外循环管道不进行动态循环时，留存在管道中的不溶性物质（一般指水不溶性）会逐渐沉降在棱镜上，造成浓度值超出趋势会"误判"。因此当每次液态物料排出罐体后需要用清水进行棱镜冲刷，同时需要结合棱镜的光学图像定期拆机清洗，以确保预测数据的准确性。

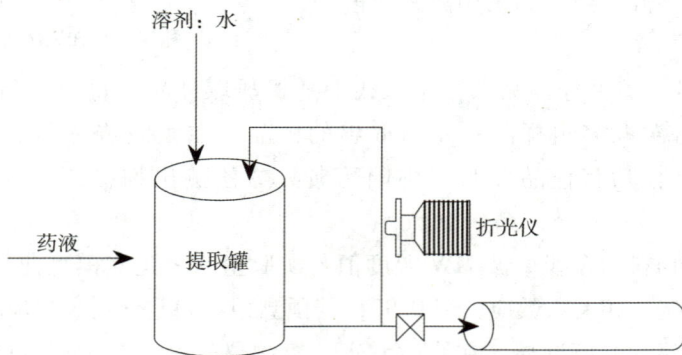

图 14-10　在线折光检测药液示意图

三、MES 与 EMS

（一）MES（制造执行系统）应用

1. 概述　MES 系统是指制造企业生产过程执行管理系统，它通过中间表或 WebService 通信接口方式与其他信息管理系统实现数据互访。MES 系统将所获取的生产任务，通过 OPC 方式实现与产线设备 PLC 的通讯，驱动 PLC 进行自动化控制，并读取设备运行状态信息，对生产全过程进行集成，实现物料管理、人员管理、设备管理、生产管理、质量管理等电子化，对生产过程监控和超标报警，产生电子批记录。确保所有生产环节都严格按照操作规程进行生产，实现电子签名、质量管理等功能要求，达到指导生产、确保生产合规的目的。

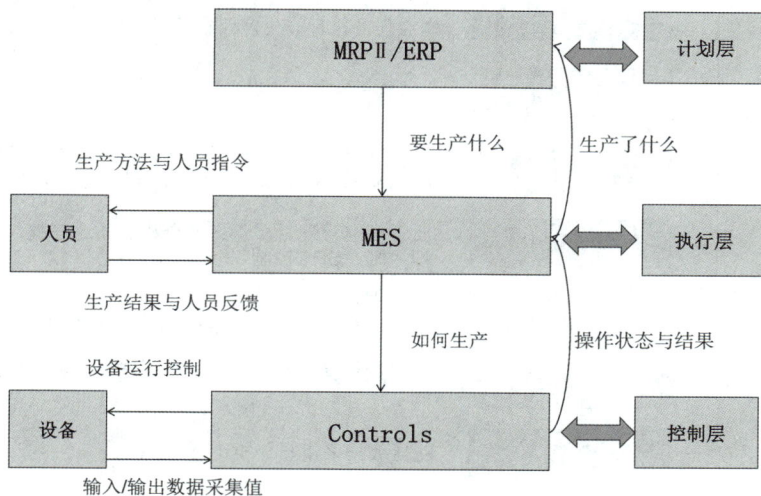

图 14-11　MES 和各系统之间的关系

2. 功能作用　MES 系统在智能化信息系统中起着承上启下的作用，把智能工厂车间生产过程中所有与生产相关的信息和过程集成起来统一管理，打通数据链，形成信息流，消除信息孤岛，提高车间透明化能力。MES 改善了设备的回收率、准时交货率、库存周转率、边际贡献、现金流量绩效。通过 MES 系统完成企业对生产的实时、在线管理，使企业能够根据生产条件的不断变化快速做出反应，减少各个生产环节中无价值的行为；同时提高生产作业效率、人员使用效率、工厂运行和事件处理的能力；很大程度上提高设备的使用效率，降低库存及生产成本；提高企业生产自动化水平和企业生产管理水平，加强企业的应变能力与核心竞争力。MES 系统具有开放性、模块化、可扩展性、可整合性等技术特点。

3. 功能模块介绍　MES 系统一般包含 9 个功能模块，也可根据用户需求进行模块的增减，其中生产建模和生产数据管理作为 MES 的基础和核心功能，具有重要作用（图 14-12）。

（1）**生产建模**　是整个生产管理系统的基础和核心功能，根据生产建模的设计要求，在生产建模管理中对生产过程中的生产线、物料、参数信息进行统一建模，将生产线信息、工艺信息、牌号信息、配方信息抽象和转化为模型信息。最后由生产定义功能完成对产品的生产配置，将模型信息按照需求组装起来，让分组加工的模块化生产最终变成模型化生产。生产建模包含工艺模型、配方模型、生产线模型、生产计划调度管理、生产计划维护等。

（2）**生产数据管理**　是对中药生产执行过程中的批生产数据进行统计分析。生产管理系统通过 OPC 通讯方式，自动采集各工艺段相关生产信息，采集生产过程中的重要设备故障、报警信息，按照报警级别触发现场声光报警或看板提示，同时生成报警信息表供系统查询。生产数据可与电子签名结合，形成不可修改的 BPR 生产记录，提供数据查询、归档、打印、报表输出等功能，完成对生产日常报表数据的统计、报表生成和打印功能。

系统管理	用户管理、班组管理、系统参数管理、日志管理、工厂日历、权限分配
生产建模	生产线模型管理、物料模型管理、参数模型管理、产品配置管理、人力资源
生产计划调度管理	生产计划制定、作业任务排程、作业任务调度、作业任务执行、生产路径管理
工艺管理	工艺标准管理、配方管理、配方下达
生产数据管理	电子批记录、批物料平衡统计、作业数据管理、产量数据管理、原/辅料数据管理、批次故障统计
质量管理	质量标准管理、质量统计分析、质量考核统计过程控制、SPC控制
设备管理	设备档案管理、设备备件查询、设备故障管理、设备运行分析、设备维护记录、设备润滑管理
物料管理	物料投料管理、在制品管理、物料追踪、物料追溯
能源管理	能耗数据采集与分析

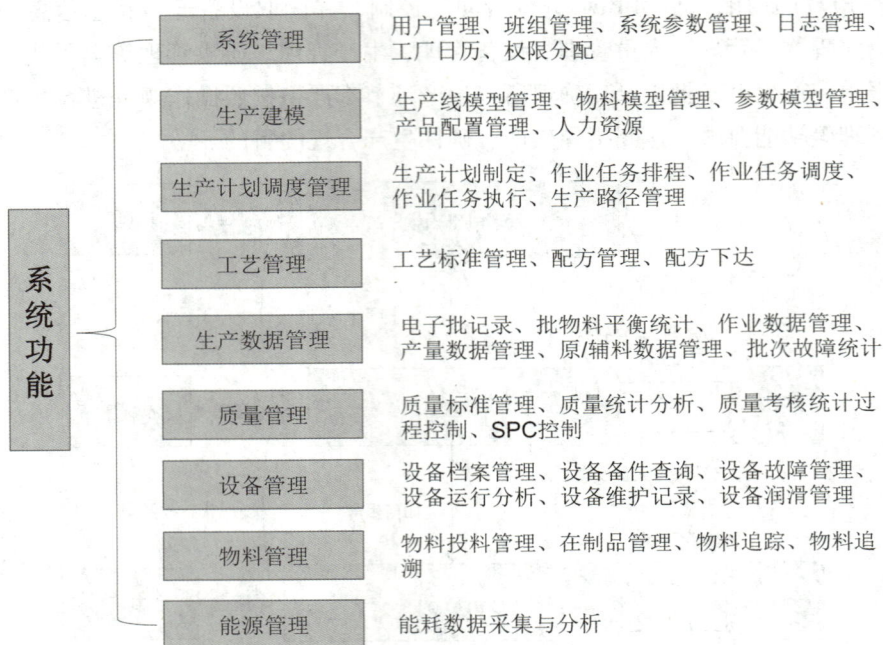

图 14-12　MES 系统功能模块图

（二）EMS（能源管理系统）系统应用

1. 概述　EMS 是指采用智能化集成系统技术，对企业的电力、燃气、水等各分类能耗数据进行采集、处理、显示、分析、诊断、维护、控制及优化管理，通过资源整合形成具有实时性、全局性和系统性的能效综合职能管理功能的系统。通过智能化系统集成来实现对既有系统的能源消耗进行节约与改善。

EMS 系统基于宽带电力载波技术（BPL）构建能源数据通信网络，以 BPL 作为通信主干，同时使用无线 LoRa、NB-IoT 作为网络延伸的融合自组网，低成本、安全、可靠地实现能源计量数据按要求间隔时间实时集抄。通过平台、PC 工作站等多种形式展现各用户各能源品种的实时实物量，可查询具体时间段得出当日、当月以及过去任意一段时间实物量。可根据实际需求，定制化开发日、周以及月度能耗 EXCEL 报表功能，并支持下载功能，展示各单个用户水、蒸汽、电消耗量，也可将多个用户归纳到一起。能耗报表将长期保存在系统中，便于用户查看过往日期能耗报表，为企业生产安排提供历史数据支撑。

2. 功能作用　传统的企业能源管理采用手工抄表、人工汇总统计的模式，抄表时间周期长，效率低，抄表数据误差难以避免，对跑、冒、滴、漏等情况响应时间长，无法及时性进行排查，用能数据无法得到实时的监测与控制。EMS 系统有效地解决了人工抄表汇总模式的弊端，系统自定义时间周期自动采集终端点位的数据，及时、准确；数据自动生成报表，用能走势直观，便于实时监测，通过数据的存储与比对，及时发现终端点位的异常问题，推送异常报警，极大提高企业能耗管理水平，辅助企业降耗节能工作，达到降低成本的目的。

通过能耗在线监控对生产线生产运行过程中不符合工艺操作流程用能的设备，以及各测量点能源消耗的异常情况进行分析，及时掌握异常信息。借助数据实时采集，辅以现场用电调研，对企业用电数据进行详细的分析，帮助企业发现峰谷用电不合理、无功补偿不到位、变压器负荷分布不均、平均电价偏高等不合理用电情况。

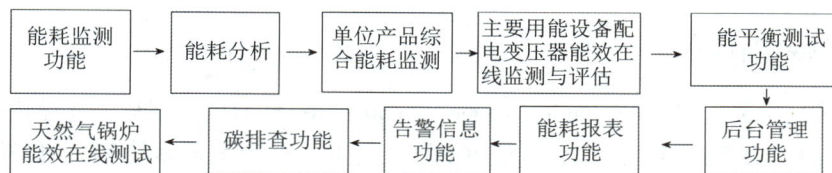

图 14-13 EMS 功能图

EMS 在国内首次采用多通道宽带电力线载波技术，建立高效、安全、可靠的水、电、蒸气、燃气计量数据采集网络，创新开发基于电力线的智能感知技术，搭建能源数据实时采集、监测、预警和分析诊断的多元化管理平台，完成与 MES 系统的能源数据对接，实现在生产过程中单位产品能耗测算，发现能源非正常损耗，提高能源利用率。

四、产业化节能新技术

（一）吊篮式提取设备

一般传统提取罐设计是在罐盖开一个喂料孔，罐底部开一个倒渣门。提取方式主要是通过人工配料完成，从罐体顶部圆孔中放入药材，药材沉积在罐体底部，堆积密实程度不一，药材吸水膨胀，挤压在罐底狭小空间，形成结构密实的药材堆积，提取溶媒不能有效进入药材内部，被浸出的药效成分难以及时扩散出来，提取时间长，提取效率低，能耗高，且罐子底部开盖出渣，污染严重。

吊篮式提取，煎煮罐采用上开盖的设计方式，罐盖采用液压快开方式，在煎煮罐内放置一组吊篮，每组由三个小吊篮垒成。吊篮间距等分，吊篮的直径略小于煎煮罐的内径，吊篮底部和周边开具圆形小孔，便于液体穿过篮体流动；每个吊篮平铺药材，上层物料和下层物料之间有相当的距离，中药材分布相对均衡，不易破碎，堆积程度低，缩短了提取时间。煎煮时物料部位的液体浓度梯度大、分子运动快，加速了物料有效成分的溶出，增加了与溶媒的接触面积，提高了药液纯度、澄清度、得率及药效。在罐体外配置强制循环泵，煎煮过程中对料液进行循环蠕动，以泵为动力的体外循环装置进一步加强了煎煮罐内液体的流动。在同样的煎煮时间内，物料溶出率可提高 16% 以上，实现药渣上进上出，出渣干爽，无残液滴漏，具有提取效率高、能耗低、现场环境干爽等显著优点。中药材放置于具有密集、通透小孔的篮体中，减轻了药材对罐体底部的压力。

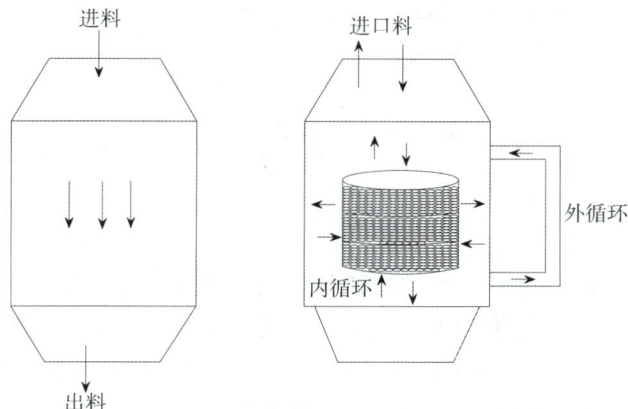

图 14-14 传统提取罐与吊篮提取罐的比较

（二）MVR 浓缩设备

MVR 是蒸汽机械再压缩（mechanical vapor recompression）的英文缩写，它是将从分离器抽取出来的低品位蒸汽经过压缩机压缩后，其温度和压力提高，作为蒸发器的热源用于加热液体，蒸发器不需再从其他地方补充热源，从而减少对外界的能源需求。

MVR 浓缩设备将自身产生的二次蒸汽能量通过压缩机压缩做功，循环利用，大大减少了对外界能源的需求，减少了蒸汽消耗（减少了天然气、煤的使用），降低了能耗，减少了环境污染（减少了 CO_2 和 SO_2 等污染物的排放）。具有能耗低，公用工程配套少，节能降耗，可为企业大幅节约能耗成本，保证产品品质及安全性能高等特点。

该设备除启动外，不需要一次原生蒸汽作为加热介质。不需配置冷却塔、循环水泵、真空泵和管道；物料停留时间短，温差小。MVR 蒸发器为温和蒸发，加热蒸汽与药液的温差小（一般不超过 10℃）。传统蒸汽蒸发器为强烈蒸发，温差一般都在 30℃ 以上，适宜热敏性药材的提取。传统蒸发器使用高温高压蒸汽作为热源，在使用过程中存在爆炸、烫伤等安全隐患。MVR 浓缩器不属于压力容器范畴，利用电能，不需要安监部门的监管，避免了相应的安全隐患。

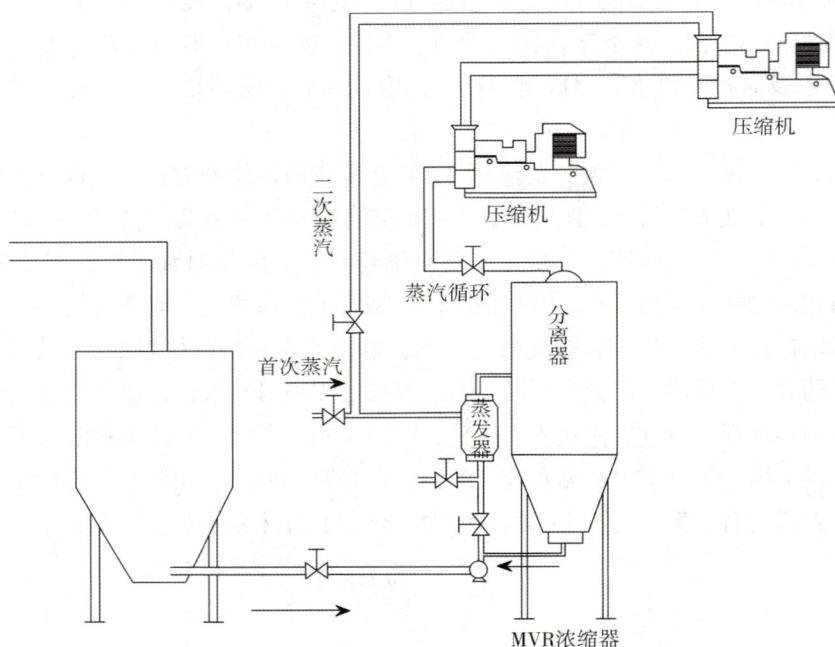

图 14-15 MVR 浓缩器结构

（三）热风炉式喷雾塔

喷雾塔是通过机械作用，将需干燥的物料分散成很细的像雾一样的微粒与热空气接触，在瞬间将大部分水分除去，使物料中的固体物质干燥成粉末。一般喷雾干燥采用蒸汽作为进风热源，蒸汽温度 140℃ 左右，再配备电辅助加热，将进风温度控制在 180℃ 左右，对于蒸汽和电的耗量比较大。新型热风炉式喷雾塔则是通过燃烧器燃烧天然气，产生热风，通过热交换方式对喷雾过程中所需要的进风进行加热，减少了产蒸汽的环节，且不需要电热补偿，大大降低了能耗。

热风炉燃烧炉体与辐射段传热一体化设计，炉膛直接作为辐射传热的本体，不仅扩展了传热面积，强化了辐射段换热强度，还能有效解决高温工况下金属的热应力所致的焊缝拉裂问题。低温段则采用板式换热组件，介质过流部分全部采用不锈钢材质，具备良好的耐温性和耐腐蚀性，整个装置结构紧凑，耗材量少，占地空间小，传热效率高。

采用热风炉方式时，天然气燃烧产生的热量和空气进行热交换，空气供气稳定，工艺温度恒定，减少了物料黏壁、物料损失等现象，保证了产品品质。燃气燃烧通过充分的热交换利用之后，烟气排烟温度可控制在105℃，即可完全解决天然气烟气带来的碳酸露点腐蚀问题，也无须再进行二次烟气热能回收，节约了投资热能回收所需投入的成本，也可减少生产上由于通过热能回收而又不能消化利用所产生的一系列问题，具有节能环保的重要意义。

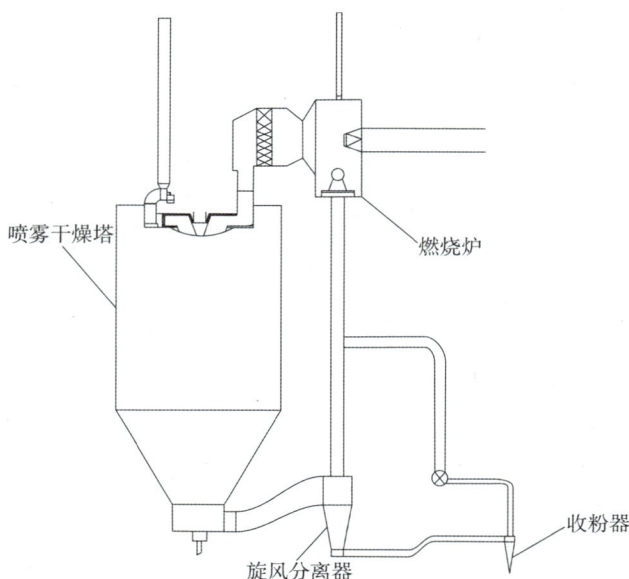

图 14-16　燃气式喷雾干燥机结构

第三节　中药智能化发展的挑战与机遇

随着新一代信息技术与制造技术的不断整合，发展智能制造成为未来中药行业变革的方向。智能制造的发展能有效提高生产效率，提高中药行业的竞争力。传统中药行业提取阶段生产自动化和信息化水平低、能源消耗大、污染重、劳动强度高等众多问题，经过智能制造技术的改造，可大幅度提高中药提取行业的自动化、数字化水平，实现生产全过程自动化生产，突破劳动力资源瓶颈，降低劳动生产强度，提高生产效率，改善生产环境。但是，由于我国工业化起步较晚，中药智能制造的发展仍停留在初创阶段，面临诸多难题。

1. 强化核心部件的自主开发能力　如智能制造企业需要的高端机械零部件仍需进口，工业软件（CAD、CAE、MES/ERP）等被国外厂商技术垄断，强化核心部件的自主开发能力成为产业发展面临的首要难题。

2. 强化工业数字化网络覆盖广度　当前我国服务业、工业、农业数字经济渗透率仍较低，我国企业数字化转型比例约为25%，远低于欧洲和美国的50%，工业数字化处于初级水平。发展我国智能制造就要推进"上云、用数、赋智"，助力企业数字化转型。

3. 我国工业企业整体智能化水平仍不高 随着 3D 打印、模拟分析、工业物联网等技术在制造业的渗透，汽车、航空航天、国防工业在智能制造领域实现领先增长，能源和装备制造等行业将保持较高增速，其他行业的智能制造依然任重道远。

因此，需要不断弥补和完善传统智能制造行业中存在的不足，以提高我国中药智能制造行业的发展能力与水平，促进社会经济的健康发展。未来 5~10 年，5G、工业互联网等新基建将成为工业企业智能化升级的催化剂，将推动制造企业迈向"万物互联、万物可控"的新阶段。

主要参考书目

［1］李淑芬，白鹏．制药分离工程［M］．北京：化学工业出版社，2009．

［2］刘小平，李湘南，徐海星．中药分离工程［M］．北京：化学工业出版社，2005．

［3］郭立玮．中药分离原理与技术［M］．北京：人民卫生出版社，2010．

［4］应国清．药物分离工程［M］．杭州：浙江大学出版社，2011

［5］刘落宪．中药制药工程原理与设备［M］．北京：中国中医药出版社，2013．

［6］郭立玮．制药分离工程［M］．北京：人民卫生出版社，2014．

［7］李小芳．中药提取工艺学［M］．北京：人民卫生出版社，2014．

［8］王志祥．制药工程学［M］．北京：化学工业出版社，2015．

［9］周长征．制药工程原理与设备［M］．北京：中国医药科技出版社，2015．

［10］王沛．中药制药工程原理与设备［M］．新世纪第四版．北京：中国中医药出版社，2016．

［11］宋航，李华．制药分离工程［M］．北京：科学出版社，2020．

［12］王车礼．制药工程原理与设备［M］．武汉：华中科技大学出版社，2020．

［13］狄留庆，李小芳．中药提取工艺学（案例版）［M］．北京：科学出版社，2021．

［14］万海同．中药制药工程学［M］．北京：化学工业出版社，2019．

［15］张伯礼，陈传宏．中药现代化二十年：1996–2015［M］．上海：上海科学技术出版社，2016．

［16］冯淑华．药物分离纯化技术［M］．北京：化学工业出版社，2009．

［17］龙全江．中药材加工学［M］．2版．北京：中国中医药出版社，2010．

［18］邓修，吴俊生．化工分离工程［M］．北京：科学出版社，2012

教材目录（第一批）

注：凡标☆号者为"核心示范教材"。

（一）中医学类专业

序号	书 名	主 编		主编所在单位	
1	中国医学史	郭宏伟	徐江雁	黑龙江中医药大学	河南中医药大学
2	医古文	王育林	李亚军	北京中医药大学	陕西中医药大学
3	大学语文	黄作阵		北京中医药大学	
4	中医基础理论☆	郑洪新	杨 柱	辽宁中医药大学	贵州中医药大学
5	中医诊断学☆	李灿东	方朝义	福建中医药大学	河北中医学院
6	中药学☆	钟赣生	杨柏灿	北京中医药大学	上海中医药大学
7	方剂学☆	李 冀	左铮云	黑龙江中医药大学	江西中医药大学
8	内经选读☆	翟双庆	黎敬波	北京中医药大学	广州中医药大学
9	伤寒论选读☆	王庆国	周春祥	北京中医药大学	南京中医药大学
10	金匮要略☆	范永升	姜德友	浙江中医药大学	黑龙江中医药大学
11	温病学☆	谷晓红	马 健	北京中医药大学	南京中医药大学
12	中医内科学☆	吴勉华	石 岩	南京中医药大学	辽宁中医药大学
13	中医外科学☆	陈红风		上海中医药大学	
14	中医妇科学☆	冯晓玲	张婷婷	黑龙江中医药大学	上海中医药大学
15	中医儿科学☆	赵 霞	李新民	南京中医药大学	天津中医药大学
16	中医骨伤科学☆	黄桂成	王拥军	南京中医药大学	上海中医药大学
17	中医眼科学	彭清华		湖南中医药大学	
18	中医耳鼻咽喉科学	刘 蓬		广州中医药大学	
19	中医急诊学☆	刘清泉	方邦江	首都医科大学	上海中医药大学
20	中医各家学说☆	尚 力	戴 铭	上海中医药大学	广西中医药大学
21	针灸学☆	梁繁荣	王 华	成都中医药大学	湖北中医药大学
22	推拿学☆	房 敏	王金贵	上海中医药大学	天津中医药大学
23	中医养生学	马烈光	章德林	成都中医药大学	江西中医药大学
24	中医药膳学	谢梦洲	朱天民	湖南中医药大学	成都中医药大学
25	中医食疗学	施洪飞	方 泓	南京中医药大学	上海中医药大学
26	中医气功学	章文春	魏玉龙	江西中医药大学	北京中医药大学
27	细胞生物学	赵宗江	高碧珍	北京中医药大学	福建中医药大学

序号	书 名	主 编		主编所在单位	
28	人体解剖学	邵水金		上海中医药大学	
29	组织学与胚胎学	周忠光	汪 涛	黑龙江中医药大学	天津中医药大学
30	生物化学	唐炳华		北京中医药大学	
31	生理学	赵铁建	朱大诚	广西中医药大学	江西中医药大学
32	病理学	刘春英	高维娟	辽宁中医药大学	河北中医学院
33	免疫学基础与病原生物学	袁嘉丽	刘永琦	云南中医药大学	甘肃中医药大学
34	预防医学	史周华		山东中医药大学	
35	药理学	张硕峰	方晓艳	北京中医药大学	河南中医药大学
36	诊断学	詹华奎		成都中医药大学	
37	医学影像学	侯 键	许茂盛	成都中医药大学	浙江中医药大学
38	内科学	潘 涛	戴爱国	南京中医药大学	湖南中医药大学
39	外科学	谢建兴		广州中医药大学	
40	中西医文献检索	林丹红	孙 玲	福建中医药大学	湖北中医药大学
41	中医疫病学	张伯礼	吕文亮	天津中医药大学	湖北中医药大学
42	中医文化学	张其成	臧守虎	北京中医药大学	山东中医药大学

（二）针灸推拿学专业

序号	书 名	主 编		主编所在单位	
43	局部解剖学	姜国华	李义凯	黑龙江中医药大学	南方医科大学
44	经络腧穴学☆	沈雪勇	刘存志	上海中医药大学	北京中医药大学
45	刺法灸法学☆	王富春	岳增辉	长春中医药大学	湖南中医药大学
46	针灸治疗学☆	高树中	冀来喜	山东中医药大学	山西中医药大学
47	各家针灸学说	高希言	王 威	河南中医药大学	辽宁中医药大学
48	针灸医籍选读	常小荣	张建斌	湖南中医药大学	南京中医药大学
49	实验针灸学	郭 义		天津中医药大学	
50	推拿手法学☆	周运峰		河南中医药大学	
51	推拿功法学☆	吕立江		浙江中医药大学	
52	推拿治疗学☆	井夫杰	杨永刚	山东中医药大学	长春中医药大学
53	小儿推拿学	刘明军	邰先桃	长春中医药大学	云南中医药大学

（三）中西医临床医学专业

序号	书 名	主 编		主编所在单位	
54	中外医学史	王振国	徐建云	山东中医药大学	南京中医药大学
55	中西医结合内科学	陈志强	杨文明	河北中医学院	安徽中医药大学
56	中西医结合外科学	何清湖		湖南中医药大学	
57	中西医结合妇产科学	杜惠兰		河北中医学院	
58	中西医结合儿科学	王雪峰	郑 健	辽宁中医药大学	福建中医药大学
59	中西医结合骨伤科学	詹红生	刘 军	上海中医药大学	广州中医药大学
60	中西医结合眼科学	段俊国	毕宏生	成都中医药大学	山东中医药大学
61	中西医结合耳鼻咽喉科学	张勤修	陈文勇	成都中医药大学	广州中医药大学
62	中西医结合口腔科学	谭 劲		湖南中医药大学	

（四）中药学类专业

序号	书　名	主　编		主编所在单位	
63	中医学基础	陈　晶	程海波	黑龙江中医药大学	南京中医药大学
64	高等数学	李秀昌	邵建华	长春中医药大学	上海中医药大学
65	中医药统计学	何　雁		江西中医药大学	
66	物理学	章新友	侯俊玲	江西中医药大学	北京中医药大学
67	无机化学	杨怀霞	吴培云	河南中医药大学	安徽中医药大学
68	有机化学	林　辉		广州中医药大学	
69	分析化学（上）（化学分析）	张　凌		江西中医药大学	
70	分析化学（下）（仪器分析）	王淑美		广东药科大学	
71	物理化学	刘　雄	王颖莉	甘肃中医药大学	山西中医药大学
72	临床中药学☆	周祯祥	唐德才	湖北中医药大学	南京中医药大学
73	方剂学	贾　波	许二平	成都中医药大学	河南中医药大学
74	中药药剂学☆	杨　明		江西中医药大学	
75	中药鉴定学☆	康廷国	闫永红	辽宁中医药大学	北京中医药大学
76	中药药理学☆	彭　成		成都中医药大学	
77	中药拉丁语	李　峰	马　琳	山东中医药大学	天津中医药大学
78	药用植物学☆	刘春生	谷　巍	北京中医药大学	南京中医药大学
79	中药炮制学☆	钟凌云		江西中医药大学	
80	中药分析学☆	梁生旺	张　彤	广东药科大学	上海中医药大学
81	中药化学☆	匡海学	冯卫生	黑龙江中医药大学	河南中医药大学
82	中药制药工程原理与设备	周长征		山东中医药大学	
83	药事管理学☆	刘红宁		江西中医药大学	
84	本草典籍选读	彭代银	陈仁寿	安徽中医药大学	南京中医药大学
85	中药制药分离工程	朱卫丰		江西中医药大学	
86	中药制药设备与车间设计	李　正		天津中医药大学	
87	药用植物栽培学	张永清		山东中医药大学	
88	中药资源学	马云桐		成都中医药大学	
89	中药产品与开发	孟宪生		辽宁中医药大学	
90	中药加工与炮制学	王秋红		广东药科大学	
91	人体形态学	武煜明	游言文	云南中医药大学	河南中医药大学
92	生理学基础	于远望		陕西中医药大学	
93	病理学基础	王　谦		北京中医药大学	

（五）护理学专业

序号	书　名	主　编		主编所在单位	
94	中医护理学基础	徐桂华	胡　慧	南京中医药大学	湖北中医药大学
95	护理学导论	穆　欣	马小琴	黑龙江中医药大学	浙江中医药大学
96	护理学基础	杨巧菊		河南中医药大学	
97	护理专业英语	刘红霞	刘　娅	北京中医药大学	湖北中医药大学
98	护理美学	余雨枫		成都中医药大学	
99	健康评估	阚丽君	张玉芳	黑龙江中医药大学	山东中医药大学

序号	书 名	主 编		主编所在单位	
100	护理心理学	郝玉芳		北京中医药大学	
101	护理伦理学	崔瑞兰		山东中医药大学	
102	内科护理学	陈燕	孙志岭	湖南中医药大学	南京中医药大学
103	外科护理学	陆静波	蔡恩丽	上海中医药大学	云南中医药大学
104	妇产科护理学	冯进	王丽芹	湖南中医药大学	黑龙江中医药大学
105	儿科护理学	肖洪玲	陈偶英	安徽中医药大学	湖南中医药大学
106	五官科护理学	喻京生		湖南中医药大学	
107	老年护理学	王燕	高静	天津中医药大学	成都中医药大学
108	急救护理学	吕静	卢根娣	长春中医药大学	上海中医药大学
109	康复护理学	陈锦秀	汤继芹	福建中医药大学	山东中医药大学
110	社区护理学	沈翠珍	王诗源	浙江中医药大学	山东中医药大学
111	中医临床护理学	裘秀月	刘建军	浙江中医药大学	江西中医药大学
112	护理管理学	全小明	柏亚妹	广州中医药大学	南京中医药大学
113	医学营养学	聂宏	李艳玲	黑龙江中医药大学	天津中医药大学

（六）公共课

序号	书 名	主 编		主编所在单位	
114	中医学概论	储全根	胡志希	安徽中医药大学	湖南中医药大学
115	传统体育	吴志坤	邵玉萍	上海中医药大学	湖北中医药大学
116	科研思路与方法	刘涛	商洪才	南京中医药大学	北京中医药大学

（七）中医骨伤科学专业

序号	书 名	主 编		主编所在单位	
117	中医骨伤科学基础	李楠	李刚	福建中医药大学	山东中医药大学
118	骨伤解剖学	侯德才	姜国华	辽宁中医药大学	黑龙江中医药大学
119	骨伤影像学	栾金红	郭会利	黑龙江中医药大学	河南中医药大学洛阳平乐正骨学院
120	中医正骨学	冷向阳	马勇	长春中医药大学	南京中医药大学
121	中医筋伤学	周红海	于栋	广西中医药大学	北京中医药大学
122	中医骨病学	徐展望	郑福增	山东中医药大学	河南中医药大学
123	创伤急救学	毕荣修	李无阴	山东中医药大学	河南中医药大学洛阳平乐正骨学院
124	骨伤手术学	童培建	曾意荣	浙江中医药大学	广州中医药大学

（八）中医养生学专业

序号	书 名	主 编		主编所在单位	
125	中医养生文献学	蒋力生	王平	江西中医药大学	湖北中医药大学
126	中医治未病学概论	陈涤平		南京中医药大学	